전기공학도와 현장 실무자를 위한
최근 개정법 규정 수록

건축전기설비
기술사 Ⅲ권

예문사

머리말

전기설비는 전력회사에서 보내온 상용전력을 수전받아 변압기를 통해 부하기기에 안정적으로 공급하여 일상생활을 쾌적하고 편리하게 할 수 있도록 하는 자동화, 정보화 에너지 설비라 할 수 있습니다.

고도 정보사회의 급속한 진전 및 신축 건축물의 대형화, 현대화, 고층화에 따른 쾌적한 주거환경의 확보, 건물의 편리성 유지, 방재기능의 강화 등으로 인해 전기설비의 내용도 점점 복잡·다양해지고 전기설계, 감리공사비의 비중도 점차 증대되고 있으며, 특히 정보화의 급격한 발전으로 정보화 빌딩인 인텔리전트화로 전기설비 분야가 급격하게 각광을 받고 있습니다.

또한 최근 지구온난화 및 에너지 절감을 위한 전 세계적인 시대상황과 관련하여 전기설비의 고효율화, 에너지 절감 및 신재생에너지 설비의 보급이 확대되고 있는 추세이며, 이와 관련하여 다양한 신재생에너지 설비의 내용을 수록함은 물론, 기존 국내 전기관계 법규정인 전기설비기술기준 및 판단기준, 내선규정이 폐지되고 KEC로 신설·변경됨에 따라 이를 기준으로 한 내용으로 전면 수정·보완하게 되었습니다.

이 도서는 1권에서 기초이론 및 전원설비, 2권에서 전력공급설비 및 부하설비(조명 및 동력), 3권에서 전기에너지설비, 방재 및 방범설비, 정보통신설비, 반송설비, 전기설비설계, KSC-IEC 60364 및 62305로 구성되어 있습니다.

본 도서에서 건축전기설비기술사의 취득과 관련하여 쉽게 공부에 도전할 수 있도록 건축전기설비 분야의 다양한 내용에 대해 많은 참고도서의 내용과 저자의 현장경험, 강의 자료 등을 토대로 이해하기 쉽게 정리하였습니다.

따라서 이 도서는 건축전기설비기술사 수험서로 활용될 뿐만 아니라 전기설비를 공부하는 대학, 전문대학의 교재로도 충분히 활용이 가능하며, 전기설계, 감리, 시공분야의 업무에서도 참고서적으로 유용하게 활용될 수 있을 것이라 생각됩니다.

최선의 노력으로 이 도서를 정리하였으나 부족하고 잘못된 곳이 있으리라 생각되며, 독자 여러분들의 교시와 충고를 받아 보다 좋은 책이 될 수 있도록 보완하고 수정하여 더욱 발전시켜 나가고자 합니다.

끝으로 이 도서가 독자 여러분들께 출판될 수 있도록 애써 주신 도서출판 예문사 임직원 및 사장님께 깊은 감사의 말씀을 표하는 바입니다.

2025.06
저자 **조성환**

출제기준

직무 분야	전기 · 전자	중직무 분야	전기	자격 종목	건축전기설비 기술사	적용 기간	2023.1.1.~2026.12.31.
○ 직무내용 : 건축전기설비에 관한 고도의 전문지식과 실무경험을 바탕으로 건축전기설비의 계획과 설계, 감리 및 의장, 안전관리 등 담당. 또한 건축전기설비에 대한 기술자문 및 기술지도하는 직무이다.							
필기검정방법		단답형/주관식 논문형		시험시간		400분(1교시당 100분)	

필기과목명	주요항목	세부항목
건축전기설비의 계획과 설계, 감리 및 의장, 그 밖에 건축전기설비에 관한 사항	1. 전기기초이론	1. 회로이론 – R, L, C 회로의 전류와 전압, 전력관계 • 전기회로해석, 과도현상 등 • 밀만, 중첩, 가역, 보상정리 등 • 비정현파 교류
		2. 전자계 이론 • 플레밍, Amper의 주회적분, 페레데이, 노이만, 렌쯔 법칙 등 – 전자유도, 정전유도 • 맥스웰 방정식 등
		3. 고전압공학 및 물성공학 • 방전현상 • 고체, 액체 및 복합유전체의 절연파괴 • 금속의 전기적 성질, 반도체, 유전체, 자성체 • 전력용 반도체의 종류 및 응용
	2. 전원설비	1. 수전설비(수변전설비 설계) • 수전방식, 변압기용량계산 및 선정, 변전시스템선정 • 수전설비 기기의 선정 등
		2. 예비전원설비(예비전원설비 설계) • 발전기 설비, UPS, 축전지설비 • 조상설비, 전력품질개선장치 등
		3. 분산형 전원(지능형신재생 구축) • 분산형 전원의 종류 및 계통연계
		4. 변전실의 기획 • 변전실 형식, 위치, 넓이 배치 등
		5. 고장 계산 및 보호 • 단락, 지락전류의 계산의 종류 및 계산의 실례 • 전기설비의 보호 및 보호협조
	3. 배전 및 배선설비	1. 배전 설비(배전설계) • 배전방식 종류 및 선정 • 간선재료의 종류 및 선정 • 간선의 보호 • 간선의 부설

필기과목명	주요항목	세부항목
		2. 배선 설비(배전설비 설계) • 시설장소 · 사용전압별 배선방식 • 분기회로의 선정 및 보호
		3. 고품질 전원의 공급 • 고조파, 노이즈, 전압강하 원인 및 대책 • Surge에 대한 보호
		4. 전자파 장해대책
	4. 전력부하설비	1. 조명설비 – 조명에 사용되는 용어와 광원 • 조명기구 구조, 종류, 배광곡선 등 • 조명계산, 옥내 · 외 조명설계, 조명의 실제 • 조명제어 • 도로 및 터널조명
		2. 동력설비 • 공기조화용, 급배수 위생용, 운반 · 수송설비용 동력 • 전동기의 종류, 기동, 운전, 제동, 제어
		3. 전기자동차 충전설비 및 제어설비
		4. 기타 전기사용설비 등
	5. 정보 및 방재설비	1. I.B.(Intelligent Building) • I.B.의 전기설비 • LAN • 감시제어설비 • EMS
		2. 약전설비 • 전화, 전기시계, 인터폰, CCTV, CATV 등 • 주차관제설비 • 방범설비 등
		3. 전기방재설비 • 비상콘센트, 비상용조명, 유도등, 비상경보, 비상방송 등 – 피뢰설비 • 접지설비 • 전기설비 내진대책
		4. 반송 및 기타설비 • 승강기 • 에스컬레이터, 덤웨이터 등

출제기준

필기과목명	주요항목	세부항목
	6. 신재생에너지 및 관련 법령, 규격	1. 신재생에너지 • 태양광, 연료전지, 풍력, 조력 등 발전설비 • 에너지절약 시스템 및 기법 • 2차 전지 • 스마트그리드 • 전기에너지 저장(ESS)시스템 • 기타 신기술, 신공법관련 • 에너지계획 수립 • 친환경에너지계획 검토
		2. 관련법령 – 전기설비기술기준 • 한국전기설비규정(KEC) • 전기공사업법, 시행령, 시행규칙 • 전력기술관리법, 시행령, 시행규칙 • 주택법, 시행령, 시행규칙 • 건축법, 시행령, 시행규칙 • 에너지이용 합리화법, 시행령, 시행규칙 • 정부 고시 등
		3. 관련규격 • KS(Korean Industrial Standard) • IEC(International Electrotechnical Commission) • ANSI(American National Standards Institute) • IEEE(Institute of Electrical & Electronics Engineers) • JEM(Japanese Electrical & Machinery Standards) • ASA, CSA, DIN, JIS, KEC 등
	7. 건축구조 및 설비 검토	1. 구조계획검토
		2. 하중검토
		3. 설비시스템 검토
		4. 에너지계획 수립
		5. 친환경에너지계획검토
	8. 수·화력발전 전기설비	1. 조명방식·기구 선정 및 설계 방법, 에너지절감 방법
		2. 건축 구조 미 시공방식, 부하용량, 용도, 사용전압, 경제성, 방재성 등을 고려한 전선로/케이블 설계 방법
		3. 기타 설비설계 관련 사항
		4. 안전기준에 따른 접지 및 피뢰설비 설계 방법
		5. 정보통신설비 관련 규정 및 설계 방법
		6. 소방전기설비 관련 규정 및 설계 방법
		7. 기타 발전 방재 보안설계 관련 사항

Chapter 05 전기에너지 설비

- SECTION 01 개요 ·· 2
- SECTION 02 신재생에너지의 종류 및 특징 ·· 2
- SECTION 03 풍력발전 ·· 4
- SECTION 04 태양광 발전 ·· 21
  - ■ BIPV ··· 26
  - ■ 용어 개념 ·· 30
  - ■ 간이등가회로 구성 및 전류−전압곡선 ·· 36
  - ■ 파워컨디셔너 ··· 37
  - ■ 염료감응형 태양전지 ··· 41
  - ■ 신재생에너지 공급의무화제도 ··· 45
- SECTION 05 태양열 발전 ·· 48
- SECTION 06 해양에너지 발전 ·· 51
- SECTION 07 지열 발전 ··· 57
- SECTION 08 연료전지 ·· 59
- SECTION 09 소수력 발전 ·· 63
- SECTION 10 폐기물 에너지 발전 ·· 65
- SECTION 11 수소에너지 발전 ·· 68
- SECTION 12 소형 열병합 발전 ··· 69
- SECTION 13 구역형 집단에너지 열병합 발전 ··· 73
- SECTION 14 에너지 저장시스템 ·· 75
  - 5.14.1 ESS 및 전지용 에너지 저장장치 ··· 83
- SECTION 15 마이크로 그리드 ··· 89
- SECTION 16 스마트 그리드 ·· 93
  - 5.16.1 지능형 전력계량시스템 ·· 100
- SECTION 17 분산형 전원의 배전계통 도입과 대책 ··· 102
  - 5.17.1 분산형 전원설비의 전력계통 연계 시설 기준 ·· 105
- SECTION 18 전기자동차 전원공급설비 ··· 109
  - 5.18.1 V2G ··· 114
- SECTION 19 대기전력 차단시스템 ··· 117
- SECTION 20 초전도 기술 ··· 120
- SECTION 21 에너지 절감 ··· 124

5.21.1 건축물의 에너지 절약 설계기준 · 124
5.21.2 수변전설비의 에너지 절감대책 · 127
5.21.3 조명에너지 절감대책 · 132
5.21.4 동력설비 에너지 절감대책 · 136
5.21.5 첨두부하 억제방안 · 140
5.21.6 전력수요관리 · 144
5.21.7 제로에너지 빌딩 · 149
5.21.8 BEMS · 154
5.21.9 전력산업에 적용이 가능한 에너지 하베스팅 기술 · 159

Chapter 06 방재 및 방범설비

SECTION 01 전기방재설비 · 164
SECTION 02 경보설비 · 170
   6.2.1 자동화재탐지설비 · 170
   6.2.2 비상경보설비 · 196
   6.2.3 비상방송설비 · 198
SECTION 03 소화활동설비 · 200
SECTION 04 피난설비 · 208
SECTION 05 비상전원 · 216
SECTION 06 건축물 방화대책 · 221
   6.6.1 내열, 내화 전선 · 221
   6.6.2 Cable 선로의 방재대책 · 226
SECTION 07 방범, 방재 설비 · 232
   6.7.1 피뢰 설비 · 232
   6.7.2 내진대책 · 240
   6.7.3 방폭 전기설비 · 249
   6.7.4 전기방식 · 259
   6.7.5 전기화재 · 266
   6.7.6 항공장애등 · 269
SECTION 08 방범설비 · 279

Chapter 07 정보통신설비

SECTION 01 정보통신망 ········· 286
SECTION 02 TV 공청설비 ········· 292
SECTION 03 Data 통신 ········· 299
SECTION 04 종합정보통신망 ········· 303
SECTION 05 LAN ········· 306
SECTION 06 확성설비 ········· 319
SECTION 07 주차관제 표시 설비 ········· 326
SECTION 08 중앙감시제어 System ········· 334
SECTION 09 원방감시제어 ········· 339
SECTION 10 IBS ········· 344
SECTION 11 국제표준화기구에 등록된 전력선 통신방식 ········· 350
SECTION 12 PCM의 표본화 정리 ········· 353
SECTION 13 통합배선 시스템 ········· 355
SECTION 14 공동주택 특등급 ········· 358
SECTION 15 원격검침 설비 ········· 362
SECTION 16 사물인터넷 ········· 366

Chapter 08 반송설비

SECTION 01 반송설비의 개요 ········· 372
SECTION 02 엘리베이터 ········· 372
SECTION 03 에스컬레이터 ········· 396

Chapter 09 전기설비설계

SECTION 01 전기설비설계 ········· 402
SECTION 02 설계 완료 시 납품 도서 ········· 408
SECTION 03 감리, 감독의 업무 ········· 411
SECTION 04 CM ········· 415

목차

SECTION 05 BIM 기법 ··· 419
SECTION 06 가치공학 ··· 424
SECTION 07 그린데이터센터 전기설비계획 ··· 427
SECTION 08 종합경기장의 전기설비계획 ··· 432
SECTION 09 500세대 APT 전기설비기획 ··· 437
SECTION 10 고령화 사회를 위한 전기설비설계 ··· 441
SECTION 11 연구소(20,000[mm^2]) 전기기획 설계 시 고려사항 ··· 444

Chapter 10 KSC – IEC

SECTION 01 KSC-IEC 60364 ·· 448
   10.1.1 적용시설 ·· 448
   10.1.2 적용범위 ·· 448
   10.1.3 적용 제외 ·· 448
   10.1.4 안전을 위한 보호 ·· 449
   10.1.5 접지, 감전, 전압 용어 ··· 450
   10.1.6 접지방식 구분 ·· 458
   10.1.7 감전보호 ·· 461
   10.1.8 TN, TT 계통의 전원 자동차단에 의한 보호 ··· 472
   10.1.9 도체 및 중성선 보호 ·· 474
   10.1.10 병렬도체의 과전류보호 ··· 475
   10.1.11 순시 과전압 및 고장에 대한 저압설비의 보호 ·· 477
   10.1.12 서지보호장치 ·· 482
      10.1.12.1 TT 계통에서 서지보호장치 설치 시 누전차단기 전원 측과 부하 측 설치에 대한 구분 ·· 496
      10.1.12.2 SPD 에너지 협조 ·· 499
   10.1.13 도체의 단면적 ·· 501
   10.1.14 고조파 전류가 평형 3상 계통에 미치는 영향 ·· 503
SECTION 02 KSC-IEC 60305 ·· 505
   10.2.1 적용범위 ·· 505
   10.2.2 적용 제외 ·· 505
   10.2.3 피뢰시스템의 구성 ·· 505
   10.2.4 피뢰시스템의 등급 선정 ·· 506
   10.2.5 뇌격으로 인한 손상 및 대책 ·· 507

10.2.6 피뢰시스템의 설계 ·· 509
10.2.7 외부 피뢰시스템의 설계 ·· 511
10.2.8 내부 피뢰시스템의 설계 ·· 523
10.2.9 피뢰구역 ··· 526
10.2.10 SPM 설계 및 시공 ·· 530

CHAPTER 05

전기에너지 설비

SECTION 01 | 개요

신재생에너지란 자연의 순환과정을 통해 무한히 얻을 수 있는 에너지로서 화석 연료와 달리 고갈될 염려가 없고, 환경오염을 줄이는 데 도움이 되는 지속 가능한 에너지원으로 지역 경제 활성화 및 일자리 창출에 기여할 수 있으며, 정부에서도 2030년까지 재생에너지 발전 비중을 20[%]까지 확대한다는 목표를 위해 신재생에너지 공급 의무화 제도(RPS) 등 다양한 정책을 추진하고 있다.

SECTION 02 | 신재생에너지의 종류 및 특징

1. 「신에너지 및 재생에너지 개발·이용·보급 촉진법」 제2조에서 석유, 석탄, 원자력, 천연가스가 아닌 에너지로 11개 분야가 지정되었다.

2. **신에너지 및 재생에너지 정의 및 종류**

구분	신에너지	재생에너지
정의	기존의 화석연료를 변환시켜 이용하거나 수소·산소 등의 화학 반응을 통하여 전기 또는 열을 이용하는 에너지	햇빛·물·지열(地熱)·강수(降水)·생물 유기체 등을 포함하는 재생 가능한 에너지를 변환시켜 이용하는 에너지
종류	연료전지, 석탄액화가스화, 수소에너지	태양열, 태양광, 바이오매스, 풍력, 지열, 소수력, 해양에너지, 폐기물에너지

3. **신에너지 특징**

구분	장점	단점
수소에너지	• 수소에너지 원료가 되는 물이 지구상에 풍부함 • 청정에너지원	제조 단가가 고가
연료전지	• 저공해 고효율의 에너지원 • 대량생산이 가능하고 설치기간이 짧음	• 가격이 고가이고 내구성이 약함 • 충방전의 한계로 수명이 짧음
석탄액화가스화	석유보다 가격이 저렴하며 자원이 풍부함	공해대책이나 저장 및 수송이 제한된다는 단점이 있음

4. 재생에너지 특징

구분	장점	단점
태양열	• 무공해 · 무제한 청정에너지원 • 에너지의 지역 편중이 적음	• 초기 투자비가 높음 • 유가 변동에 영향이 큼
태양광	• 무공해 · 무제한 청정에너지원 • 설치기간이 짧음	• 초기 투자비가 높음 • 에너지 밀도가 낮아 큰 설치면적이 필요
바이오매스	• 풍부한 자원과 큰 파급 효과 • 환경오염 감소	• 단위 공정의 대규모 설비투자 • 바이오매스의 생물학적 공정이 복잡 • 자원의 산재 : 수집, 수송 불편
풍력	• 무공해 · 무제한 청정에너지원 • 설치기간이 짧음 • 저렴한 운전유지비	• 소음 등에 대한 민원문제 발생 • 일정 이상의 풍속이 필요
지열	• 경제적임(연료, 보일러, 급수설비가 불필요) • 천연증기의 안정적 공급	• 개발지점이 지열증기 분출 지점으로 한정 • 정출력을 유지하기 어려움 • 방식 대책 또는 스케일 대책 필요
소수력	• 전력생산 외에 농업용수 공급, 홍수조절에 기여 • 건설 후 운영비가 저렴 • 무공해 청정에너지	• 첨두부하에 대한 기여도가 낮음 • 초기 건설비 소요가 큼 • 수몰 시 보상이 필요하고 지역적으로 편재되어 있음
해양에너지	• 무공해 청정에너지 • 무제한 에너지 공급 가능	• 초기 투자비 고가 • 적합 장소 선정이 어려움
폐기물에너지	• 원유 대체 효과 • 온실가스 감축 효과 • 폐기물에 의한 환경오염의 방지 효과	• 고도의 폐기물에너지 기술이 필요 • 폐기물에너지화 과정에서 또 다른 환경오염 유발 • 다른 많은 폐기물 처리기술 필요

SECTION 03 | 풍력발전

1. 풍력발전 개요

풍차로 바람의 운동 에너지를 터빈의 기계적 에너지로 변환시켜, 발전기를 구동, 전력을 얻는 발전방식이다.

2. 풍력발전 원리

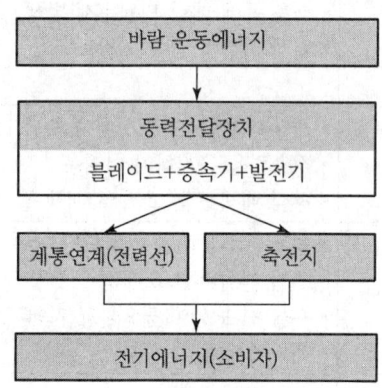

$$P = \frac{1}{2} m V^2 = \frac{1}{2} \rho A V^3$$

여기서, m : 질량[kg]
V : 풍속[m/s]
ρ : 공기밀도(1.225)[kg/m³]
A : 로터 단면적[m²]

* 풍력에너지는 로터 단면적에 비례, 풍속의 세제곱에 비례

3. 풍차의 출력계수(C_P)

1) 개념

실제 풍차의 출력에너지(풍력 : L)와 풍차의 회전면에 입사하는 자연풍이 갖는 운동에너지 $\left(\frac{1}{2}\rho A V^3\right)$와의 비

2) 식 : $C_P = \dfrac{L}{\frac{1}{2}\rho A V^3}$

3) 출력계수값

① 이론상 최대치 : 0.593
② 프로펠러형 : 0.45
③ 사보니우스형 : 0.15

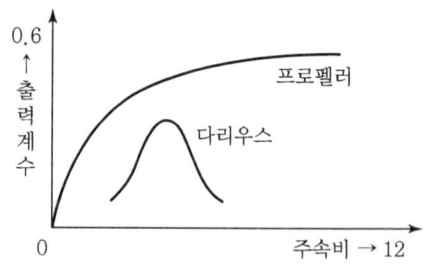

그림 5-1 ▶ 출력계수와 주속비

4. 풍차의 주속비(ϕ : Tip Speed Ratio)

1) 정의

풍차의 날개 끝부분 (주변)속도와 풍속의 비율이 주속비로서 풍력발전의 성능을 나타냄

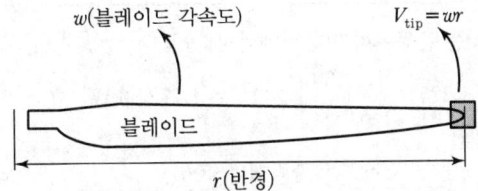

그림 5-2 ▶ 블레이드 구조 및 주속비 개념도

2) 식 : $\phi = \dfrac{v}{V} \rightarrow \dfrac{w \times r}{V} = \dfrac{w \times D}{2V} = \dfrac{\pi D n}{V}$

여기서, v : 날개 끝부분 (주변)속도[m/s]
  w : 날개 회전각속도[m/s]
  V : 풍속[m/s]
  r : 반지름
  D : 풍차의 지름[m]
  n : 회전수[rpm]

3) 풍차의 종류별 주속비[ϕ 값]

① 고속풍차 : 3.5 이상
② 중속풍차 : 1.5~3.5
③ 저속풍차 : 1.5 이하

4) 특징

① 주속비가 클수록 에너지 변환효율이 큼
② 고속기일수록 주속비가 큼
③ 수직축 풍차보다 수평축 풍차의 주속비가 큼

Exercise 01

풍력발전기 로터 지름이 30[m]인 풍차가 풍속 16[m/s], 회전수 50[rpm]으로 800[kW]의 발전기 출력을 내고 있을 때 풍차의 출력계수와 주속비를 계산하시오.(단, 발전기의 효율은 95[%], 공기의 밀도는 1.225[kg/m³])

풀이

1) 자연풍이 갖는 운동에너지(풍력에너지 : E)

$$E = \frac{1}{2} \times 1.225 \times \pi \times \left(\frac{30}{2}\right)^2 \times 16^3 = 1,772.5[\text{kW}]$$

2) 출력계수(C_P) = $\dfrac{\text{출력에너지}(L)}{\text{자연풍이 갖는 운동에너지}\left(\frac{1}{2}\rho A V^3\right)}$

$$= \frac{\dfrac{800 \times 10^3}{0.95}}{\dfrac{1}{2} \times 1.225 \times \pi \times \left(\dfrac{30}{2}\right)^2 \times (16)^3} = 0.47486$$

∴ 출력계수(C_P) = 0.475

3) 주속비(ϕ) = $\dfrac{\pi D n}{V} = \dfrac{\pi \times 30 \times \dfrac{50}{60}}{16} = 4.9087$

∴ 주속비(ϕ) = 4.91

5. 구조도(자료 : NREL 인용)

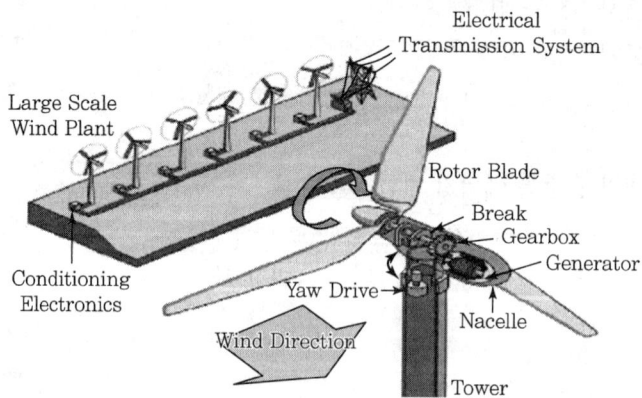

- Yaw Drive : Rotor의 방향을 풍향에 추종시키는 장치
- Gearbox : 발전기 회전수 증속 기어장치

그림 5-3 ▶ 풍력발전기 구조도

1) 기계장치부

구분	내용 설명
너셀(Nacelle)	타워의 상부에 동력전달장치와 그 밖의 장치를 내장한 곳
증속기(Gearbox)	날개에서 발생한 회전력을 발전기에서 요구되는 회전수로 변속하여 발전기로 회전시키는 장치
블레이드(Blade)	바람에너지를 기계적 에너지(운동에너지)로 변환시키는 장치
타워(Tower)	풍력발전기를 지탱해 주는 구조물
브레이크(Brake)	로터를 감속시키거나 회전을 정지시킬 수 있는 장치
회전자(Rotor)	블레이드와 연결되어 회전력을 회전축으로 전달시키는 장치
회전축(Shaft)	블레이드 및 로터에서 전달된 회전력을 증속기로 전달하는 장치
기어 (Geared, Gearless)	• 기어드형은 정속형으로 정전압, 정주파수형 • 기어리스형은 증속기가 없는 형태로 발전기에 직접 연결 운전되는 가변 전압 가변주파수
발전기(Generator)	전달된 회전력(운동에너지)을 전기에너지로 변환하는 장치

2) 제어장치부

구분	내용 설명
요 시스템 (Yawing System)	바람의 방향이 바뀌게 되면 이를 감지하여 너셀(또는 로터)을 바람 방향으로 회전시킴(Yawing : 수직축을 중심으로 회전하는 것)
피치제어 (Pitching Control)	풍속에 따라 날개의 경사각(Pitch)을 조절하여 발전량(출력)을 능동적으로 제어함
스톨제어 (Stall Control)	한계풍속 이상이 되었을 때 양력이 회전날개에 작용하지 못하도록 날개의 공기역학적 형상에 의한 제어로 출력 제어

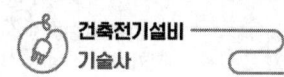

6. 풍력발전 건축물 적용 시 설계순서

설계순서	설계 시 고려사항
대지현황 분석	① 親환경 설계 우선 고려 ② 난류 및 와류 형성 지역 고려
⇩	
풍력자원 분석	① 풍속 분석(월 평균/건물높이) ② 풍력에너지 밀도 분석(W/m^2)
⇩	
시스템 기종 선택	① 설계풍속 및 설치장소 고려 선택 ② 지상층과 옥상층으로 구분 설치 고려
⇩	
설치 가능 지역 분석	① 부지 內 이격거리 고려하여 선정 ② 바람의 이동경로에 따른 Zoning 계획
⇩	
운전	① 연간 발전량 및 사용량 검토 ② 계통 연계 고려

7. 풍력발전의 분류

구분	내용 설명
구조상	• 수평축(중형급 이상 적용) • 수직축(상용화된 대형 시스템이 없음)
운전방식	• 정속도형(Geared) : 중형급 이하에 적용 • 가변속운전(Gearless) : 중·대형급에 적용
출력제어방식	• Pitch Control : MW급 이상 풍력발전기에 적용 • Stall Control : 중소형 풍력발전기에 적용
발전기 종류	• 유도발전기 • 동기발전기

1) 구조상 분류

구분	수평축(HAWT)	수직축(VAWT)
개념도		
정의	회전축이 풍향에 수평인 발전기 (Horizontal Axis Wind Turbine)	회전축이 풍향에 수직인 발전기 (Vertical Axis Wind Turbine)
특징	• 간단한 구조/설치 용이 • 현재 가장 안정적인 시스템 • 풍향 변화에 민감	• 소재 고가 • 수평축에 비해 저효율 • 풍향에 관계없음
적용	중형급 이상 풍력발전기	상용화된 대형 시스템 없음

2) 운전방식에 따른 분류

구분	정속운전(Geared)	가변속운전(Gearless)
개념도	Hub, Rotor, Shaft, Gearbox, Generator, Tower, Nacelle	Hub, Rotor, Generator, Tower, Nacelle
정의	정전압/정주파수 방식 (Fixed Rotor Speed Type)	가변전압/가변주파수 방식 (Variable Rotor Speed Type)
특징	• Gearbox, 역률보상장치 필요 • 유도발전기 사용 • 고신뢰도/저렴	• Gearbox 불필요, 인버터 필요 • 다극형 동기발전기 사용 • 대형 고가/고조파 발생/고효율
적용	중형급 이하 풍력발전기	중대형급 풍력발전기

(1) Geared Type(간접구동형)

① 계통의 상용주파수와 동일한 발전기 출력주파수를 얻기 위해 로터의 회전속도를 증가시키기 위해 Gearbox를 설치한 형태

② 저회전 고토크의 로터입력 동력을 고회전 저토크의 출력 동력으로 변환하여 발전기에 전달함

③ Gearbox의 유지보수 및 기계적인 손실이 발생함
④ 유도발전기 사용에 따른 전력품질 저하의 문제가 발생함
⑤ 저렴한 유도발전기의 특성상 현재까지 많이 적용됨

(2) Gearless Type(직접구동형)

① Gearbox 없이 발전기와 로터를 직접 연결하는 풍력발전기
② 발전기 출력을 계통이 요구하는 대로 제어하기 위해 발전기 후단에 전력변환장치를 설치함
③ 효율을 향상시키기 위해 영구자석형 동기발전기를 많이 사용함
④ 다극형 발전기 사용으로 발전기의 크기와 무게가 증가하며 Gearbox형보다 가격이 증가함

3) 출력제어 방식에 따른 분류

구분	Pitch Control 방식	Stall Control 방식
개념도	(이미지)	(이미지)
정의	• Blade의 경사각(Pitch) 제어 • 날개의 변환효율 제어방식	• 공기역학적 형상에 의한 제어 • 발전기 출력제어
종류	• 유압식 : 저렴하나 제어가 어렵고, 내구성이 부족함 • 전동식 : 고가이나 정밀제어가 가능하며 내구성이 우수함	• 수동형(Passive) : 고정된 피치각을 사용함 • 능동형(Active) : 일정 범위에서 피치각을 조절함
특징	• 정격풍속 이상 : Pitch 감소 • 정격풍속 이하 : Pitch 증가(일정한 출력 얻음)	• Active SC/Passive SC 방식 • 복잡한 공기역학적 설계 요구 • 과출력 가능성 존재
적용	MW급 이상 풍력발전기	중소형 풍력 발전기

(1) Pitch Control Type

블레이드의 깃각 제어를 통하여 정격 풍속 이상에서는 일정한 정격출력이 발생하도록 제어하며 정지풍속에서는 블레이드를 Feathering함으로써 발전기를 정지함

① 장점
  ㉠ 날개 피치각을 제어하는 방식으로 적정출력의 능동적 제어가 가능함
  ㉡ 피치각의 회전(Feathering)에 의한 공기역학적 제동방식을 사용하므로 기계적 충격이 없는 계통정지 및 투입이 가능함

② 단점
  ㉠ 날개 피치각 회전을 위한 유압장치 실린더와 회전자 간 기계적 링크 부분의 장시간 운전 시 마모, 부식 등의 유지보수가 필요함
  ㉡ 외부 풍속이 빠르게 변할 경우 제어가 능동적으로 이루어지지 않아 순간적인 Peak가 발생할 우려가 있음

(2) Stall Control Type

풍차날개 설계 시 정격풍속 이상에서 공기역학적 실속현상에 의해 발전기 출력이 증가하지 않게 하며 정지풍속에서는 Stall이 발생되게 함

① 장점
  ㉠ 회전날개의 공기역학적 형상에 의한 제어방식으로 Pitch 방식보다 고효율 발전이 가능함
  ㉡ 유압장치와 회전자 간의 기계적 링크가 없어 장기간 운전 시에도 유지보수가 불필요함

② 단점
  ㉠ 날개 피치각에 의한 능동적 출력제어 결여로 과출력 발생 가능성
  ㉡ 피치각이 고정되어 있어 비상 제동 시 회전자 끝부분만 회전되어 제동장치로 작동하게 되므로 제동효율이 나쁨

4) 발전기의 종류에 따른 분류

일반적으로 대용량 풍력터빈에서는 간접구동에 의한 유도발전기와 직접구동에 의한 동기발전기로 구분되어 적용됨

(1) 유도발전기

① 증속기를 통해 증속된 회전토크로 발전기를 회전시켜 전력계통에 연결하는 방식임
② 농형유도발전기 : 출력 특성상 운전폭이 매우 좁은 문제가 있음

③ 권선형유도발전기 : 풍속의 변화에 대해 출력 변동이 심하고 효율이 낮음
④ 이중여자유도발전기
    ㉠ 현재 가장 일반화된 것으로 슬립 효과를 이용하여 강풍에서 균일한 품질의 출력을 얻을 수 있음
    ㉡ 어떠한 역률조건에서도 운전이 가능함
    ㉢ 유효전력과 무효전력을 분리하여 제어가 가능함
    ㉣ 최근의 간접구동형 대형 풍력발전기에서 대부분 사용됨

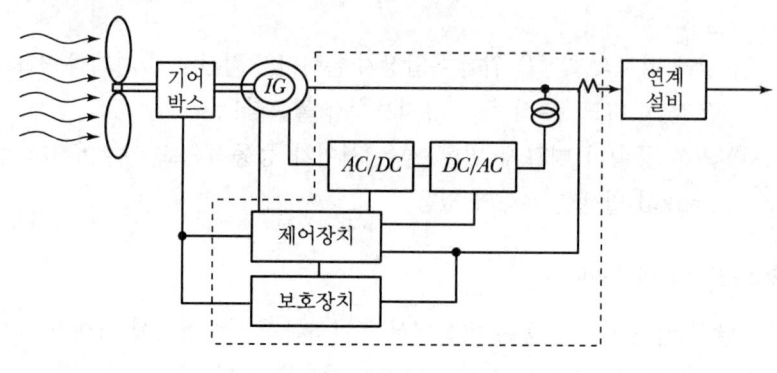

그림 5-4 ▶ Geared 방식

(2) 동기발전기
① 가변속 정전압운전이 가능함
② 전력변환장치에 의한 정전압 정주파수 변환이 가능하며 터빈 선택폭이 넓음
③ 다극기 제작에 의한 기어 없는 형태의 발전기가 가능하며 높은 역률 특성이 있음
④ 가격이 고가임

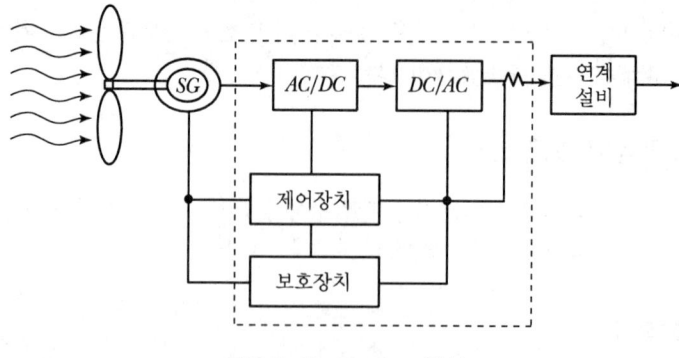

그림 5-5 ▶ Gearless 방식

5) 전력 사용 방식에 따른 분류

구분	독립 전원형	계통 연계형
개념도	⟨Wind Turbine⟩ Battery Bank, Rectifier, Inverter, Customer, 3 Phase	⟨Wind Turbine⟩ Commercial Power Grid, Grid-Inverter, Over Voltage Protector, Customer, 3 Phase
정의	발전 전력 저장 : 계통과 별개 (Stand Alone Type)	발전 전력 즉시 계통 연계 (Grid Tied Connecting Type)
특징	• 배터리 충전 System 필요 • 유도/동기 발전기 모두 적용 가능	• 배터리 충전 System 불필요 • 유도/동기 발전기 모두 적용 가능
적용	3[kW] 미만 용량/도서지역, 오지	중규모, 대규모, Power Plant 용

8. 풍력발전의 특징

1) 바람을 이용, 발전단가가 저렴한 친환경 에너지 이산화탄소 흡수량 기준으로 2[MW]급 풍력발전시스템 1기는 500[만 평] 이상의 산림 대체 효과

표 5-1 ▶ 주요 기술별 발전단가

기존 및 화석에너지		신재생에너지	
기술	단가[€/kWh]	기술	단가[€/kWh]
원자력	0.038	풍력(육상)	0.054
석탄화력	0.06	풍력(해상)	0.079
가스화복합발전	0.05	지열	0.053
가스화단일발전	0.076	태양광	0.265

(자료 : HSBC, 2007.3)

2) 無공해, 無연료비, 서렴한 운전유지비
3) 짧은 건설 및 설치기간
4) 풍력산업은 타 산업 등과 연계

부품/기자재, 풍력시스템 제조, 시공, 발전 서비스 등으로 구성되어 있으며 기계부품, 조선, 플랜트, 토목/건축 산업 등과 연계

5) 대형화가 가능한 해상 풍력발전이 확대되는 추세

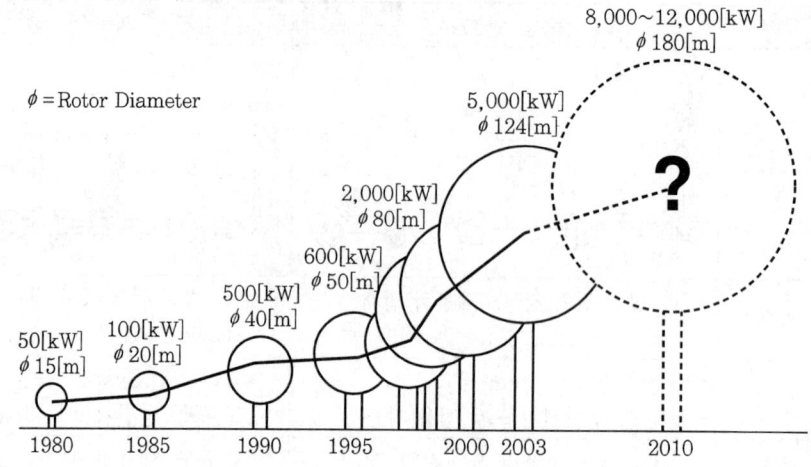

그림 5-6 ▶ 해상 풍력 단지의 확대

(1) 세계시장에서 5[MW]급의 대형 풍력발전시스템 운영(5[MW]급 풍력설비 회전자 직경 : 120[m] 이상임)
(2) 육상의 입지제한 극복 및 가격경쟁력 확보를 위한 해상 풍력발전 확대 中(해상 풍력은 육상에 비해 20배 규모 단지 조성 및 1.4배의 발전 효율 가능)
(3) 기반공사 및 해저케이블 설치로 2배의 높은 초기 투자비용이 요구

표 5-2 ▶ 해상 풍력과 육상 풍력 비교

구분	해상 풍력	육상 풍력
풍속	8~12[m/s]	4~8[m/s]
단지 규모	300[MW]	15[MW]
발전효율	40[%]	29[%]
초기투자비용	1,230~1,900[$/kW]	850~1,350[$/kW]

(자료 : SERI, 산업전망대('09.4) 자료 재구성)

6) 입지가 제한적

평균 최소 4[m/s] 이상의 바람이 필요하며, 제어 불능으로 설비 이용률 낮음

9. 해상 풍력과 육상 풍력의 비교

구분	해상 풍력	육상 풍력
개념	호수·협강 폐쇄된 해안지역이 해상 풍력에 포함됨	육상에 설치되는 모든 풍력
장점	• 넓은 부지 확보가 가능함 • 민원이 적음 • 단지의 대형화가 가능 • 바람의 품질 및 풍속이 양호함	• 건설이 용이 • 경제성이 우수함
단점	• 육상 대비 경제성이 낮음 • 설치 운전 및 유지보수가 어려움 • 계통 연계가 어려움	• 육상 단지의 포화 • 민원 발생(소음, 진동) • 풍력 효율 저하 • 대형화에 한계

10. 풍력발전 적용 시 고려사항

1) 풍속과 풍향의 적합성(육상 풍력 4~8[m/s], 해상 풍력 8~12[m/s])
2) 지형상 돌풍이나 난류의 발생 가능성 유무
3) 커다란 장해물이나 가로막이 산 등의 유무
4) 계절에 따른 기온의 변화와 눈·비·서리 등의 적하량
5) 낙뢰 빈번 유무
6) 해안가로부터의 염기의 해풍에 의한 피해
7) 토양이 큰 하중(풍력터빈의 무게)을 견딜 수 있는 성분으로 구성되었는지에 대한 고려
8) 접지 시 접지저항이 충분히 낮아질 수 있는 토양인지에 대한 고려
9) 주위로부터 설치에 필요한 중장비 조달의 용이성
10) 인근에 연계 운전될 한전선로의 유무
11) 경관 영향 및 발생 소음의 영향과 민가로부터의 이격 거리 등이 충분한지에 대한 고려

11. 풍력발전 시스템의 낙뢰 피해와 피뢰대책

1) 개요

(1) 태풍, 낙뢰 등에 의한 환경적인 요인으로 풍력에 의한 전력생산 중단, 정전 등의 문제가 발생될 수 있으므로 효과적인 낙뢰보호대책이 요구되고 있음
(2) 풍력발전과 관련한 낙뢰 피해 사례 및 양상, 낙뢰보호에 대한 KEC 기준, 피뢰대책에 대해 설명함

2) 낙뢰 피해 사례 및 양상

(1) 풍력발전설비는 풍향조건이 양호한 지역에 설치되기 때문에 평지보다 높은 장소에 설치되는 경우가 많기 때문에 낙뢰의 위험에 노출되어 있음
(2) 특히 대형 풍력발전설비는 그 높이도 60[m] 이상이 되고 블레이드의 길이를 고려하면 100[m] 이상의 구조물이 됨
(3) 이러한 대형 풍력발전기 설치가 급증함에 따라 낙뢰로 인한 풍력발전기의 피해 사례는 증가하고 있는 실정임
(4) **각국별 낙뢰로 인한 풍력발전기의 피해 양상**

피해 구성요소	덴마크	독일(450[kW] 이상)	스웨덴(450[kW] 이상)
블레이드	10[%]	35[%]	43[%]
전원시스템	20[%]	20[%]	22[%]
제어시스템	51[%]	36[%]	18[%]
기구부	7[%]	4[%]	4[%]
기타	12[%]	5[%]	13[%]

① 덴마크의 경우 제어시스템부에서, 스웨덴에서는 블레이드의 손상이 가장 크게 나타났음
② 블레이드의 피해는 복구 시 장비 확보(크레인, 눈 등의 기상조건)가 어려워 복구시간이 길어지므로 복구비용이 많이 소요됨

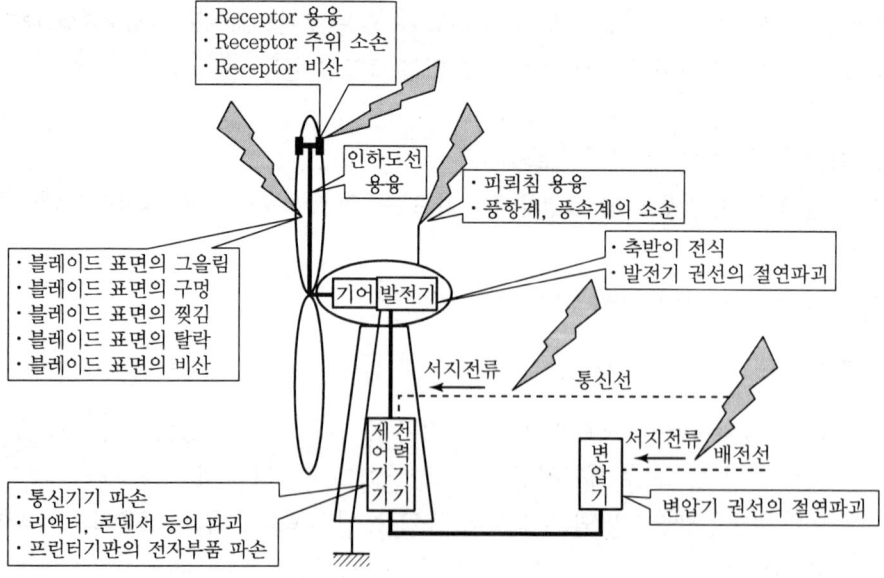

그림 5-7 ▶ 풍력발전 시 피해 발생양상

3) KEC 기준의 피뢰설비

「전기설비기술기준」 제175조 규정(풍력터빈의 피뢰설비)에 준하여 다음과 같이 피뢰설비를 설치할 것(풍력터빈은 손상, 감전 또는 화재의 우려가 없도록 피뢰설비를 시설할 것)

(1) 피뢰구역(Lightning Protection Zones)에 적합하여야 하며, 별도 언급이 없다면 피뢰레벨(Lightning Protection Level : LPL)은 I등급을 적용할 것

(2) 풍력터빈의 피뢰설비

① 수뢰부
풍력터빈 선단부분 및 가장자리에 배치하되 뇌격전류에 의한 발열에 용손되지 않도록 재질, 크기, 두께 및 형상 등을 고려할 것

② 인하도선
㉠ 쉽게 부식되지 않는 금속선으로 뇌격전류를 안전하게 흘릴 수 있는 충분한 굵기일 것
㉡ 가능한 한 직선일 것

③ 내부 계측 센서용 케이블
금속관 또는 차폐케이블 등을 사용하여 뇌 유도 과전압으로부터 보호할 것

④ 피뢰설비(리셉터, 인하도선 등)의 기능 저하로 인해 다른 기능에 영향을 미치지 아니할 것

(3) 풍향풍속계
보호범위에 들도록 나셀 상부에 피뢰침을 시설하고 피뢰도선은 나셀 프레임에 접속할 것

(4) 전력기기 · 제어기기 등의 피뢰설비시설

① 전력기기는 금속시스케이블, 내뢰변압기 및 서지보호장치(SPD)를 적용할 것
② 제어기기는 광케이블 및 포토커플러를 적용할 것

(5) 기타 피뢰설비시설
KEC 150(피뢰시스템)의 규정에 따를 것

4) 구성요소별 피뢰대책

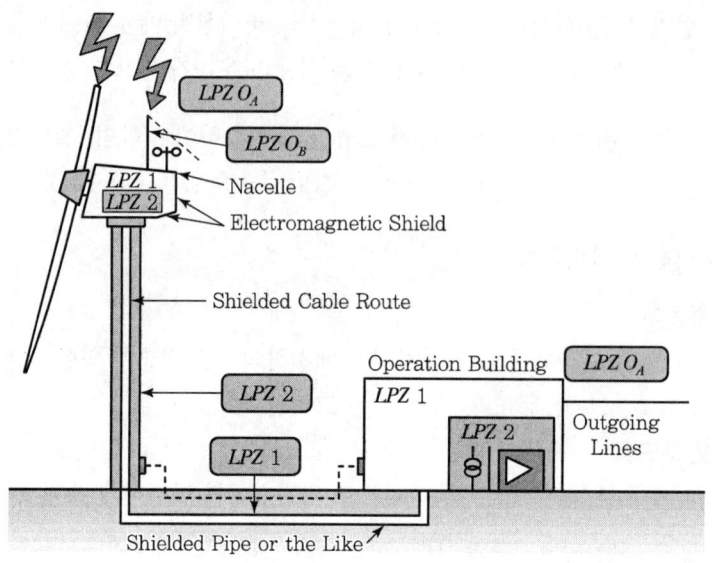

그림 5-8 ▶ 풍력발전기의 피뢰구역(LPZ)의 구분

(1) 블레이드 대책

기본개념은 수뢰점에서 허브 측으로 뇌격전류를 안전하게 도통시켜 블레이드 내부에서 뇌격으로 인한 아크를 방지하는 것임

① Receptor 적용
  ㉠ 리셉터(Receptor)의 설치 : 선단에 설치 시 수직방향의 뇌격을 100[%] 포착할 것
  ㉡ 리셉터의 효과적 배치
    • 여러 개를 배치함
    • 블레이드 선단부분 및 Edge 부분에 설치함
  ㉢ 리셉터 재료
    • 용손이 적은 재질로 제조함
    • 뇌격전류를 충분히 흘릴 수 있는 단면적(크기, 두께)을 선정함
  ㉣ 기타
    블레이드 표면에 부착 시 공기역학적인 방해나 노이즈를 발생시킬 수 있는 경우 블레이드 내부에 피뢰도체를 설치함

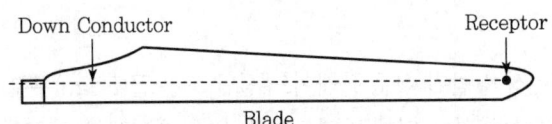

그림 5-9 ▶ 블레이드에 적용되는 리셉터의 설치도

② 인하도선
  ㉠ 설치방법
    • 표면에 고정시키는 방법
    • 블레이드 내부 설치방법
    • 블레이드 표면 자체에 도전성물질을 삽입하는 방법
  ㉡ 낙뢰전류를 충분히 흘릴 수 있는 재료 및 두께 결정
③ 블레이드 자체의 기계적 강화
  블레이드 내부에 아크 발생 시 압력 상승에 의한 블레이드 파괴 방지

(2) 풍향·풍속계의 대책

① 관측기기의 손상은 풍력발전기 제어계통의 이상으로 이어져, 강풍 등으로 블레이드에 과부하가 걸려 파손되는 경우도 생각할 수 있음
② 피뢰침을 풍력발전기의 나셀 상부에 부착하는 것이 효과적임

(3) 전력기기 및 제어기기 대책

① 금속시즈가 부착된 케이블을 사용함
② 절연변압기를 사용하는 것이 효과적임
③ 서지보호장치(SPD)를 설치함
④ 신호선은 동선보다 광케이블을 사용함

(4) 접지시스템 대책

① 저임피던스 접지시스템을 구성해야 함
② 전원접지와 피뢰용 접지의 목적을 달성할 수 있는 공통, 통합접지시스템 구성이 바람직함
③ 풍력발전기 타워 기초 구조물의 금속부분을 접지시스템으로 구성하여, 가능한 수[Ω] 이하의 접지저항을 적용함
④ 대규모 풍력발전단지의 경우, 개별 발전기 사이의 전위차가 없도록 등전위 접지시스템을 구성함

(5) 결론

① 뇌격의 손상을 받기 쉬운 블레이드 선단 또는 끝(Edge)부분에 적정 열용량을 갖는 리셉터를 부착하거나 기계적 강도가 높은 블레이드를 선정해야 함
② 풍향·풍속계 손상을 방지하기 위해 피뢰침을 나셀 상부에 부착
③ 전력기기 및 제어기기에 대한 낙뢰 보호대책으로 금속시즈케이블, 절연변압기, 서지보호장치, 광케이블 등을 적용함
④ 접지시스템은 타워 기초를 활용한 통합접지시스템, 대규모 풍력발전단지의 경우 등전위 접지시스템을 채용함

SECTION 04 | 태양광 발전

1. 태양광 발전 개요

태양전지는 빛에너지를 이용하여 전기에너지를 변환하는 광전지로 P, N 반도체가 사용되며 재료에 따라 결정질 실리콘, 비정질 실리콘, 화합물 반도체 등이 사용된다.

2. 태양광 발전 원리

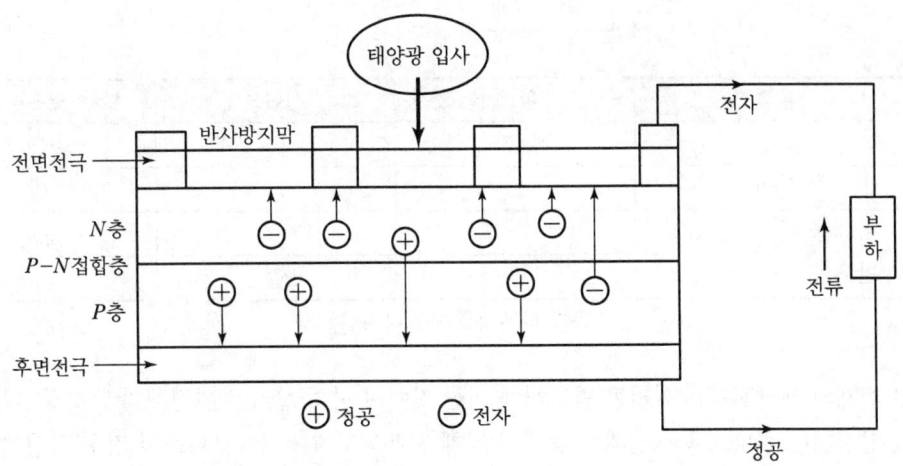

그림 5-10 ▶ 태양광 발전의 원리

1) 광전효과에 의해 전기를 생산하는 발전형태로, P형 반도체와 N형 반도체로 만들어진 태양전지에 빛에너지가 인가되면 전자의 이동이 일어나서 전류가 흐르고 전기가 발생되는 원리임

2) **외부에서 P, N 반도체에 빛 인가 전**

   N형 반도체의 전자와 P형 반도체의 정공은 확산에 의해 P-N 접합부를 형성하고 전기장을 발생시키며, 더 이상 전자 정공의 이동이 없는 상태를 유지함

3) **외부에서 P, N 반도체에 빛 인가 시(전도대와 가전자대 사이의 에너지차인 Band Gap 이상의 빛에너지 인가)**

   (1) 전자들은 가전자대에서 전도대로 여기되며 전자 정공이 발생됨
   (2) 이때 발생된 전자는 N형 반도체로 이동하고, 정공은 P형 반도체로 이동함
   (3) 이로 인해 전압차가 발생되는 것이 태양광 발전 원리임

3. 태양전지의 종류

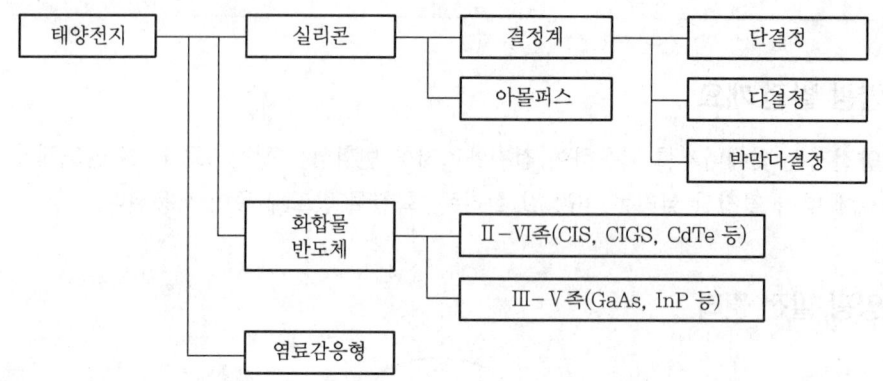

분류		변환 효율	신뢰성	코스트
실리콘		○	○	○
아몰퍼스		△	△	◎
화합물 반도체	Ⅱ-Ⅵ족	△	○	○
	Ⅲ-Ⅴ족	◎	◎	×

◎ : 우수하다.   ○ : 좋다.   △ : 약간 나쁘다.   × : 나쁘다.

1) 현재의 태양전지는 실리콘 반도체에 의한 것이며 특히 실리콘 결정계의 단결정, 다결정 태양전지는 변환효율과 신뢰성 등에서 넓게 사용되고 있음. 아몰퍼스의 경우 결정계에 비해 변환효율이 낮으나(10~12[%]) 제조기술이 대량생산에 적합하며, 가격이 저렴하고 온도 특성이 우수하여 기존 결정계의 경우 온도 상승 시 출력이 현저히 저하되는 문제에 온도 상승 시 출력이 거의 변하지 않는 장점 및 적층화 기술에 따라 변환효율이 향상되고 있어 차세대 모듈로 주목받고 있음
2) 태양전지의 발전방향은 변환 효율이 20[%]가 넘는 초고효율 태양전지의 개발이나, 가격을 저감시킬 수 있는 박막형의 개발이 전 세계적으로 빠르게 발전되고 있음

4. 태양광 발전시스템 종류

1) 독립형 시스템

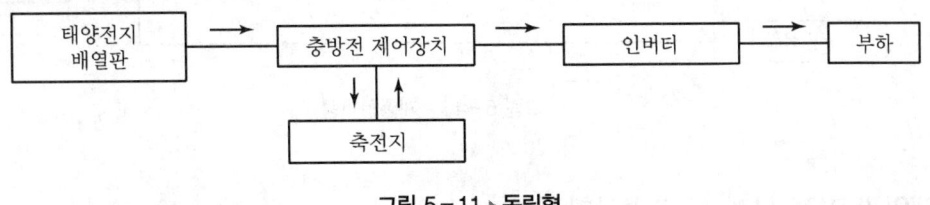

그림 5-11 ▶ 독립형

(1) 일반적으로 야간, 흐린 날에 전기 사용을 위해 축전지 및 교류 사용을 위한 인버터로 구성되어 있음
(2) 발전의 불안정성을 보완하기 위해 부하용도에 따라 축전지+보조발전기를 사용하는 경우도 있음
(3) 축전지 비용보다 원격지에서 상용전력을 배선하는 것이 고가인 경우에 적용함
(4) **적용** : 등대, 무선중계소 등의 조명, 동력용 전원, 가로등 전원에 사용

2) 하이브리드형 시스템

태양광 발전시스템과 풍력발전, 연료전지, 디젤발전과 조합시켜서 각 시스템의 결점을 서로 보완하는 시스템

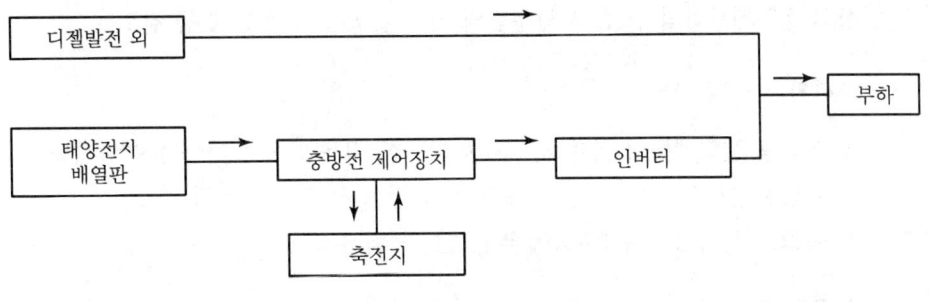

그림 5-12 ▶ 하이브리드형

3) 계통연계형 시스템

(1) 태양광 전력과 전력회사 전력을 함께 사용하는 시스템임
(2) 심야나 악천후 시에 태양광 발전시스템으로 전력공급이 불가능할 경우 상용전원으로부터 전력을 공급받음
(3) 태양광 발전으로 얻은 전력이 남을 경우 전력계통에 역송전하는 방법임

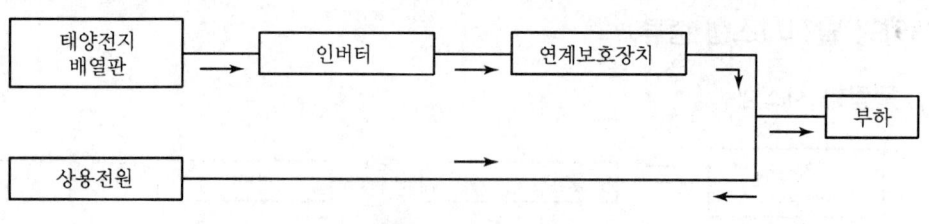

그림 5-13 ▶ 계통연계형

5. 태양광 발전 설계 시 고려사항

1) 시스템 계획 시 주요 검토항목(설계 시 필요한 기초자료)

(1) 명확한 도입 목적

환경이나 방재대상과 PR 효과도 포함한 목적을 명확하게 검토

(2) 설치장소의 설정

① 옥상 및 외벽, 지상의 공터 등
② 남향(최적합) 또는 동서방향
③ 그림자가 들지 않고 설치가 가능한 넓은 장소

(3) 도입 목적에 맞는 시스템 종류

상업 전력계통과의 연계, 자립운전의 필요성, 역조류의 발생 등 검토

(4) 부하와 시스템 규모

① 상업용 전력계통과 연계 시 : 지출 가능한 비용과 설계 가능 용량이 중요
② 자립운전시스템 : 자립운전 대상 부하 검토 시 축전지 용량 검토
③ 독립형 시스템 : 대상부하에 맞는 발전능력 검토

(5) 스케줄(특히 지원기관 대응)

지원제도를 활용하는 경우 지원기관에 신청하는 스케줄에 맞춰 계획

2) 기술적 고려사항

(1) 전력품질의 확보 : 분산형 전원이 계통과 연계운전 시 전력품질 문제 발생

① **주파수 변동** : 발전과 부하의 언밸런스에 의해 약간의 변동 발생
② **전압 변동** : 분산형 전원의 운전·정지 등에 의한 출력변화에 수반하여 배전선의 상시전압 변동
③ **고조파** : 분산형 전원 중의 직류/교류변환기 사용에 의한 고조파 발생

(2) 공급신뢰도의 확보

① **신뢰도 유지** : 분산형 전원 계통연계 시 기간계통에서의 문제가 배전계통 등 하위계통에도 나타남
② **보호제어(보호협조)** : 기존 단방향 전원에 의한 협조체계가 분산형 전원에 의해 양방향 전류가 흘러 기존의 보호협조 체계에 문제 발생

(3) 단독운전(Islanding) 방지

① 배전계통 측 전원이 상실되어도 분산형 전원이 부하에 전력공급을 지속하는 단독운전상태가 지속되는 중 배전계통 측 전원 회복 시 양측의 전압 위상차에 의한 단락 및 탈조 등의 사고 발생
② 선로작업에 투입된 작업원의 전선접촉으로 감전사 위험 발생

(4) 사고전류 증가

전원 측에 의한 사고전류와 분산형 전원 측에 의한 사고전류의 합으로 사고전류가 큼

(5) 역률 문제

유효전력은 계통 측에 공급하고, 무효전력은 계통으로부터 공급받기 때문에 역률의 악화로 전압안정도 저하

6. 장단점

장점	단점
• 에너지원이 청정·무제한	• 초기투자비와 발전단가가 높음
• 건설기간이 짧음	• 에너지밀도가 낮아 설치면적이 큼
• 유지보수가 용이하고 무인화 가능	• 일사량에 따른 출력 불안정
• 장수명(약 20년 이상)	• 설치장소가 제한적임
• 확산광 사용 가능	

7. BIPV(Building Integrated Photovoltaic)

1) 개요

(1) PV 모듈을 건축 자재화하여 건물 외피에 적용함으로써 경제성은 물론, 각종 부가가치를 높여 보다 효율적으로 PV 시스템을 보급·활성화시키는 태양광발전의 한 예임

(2) 최근 신재생에너지 사용에 대한 공공기관의 이용 의무화 및 대규모 신축단지 개발에 따른 건물 외벽 또는 창호에 직접 적용 가능한 건물일체형 태양광발전시스템이 요구되고 있는 추세임

2) 모듈 구조

(1) 적층순

① 중심부 : 양전지 셀을 직·병렬 연결한 스트링 설치
② 전후면 : EVA(Ethylene Vinyl Acetate)를 부착하여 완충재 역할 담당
③ 전면 상층 : 저철분 강화유리
④ 후면 최하층 : Back Sheet 또는 일반강화유리 순으로 적층

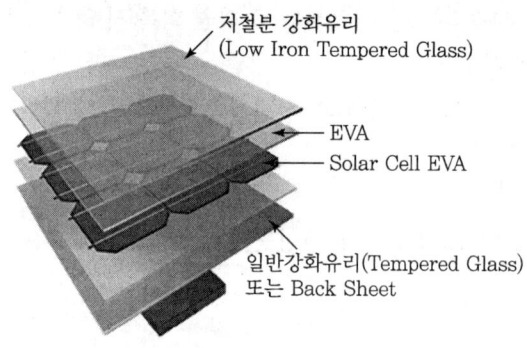

그림 5-14 ▶ BIPV 구조

(2) 부착 및 접속

진공상태에서 열을 가하여 라미네이션 공정 후, 부틸고무와 알루미늄 프레임을 측면에 부착하고, 후면에 단자박스를 접속하여 완성됨

3) 적용배경

(1) CO_2 절감 및 지구온난화 방지
(2) 에너지 절약 및 대체 에너지 자원의 안정적인 확보
(3) 공공건축물의 신재생에너지 이용 의무화 적용

4) 건축적 설계요소

(1) 방위 및 경사

① 가장 바람직한 방위각은 정남향임
② 경사각은 그 지역의 위도에 따라 결정됨

(2) 인접 건물과의 거리

① 고층 건물 내 위치하는 저층 건물의 경우 음영 문제가 큰 영향을 미침
② 건물 간의 거리가 조밀한 경우 연중 상당 기간 음영의 영향을 받게 됨

(3) 식생

① 하절기에 영향이 큼
② 건물 북측에 식재함

(4) 형상과 색상

① 태양전지의 효율은 청색 계열에서 최대 효율 발생
② 그 외의 색상에서는 KW_P당 비용이 급속히 증가

(5) PV를 건물에 일체화시키는 통합 수준

① 보이지 않게 적용하는 수준
② 설계에 부가되는 수준
③ 건축적 이미지 부각 수준
④ 새로운 건축적 개념 창조 수준

5) 필요성 및 중요성

(1) 범국가적 건물 분야 에너지 소비 증가 문제

① 건물 분야의 에너지 소비 증가
② CO_2 배출 문제의 해결 및 Peak 전력 발생의 대체 기술 필요

(2) 건물의 전기에너지 소비 구성비 문제

① 주거 건물보다 상업용 건물에서 전기에너지 사용 비율이 큼
② 특히 상업용 건물은 컴퓨터 등 사무기기의 급속한 증가로 인한 전기사용이 급증함

(3) 건물 분야 전기에너지 절감 기술의 한계

① 공조설비기기의 효율 개선과 같은 에너지 절약 기술의 한계 도달
② 급증하는 건물 전기에너지 소비 증가의 대안

(4) 미래 및 시장성 문제

① 미국 등 선진국에서는 신기술 분야의 PV 소재의 건축물 통합화 기술에 기술개발 자금을 투자하고 있음
② 태양광 발전을 통한 건물의 자체적 전기수급 기술은 21세기를 주도할 미래 산업 분야임
③ BIPV 기술 분야는 건축설계, 설비, 전기, 재료 및 PV 관련 기술이 연계된 종합 기술이 적용되는 분야임

6) 특징

표 5-3 ▶ BIPV 장단점

장점	단점
• 모듈 지지 구조물이나 배선 비용 절감	• 설치에 대한 고려 제약 요건 많음
• 설치공간 또는 부지 확보 불필요	• 온도, 음영, 미관 등 건축적 요소임
• 친환경 외장요소로 고부가가치 창출	• 방향, 설치각도 등 적용 제약 존재
• 전력피크 완화/전력 손실 저감	• 시공 난이도가 매우 높음

7) 적용요소별 분류

(1) 지붕

① 건물의 구조 및 재료에 관계없이 독립적으로 태양광 발전을 설치할 수 있는 방식
② 지붕 경사면에 설치 시 최대 발전 효율을 얻을 수 있음
③ 지표면에 비해 음영의 영향이 적음
④ 지붕 본래의 훼손 없이 어레이 설치 시 무게와 바람에 의한 어레이 이탈에 대한 검토가 필요함

(2) 파사드

① 태양광을 수직으로 받는 방식으로 경사지게 설치하는 방법보다 효율이 뒤짐
② 수직벽면을 이용하기 때문에 건물의 공간을 최대한 이용할 수 있음
③ 모듈의 온도 상승 방지를 위해 모듈 후면에 공간을 두어 외기와 면할 수 있게 함

(3) 커튼월

① 커튼월 수직 벽면에 PV 시스템을 적용할 경우 기존 건축 외장재의 재료비 및 시공비 절감으로 경제성을 확보할 수 있음
② 부하가 발생하는 지점에서 발전하므로 비용 및 손실을 절감할 수 있음

(4) 천창

건물 내부 공간에 유입된 자연채광을 통해 전기에너지 감소 및 태양광 발전 효과를 동시에 고려한 방식임

(5) 차양시스템

① 열성능 향상, 하절기 일사량 차폐 효과 발생
② 최대전력, 생산을 위해 추적시스템을 추가적으로 사용해도 좋음

8) 설계 및 시공 시 고려사항

(1) 설계 시 고려사항

구분	일반적 측면	기술적 측면
설치위치 결정	양호한 일사 조건	태양 고도별 비음영지역 선정
설치방법 결정	• 건물과의 통합성 • 설치의 차별화	• 태양광 발전과 건물과의 통합 수준 • 유지보수의 적절성
디자인 결정	• 혁신성, 실용성 • 조화로움 • 실현 가능성, 설계의 유연성	• 경사각, 방위각의 결정 • 건축물과의 결합방법 결정 • 구조 안정성 판단 • 시공방법
태양전지 모듈의 선정	• 시장성 • 제작 가능성	• 설치형태에 적합한 모듈 선정 • 건축 자재로서의 적합성 결정
설치면적 및 시스템 용량 결정	• 건축물과 모듈의 크기	• 어레이 구성방안 고려 • 모듈 크기에 따른 설치면적 결정
사업비 검토	경제적일 것	건축자재 활용으로 인한 설치비의 최소화
시스템 구성	• 최적의 시스템 구성 • 복합시스템 구성방안 • 유지보수	• 성능과 효율 • 어레이 구성 및 결선방법 결정 • 발전량 시뮬레이션 • 계통 연계방안 및 효율적 전력공급 방안
구성요소별 설계	• 최대 발전 보장 • 기능성과 보호성	• 최대발전추종제어(MPPT) • 단독운전 방지 • 역전류 방지

(2) 시공 시 고려사항

① PV 모듈에 부분적인 음영이 발생되지 않아야 함
② PV 모듈 후면에 환기를 고려함
③ PV 모듈 표면의 청결상태 유지를 고려해야 함
④ 일사 및 습기로부터 배선을 보호해야 함

9) 활성화 방안

(1) 직접적인 BIPV 지원정책 마련
(2) BIPV 인증체제 뒷받침 구축
(3) 차별화된 R&D 특성화

10) 결론

(1) PV 적용 시 기존 외장재의 재료 및 시공비가 상쇄하여 경제성이 확보됨
(2) 부하가 발생하는 지점에 발전함으로써 손실 감소의 장점이 있음
(3) 지구환경 문제 및 에너지 절감 문제에 대해서도 큰 장점이 있음
(4) 건축가, 건물엔지니어링 등 다양한 전문가의 유기적인 협력이 필요하며, 건축, 기계, 전기, 통신 등의 관련 분야가 많아 산업발전의 효과도 클 것으로 판단됨

8. 용어 개념

1) FF(Fill Factor : 충진율)

(1) 정의

개방전압(V_{oc})과 단락전류(I_{sc})의 곱에 대한 최대출력전압과 최대출력전류와의 곱에 대한 비율

$$FF = \frac{V_{\max} \times I_{\max}}{V_{oc} \times I_{sc}} = \frac{P_{\max}}{V_{oc} \times I_{sc}}$$

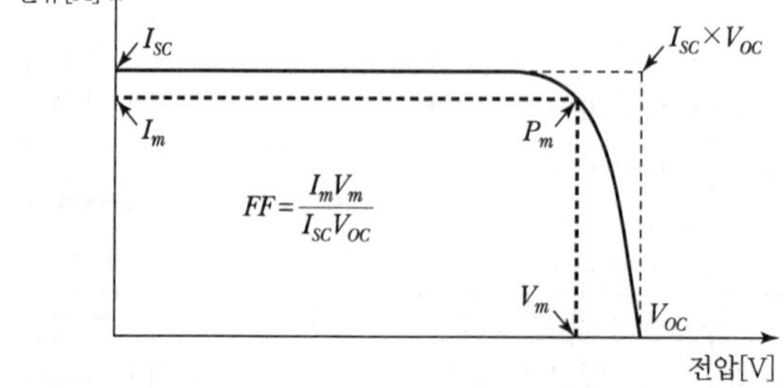

그림 5-15 ▶ 태양전지 전류-전압곡선에서의 FF

(2) 내용

① 이론상의 전력 대비 최대전력의 비
② FF 값은 0~1 사이의 값으로 표현하거나 백분율로도 나타냄
③ 태양광 품질에 있어서 가장 중요한 척도임
④ I_m과 V_m이 I_{sc}와 V_{oc}에 가까운 정도를 나타냄
⑤ 보다 큰 FF값이 클수록 유리함
⑥ 전형적인 FF의 값은 0.5~0.82 범위임
⑦ 전지의 효율에 직접적인 영향을 미치는 파라미터임
⑧ 태양전지 제조과정에 가장 민감한 태양전지 변수임

(3) 영향을 주는 요인

① 직렬저항
② 병렬저항
③ Diode 인자

2) 단락전류(Short Circuit Current : I_{sc})

(1) 정의

태양전지의 전극단자를 Short 시켰을 때 흐르는 전류로서 이때 전극단자가 단락이 되면 전압은 0가 되며 전류-전압곡선상에서 전압 "0"에서의 전류가 단락전류임

(2) I_{sc}의 단위 : 암페어[A]

(3) 단락전류밀도(J_{sc})

$$J_{sc} = \frac{I_{sc}}{\text{태양전지면적}}$$

① 적용 : 서로 다른 태양전지의 특성 비교에 이용됨
② 단위 : $\frac{A}{cm^2}$

(4) 내용

① 광에 의해 발생된 캐리어의 생성과 수집에 의해 발생됨
② 이상적인 태양전지의 경우 단락전류는 광생성전류와 동일함
③ 단락전류는 태양전지로부터 발생시킬 수 있는 최대전류임

(5) 영향요소

① 태양전지의 면적
② 입사 광자수
③ 입사광 스펙트럼
④ 태양전지의 수집 확률
⑤ 태양전지의 광학적 특성

3) 개방전압(Open Circuit Voltage : V_{oc})

(1) 정의

태양전지의 전극단자를 개방하였을 때 양단자 간의 전압을 말하며 전류-전압곡선상에서 전류가 흐르지 않을 경우의 전압임

(2) 단위 : 볼트(V), 밀리볼트(mV)

(3) 영향요소

① P형 반도체와 N형 반도체의 일함수의 차이로 결정됨
② 누설전류가 작을수록, 밴드갭이 클수록 높은 V_{oc}값이 발생됨

9. 태양전지의 효율(Solar Cell Efficiency : η)

1) 개념

단위면적당 입사하는 빛에너지와 태양전지의 출력의 비로서, 기준조건은 빛에너지가 $100[mW/cm^2]$이고 온도는 $25[℃]$를 기준으로 하며 효율은 다음과 같이 표현됨

$$\eta(\%) = \frac{V_{oc} \cdot J_{sc} \cdot FF}{P_{input}} \times 100[\%]$$

$$= \frac{V_{oc} \cdot I_{sc} \cdot FF[\%]}{A \cdot P_{input}} \times 100[\%] = \frac{P_{\max}}{A \cdot P_{input}} \times 100[\%]$$

여기서, V_{oc} : 개방단 전압[V]
FF : 곡선인자($0 \leq FF \leq 1$)
J_{sc} : 단락전류밀도[A/cm^2]
A : 태양전지면적

2) 단위

(1) 0과 1의 사이 값

(2) 백분율 퍼센트(%)

3) 내용

(1) V_{oc}, J_{sc}, FF는 출력 특성요소임

(2) 효율이 최대가 되기 위해서는 FF(Fill Factor)가 클수록 유리함

(3) 입사광선의 온도, 강도 및 스펙트럼이 주변환경에 영향을 받을 수 있음

(4) 전지온도가 증가하면 효율은 감소하게 됨

10. 최대전력추종(MPPT : Maximum Power Point Tracking)

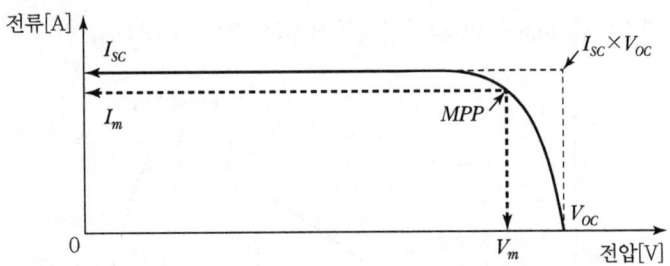

그림 5-16 ▶ 태양광 모듈의 전압-전류특성곡선

1) 최대전력의 개념

① 태양전지에서 발생되는 전압과 전류를 곱하여 최대가 되는 출력 전력점을 최대전력점이라 함

② 그때의 전류와 전압의 값이 최대전류($I_{\max}$), 최대전압($V_{\max}$)임

③ 태양광 발전에서는 전력전자 기술을 이용하여 태양광 System이 항상 최대출력점에서 동작하도록 최대전력 추종 System 기능을 가지도록 하여 출력 효율을 증가시킴

④ 태양전지에 연결된 부하의 조건이나 방사조건에 의해 좌우되므로 실제 동작점은 그림에 나타난 최적 동작점에서 약간 벗어나게 됨

2) 최대전력 추종제이 방식

MPPT(Maximum Power Point Tracking)란 태양전지 셀의 일사강도-온도특성 또는 태양전지 어레이의 전압, 전류 특성에 따라 최대출력운전이 될 수 있도록 추종함

(1) 직접제어

① 개념

  센서를 통해 일사량, 온도 등의 외부 조건을 측정하여 최대전력 동작점이 변하는 온도, 일사량을 미리 입력하여 비례제어하는 방식

② 장단점

장점	단점
• 구성이 간단함 • 외부 상황에 즉각 대응이 가능함	성능이 떨어짐

(2) 간접제어

① $P\&O$ 기법

  ㉠ 태양전지 어레이의 출력전압을 주기적으로 증감시키고, 이전 출력전력과 현재 출력전력을 비교하여 최대전력동작점(MPPT)을 찾는 방법

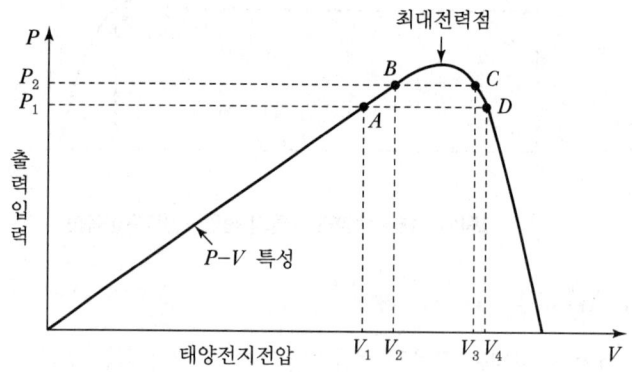

그림 5-17 ▶ $P\&O$ 기법 최대출력 추종제어

  ㉡ 동작전압을 V_1에서 V_2로 변화시켜 출력전력이 $P_1 < P_2$로 된 경우 재차 V_2에서 V_1에 되돌려서도 $P_1 < P_2$로 된 경우이므로 동작전압을 V_2로 변화시킴

② Inc-Cond(Incremental Conductance) 방법

  ㉠ 태양전지 어레이의 출력 Conductance와 증분 컨덕턴스를 비교하여 최대전력동작점 MPPT를 찾는 방법

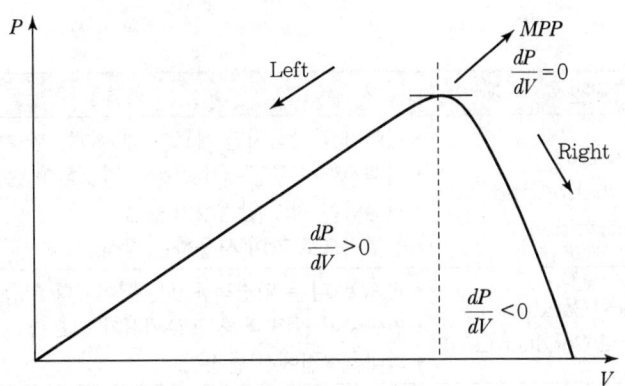

그림 5-18 ▶ Inc-Cond 최대출력추종제어

ⓒ $\frac{dP}{dV} > 0$이면 전압을 증가시키고, $\frac{dP}{dV} < 0$이면 전압을 감소시켜 $\frac{dP}{dV} = 0$이 되도록 제어함

③ Hysterisis-Band 변동제어

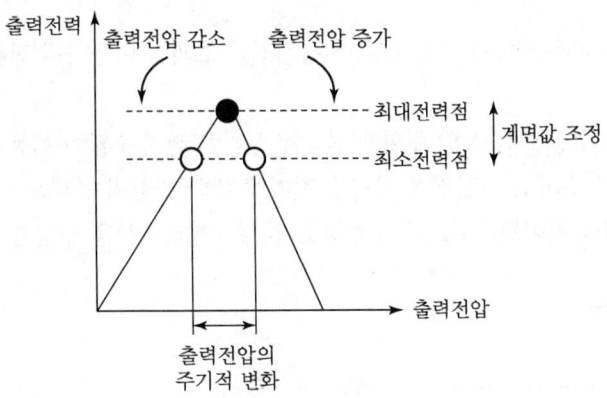

그림 5-19 ▶ Hysterisis-Band 최대출력추종제어

㉠ 태양전지 어레이 출력전압을 최대전력점까지 증가시킨 후, 임의의 Gain을 최대전력점에서이 전력과 곱하여 최소전력값을 지정함
㉡ 지정된 최소전력값은 두 개가 생기므로 최대전력점을 기준으로 어레이 출력전압을 증가 또는 감소시키면서 매 주기적으로 동작함
㉢ 이 기법의 장점은 어레이 그림자 영향 혹은 모듈의 특성으로 인하여 최대전력점 부근에서 최대전력점이 한 개 이상 생기는 경우 최대전력점을 추종할 수 있음
㉣ 반면 매 주기마다 어레이 출력전압을 증가·감소시키므로 최대전력점에서의 전력 손실이 발생됨

3) 특징 비교

구분	특징
P&O (Perturbation and Observation)	• 제어가 간단하지만 빠르게 변화하는 환경에는 추종할 수 없음 • 최대전력점 부근에서 진동이 발생하여 손실이 발생 • 연산량이 적고 안정성이 높음 • 실무적으로 많이 사용하는 방식
Inc-Cond (Incremental Conductance)	• P&O보다는 환경적응성은 뛰어나나 추종속도가 느림 • 연산량이 많아 빠른 프로세서가 필요함 • 최대출력점에서 안정함
Hysterisis-Band 변동제어	• 일사량 변화 시 효율이 높음 • Inc-Cond보다 성능이 뒤짐

11. 간이등가회로 구성 및 전류 - 전압곡선

1) 개요

(1) 태양광 전지는 태양광이 입사될 때 광기전력 효과를 이용하여 전류, 전압을 발생시키는 장치임

(2) 효율이 우수한 이유로 인해 현재 결정계 실리콘 전지가 많이 사용되나 온도 상승에 따른 출력 저하 문제로 비결정계 실리콘 전지에 대한 관심이 증대되고 있음

(3) 태양전지의 간이등가회로를 구성하고 전류 - 전압곡선을 설명함

2) 간이등가회로

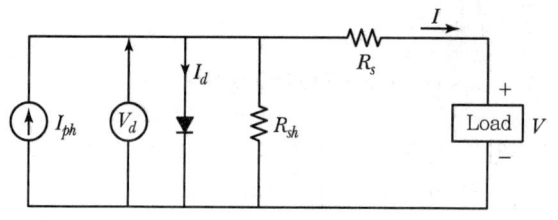

여기서, I_{ph} : 광전류
R_{sh} : 각 셀의 병렬저항[Ω]
R_s : 셀의 직렬저항[Ω]
V_{oc} : 무부하 시 양단전압[V]
V_d : 다이오드 양단전압[V]

그림 5-20 ▶ 태양전지의 등가회로

(1) 빛이 태양전지에 조사되면 태양전지의 등가회로는 상기와 같은 회로가 구성됨

(2) 태양전지는 광발전 I_{ph}의 정전류원과 다이오드로 구성됨

(3) 물질 자체의 저항 성분인 직렬저항 R_s와 PN 접합부에서의 분로저항 R_{sh}가 존재하게 됨

(4) 이론적으로 직렬저항(R_s)값은 작을수록, 병렬저항은 클수록 좋음

3) 전류 – 전압곡선

  (1) 이상적인 경우 광투사 시 전류 – 전압 관계

$$I = I_{ph} - I_d \left(\left[\exp\frac{qv}{nkT} - 1 \right] \right)$$

  (2) 실제 직렬저항 R_s와 병렬저항 R_{sh}가 가해져서 전류식(출력전류)

$$I = I_{ph} - I_d \left[\exp\frac{qv}{nkT} - 1 \right] - \frac{V + IR_s}{R_{sh}} \quad \cdots\cdots\cdots\cdots\cdots\cdots \text{식 (1)}$$

여기서, I : 출력전류[A] k : 볼츠만 상수
I_{ph} : 광전류[A] T : 태양전지동작온도(절대온도)[°K]
I_{sc} : 단락전류[A] q : 전하량
I_d : 다이오드 포화전류[A] V : 부하전압[V]
n : 다이오드 성능지수(이상계수) $V_{oc}(v)$: 개방단 전압[V]
v : 다이오드 양단전압[V]

  (3) 개방단 전압(V_{oc})

$$V_{oc} = \frac{nkT}{q} ln\left(\frac{I_{ph}}{I_d} + 1\right)$$

  (4) 단락전류

$$I_{sc} = I_{ph} - I_d \left[\exp\frac{qIR_s}{nkT} - 1 \right]$$

12. 파워컨디셔너

  1) 회로방식

    (1) 상용주파 변압기 절연방식

① 변환방식을 PWM 인버터를 이용하여 상용주파수의 교류로 만드는 것이 특징임
② 상용주파수 변압기를 이용하여 절연과 전압변환을 하기 때문에 내부 신뢰성이나 Noise-Cut이 우수함
③ 변압기로 인한 중량 증가
④ 효율이 저하되는 단점이 있음

(2) 고주파 변압기 절연방식

① 소형, 경량
② 회로가 복잡하고 가격이 고가임
③ 국내의 경우 적용한 사례가 거의 없음

(3) 트랜스리스 방식(Transless)

2차 회로에 변압기를 사용하지 않는 방식
① 소형 경량으로 가격적인 측면에서도 안정되고 신뢰성이 높음
② 상용전원 간의 사이가 비절연임
③ 전자적인 회로를 보강하여 절연변압기를 사용한 것과 같은 제품이 출현됨

2) 회로방식별 비교

방식	회로도	내용 설명
상용주파 변압기 절연방식	PV - DC-AC 인버터 - 변압기	태양전지 직류출력을 상용주파의 교류로 변환한 후 변압기로 절환하는 방식
고주파 변압기 절연방식	PV - DC-AC 고주파 인버터 - 고주파 변압기 - AC-DC DC-AC 인버터	태양전지의 직류출력을 고주파의 교류로 변환한 후 소형의 고주파 변압기로 절연을 함. 그 후 일단 직류로 변환하고 재차 상용주파의 교류로 변환하는 방식
트랜스리스 방식	PV - DC-DC 컨버터 - DC-AC 인버터	태양전지의 직류출력을 DC-DC 컨버터로 승압하고 인버터에서 상용주파의 교류로 변환하는 방식

3) 기능

(1) 자동 운전·정지 기능

① 파워컨디셔너는 일출과 함께 일사강도가 증대하여 출력이 발생되는 조건이 되면 자동적으로 운전을 시작함
② 운전을 시작하게 되면 태양전지의 출력을 자체적으로 감시하여 자동적으로 운전을 계속하게 됨

③ 해가 질 때도 출력이 발생되는 한 운전을 계속하며 일몰 시에 운전을 정지하게 됨
④ 흐린 날이나 비오는 날에도 운전을 계속할 수는 있지만 태양전지 출력이 적게 되고 파워컨디셔너 출력이 거의 0이 되면 대기상태로 되는 기능을 말함

(2) 단독운전 방지 기능

① 수동적 방식
  ㉠ 전압위상 도약 검출방식
    • 계통 연계 시 파워컨디셔너는 역률 1로 운전되어 유효전력만 공급
    • 단독운전 시 유효·무효 전력공급으로 전압위상이 급변하며 이를 검출함
  ㉡ 제3차 고조파 전압 급증 검출방식
    단독운전 이행 시 변압기의 여자전류 공급에 동반하는 전압 변형의 급변을 검출하는 방식
  ㉢ 주파수 변화율 검출방식
    주로 단독운전 이행 시에 발전전력과 부하의 불평형에 의한 주파수의 급변을 검출하는 방식

② 능동적 방식
  ㉠ 주파수 시프트 방식
    파워컨디셔너의 내부 발진기에 주파수 바이어스를 부여하여 두고 단독운전 시에 나타나는 주파수 변동을 검출하는 방식
  ㉡ 유효전력 변동방식
    파워컨디셔너의 출력에 주기적인 유효전력 변동을 부여하여 두고 단독운전 시에 나타나는 전압, 전류 또는 주파수 변동을 검출하는 방식
  ㉢ 무효전력 변동방식
    파워컨디셔너의 출력에 주기적인 무효전력 변동을 부여하여 두고 단독운전 시에 나타나는 주파수 변동을 검출하는 방식
  ㉣ 부하변동방식
    파워컨디셔너의 출력과 병렬로 임피던스를 순시적 또는 주기적으로 삽입하여 전압 혹은 전류의 급변을 검출하는 방식

(3) 최대전력 추종제어

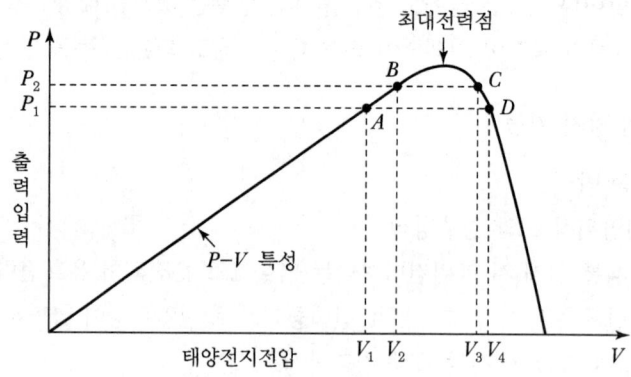

그림 5-21 ▶ 최대출력 추종제어

① 태양전지 어레이의 출력전압을 주기적으로 증감시키고, 이전 출력전력과 현재 출력전력을 비교하여 최대 전력 동작점(MPPT)을 찾는 방법
② 동작전압을 V_1에서 V_2로 변화시켜 출력전력이 $P_1 < P_2$로 된 경우 재차 V_2에서 V_1에 되돌려서도 $P_1 < P_2$로 된 경우이므로 동작전압을 V_2로 변화시킴

(4) 자동전압 조정 기능

태양광 발전시스템을 계통에 역송전 운전을 하는 경우 전력의 역송 때문에 수전점의 전압이 상승하며 이를 방지하기 위하여 자동전압 조정 기능을 설치하여 전압 상승을 방지하고 있음

(5) 직류 검출 기능

① 파워컨디셔너는 반도체 스위치를 고주파로 스위칭 제어하기 때문에 소자의 불균형 등에 따라 그 출력에 약간의 직류분이 중첩됨
② 상용주파 절연변압기를 내장하고 있는 파워컨디셔너에서는 직류분이 절연변압기를 통해 어느 정도 줄이고 계통 측에 유출되지 않음
③ 고주파 변압기 절연방식이나 트랜스리스 방식에서는 파워컨디셔너 출력이 직접계통에 접속되기 때문에 다소 직류분이 존재함
④ 이를 방지하기 위해서 고주파 변압기 절연방식이나 트랜스리스 방식의 파워컨디셔너에서는 출력전류에 중첩되는 직류분이 정격교류 출력전류의 0.5[%] 이하일 것을 요구하고 있음
⑤ 직류분을 제어하는 직류제어 기능과 함께 이 기능에 장해가 생긴 경우에 파워컨디셔너를 정지시키는 보호 기능이 내장되어 있음

(6) 지락전류 검출 기능

① 태양전지에서는 지락이 발생하면 지락전류에 직류 성분이 중첩되어 통상의 누전차단기에서는 보호되지 않는 경우가 있음
② 파워컨디셔너 내부에 직류의 지락검출기를 설치하여 그것을 검출·보호하는 것이 필요함

13. 염료감응형 태양전지

1) 개요

(1) 염료감응형 태양전지는 식물의 광합성 원리를 응용하여 태양빛을 전기에너지로 변환하는 태양전지임
(2) 염료, 나노입자 다공질 반도체(TiO_2), 전해질 등으로 구성되어 있으며 표면에 화학적으로 흡착된 염료 분자가 태양빛을 받아서 전자를 생성함으로써 전기를 생산함
(3) 태양전지의 종류를 간단히 구분하고 개발배경, 구성도 및 원리, 특징, 실리콘 태양전지와의 비교, 향후 전망에 대해 설명함

2) 태양전지의 종류

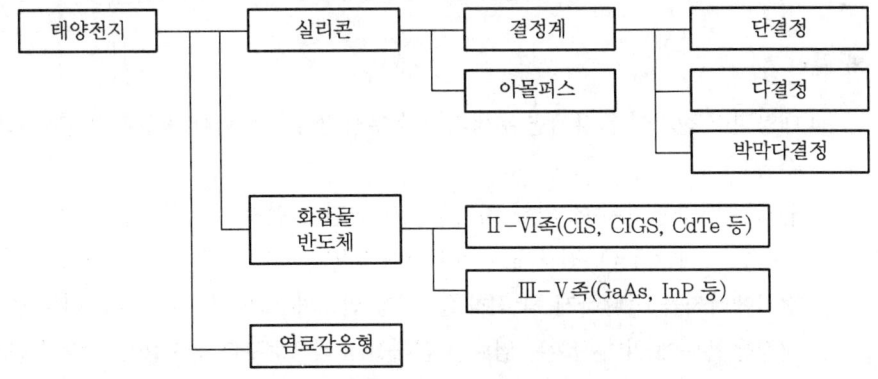

그림 5-22 ▶ 태양전지의 구분

3) 개발배경

(1) 실리콘 태양전지는 고가의 장비와 고비용의 제조공정으로, 타 전지에 비해 가격 경쟁력 측면에서 불리한 실정임
(2) 염료감응형 태양전지는 가격이 싼 상대전극의 소재를 개발함으로써 상용화 및 보급 확대가 될 것으로 기대됨

4) 구성도 및 원리

(1) 구성도

① 샌드위치 구조의 투명기판
② 전지 내부
  ㉠ 코팅된 투명전극
  ㉡ 나노입자로 구성된 다공질 TiO_2
  ㉢ TiO_2 입자의 표면에 단분자층으로 코팅된 염료고분자
  ㉣ 두 전극 사이에 30~100[μm] 두께의 공간을 채우고 있는 산화 환원용 전해질 용액
  ㉤ 전해질 환원용 상대전극

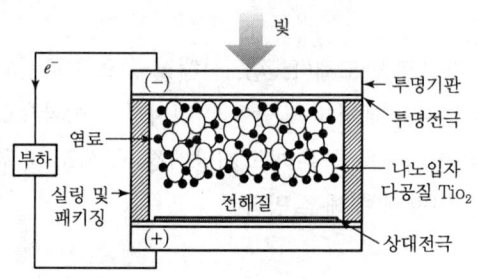

그림 5-23 ▶ 염료감응형 구조

(2) 원리

① 태양빛이 전지에 입사되면 투명기판과 투명전극을 통과한 광양자가 염료고분자에 흡수됨
② 염료는 태양광 흡수에 의해 여기상태가 되면서 전자를 생성함
③ 생성된 전자는 TiO_2 전도대로 이송되어 투명전극을 통해 외부 회로로 흘러들어가서 전기에너지를 전달하게 됨(전해질 : P형 반도체 역할, TiO_2 : N형 반도체 역할)
④ 태양광 흡수에 의해 산화된 염료는 전해질 용액으로부터 전자를 공급받아 원래 상태로 환원됨. 이때 전해질은 산화, 환원 쌍으로서 상대전극으로부터 전자를 받아 염료에 전달하는 역할을 담당함

5) 특징

기존 실리콘 태양전지에 비하여 다음과 특징이 있음

장점	단점
• 제조공정이 단순함 • 전지가격이 저렴함(실리콘 가격의 20~30[%] 정도) • 일광량의 영향을 적게 받음(부분적인 음영에 덜 민감함) • 화학적인 안정성이 매우 우수함(10년 이상 사용하여도 초기 효율을 거의 유지) • 친환경적임(카드뮴 등이 없음) • 저가격화(백금 → 탄소나노튜브) • 다양한 색상 구현으로 건물일체형 태양전지(BIPV)에 적용 가능함	• 전기변환 효율이 낮음 • 액체 전해질의 경우 휘발하는 성질이 있음 • 상용화 단계까지 충분한 연구가 필요함

6) 실리콘 태양전지와의 비교

구분	염료감응형 태양전지	실리콘 태양전지
투명성	가능	불가능
유연성	가능	불가능
색상	다양한 색상	흑색, 청색
출력	$1[W]/100[cm^2]$	$2[W]/100[cm^2]$
효율	10[%]	20[%]

7) 향후 전망

(1) 염료감응형 태양전지는 실리콘 태양전지에 비해 출력 및 효율성이 낮은 단점의 극복이 필요하며, 최근 많은 연구와 노력으로 전해질 누수와 휘발의 문제가 해결되고 있는 추세에 있음

(2) 상대전극 소재를 개발하여 저가격화를 실현하면 상용화 및 보급 확대가 기대되며 건물일체형 태양전지(BIPV)에 적용하여 Energy Saving, CO_2 저감 및 지구온난화 방지에 크게 기여하는 획기적인 태양전지가 될 것으로 판단됨

(3) Window 및 Wall용 BIPV 제품이 본격적으로 시장에 진입되면서 성장이 가속화 될 것으로 예상됨

14. 태양광 모듈에서 발생하는 Hotspot(열점)

1) 개념

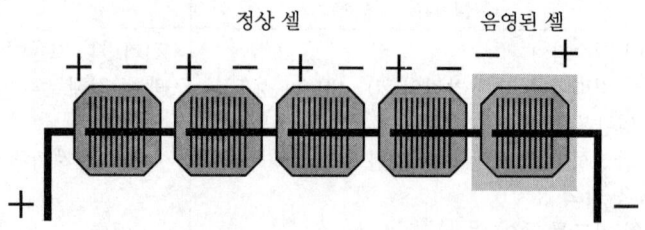

그림 5-24 ▶ Hotspot(열점) 개념도

(1) 태양광 발전 모듈에 조사되는 햇볕이 국부적으로 가려지거나, 태양전지의 특성 편차나 일부 태양전지의 결함과 특성 열화 또는 결선 등의 모듈 회로 결함으로 인한 출력 불균형 때문에 역바이어스가 발생하여 모듈 온도가 국부적으로 상승하는 현상

(2) 즉 직렬연결된 셀 중 하나의 셀에 음영이 발생된 경우, 정상 셀에서 생성된 전기에너지가 음영 처리된 셀로 이동하면서 열에너지로 전환되어 Hotspot이 발생됨

2) Hotspot(열점)의 원인

(1) 음영의 원인이 가장 큼

음영의 종류	내용
일시적이고 간헐적인 음영	• 겨울의 눈, 가을의 낙엽 • 황사에 의한 오염 등
반복적인 음영	• 건물, 산, 송전철탑 • 전주, 보안등(가로등) 등
설계상의 오류	• 모듈/어레이 상호 간 음영

(2) 모듈의 오염

(3) 태양전지의 특성 편차나 일부 태양전지의 결함

(4) 결선 등의 모듈 회로 결함

(5) 스트링 내 불량한 태양전지 연결

3) 영향

(1) 발열로 인한 모듈의 변색 및 파손

(2) 발전량이 저감됨

(3) 최악의 경우 태양광 어레이에 전반적 피해 발생

4) 대책

(1) By-Pass Diode 설치
(2) 황사, 먼지 등 제거
(3) 어레이 간 이격거리 유지
(4) 주기적인 청소

15. 신재생에너지 공급의무화제도(RPS : Renewable Portfolio Standard)

1) RPS의 정의

일정규모(500[MW]) 이상의 발전설비(신재생에너지 설비는 제외)를 보유한 발전사업자(공급의무자)에게 총발전량의 일정비율 이상을 신재생에너지로 공급하도록 의무화하는 제도

2) 도입배경

(1) 신재생에너지 보급 목표 대비 실적 미흡
(2) 신재생에너지 보급 확대 및 산업 발전을 위한 새로운 보급정책의 필요성
(3) 정책 목표 달성의 효과적인 수단의 필요성

3) RPS 관련 정책추진실태

(1) 2003년 12월 제2차 신재생에너지 기본계획 : RPS 도입 제안
(2) 2008년 9월 Green Energy 발전전략 : RPS 도입 천명
(3) 2008년 12월 제3차 신재생에너지 기본계획 : RPS 도입 반영
(4) 2012년 1월 1일부터 시행됨

4) 발전차액지원제도(FIT)와 신재생에너지 공급의무화제도(RPS) 비교

구분	FIT	RPS
개념	발전사업자에 대한 직접적인 보조금 지원 방식	정부가 신재생에너지 산출량을 직접 규제하는 방식
장점	• 중소기업 발전촉진 • 투자의 확실성 • 신재생에너지의 분산배치 가능	• 공급 규모 예측이 용이함 • 시장경쟁을 통한 효율성 향상 • 정부 재정부담이 없음
단점	• 적정가격 책정이 어려움 • 정부 재정부담이 큼 • 안정적 사업행위가 가능해 신재생에너지 기술개발을 저해함	• 기술개발이 약한 상태에서 경쟁체제 도입 시 외국의 기술시장 선점 우려 • 발전 단가가 낮은 에너지로 편중 • 중소기업 참여의 어려움

5) 법적 근거

「신에너지 및 재생에너지 개발·이용 보급 촉진법」 제12조제5~9항

6) 사업의 내용

(1) 공급 의무자 범위(2022년 기준 총 24개사)

㉠ 그룹1(6개사)

한국수력원자력, 한국남동발전, 한국중부발전, 한국서부발전, 한국남부발전, 한국동서발전

㉡ 그룹2(18개사)

한국지역난방공사, 한국수자원공사, SK E&S, GS EPS, GS파워, 포스코에너지, 씨지앤율촌전력, 평택에너지서비스, 대륜발전, 에스파워, 포천파워, 동두천드림파워, 파주에너지서비스, GS동해전력, 포천민자발전, 신평택발전, 나래에너지, 고성그린파워

(2) 의무 공급량

㉠ 의무 공급량=공급 의무자의 총발전량(신재생에너지 발전량 제외)×의무비율

㉡ 연도별 의무공급 비율(「신에너지 및 재생에너지 개발·이용 보급 촉진법 시행령」 별표 3)

해당 연도	22년	23년	24년	25년	26년	27년	28년	29년	30년 이후
비율[%]	12.5	13.0	13.5	14.0	15.0	17.0	19	22.5	25.0

(3) 과징금 부과

① 의무 공급량 미이행분에 대해서 과징금을 부과함

② 공급인증서 평균거래 가격의 150[%] 이내에서 불이행 사유, 불이행 횟수 등을 고려해서 과징금을 부과함

(4) 의무 공급량 미이행분에 이행 연기

의무 공급량의 20[%] 이내에서 3년의 범위 내에서 연기 허용

(5) 신재생에너지 공급인증서(REC : Renewable Energy Certificate)
① 발전사업자가 신재생에너지 설비를 이용하여 전기를 생산 공급하였음을 증명하는 인증서
② 공급의무자는 의무 공급량을 신재생에너지 공급인증서를 구매하여 충당할 수 있음
③ 공급인증서 발급대상 설비에서 공급된 MWh 기준의 신재생에너지 전력량에 대해 가중치를 곱하여 부여

7) 도입 효과
(1) 온실가스 감축을 통한 기후 변화에 대응
(2) 부존에너지 활용을 통한 에너지 안보 확보
(3) 정부의 재정적인 부담 없이 효과적으로 신재생에너지 공급목표 달성
(4) 시장원리에 의한 신재생에너지 시장 형성
(5) 사업자 간의 경쟁력 향상
(6) 신재생에너지의 종류별 합리적인 가격결정을 기대할 수 있음

SECTION 05 | 태양열 발전

태양열 발전은 태양에너지를 집열하여 집열장치에 저장한 후 이 열에너지를 터빈 발전기에 공급하여 전기에너지로 변환하는 시스템을 말한다(태양 복사에너지의 가시광선대를 이용함).

1. 발전시스템의 구성요소

집광경과 흡수체는 태양열을 집열하고 그 에너지로 흡수체로 둘러싸인 파이프 내의 열매체가 가열된다. 가열된 열매체는 축열 열교환장치, 증기터빈, 복수기에서 차례로 열에너지를 소비하면서 다시금 집열부(흡수체)로 루프 내를 순환하게 된다.

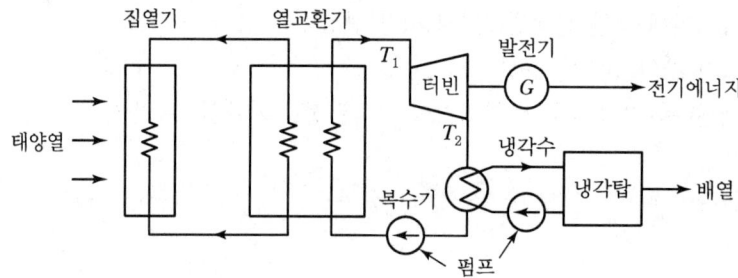

그림 5-25 ▶ 태양열 발전시스템 기본 구성도

2. 태양열 에너지 집광방법에 따른 분류

1) 분산형

넓은 부지 1면에 수많은 집열기(집광경과 흡수체를 조합한 것)를 배치하여 집열하는 법

(1) 장점

① 여러 종류의 집열기를 조합, 배치로 소요온도의 열에너지를 얻을 수 있음
② 설비비, 운전보수비가 적게 듦(1대당의 집열기 구조는 비교적 간단함)
③ 지형이나 장소에 의한 영향을 적게 받음

(2) 단점

각 집열기를 연결하고 있는 열수송용 파이프가 길어 열손실이 커짐(넓은 부지면적에 설치한 집열기로 각각 집광하여 열에너지를 모으기 때문)

2) 집중형

넓은 대지에 내리쬐는 태양광을 한 곳에 모아서 집열하는 방법

(1) 장점

① 집광비가 커서 고온 열에너지를 쉽게 얻을 수 있어 열기관 효율면에서 유리
② 태양광을 한 곳으로 집중시키기 때문에 열수송을 위한 파이프가 짧아도 됨
③ 열손실량은 분산형에 비해 적음

(2) 단점

① 태양을 추미하는 장치성능에 한계가 있어 도달온도에 상한이 있음
② 계절에 의한 집열량 변화 및 집광비가 커짐으로써 일어나는 열흡수기상의 열적 장애 문제가 있음

3) 평면 – 곡면 병용법

분산형과 집중형 모두를 병용한 방법

3. 발전시스템 규모에 따른 분류

1) 소규모 태양열 발전시스템

(1) 수십~수백[W]급으로서 열효율이 낮고 가격이 비싸며 열손실이 큼
(2) 태양광 발전시스템보다 경제성이 없음

2) 중규모 태양열 발전시스템

(1) 수십~수백[kW]급으로서 분산형 시스템이 주로 사용됨
(2) 다소 경제성이 있음

3) 대규모 태양열 발전시스템

(1) 수백[kW]~수십[MW] 급으로서 중앙집중형 시스템이 대부분 적용됨
(2) **대표적 시스템** : SEGS(Solar Electric Generating System, Luz사에서 건설)

4. 태양열 발전의 특성

1) 태양열 발전용

(1) **터빈의 종류** : 증기터빈, 가스터빈, 유기매체 터빈 등
(2) 현재 집열온도 300~550[℃] 정도의 대용량 증기터빈이 사용

2) 용도

일반의 전력공급 외에 배열을 지역난방에 이용하는 방법이 고려

3) 현황

(1) **현재 가동 중인 상용 발전 플랜트** : 미국 캘리포니아주의 SEGS 플랜트
(2) 집열장치는 분산형을 사용, 발전용량은 350[MW]

4) 향후 해결과제

(1) 태양열 발전시스템을 구성하는 각 기기의 특성 개선, 내기후성, 신뢰도 향상
(2) 플랜트 전체의 코스트 저감화
(3) 시스템 전체의 안정화
(4) 전력계통과의 협조 운용방식

5. 태양열 발전의 특징

1) 장점

(1) 유지보수비가 적음
(2) 다양한 적용 및 이용성
(3) 무공해, 무제한 청정에너지원으로 원료비가 들지 않음
(4) 기존의 화석에너지에 비해 지역적 편중이 적음
(5) 발전용량에 신축성이 있고 발전시설의 유동성이 있음
(6) 에너지 안보와 전략기술, 장기간의 경제성장과 밀접한 관련 있음
(7) 수명이 20년 이상으로 길고, 자동화로 유지관리가 쉬움

2) 단점

(1) 초기 설치비용이 많음
(2) 자연 여건에 따라 출력이 변동함
(3) 유가의 변동(석유가격에 비해 비경제적)에 따른 영향이 큼
(4) 봄, 여름은 일사량 조건이 좋으나 겨울철에는 조건이 불리함
(5) 에너지 밀도가 매우 낮아 에너지 자원의 수집·이용에 많은 비용이 필요
(6) 태양전지를 만들 때 필요한 반도체 생산과정에서 오염물질이 발생함

SECTION 06 | 해양에너지 발전

해양에너지 자원개발은 점차 심화되어 있는 지구 환경오염 문제에 효과적으로 대응할 수 있는 방안의 하나이다. 해양에너지를 유효하게 이용하는 발전방식에는 조력, 조류, 파력, 해양 온도차 발전 등이 있으며 대규모로 상용화된 것이 조력발전이다.

1. 조력발전

1) 원리

바닷물을 수문을 통해 저수지에 끌어들이고 만조 시 해면 수위와 저수지의 수위가 같아지면 수문을 닫고 간조 시에는 해면의 수위가 낮아지므로 해수를 저수지로부터 바다로 방류시키면서 수차를 돌려 발전하는 방식

2) 특징

(1) 장점

① 공해 발생 문제가 전혀 없는 청정에너지
② 석유나 석탄처럼 희소 자원이 아닌 고갈되지 않는 무한 에너지
③ 초기의 막대한 투자에 비하여 연 유지비가 투자비의 3.63[%]로 매우 낮음
④ 에너지 밀도가 높아 대규모로 개발이 가능함
⑤ 조석의 반복 특성으로 인하여 발전 출력 장기예측이 가능함
⑥ 장기적이고 지속적인 공급이 가능함

(2) 단점

① 초기 투자 시 시설비가 많이 듦
② 경제성 면에서는 화력, 원자력 발전보다 **효율**이 떨어짐
③ 연간 조위의 변화가 균일하지 않음
④ 조수간만의 차가 일정한 시간대에서는 발전할 수 없음

3) 발전방식

(1) 단류식 창조발전

밀물 시 바다와 조지(호수)의 수위차에 따라 발전을 하고 썰물 시 해수호의 물을 방류하는 발전방식

(2) 단류식 낙조발전

밀물 시 수문을 열어 호수를 채운 후 수문을 닫고 썰물 시 바다와 조지(호수)의 수위차에 따라 발전하는 방식

(3) 복류식 발전

바다와 조지(호수)의 수위차가 발생하면 밀물과 썰물의 양쪽 방향으로 발전하는 방식

4) 국내외 조력발전 현황

(1) 국외 현황

조력발전소 입조로 매우 이상적인 곳은 1967년에 세워진 프랑스의 Brittany 지방의 240[MW] 용량의 랑스(La Rance) 발전소로 이 지역은 만의 입구가 협소하고 전수면적이 큰 지역이므로 조력발전이 가능함

(2) 국내 현황

① 시화호 조력발전소 : 240[MW] 용량
  ㉠ 국내 최초의 조력발전소이자 세계 최대의 조력발전소
  ㉡ 연간 5억 5,200만[kWh]의 전력을 생산
  ㉢ 연간 86만 2천 배럴의 유류 대체 효과와 15만 2천 톤의 CO_2 저감 효과
② 가로림 조력발전소 : 520[MW] 용량 추진 → 현재 백지화 상태

2. 조류발전

1) 원리

조류 흐름이 빠른 곳을 선정하여 그 지점에 수차발전기를 설치하고, 자연적인 조류 흐름을 이용하여 설치된 수차발전기를 가동시켜 발전을 하는 것으로, 풍력발전과 같이 유체 운동에너지를 이용하여 터빈을 회전시켜 전기를 생산함

2) 특징

(1) 장점

① 설치비용이 적게 듦(조력댐 없이 발전에 필요한 수차발전기만을 설치)
② 해양환경에 미치는 영향이 거의 없어 조력발전보다 더 환경친화적임
③ 해수유통이 자유로움

④ 동일 시설용량일 경우 풍력터빈에 비하여 조류터빈의 크기가 훨씬 적음(해수 밀도가 공기에 비하여 약 840배 정도 크기 때문)

(2) 단점
① 적지 선정에 어려움이 있음
② 자연적인 흐름의 세기에 따라 발전량이 좌우됨

3) 구성

(1) 터빈의 회전방향에 따른 분류
① 수평축 터빈 : 일방향 흐름, 즉 하천과 같이 일정한 흐름을 유지하는 경우에 유리
② 수직축 터빈 : 조류와 같이 흐름 방향이 변하는 경우에 유리

(2) 일반적으로 유속이 1[m/s] 내외인 곳에서도 가능하나, 경제성 있는 발전을 위해서는 유속 2[m/s] 이상일 경우가 바람직함

4) 국내외 기술동향

(1) 국외 현황
① 최근 환경보존에 대한 관심과 무공해 에너지에 대한 관심이 고조
② 선진국을 중심으로 조류력(Current Power)과 조류발전수차(Stream Turbine)에 관한 이론적 연구 및 실험적 연구가 활발히 수행
③ 조류발전의 상용화는 아직 본격 실현되지 않음
④ 조류발전기 개발을 중심으로 영국, 미국, 캐나다 등에서 실용화 연구 진행

(2) 국내현황
① 우리나라의 서·남해안은 조류발전 후보지가 산재
  조석간만차가 크고 리아스식 해안으로 구성
② 울돌목 조류발전소 : 최대 13[knot]에 달하는 강한 조류 흐름이 발생
  조류발전 최적지로 평가, 90[MW] 용량
③ 조류발전 가능 지역
  장죽수도, 맹골수도, 삼천포수도(대방수도) 및 경기만 내의 서수도 등

3. 파력발전(Wave Force Generation)

1) 원리

파도에 의해 수면은 주기적으로 상하운동을 하며 물입자는 전후로 움직이게 되는데 이 운동을 에너지 변환장치를 통해 기계적인 회전운동 또는 축방향 운동으로 변화시킨 후 전기에너지로 변환시키는 것을 파력발전이라 함

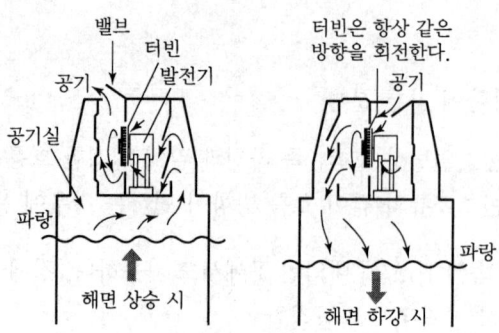

그림 5-26 ▶ 파력발전 개념도

2) 특징

(1) 장점
① 소규모 개발이 가능하고 방파제로 활용할 수 있어 실용성이 큼
② 한 번 설치하면 반영구적으로 사용할 수 있어 공해를 유발하지 않음

(2) 단점
① 심한 출력변동과 대규모 발전 플랜트를 해상에 계류시키는 데 기술적인 어려움이 있음
② 입지 선정이 까다로움
③ 초기 제작비가 많이 들어 발전단가가 화력발전 대비 2배에 달함

3) 발전방식 분류

(1) 가동물체형 방식
방식수면에 떠 있는 부체가 파랑의 운동에 의하여 상하 또는 회전운동을 하도록 하여 발전기를 회전시키는 방식으로 극소용량 전원(100[W] 이하)으로서 일부 실용화되고 있음

(2) 진동수주방식
파랑의 작용에 의해 공기실내 수위가 변동함에 따라 공기실내 공기가 압축, 팽창될 때 노즐을 통하여 발생하는 공기 흐름으로 터빈을 돌려 발전하는 방식(현재 연구개발 중)

4) 국내외 기술동향

(1) 파력자원이 풍부한 일본, 영국, 노르웨이 등에서 활발하게 추진

(2) **일본과 영국을 중심으로 다양한 형식의 파력발전장치 연구 개발**

　① 연안 고정식 : 진자식, 정압탱크식, 파력발전 케이슨 등

　② 부유식 : 카이메이, Mighty Whale 등

(3) 영국에서 2[MW]급 파력발전소가 상용 발전 중

4. 해양 온도차 발전

1) 원리

이 발전방식은 해양 표층의 온수(가령 20~30℃)와 바다 밑 500~1,000[m] 정도의 심층 냉수(4~7℃)의 온도차를 이용하는 것

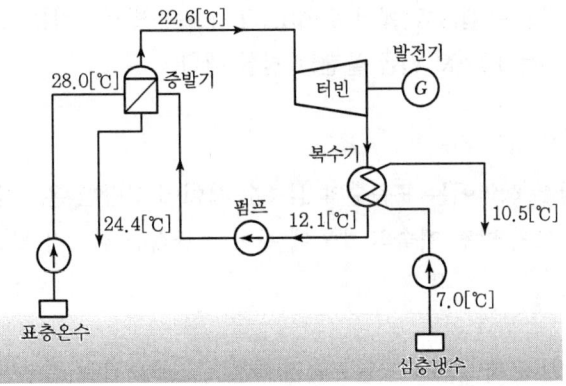

그림 5-27 ▶ 해양온도차 발전 개념도

2) 특징

(1) 장점

　① 공해 발생 문제가 없는 청정에너지

　② 양이 무한한 에너지

　③ 소규모 발전 가능

(2) 단점

　① 소비자와의 거리가 멂

　② 에너지 밀도가 작음

　③ 설치비가 고가

3) 발전방법 분류

   (1) 암모니아, 프로필렌 작동유체를 증발시켜 터빈발전기를 구동시키는 방법

   바다 표면의 온수가 작동유체시스템에 유입되어 열교환기를 통해 열전달이 일어나며 이 때 생성된 증기가 터빈을 회전시켜 전력을 생산하는 시스템을 말함

   (2) 해양 표면 온수를 작동유체로 직접 사용하는 방법

   해양 표면 온수를 펌프로 증발기에 유입하고, 증발기는 진공펌프로 압력을 낮추어 온수가 상온에서 비등하게 하며, 생성된 증기로 저압터빈을 구동시켜 전력을 생산하고, 터빈을 나온 증기는 심해의 냉수로 열교환기에서 응축되어 부산물로 담수를 얻음

4) 국내외 기술동향

   (1) 국외 동향

   ① 외국에서는 수십[kW]에서 수백[kW] 규모의 발전설비를 개발, 가동 중
   ② 미국에서는 100[MW]급 플랜트 건설 계획

   (2) 국내 동향

   ① 동해 남부 해역에는 표층수와 심층수 사이에 상당한 온도차가 존재
   ② 해양 온도차 발전 기술의 개발에 관한 전향적인 검토가 필요

   (3) 향후 과제

   ① 기술적인 문제 : 고효율 열교환기 개발, 심해 냉각수 취수방법, 플랜트 설치방법 등
   ② 환경적인 문제 : 심해 냉각수 이용 후 해양환경에 미치는 영향 검토 등의 연구 필요

5. 결론

화석연료 사용으로 인해 온실가스가 배출됨으로써 지구 온난화 등 지구 환경을 위협하는 현상이 발생하고 있다. 해양에너지의 한 종류인 조석현상은 주기적인 지속과 무한성으로 인하여 과거부터 주목받아 왔다. 초기 시설 투자비의 과다 문제가 있었으나 개발과 사용이 수월한 측면에서 미래 에너지 산업의 큰 매력이 될 수 있을 것이다.

SECTION 07 | 지열 발전

1. 원리

지열 발전이란 지중으로부터 끄집어 낸 지열에너지(증기)로 직접 터빈을 회전시키는 발전이다.

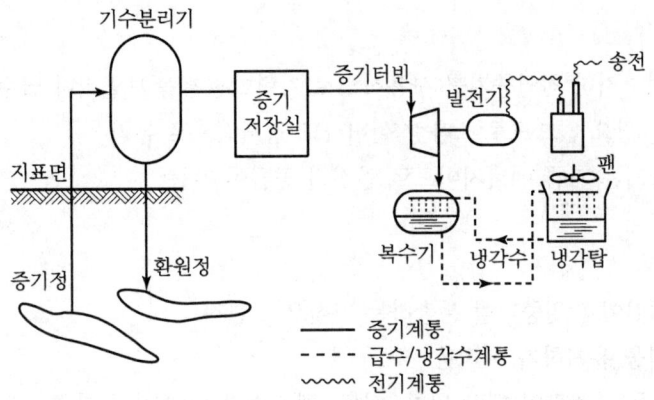

그림 5-28 ▶ 지열 발전 개념도

2. 발전방식 분류

1) 천연증기 이용 배압식

천연증기를 이용해서 발전하고 배기는 대기로 배출시키는 방식으로 설비비는 싸지만 발전 효율은 낮음

2) 열수분리 증기 이용 복수식

기수분리기로 포화증기를 얻어 발전에 이용하고 열수와 복수는 다시 지하로 되돌려 주는 방식으로서 현재 세계 각지에서 널리 채용되고 있음

3) 열수증기 병용식

기수분리기로 증기와 열수로 분리하고 증기를 터빈에 유도하는 것은 위의 증기 이용 복수식과 동일하지만, 이 방식은 열수도 플렛슈를 통해 저압 포화증기로 변환시켜 터빈의 혼압단에 보내가지고 이용하고 있음

4) 열교환 방식(열수 이용식)

열수 또는 천연증기로 다른 작동유체(프레온, 이소부탄 등의 저비등점 액체) 증기를 만들어서 밀폐 사이클(Closed Cycle)로 하는 방식임

3. 지열 발전의 특징

1) 장점

(1) **경제적** : 지하 천연증기를 사용하므로 기력발전처럼 보일러나 급수설비가 필요 없음
(2) 연료가 필요 없으므로 소용량 설비라도 경제적으로 유리
(3) 천연증기는 자급 에너지이므로 안정된 공급이 가능

2) 단점

(1) 개발지점이 지열증기를 분출하는 지점으로 한정
(2) **정출력을 유지하기 어려움**
　　채취되는 증기량이 해당 위치, 심도, 채취경력 등에 따라 다름
(3) **방식 대책 또는 스케일 대책 필요**
　　① 증기 중에 다량의 비응축 가스와 불순물이 포함되기 때문
　　② 천연증기가 너무 저압저온이므로 사전에 한 번 더 가열해 주어야 함

SECTION 08 | 연료전지

1. 개요

연료전지는 수소와 산소를 반응시켜서 물을 만들 때, 수소가 갖는 화학적 에너지를 전기에너지로 변화시켜 발전하는 방식으로 전기화학 반응을 이용하므로 발전효율이 40~60[%] 정도로 높고, 그 배열 이용 시 종합효율이 80[%] 정도로 기대된다.

2. 원리 및 구성

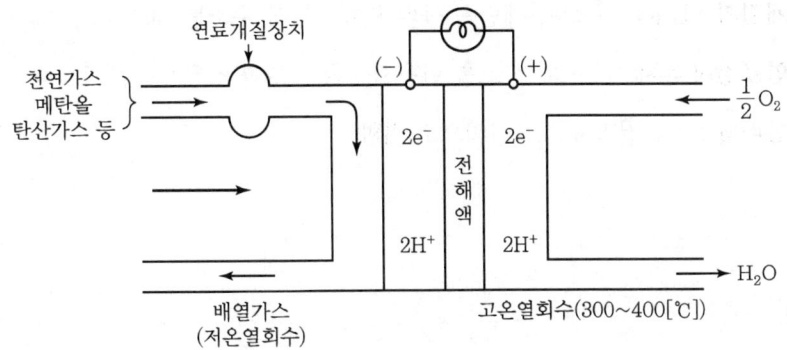

그림 5-29 ▶ 연료전지 원리

1) 원리

(1) (-)극(수소극 : 산화반응)

$$H_2 \rightarrow 2H^+ + 2e^-$$

수소가 (-)극에서 전자와 수소이온으로 되며, 수소이온($2H^+$)이 인산수용액 전해질 속을 지나 (+)극에 이동

(2) (+)극(산소극 : 환원반응)

$$\frac{1}{2}O_2 + 2H^+ + 2e^- \rightarrow H_2O$$

외부 회로를 통과한 전자와 전해액 중의 수소이온은 산소와 반응해서 물을 생성

(3) 이 반응 중에서 외부 회로에 전자 흐름이 형성되어 전류가 흐르게 됨

2) 구성

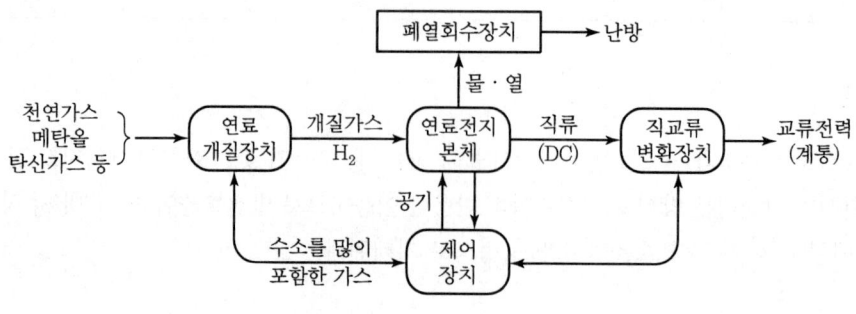

그림 5-30 ▶ 연료전지의 구성

(1) **개질기** : LNG, 나프타, 메탄올 등의 연료로부터 수소를 제조
(2) **연료전지 본체** : 수소와 산소를 반응시켜 물·열과 직류전력 발생
(3) **인버터** : 직류전력을 교류전력으로 변환

3. 특징

1) 장점

(1) 환경상 문제가 없어 수용가 근처에 설치 가능
(2) 부하조정이 용이하고, 저부하에서 효율 저하가 작음
(3) 에너지 변환 효율이 높음
(4) 다양한 연료 사용으로 석유 대체 효과 기대
(5) 단위출력당의 용적 또는 무게가 작음
(6) 설비의 모듈화가 가능해서 대량생산이 가능하고, 설치공기가 짧음

2) 단점

(1) 반응가스 중에 포함되어 있는 불순물 제거 필요
(2) Cost가 높고 내구성이 약함
(3) 불순물에 견딜 수 있는 전극재료의 개발 필요
(4) 충방전의 한계수명 보유로 수명이 짧음
(5) 전력변환장치 사용으로 고조파가 발생
(6) 수소 연료 저장에 대한 위험성

4. 종류별 비교

구분	인산형(PAFC) 1세대	용융탄산염(MCFC) 2세대	고체산화물(SOFC) 3세대	고체고분자(PEMFC) 4세대
원료연료	천연가스(개질) 메탄올(개질)	천연가스 석탄 가스화가스	천연가스 석탄 가스화가스	천연가스(개질) 수소메탄올(개질)
연료	수소	수소, 일산화탄소	수소, 일산화탄소	수소
전해질	인산수용액 (H_3PO_4)	리튬-나트륨계 탄산염 리튬-칼륨계 탄산염	지르코니아계 세라믹스	고분자막 (수소이온교환막)
이온전도체	수소이온	탄산이온	산소이온	수소이온
작동온도	200[℃]	650~700[℃]	900~1,000[℃]	100[℃] 미만
용도	분산발전형 (호텔, 사무실 등)	대규모 발전	대규모 발전	수송용 동력원
개발단계	실증-실용화	시험-실증	시험-실증	시험-실증
출력범위 [kW]	500~5,000	1,000~10,000	1,000~10,000	1~1,000
발전효율	35~45[%]	45~60[%]	45~65[%]	40~50[%]

5. 일반적인 수소 추출 기술

1) 추출

그림 5-31 ▶ 촉매 이용 수소 제조

(1) 원리

수증기 개질 기술 중 촉매를 이용한 개질 공정은 황성분이 제거된 천연가스를 개질시켜 고농도의 수소를 제조함

(2) 특징

① 기존 에너지 활용이 가능
② CO_2가 발생

2) 부생가스

그림 5-32 ▶ 부산물을 통한 수소 제조

(1) 원리

석유화학공정이나 철강 등을 만드는 과정에서 부산물로 수소를 제조함

(2) 특징

① 제조비용이 가장 저렴함
② 분리 정제로 제조됨

3) 수전해

그림 5-33 ▶ 수전해를 통한 수소 제조

(1) 원리

태양광, 풍력과 같은 신재생에너지로 생산한 전기를 물에 가하면 수소와 산소로 분해되는데, 이때 고순도의 수소가 제조됨

(2) 특징

① 탄소제로 수소 생산방법
② 제조비용이 고가임

6. 향후 전망

1) 소형 전원의 경우 배전계통의 증감 없이 도시 내부에서의 수용 증대에 대응 및 온수, 증기에 의한 열을 사용하여 냉난방에 사용
2) 대규모 전원의 경우 대용량 발전설비를 설치하여 운용 가능하므로 화력발전 대체 전원으로서도 이용 가능

SECTION 09 | 소수력 발전

1. 개요

소수력 발전은 소규모 하천의 물을 인공적으로 유도하여 저낙차 터빈을 이용한 발전방식으로 시설용량 10,000[kW] 이하의 수력발전을 말한다.

2. 개념도

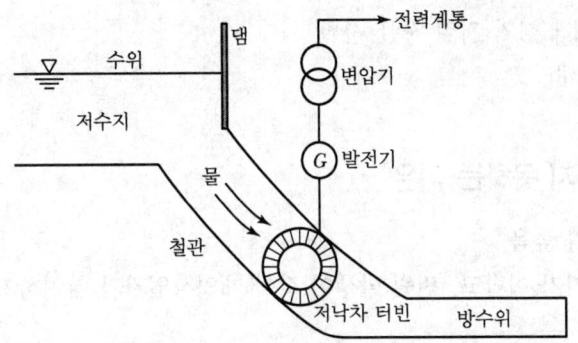

그림 5-34 ▶ 소수력 발전 개념도

3. 특징

1) 장점

(1) 국내 부존자원 활용으로 발전원가 저렴
(2) 전력생산 외에 농업용수 공급, 홍수 조절에 기여
(3) 일단 건설 후에는 운영비가 저렴
(4) 무공해 청정에너지
(5) 시공기간이 짧음
(6) 높은 에너지 변환 효율(발전 효율 : 80~90[%])
(7) 지역발전에 공헌(지역주민에게 고품격 문화관광 장소 제공)

2) 단점

(1) 대수력이나 양수발전과 같이 첨두부하에 대한 기여도가 낮음
(2) 초기 건설비 소요가 크고 발전량이 강수량에 따라 변동이 큼
(3) 수몰 시 보상이 필요하고 지역적으로 편재되어 있음

4. 출력규모에 따른 수력 발전 분류

표 5-4 ▶ 출력규모에 따른 분류

규모	설비 용량 기준
대수력(Large Hydropower)	100,000[kW] 이상
중수력(Medium Hydropower)	10,000[kW]~100,000[kW]
소수력(Small Hydropower)	1,000[kW]~10,000[kW]

5. 활성화 방안

1) 발전사업자에게 장기 저리 자금 지원
2) 자금 지원 확대

6. 보급이 확대되지 못하는 이유

1) 초기 투자비가 높음
2) 하천 인·허가가 어렵고, 민원 발생이 잦아 개인사업자가 참여하기 어려움

SECTION 10 | 폐기물 에너지 발전

1. 개요

사업장 또는 가정에서 발생되는 가연성 폐기물 중 에너지 함량이 높은 폐기물을 열분해에 의한 오일화 기술, 성형 고체연료의 제조기술, 가스화에 의한 가연성 가스 제조기술 및 소각에 의한 열회수 기술 등의 가공·처리방법을 통해 고체연료, 액체연료, 가스연료, 폐열 등을 생산하고 이를 산업 생산활동에 필요한 에너지로 이용될 수 있는 재생에너지이다.

2. 추진배경

1) 자연적 측면

경제규모에 비해 국토면적이 좁아 폐기물 매립 처리에는 근본적으로 한계가 있음

2) 사회적 측면

높은 인구밀도 및 서비스산업 중심의 산업구조로 단위면적당 생활폐기물 발생량 과다(미국의 9배, 프랑스의 3.5배)

3) 경제적 측면

신도시 건설, 도시개발 및 중화학공업 발달로 폐기물 발생량 증가, 폐기물관리·처리 비용 상승(특히, 건설폐기물이 과다 발생됨)

3. 특징

1) 비교적 단기간 내에 상용화가 가능
2) 폐기물 자원의 적극적인 에너지원으로의 활용
3) 인류 생존권을 위협하는 폐기물 환경문제 해소

4. 종류

1) 폐기물 고형연료화(RDF : Refuse Derived Fuel)

종이, 나무, 플라스틱 등의 가연성 폐기물을 파쇄, 분리, 건조, 성형 등의 공정을 거쳐 제조된 고체연료

2) 폐유 정제유

자동차 폐윤활유 등의 폐유를 이온정제법, 열분해 정제법, 감압증류법 등의 공정으로 정제하여 생산된 재생유

3) 플라스틱 열분해 연료유

플라스틱, 합성수지, 고무, 타이어 등의 고분자 폐기물을 열분해하여 생산되는 청정 연료유

4) 폐기물 소각열

가연성 폐기물 소각열 회수에 의한 스팀 생산 및 발전, 시멘트 킬른 및 철광석 소성로 등의 열원 등으로 이용

5. 발전분야 분류

1) 가연성 폐기물 고형연료화(RDF) 및 발전사업

고유가시대, 기후변화협약 대응 및 신규 매립장·소각장 조성이 어려운 상황에 유용한 수단

2) 유기성 폐기물 바이오 가스화 및 발전사업

2012년부터 폐기물의 해양 배출이 엄격히 제한될 상황에서 육상처리 전환대책으로 유용한 수단

3) 매립가스 회수 및 정제·발전사업

매립가스 포집·활용은 고유가시대 대처는 물론, 특히 기후변화협약 대응에 매우 유용(CH_4의 지구온난화지수는 CO_2의 21배)하고, 매립장 조기 안정화에 따른 토지 이용률 증대에도 기여

4) 소각시설 여열회수 지원사업

고유가시대를 맞아 폐기물 소각과정에서 발생하는 여열을 회수, 발전 및 지역난방 등으로 최대한 활용 필요

6. 특징

1) 장점

(1) 원료(폐기물) 가격 저하 및 폐기물 처리비 절감(소각 처리비)
(2) 쓰레기의 에너지화로 쓰레기량이 축소되어 매립지 문제 완화
(3) 에너지 회수의 경제성이 비교적 높음
(4) 원유 대체 효과
(5) 온실가스 감축 효과
(6) 폐기물에 의한 환경오염의 방지 효과

2) 단점

(1) 고도의 폐기물 에너지 기술 연구개발 필요
(2) 폐기물 에너지화 과정에서 또 다른 환경오염(공해) 유발
(3) 문화나 산업 특성에 따라 다른 많은 처리기술 필요

7. 국내 적용

1) 원주시 생활 폐기물 RDF 제조 플랜트 : 80[톤/일](16시간 운전 기준)
2) 파주시 바이오가스화 시설(80[톤/일])
3) 수도권 매립지 가스발전소(50[MW])
4) 마포 자원회수시설(750[톤/일])

SECTION 11 | 수소에너지 발전

1. 개요

수소에너지란 수소의 형태로 에너지를 저장하고 사용하는 것을 말하며, 수소는 연소시켜도 산소와 결합하여 다시 물로 환원되므로 배기가스로 인한 환경오염이 없기 때문에 수소가스 제조·저장·사용의 각 단계에서 새로운 기술이 개발되고 있으며, 이 에너지는 주로 연료전지(Fuel Cell)를 써서 사용한다.

2. 수소 제조법

1) 천연가스, 석유, 석탄 등을 열분해하여 수소를 얻는 방법

현재 공업용 수소의 90[%]를 이 방법으로 제조

2) 물을 전기분해하는 방법

(1) 다량의 전력이 소요되어 경제성에 문제됨
(2) 차세대 전기분해법 : 고체 전해질법이 연구개발 중

3. 수소가스 저장법

수소를 잘 흡수하는 금속 수산화물(수소저장합금)에 일정량의 열을 가해서 압력을 감소시키면 흡수한 수소를 다시 방출하는 성질을 이용하여 수송 및 저장을 용이하게 하는 방법으로 가스를 저장하는 경우보다 $\frac{1}{3} \sim \frac{1}{5}$ 정도 부피가 감소됨

4. 특징

1) 환경오염 배출이 없는 청정한 미래 에너지원
2) 산업용 기초 소재, 수소자동차, 수소비행기, 연료전지 등 모든 분야에 이용
3) 직접 연소에 의한 연료 또는 연료전지 등의 연료로서 사용이 간편
4) 가스나 액체로서 쉽게 수송할 수 있으며, 고압가스, 액체수소, Metal Hydride(금속수소화물 또는 수소흡장합금) 등의 다양한 형태로 저장이 용이
5) 무한정의 물을 원료로 제조할 수 있으며, 사용 후에는 다시 물로 재순환
6) 수소 제조를 위한 설비비용이 매우 큼(제조 Cost가 높음)
7) 저장 및 사용의 안정성 확보가 중요

SECTION 12 | 소형 열병합 발전

1. 개요

열병합 발전이란 하나의 에너지원으로부터 열과 전력을 동시에 발생시켜 용도별로 적절히 공급하여 에너지 이용효율 극대화를 추구하는 시스템을 말하며, 자가 열병합 발전시설과 소규모 집단에너지시설(CES : Community Energy System)으로 나눌 수 있다.

1) 자가 열병합 발전시설

호텔, 병원, 아파트 단지 등에서 전기와 냉온수를 생산해 자가소비하는 형태

2) 소규모 집단에너지시설

건물 밀집지역에 전기, 냉난방을 공급하는 일종의 판매사업

2. 발전시스템 구성

열병합 발전시스템은 동력원인 원동기, 전기를 생산하는 발전기, 폐열을 회수하는 폐열 회수기 및 회수된 에너지를 유효하게 이용하는 열이용 기기로 구성됨

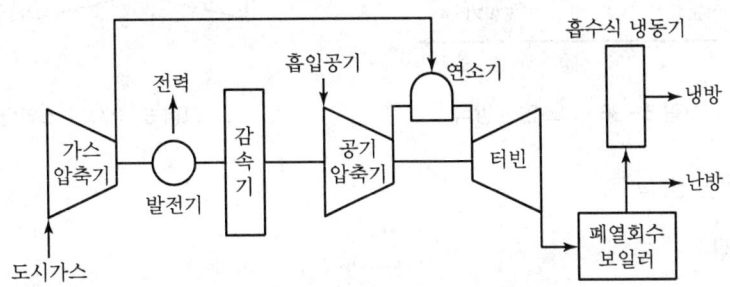

그림 5-35 ▶ 열병합 발전시스템 구성

3. 소형 열병합 발전의 종류

1) 가스터빈 방식

(1) 특징

① 현재까지의 건축물 열병합에 가장 적합한 시스템
② 전 출력의 60[%] 이상을 발전기가 담당해야 경제적

③ 공랭식으로 냉각수가 필요 없음
④ 고온의 배기가스(500[℃])를 이용하여 증기를 발생시켜 난방용이나 흡수식 냉동기의 열원으로 증기를 사용
⑤ 폐열은 전량 배열회수보일러로 회수 가능(열회수율 : 45~55[%])

(2) 연료

도시가스, LPG, 중유, 경유 등

(3) 용도

① 전력소요가 상대적으로 큰 경우 적합 : 500[kW]급 이상의 수요에 대응 가능
② 기동 및 정지가 용이하며 Peak-cut에 최적
③ 가스엔진 열병합에 비해 열전비가 커 열에너지의 수요가 상대적으로 큰 수요처에 적합

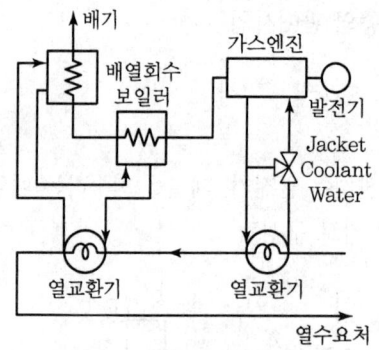

그림 5-36 ▶ 가스엔진 방식

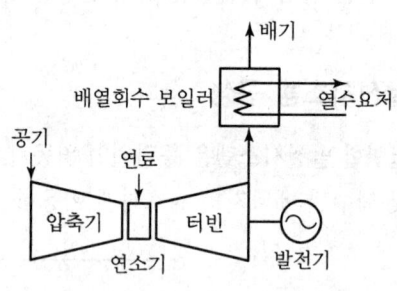

그림 5-37 ▶ 가스터빈 방식

2) 가스엔진 방식

(1) 특징

① 열효율이 높고, 신뢰성 및 안정성이 뛰어남
② 가스를 연료로 사용하므로 엔진 수명이 길며 유지보수가 쉬움
③ 기동 및 정지가 용이하며, 청정연료 사용 시 공해문제 해결
④ 디젤엔진에 비해 열 회수율이 높음
⑤ 발전효율 : 25~35[%], 열회수율 : 40~50[%]
⑥ 정격운전 시 발전효율이 좋고, 정격운전에서 벗어나면 발전효율 크게 저하

(2) 연료

도시가스, LPG, 천연가스 등

(3) 용도

증기, 온수가 많이 필요한 중·소규모(15[kW] ~ 2,000[kW]) 열수요에 적합

3) 증기터빈 방식

(1) 특징

① 다양한 연료 선택이 가능 : 기름, 가스, 석탄, 목탄, 바이오가스 등
② 열효율 향상을 위해 고압보일러를 필요로 하여 가격이 상승
③ 유지보수비가 상대적으로 적음
④ 설치면적이 크며 가동 및 정지가 비교적 어려움
⑤ 적은 출력에서는 터빈 내부의 유동손실이 증가하여 효율이 낮음
⑥ 증기터빈의 배기증기를 그대로 난방 열원 프로세스 증기로 공급이 가능
⑦ 시스템의 중간에 터빈을 설치하여 보조시스템을 만들 수 있음

(2) 용도

① 대규모 열수요에 적합
② 대규모 복합발전 플랜트에 많이 채용

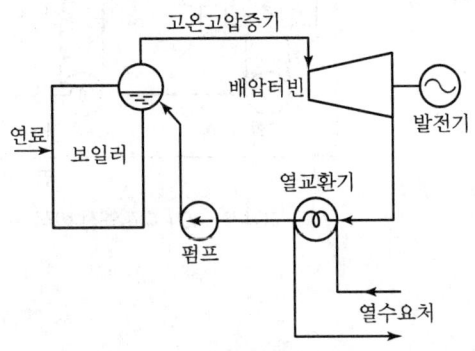

그림 5-38 ▶ 증기터빈 방식

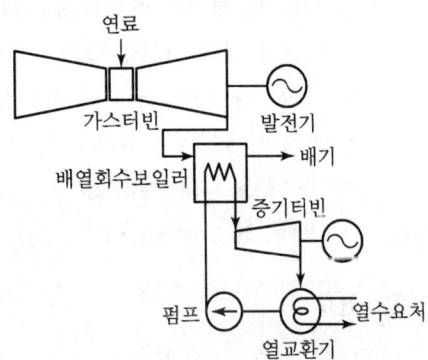

그림 5-39 ▶ 가스터빈 및 증기터빈 방식

4) 가스 및 증기터빈 방식

가스터빈의 폐열을 이용하여 증기를 발생시켜 증기터빈을 돌려 전기를 생산하고 증기터빈의 배기 증기를 프로세스 증기, 급탕 및 난방 또는 냉방용 열원으로 사용하는 발전시스템

(1) 특징

① 시공이 간편하고 효율이 매우 높으며 환경에 미치는 영향이 적음
② 기동 및 부하 추종성이 우수
③ 가스터빈 단독운전이 가능
④ 가스터빈과 증기터빈의 조합방법에 따라서 설비의 연속운전도 가능하여 시스템 고효율 운전이 가능

(2) 용도

산업체 및 지역난방 등에 광범위하게 채택

5) 디젤엔진 방식

(1) 특징

① 초기 투자비가 저렴하고 발전효율이 높음
② 발전 정지시간이 짧고 비상발전기로 전용이 용이
③ 기동 및 정지가 용이하지만 NOx 배출에 따른 환경상 문제점 있음
④ 열회수율이 가스엔진에 비해 낮음
⑤ 기기 가격이 상대적으로 낮음
⑥ 발전효율 : 35~45[%]
   열회수율 : 40~45[%]

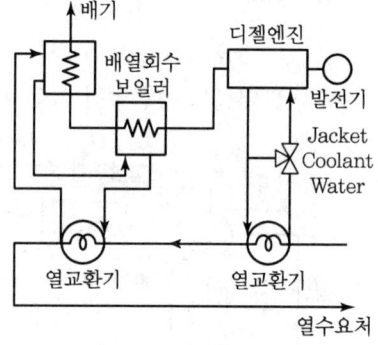

그림 5-40 ▶ 디젤엔진 방식

(2) 연료

등유, 중유, 경유 등

(3) 용도

① 중·소규모(20[kW]~10,000[kW]급) 열수요에 적합
② 소용량 Co-generation 시스템에 적합

SECTION 13 | 구역형 집단에너지(CES) 열병합 발전

1. 개념

CES는 소규모 지역냉난방사업 또는 구역형 집단에너지사업이라고도 하며, 도심 건물 밀집지역의 일정구역에 있는 건물들이 개별 열원을 갖추는 대신 중앙화된 소형 열생산시설을 주설비로 하여 열(냉·온수)과 전기(필요시) 등을 일괄 생산하여 공급하는 도시기반시설로서 에너지 절약과 쾌적한 도시 환경을 제공하는 21세기 선진형 에너지 공급시스템이다.

2. 구성도

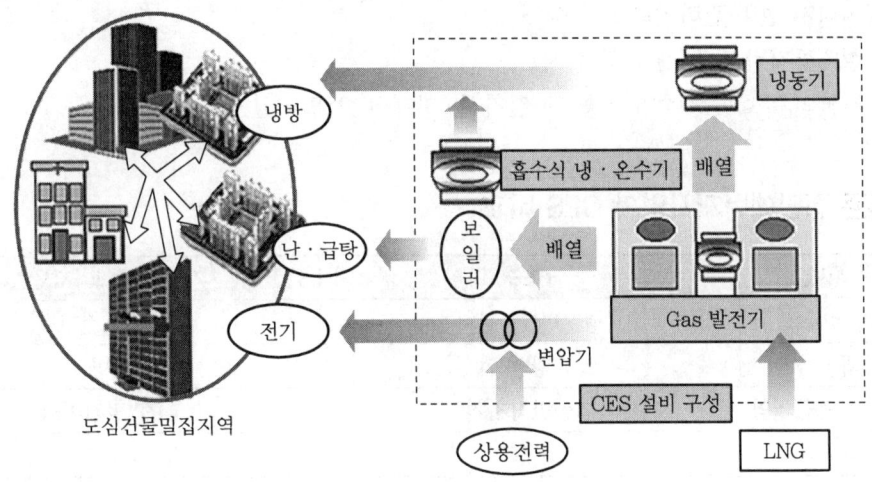

그림 5-41 ▶ CES 구성도

3. 현황

1) 2003년 12월 「전기사업법」 개정으로 한국전력 이외에 민간사업자도 자기가 생산한 전기를 공급대상 소비자에게 직접 공급할 수 있는 사업임
2) 이 제도는 전력생산량보다 소비량이 월등히 큰 지역(수도권)에서 발전소 건설의 입지난 해소, 송진신로 선설비용 및 송배전 손실 감소, 에너지 이용효율 향상 및 대기환경 개선 등을 위하여 도입
3) 연간 최대전력수요의 50[%] 이상을 공급할 수 있는 설비(2007년 법 개정)를 갖추어야 하며, 허가용량은 35[MW] 이하로 되어 있음

4. 도입배경

1) CO_2 절감(리우기후협약)을 목적으로 함
2) 분산형 전원의 개발
3) 2020년까지 소형 열병합 보급의 활성화 계획

5. CES 특징

1) 에너지 절감
2) 냉·난방설비의 효율 증대
3) 최대전력수요 경감
4) 도심지 내의 대기환경 개선
5) 에너지 설비 관리인력 효율화
6) 설비투자비 감소(신규 적용 시)
7) 건물의 유효면적 증가(건물 내 전기실, 기계실, 보일러실 등이 불필요)

6. 기존 집단에너지사업과 CES 비교

구분	CES	기존 집단에너지사업
서비스	냉·난방, 전기	난방, 전기
핵심사업	냉방	난방
주요 공급지역	건물밀집지역	APT 밀집지역
투자규모	소규모	대규모

SECTION 14 | 에너지 저장시스템

1. 정의

전력저장이란 전력공급자 측이 취하는 부하 평준화 대책이며, 야간에 전기에너지를 다른 에너지로 변환·저장하여 주간 첨두 시에 전기에너지로 변환하는 기술이다.

2. 에너지 저장의 필요성

1) 전기에너지 저장을 통해 부하 평준화가 이루어진다면 공급자 측에서 수요에 대비해서 건설하게 될 발전설비도 어느 정도 줄일 수 있음
2) 긴급 시에 저장에너지를 활용하면 전력시스템 안정도에 크게 공헌할 수 있음

3. 에너지 저장시스템의 구비조건 및 저장방식

에너지 저장에는 석탄이나 석유 등을 그대로 저장·비축하는 1차 에너지 저장 외에 전력저장, 열저장 및 수소 또는 농축우라늄 등의 가공된 에너지를 저장하는 2차 에너지 저장 등이 있다.

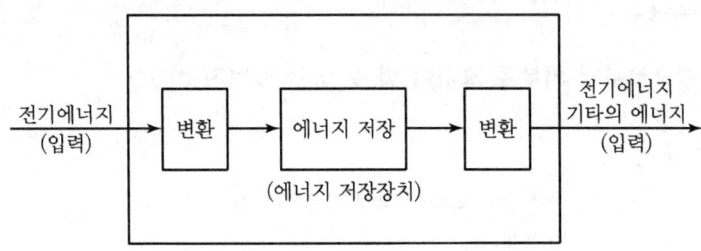

그림 5-42 ▶ 전력 에너지 저장방식

1) 구비조건

   (1) 값싼 저장원가, 높은 저장밀도
   (2) 큰 저장 에너지양, 오랜 저장기간
   (3) 높은 입·출력 변환효율, 입·출력에서의 높은 속응성
   (4) 고효율 저장, 높은 안전성과 신뢰성

2) 각종 에너지 저장방식

구분	저장 에너지 형태	저장기술 분류
역학적 에너지	• 운동에너지 • 위치에너지 • 탄성에너지 • 압력에너지	• 플라이 휠 • 양수발전 • 용수철 • 압축공기(기체)
열에너지	• 현열 • 잠열(증발, 융해, 승화)	• 현열 축열(암석, 물) • 잠열 축열(용융염)
전자기에너지	• 정전에너지 • 전자(電磁)에너지	• 콘덴서 $\left(\dfrac{1}{2}CV^2\right)$ • 초전도 코일 $\left(\dfrac{1}{2}LI^2\right)$
화학에너지	• 전기화학에너지 • 화학에너지	• 축전지 • 합성연료, 화학 축열 등

4. 에너지 저장의 원리

저장 에너지 형태와 저장기술의 분류에 따른 에너지 저장원리는 다음과 같다.

1) 역학적 에너지

(1) 시스템으로부터 외부로 끄집어 낼 수 있는 에너지(W)

$$W = \int F dx$$

여기서, F : 시스템이 외부에 대해 작용하는 힘
x : 변위량

(2) 양수로 물을 높은 곳에 퍼올려서 저장하였을 경우의 위치에너지 증가(W)

$$W = \int_o^h F dx = \int_o^h Mg dx = Mgh$$

여기서, h : 낙차, M : 양수량(질량)
g : 중력가속도, $F : Mg$

(3) 운동에너지 형태로 에너지를 저장할 경우 회전체의 축적에너지(W)

$$W = \frac{1}{2} I w^2$$

여기서, I : 회전체의 관성 모멘트
w : 회전체의 각운동 속도

2) 열에너지

저장에너지 $W = m \int_{i(T_1)}^{i(T_2)} di$

여기서, m : 축열재 총중량
$i(T)$: 온도 T의 축열재의 엔탈피
T_1, T_2 : 축열 전후의 축열재 온도

엔탈피 변화는 크게 현열형 축열(축열재의 온도 변화에만 의할 경우)과 잠열형 축열(상변화를 일으키는 잠열이 가해질 경우)로 나뉨

3) 전자기에너지

(1) 평행평판 콘덴서에 저장될 정전에너지(W)

$$W = \frac{1}{2} C(El)^2 = \frac{1}{2} CV^2$$

여기서, V : 전극 간 전압

(2) 자기회로에 저장될 자기(磁氣)에너지(W)

$$W = \frac{1}{2} LI^2$$

여기서, L : 무단(無端) 솔레노이드의 인덕턴스
I : 솔레노이드 코일의 전류

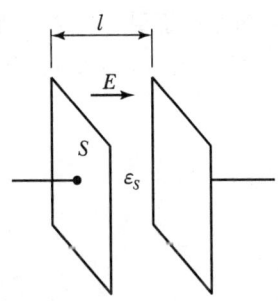

여기서, E : 전계, ε_S : 비유전율
S : 전극 면적, l : 전극 간 거리

그림 5-43 ▶ 정전 에너지

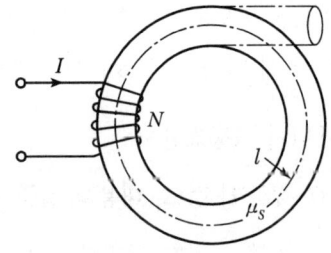

여기서, N : 코일의 권수, l : 평균 자로장
μ_S : 비투자율

그림 5-44 ▶ 무단 솔레노이드

4) 화학에너지

에너지를 화학에너지 형태로 저장하는 방식은 2가지가 있음

(1) 화학전지

화학에너지를 전기에너지로서 끄집어 낼 수 있는 장치로서 전극과 활성화(전해)물질로 이루어짐
① 1차전지 : 전해물질이 전지에 내장되어 있는 장치로서 충전이 불가능한 것
② 2차전지 : 충전에 의해 활성화 물질을 재생할 수 있는 전지

(2) 합성연료

합성연료 중 원료(물)가 풍부하게 있고 본질적으로 깨끗한 연료인 수소가 장래 에너지 시스템에서의 에너지원으로 주목을 받고 있음
① 넓은 의미의 합성연료 : 화석연료 이외의 연료
② 좁은 의미의 합성연료 : 화학에너지 이외 형태의 에너지를 연료로서 화학에너지로 변환했을 때의 연료

5. 에너지 저장시스템의 분류

1) 양수발전에 의한 저장

(1) 정의

이 시스템은 발전소 상부와 하부에 저수지를 갖고 야간과 휴일 등의 기저 부하 시에 잉여 전력을 이용하여 물을 하부저수지로부터 상부저수지로 이동시켜 놓고 평일의 주간 최대 부하 시 이 물을 사용해서 발전하는 방식임

(2) 에너지 저장효율

60~70[%] 정도, 대용량 집중 배치형 전원

(3) 특징

① 현재 실용화된 유일한 전력저장시스템
② 그 자체만으로는 발전하기 어려움
　타 전원에서 전력을 공급받아 물을 상부저수지로 이동시켜 전력에너지를 위치에너지로서 저장해 놓고 필요할 때 발전
③ 부하중심에서 원거리의 산간벽지에 건설되는 것이 대부분

④ 장거리 송전선 건설, 송전손실 문제 발생
⑤ 전력공급, 정태 및 과도안정도, 전압안정성 등의 문제 발생

2) 초전도 자기에너지 저장(SMES : Superconducting Magnetic Energy Storage)

(1) 정의

전기저항 0의 초전도코일에 전류를 통하면 자기에너지 형태로 코일에 축적되는 성질을 이용한 에너지 저장 방식으로 전력 변환기 및 저장부의 손실이 극히 적은 것이 특징인 저장방식임

(2) 원리

① **충전** : 전력계통의 잉여전력을 사이리스터 변환기로 AC를 DC로 변환해서 초전도코일에 충전하고, 초전도스위치를 폐쇄하여 초전도코일과 초전도스위치의 루프에 전류를 흘려 코일 내 전력을 저장함
② **방전** : 사이리스터의 점호 제어각을 바꾸어 직류전압을 충전 시와 역으로 수행함

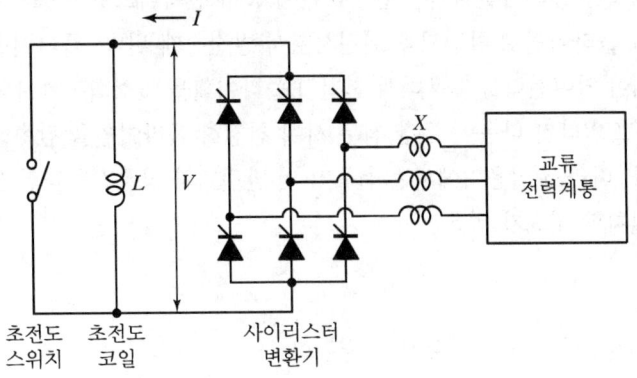

그림 5-45 ▶ SMES 개념도

(3) 적용

전력계통의 필요에 따라서 전력을 초전도코일의 자기에너지 형태로 축적 또는 자기에너지로부터 전력에너지를 끄집어 내어 전력계통에서 여러 용도로 사용

(4) 특징

① 에너지 저장효율이 높고 에너지를 주고받는 입·출력 속도도 아주 빠른 편
② 교·직류 변환장치를 이용함으로써 유효전력과 무효전력을 독립적으로 제어

③ 전력계통에 도입 시 부하 평준화, 전력계통 주파수 제어, 과도안정도 향상 및 전력품질 향상, 순시전압저하 및 정전 대응 등에 기여
④ 에너지 저장 효율은 95[%] 이상 될 것으로 예상
⑤ 용량은 소용량(수 MW)에서 대용량(수십 GW)까지 임의의 선택이 가능
  규모의 선택이 자유로우나 실제로는 중·대규모가 더 효율적
⑥ 최근 극저온 기술의 진보로 전력저장용으로 초전도코일이 주목받고 있음
⑦ 초전도코일이 핵융합 실험용 전원으로서 유망시됨

3) 플라이휠(Flywheel) 저장

(1) 정의

이 저장시스템은 거대한 원판(원통)과 같은 회전체를 고속 회전시켜서 전기에너지를 운동에너지로 변환·축적(저장)하는 시스템임

(2) 동작원리

전력 저장용 플라이휠에서는 입·출력이 공히 전력이므로 전동기로 플라이휠을 회전시키고 그 플라이휠로 발전기를 회전시켜서 발전하게 된다. 플라이휠 축적에너지 장치에서는 심야 잉여전력을 사용해서 천천히 플라이휠을 일정회전까지 가속해서 그 상태에서 대기하고 있다가 다음에 주간 첨두 시에 천천히 플라이휠을 감속하면서 발전하도록 하고 있다. 따라서 실용기에서는 전동기 및 발전기와 상용전원과의 사이에 주파수 변환장치를 설치할 필요가 있음

(3) 용도

전력의 일부하 곡선의 첨두부하 평활화

(4) 향후 과제

플라이휠은 소규모적인 것은 실용화되고 있으나, 대규모의 플라이휠의 실용화에는 회전자 재료, 축받이 장치, 주파수 변동장치의 효율 향상 등의 해결할 과제가 있음

4) 압축공기 저장 가스터빈 발전시스템

(1) 정의

이 시스템은 압축공기 에너지 저장(CAES : Compressed Air Energy Source)과 가스터빈(G/T)을 조합시킨 발전시스템으로 심야 등의 기저부하 시 잉여전력을 이용하여 압축공기를 만들고 이것을 지하공동 등에 저장해 두고 주간 최대부하 시에 연료와 동시에 연소시켜 가스터빈을 구동해서 발전하는 시스템임

(2) 동작원리

이 시스템은 공기압축 프로세스와 발전 프로세스를 클러치의 절환에 의해 분리시켜 심야나 휴일의 잉여전력을 저장시킨 압축공기를 발전 시에 꺼내어 그때까지 가스터빈의 구동에 사용됨

(3) 특징

① 발전 시만을 고려하면 같은 투입연료에서 통상의 가스터빈에 비해 2~3배의 전기출력을 얻는 것이 가능함
② 지상설치의 저장시설은 경제성 및 용지취득 면에서 어려움
  • 압축공기 저장압력이 40~80기압으로 높기 때문
③ 암반의 튼튼한 지하공동에서의 지하저장 또는 수압을 이용한 해저저장 고려

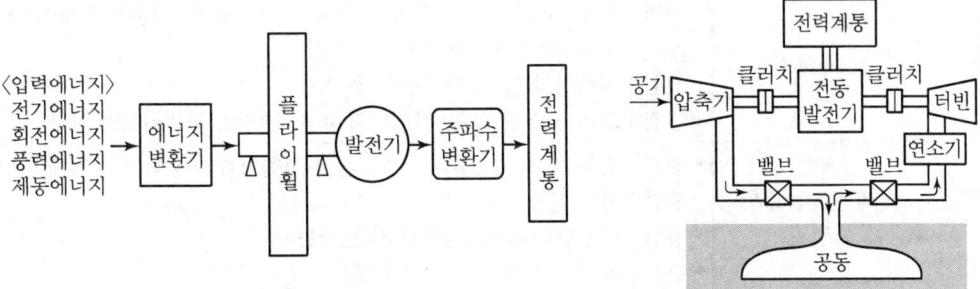

그림 5-46 ▶ 플라이휠 저장   그림 5-47 ▶ 압축공기 저장

표 5-5 ▶ 물리적 저장장치 원리 및 특징

적용기술	원리 및 특징
CAES (압축공기저장시스템)	• 원리 : 잉여전력을 이용하여 공기를 동굴이나 지하에 압축한 후, 압축공기를 이용하여 터빈의 효율을 높이는 방식 • 장점 : 대규모 저장 가능(100[MW] 이상), 저 발전단가 • 단점 : 초기 구축비용 과다, 지리적 제약(지하 동굴)
Flywheel (플라이휠)	• 원리 : 전기에너지를 회전하는 운동에너지로 저장하였다가 다시 전기에너지로 변환하여 사용함 • 장점 : 고에너지 효율, 장수명(20년), 급속저장(분 단위) • 단점 : 초기 구축비용 과다, 저에너지 밀도, 저장용량(20[MW])

5) 전지에너지 저장시스템

(1) 개요

이 저장시스템은 양수발전을 제외하고 가장 실용화 단계에 도달해 있는 것으로 세계 각국에서 연구개발이 활발히 진행되고 있으며, 에너지 밀도가 낮고 수명이 짧은 기존 축전지의 단점을 대체할 새로운 축전지 개발이 적극적으로 추진되고 있음

(2) 종류

신형 전지 전력저장 장치로는 기존의 연축전지를 전력저장용으로 개량한 형태와 나트륨황(Na-S) 전지, 레독스 플로우(Redox-Flow) 전지, 리튬이온 전지 등이 있음

표 5-6 ▶ 화학적 저장장치 원리 및 특징

구분	내용
Na-S 전지	• 원리 : 300~350[℃]의 온도에서 β-alumina 고체전해질을 통해 Molten Na이 이동하면서 전기화학에너지 저장 • 장점 : 고에너지 밀도, 대용량화 용이 • 단점 : 고온 시스템 필요, 저에너지 효율, 저장용량(30[MW] 이상)
레독스 플로우 전지	• 원리 : 전해액 내 이온들의 산화, 환원 전위차를 이용하여 전기에너지를 충방전하여 이용 • 장점 : 대용량화 용이, 장시간 사용 가능 • 단점 : 저에너지 밀도, 저에너지 효율
리튬이온 전지	• 원리 : 리튬이온이 양극과 음극을 오가며 전위차 발생 • 장점 : 고에너지 밀도, 고에너지 효율 • 단점 : 안정성 수명 검증, 고비용, 저장용량(1~3[MW])

(3) 특징

① 소규모에서 효율이 비교적 높고 입지적 제약이 없어 수요지에 근접 설치가 가능하여 부하율이 개선되고 송전설비 이용률 향상이 기대됨
② 양수발전에 비해 건설기간이 짧고 모듈구조로 제작 가능하므로 수요 증대에 빠른 대응이 가능함
③ 시스템 기동·정지나 부하추종 등의 운전 특성이 우수하고 전력계통 적용에 대해서 다기능성이 있음
④ 운전 시 소음, 진동이 적어 환경보전 면에서 우수하고, 대도시 중심부 등에 분산 배치가 가능함
⑤ 에너지 저장효율은 타 저장기술과 동등하지는 않지만 비교적 특성이 우수
   양수발전 효율과 유사하거나 그 이상(70~85[%] 정도)으로 전망
⑥ 자원적인 문제가 거의 없음

5.14.1 ESS 및 전지용 에너지 저장장치

1. 개요

1) ESS(Energy Storage System)는 심야 등 경부하 시 생산된 전기를 저장했다가 주간 피크 시간 등 필요한 시기에 전기를 공급하여 에너지 효율을 높일 수 있는 시스템임
2) 대표적인 ESS로 양수발전기가 있으나 기술 발전에 따라 최근에는 배터리를 이용한 ESS가 세계적으로 주목받고 있음

2. ESS의 분류

1) 역학적 에너지

   (1) 플라이휠
   (2) 양수발전
   (3) 용수철
   (4) 압축공기(기체)

2) 열에너지

   (1) 현열 축열
   (2) 잠열 축열

3) 전자기에너지

   (1) 정전에너지 $\left(콘덴서\ \frac{1}{2}CV^2\right)$
   (2) 전자에너지 $\left(초전도코일\ \frac{1}{2}LI^2\right)$

4) 화학에너지(축전지)

   (1) 나트륨 황 전지
   (2) 레독스 플로우 전지
   (3) 리튬이온 전지

3. ESS의 활용

구분	내용	개념도
주파수 조정용 ESS	• 현재 주파수 조정을 위해 일부 발전기가 출력의 약 5[%]를 예비력으로 보유하여야 함 • 주파수 조정용량을 ESS로 대체 시 연료비 절감과 발전기 효율향상으로 국가이익이 발생	
피크 감소용 ESS	• 전기사용자가 심야시간의 싼 전기를 ESS에 저장했다가 주간 피크시간에 사용함으로써 전기요금을 절감 • 발전소 및 송전선로의 건설 최소화 • 전력예비율 부족으로 인한 순환정전 예방 효과가 있음	
신재생 출력 안정용 ESS	• 대규모 풍력발전이 전력계통에 연계 시 출력 불안정과 전압변동 등 전력품질 악화 • 불규칙한 전력품질 개선 및 피크부하 공급에도 기여	

4. 전지에너지 저장장치

1) 나트륨-황 전지(Na-S)

(1) 원리

① 방전

액상 Na는 고체전해질인 β-알루미나를 통해 β-알루미나의 계면에서 산화되어 나트륨이온이 형성되고, 양극으로 이동하여 황이온과 반응하여 다황화나트륨이 형성됨

② 충전

전기화학반응은 역반응이 일어나서 다황화나트륨은 양극에서 분해되고, 나트륨이온은 음극으로 이동함

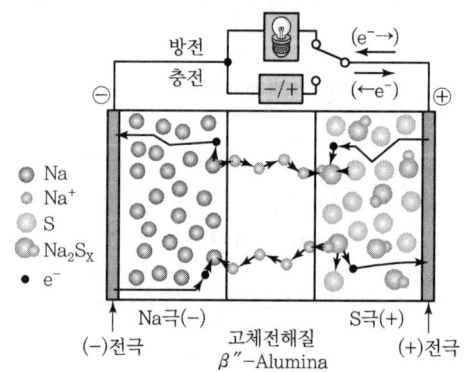

그림 5-48 ▶ 나트륨-황 전지 구성도

반응식	충전		방전
음극	$2Na$	↔	$2Na^+ + 2e^-$
양극	$xS + 2e^-$	↔	Sx^{2-}
전지반응	$2Na + xS$	↔	Na_2Sx

(2) 장단점

장점	단점
• 고에너지 밀도(780[Wh/kg]) • 대용화가 용이함 • Clean Energy 기술 • 자기방전이 없어 대용량 저장에 적합 • Na, S 자원이 풍부함	• 고가 • 고온 작동형 • 고온 시스템이 필요(부가장치 필요) • 화재 예방시설이 필요함

2) 레독스 플로우 전지

(1) 원리

① 레독스 플로우 전지는 기존 2차 전지와 달리 전해액 중의 활물질이 산화, 환원되어 충·방전되는 시스템임
② 전해액 중의 화학적 에너지를 직접 전기에너지로 변환시키는 전기화학적 축전장치임
③ 활물질로 사용되는 레독스 쌍으로는 V/V, Z_n/Br 레독스 쌍이 가장 널리 사용됨

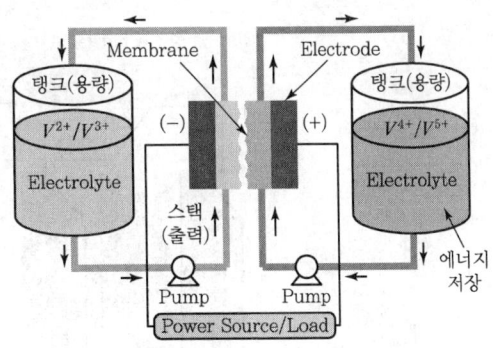

그림 5-49 ▶ 레독스 플로우 전지 구성도

반응식(바나듐)	충전		방전
양극	$V^{5+} e^-$	↔	V^{4+}
음극	V^{2+}	↔	$V^{3+} + e^-$
전지반응	$V^{5+} + V^{2+}$	↔	$V^{4+} + V^{3+}$

(2) 장단점

장점	단점
• 대형화에 유리 • 규모가 증가할수록 비용이 적어짐 • 장수명, 상온 작동형 • 자기방전이 적음	• Pump 교체 등 유지보수가 필요함 • 저에너지 밀도(103[Wh/kg]) • 가격이 고가임

3) 리튬이온 전지

(1) 원리

① 방전

전위차를 느낀 전자가 음극에서 나와 양극으로 이동하는 동시에 리튬이온이 음극에서 나와 양극으로 이동하여 전위차를 없애는 과정임

② 충전

전위차를 생성하기 위해 인위적으로 양극에서 전자를 음극에 공급하며, 동시에 리튬이온을 양극에서 음극에 넣어 주는 과정임

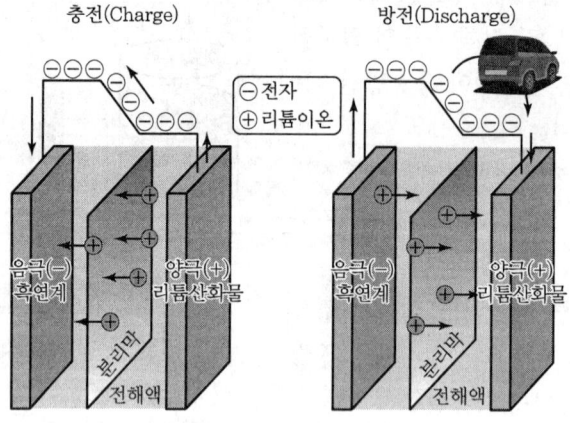

그림 5-50 ▶ 리튬이온 전지 구성도

(2) 장단점

장점	단점
• 고용량 고에너지 밀도(387[Wh/kg]) • 좋은 저온 특성 • 외장재의 견고함 • 사용 온도범위가 높음	• 제조의 애로 • 안정성 문제(화재, 폭발)

5. ESS 계통 연계 및 적용 분야

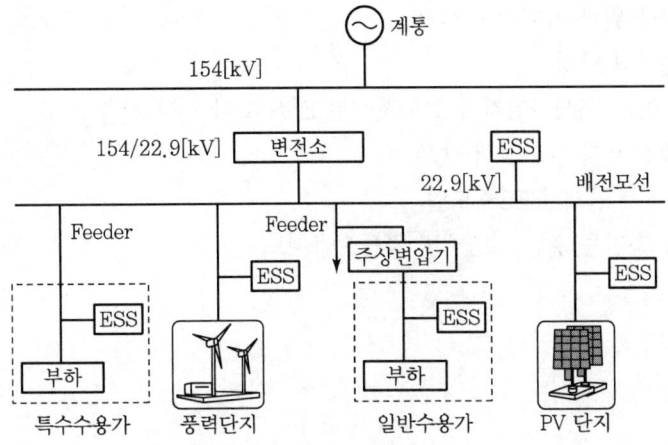

그림 5-51 ▶ ESS 적용 분야

1) **특고압 수용가** : 수백 [Kwh]~수 [Mwh] 부하 평준화 및 전력품질 보상용
2) **신재생 발전단지** : 저장장치의 통합 운영 및 제어
3) **주택용** : 소용량 수십 [Kwh] 심야전력 이용

6. ESS 적용 효과

1) 신재생에너지 출력 안정화
2) 발전용으로서의 효과(발전소 추가 건설 축소)
3) 무정전전원장치(UPS) 및 비상발전기로서의 효과
4) 전력품질 개선 기능
5) 부하 평준화 기능
6) 간헐적 최대부하 저감(Peak Cut) 기능

7. 계통 연계 시 해결해야 할 문제점

1) **표준화**(용량, 품실 및 보호협조) 선행 필요성
2) 배터리, 변환장치 및 시스템에 대한 기술 기준 확립 필요
3) 원격 통신 및 감시를 위한 출력 제어 필요

8. ESS 도입 활성화 방안

1) ESS 확산을 위한 지원제도 설립
2) ESS 전문인력 양성
3) 발전사업자, 신재생사업자가 선도적으로 ESS 초기 시장 창출
4) 대규모 ESS 투자 유도정책 발굴
5) 신재생에너지 연계형 ESS 도입
6) ESS 활용 촉진을 위한 시간대별 차등요금제도

SECTION 15 | 마이크로 그리드(Micro Grid)

1. 현황

에너지 고갈, 환경문제, 전력계통의 고효율화 등에 의하여 신재생에너지를 포함한 분산 전원 시장은 급속도로 증대하고 있지만, 분산전원 도입 증가에 따라 보호협조 문제, 분산전원 제어 문제 등 Side Effects도 증가하고 있다. 이에 따라 미국 등 선진국에서는 수년 전부터 분산전원 특히 신재생에너지 전원으로 구성된 소규모 전력 공급시스템인 마이크로 그리드에 대한 연구가 진행되어 왔다.

2. 정의

1) Power Grid

전체 전력계통에 연결되어 있는 전력망으로 765/345/154/22.9[kV] 등으로 나뉘어져 있는 그리드(Grid)

2) 마이크로 그리드

Grid상 취약한 부분에 대하여 Local에 분산전원 등의 발전기를 도입하여 하나의 독자적 전력망을 구성한 네트워크. 즉, 다수의 분산전원과 부하로 구성되어 계통과 연계 또는 전력회사의 상용계통에서 독립하여 일괄 제어 및 관리, 운전이 가능한 On-side 전력공급시스템

3. 마이크로 그리드 구성요소

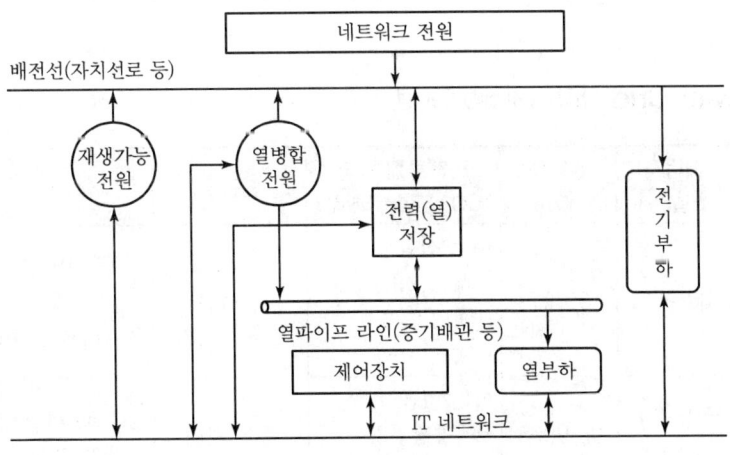

그림 5-52 ▶ 마이크로 그리드 구성요소

1) 전원 및 열원

    (1) 태양광, 풍력, 바이오매스 발전 등의 재생 가능 에너지를 이용한 발전설비와 연료전지를 포함한 코제너레이션 사용
    (2) 열 이용은 에너지 코스트 저감을 위한 큰 요소

2) 축전 및 축열설비

    (1) 계통운용 측면

      발전량이나 수요의 변동을 억제하여 전력품질과 공급신뢰도 유지

    (2) 경제성 측면

      에너지 발생 및 소비시기를 늦춤으로써 최대한의 에너지 이용효율 달성

3) 전력 및 열 공급용 네트워크

    (1) 전력 수송용 네트워크 구축방법

      자치선로를 사용하는 방법, 전력회사선로에 의한 탁송을 이용하는 방법

    (2) 열 수송용 네트워크 구축방법

      배관설비 부설이 필요하여 기존 시설 적용보다 새로운 시설 적용이 유리

4) IT 관련 기술을 적용한 감시 · 제어시스템

    (1) **주요기능** : 수급제어, 보호
    (2) **수급제어** : 수급밸런스 제어(전력공급 안정성과 전력품질 확보)
    (3) 경제운용제어(보일러, 발전기, 축전 및 축열비의 최적운용을 도모)

4. 기존 Power Grid 대비 Micro Grid

구분	에너지 효율[%]	신뢰도 [%]	공해물질 방출 (CO_2 : Ton/MWh)	안전도	서비스	경제성
Power Grid	30~50	99.97	매우 심함 • Coal : 974 • Oil : 726 • Gas : 469	위험 광범위 정전 가능성	고급서비스 어려움 추가비용 필요	점점 나빠짐 (화석연료 가격 상승)
Micro Grid	70~90 (CHP)	99.9995	거의 없음 • 태양광 : 39 • 풍력 : 14	안전 좁은 지역 정전	고급서비스 제공 가능	점점 좋아짐 (CO_2 저감비용, 송전비용 등)

5. 기대 효과

1) 전력공급의 신뢰성 향상
(1) 정전시간 및 정전 횟수 등의 전력신뢰도
(2) 지역부하에 대한 전력공급을 위한 단독운전

2) 에너지 효율 증대
(1) 폐열 사용을 통한 효율 향상
(2) 부하 패턴에 따른 최적 운전모드

3) 전력품질 향상
(1) 분산전원의 계통 연계에 따른 전압, 주파수, 고조파, 상불평형, 역률, 플리커 등 전력품질 문제 해결
(2) DVR(Dynamic Voltage Restore : 능동적 전압보상기)을 이용한 전력품질 보상

4) 최적 계통 엔지니어링
(1) 분산전원 최적 조합
(2) 분산전원 위치 최적점 및 기기위치 최적점 탐색

5) 경제성 향상
(1) 시스템 효율 극대화 및 손실 최소
(2) 시스템의 효율적 관리
(3) 타 시스템 연계 용이

6) 온실가스 저감효과

7) 피크부하에 대한 전력 공급의 유연성 확보

6. 문제점

1) 전력품질 유지의 어려움
(1) 보호협조 문제 발생 및 기존 전력 인프라의 전력품질 유지의 어려움 발생
(2) 에너지 저장장치의 도입 필요
(3) 양방향 전력 조류 발생 가능성과 사고전류의 증가

2) 마이크로 그리드에 대한 연구가 초기 단계
에너지원 등 설비에 대한 초기 투자 과다와 전력 거래 등의 제도 미비

7. 적용 분야
1) 계통에 친화적인 분산형 전원 시스템(특히 자연에너지 이용형) 구축
2) 경제적인 에너지 공급 시스템 구축
3) 공급신뢰도와 전력품질 향상을 목적으로 한 에너지 공급 시스템 구축
4) 낙도와 벽지를 위한 전력공급 시스템 구축

SECTION 16 | 스마트 그리드(Smart Grid)

1. 개요

1) 기존 전력망에 ICT를 융합시켜 전력 생산자와 소비자 간 실시간 정보 공유를 통해 에너지의 생산/운용/소비 효율을 높이며, 고장을 최소화하고 신재생에너지원과의 전력 계통 접속을 용이하게 하여 CO_2 배출을 저감시키는 지능형 전력망 체계를 말함

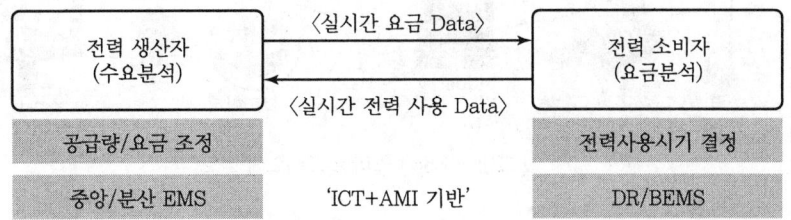

그림 5-53 ▶ 스마트 그리드 개념도

2) 생산자는 전력사용량에 따라 생산량을 탄력적으로 조절하고 소비자는 전기요금이 저렴한 시간대에 사용

2. 주요 기술

주요 기술	기술 개요
중앙/분산형 EMS (Energy Management System)	전력계통의 원격감시/제어 및 경제급전을 수행하는 종합 급전시스템
ICT (Information Communication Technology)	• 양방향 정보통신기술 • 가격신호에 대응하여 기기자동운영/조절
AMI (Advanced Metering Infrastructure)	실시간 가격, 에너지 사용정보, 기기에 대한 감시제어 신호를 전달할 수 있는 인터페이스를 제공하는 Infrastructure(지능형 계량 시스템)
DR (Demand Response)	스마트 미터/스마트 가전/전력저장장치의 전력 상황을 종합·제어하여 에너지를 효율적으로 운영하는 시비스
RTP (Real Time Pricing)	실제 발생되는 발전비용과 수요에 따른 시장가격이 반영된 실시간 요금

3. 스마트 그리드 구성도

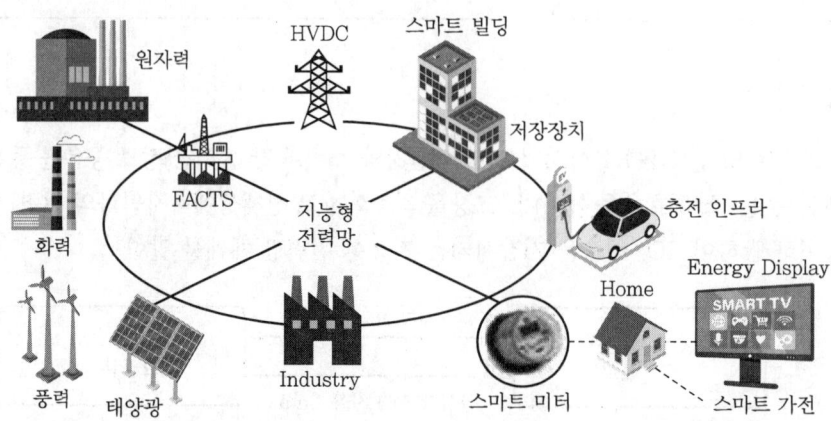

그림 5-54 ▶ 스마트 그리드 구성도

4. 주요 국가의 스마트 그리드 도입 추진 현황

국가	도입 목적	전략 추진 방향
미국	• 낙후된 전력망 개선 • 경기부양	• 송배전 설비 현대화 • 에너지 설비 효율 향상 • 전기차 인프라 구축
유럽	• 신재생에너지 활성화 • 에너지 거래 확대 • 기후변화 대응	• 신재생에너지 보급 확대/CO_2 저감 • 국가 간 계통 연계 • 전기차 인프라 구축
한국	• 에너지 효율 제고 • 新성장 동력원 발굴 • 기후변화 대응	• 에너지 효율 향상/CO_2 저감 • 신성장에너지원 발굴 • 전기차 인프라 구축

1) 국내의 경우 국가 로드맵을 통하여 2030년까지 총 27.5조 원을 투자하는 육성 플랜을 마련 (5대 핵심 구축 분야 선정)하여 관련 사업 전개 중
2) 국내 기술수준은 전송망/소비자 분야 기술 수준은 높으나, 운송/신재생 및 서비스 부문은 취약함

5. 스마트 그리드 로드맵

1) 비전

스마트 그리드 구축을 통한 저탄소 녹색성장 기반 조성

2) 단계별 목표

(1) 1단계(2009~2012) : 스마트 그리드 시범도시 구축
(2) 2단계(2013~2020) : 광역단위 스마트 그리드 구축
(3) 3단계(2021~2030) : 국가단위 스마트 그리드 구축

3) 5대 추진분야

(1) 지능형 전력망(Smart Power Grid)

① 목표
  ㉠ 새로운 융·복합 비즈니스 창출이 가능한 개방 전력망 구축
  ㉡ 전송효율 향상 및 고장 자동 복구 체계 구축을 통한 고품질, 고신뢰성 확보

② 핵심기술
  ㉠ 지능형 송배전기기 기술개발 및 실증(12년)
  ㉡ 광역계통, 자동보호 및 복구시스템(30년)

(2) 지능형 소비자(Smart Consumer)

① 목표
  ㉠ 지능형 계량 인프라(AMI)를 활용한 전력 사용 절감 및 최대전력 감소
  ㉡ 양방향 통신 기반의 에너지 관리 자동화를 통한 전력소비 합리화

② 핵심기술
  ㉠ 지능형 계량 인프라(AMI) 기술개발 및 표준화(12년)
  ㉡ 수요반응(DR) 연계 시스템 개발(20년)

(3) 지능형 운송(Smart Transportation)

① 목표
  ㉠ 언제 어디서나 충전이 가능하도록 전국 단위의 충전 인프라 구축
  ㉡ 소비자는 전기요금이 저렴할 때 충전하고 비쌀 때 되팔아 수익 창출

② 핵심기술
  ㉠ 전기차 부품소재 및 충전장치 개발(12년)
  ㉡ V2G(Vehicle to Grid) 시스템 및 ICT 서비스 개발(20년)

(4) 지능형 신재생(Smart Renewables)

① 목표
- ㉠ 신재생에너지의 안정적 전력망 연계를 통한 대규모 신재생 발전 단지 조성
- ㉡ 자가용 신재생 설비를 활용하여 에너지 자급자족이 가능한 가정 및 빌딩 구현

② 핵심기술
- ㉠ 신재생 발전 및 안정화 기술개발(12년)
- ㉡ 수 MW급 대용량 에너지 저장장치 개발(20년)

(5) 지능형 전력 서비스(Smart Electricity Service)

① 목표
- ㉠ 다양한 요금제도가 등장하여 소비자의 에너지 선택권 제고
- ㉡ 전력 및 파생 상품 거래가 가능한 On-line 전력시장의 활성화

② 핵심기술
- ㉠ 실시간 요금제도(RTP) 및 수요반응 운영 시스템(12년)
- ㉡ On-line 소비자 전력거래 시스템(20년)

6. 스마트 그리드 도입 기대 효과

1) 전력망 사용 효율성(Efficiency)

기존 전력망에서 전력공급은 피크수요에 맞춰 이뤄지므로 낮은 가동률에도 잉여 발전시설이 불가피하였으나 스마트 그리드 구축으로 잉여전력을 저장, 전력소비를 분산시키므로 추가적인 인프라 없이 대처가 가능함

> **참고**
> 지식경제부는 2030년까지 스마트 그리드 구축 시 우리나라 에너지 소비의 3[%]를 절감하고 Peak 부하의 6[%]를 낮추어 원전 7기(1GW급)를 더 지을 수 있는 것으로 전망

2) 신뢰도(Reliability)

스마트 그리드 시스템은 시스템 자가진단/분석 및 보고하는 기능을 보유하여 전력망 운영자의 상황 인식 부족 등의 문제를 해결하여 신뢰도를 향상시킴

3) 국가 경제 측면에서의 생산성 향상

(1) 스마트 그리드는 인프라에서 최종 응용서비스까지 관련 산업이 폭넓게 포진하고 있어 경기부양 및 고용에 적합한 핵심사업

(2) 스마트 그리드 도입으로 정전으로 인한 손실 감소 및 생산성 향상에 기여

> **참고 ✓ 미국의 경우**
> - 향후 5년간 연간 200억 달러 투자 시 : 47만 7천 개의 일자리 창출이 가능
> - 2003년 북동부 지역의 정전 : 60억 달러 상당의 경제적 손실 야기

4) 전력품질의 개선

(1) 전력품질이 낮은 경우 송·배전 손실 및 기기 고장률이 증대

> **참고 ✓ 미국의 경우**
> 전력품질 저하로 인해 2007년 송·배전 손실률이 7.4[%]에 이르며 경제손실 규모는 연간 1,500억 달러에 이르는 것으로 추정되고 있음
> ※ 우리나라의 손실률은 4.0[%]로 낮은 편이지만 전력 손실 규모는 연간 8,000억 원 규모

(2) 스마트 그리드는 계통 자가진단 및 자동제어/치유 기능으로 전력품질 향상

5) 합리적인 전기요금

(1) 스마트 그리드는 전력 소비자가 자신의 전기요금을 조절할 수 있게 하는 새로운 옵션을 제공

(2) 향후 에너지 가격 상승이 예상되지만, 스마트 그리드 시스템 도입 이후의 에너지 비용 증가 궤적은 에너지 가격 상승에 비해 완만할 것으로 예상

6) 기후변화 대응

(1) 스마트 그리드 시스템은 태양광, 풍력, 지열 등 신재생에너지원을 국가의 전력망으로 연계 가능

(2) 화석연료 사용의 발전소에 의한 탄소배출 경감 가능

7) 안보

외부의 물리적 공격과 자연재해 등에 잘 견딜 수 있도록 설계

7. 현재 전력망과 스마트 그리드 시스템 비교

항목	현재 전력망	스마트 그리드
통제시스템	아날로그	디지털
발전	중앙집중형	분산형
송·배전	공급자 위주(단방향)	수요·공급 상호작용(양방향)
전력공급원	중앙전원, 화석연료 위주	분산전원 증가(태양광, 풍력 등)
고장진단	불가능	자가진단
고장제어	수동복구	반자동복구 및 자기치유
설비점검	수동	원격
제어시스템	국지적 제어	광범위한 제어
가격정보	제한적(한 달에 한 번 총액만)	실시간으로 모든 정보 열람
가격제	고정 가격제	실시간 변동 가격제
전력수요	급변(수요에 의존)	거의 일정(가격에 의존)
소비자 구매 선택	제한적	다양

8. 우리나라 스마트 그리드 도입 시 장애요인

1) 정책목표에 따른 전기요금 체계

(1) 우리나라의 용도별 요금체계는 용도 간 요금 격차를 심화시켜 효율적 자원 배분을 왜곡하고, 소비자 간 요금 부담의 불균형 문제 등을 유발
(2) 스마트 그리드의 핵심요소인 실시간 가격신호 체계 도입의 장애요인임

2) 전력산업에서의 경쟁체제 미흡

(1) 1999년 전력산업 구조개편안은 한전을 수직·수평 분할하여 경쟁체제로 전환시키는 구조개편이었으나 배전부문의 분할이 중단
(2) 경쟁체제 미흡은 한전에 의한 독점체제로 표현되고 있으며, 이는 스마트 그리드 시스템 도입에 따른 역동적 새로운 시장의 창출을 억제하는 요인

9. 스마트 그리드 도입을 위한 대안

1) 실시간 가격신호 기능의 확립

스마트 그리드 시스템 기능을 위해 통합된 통신망에 따른 실시간 가격신호 기능과 스마트 가전기기가 필수 요소

2) 전기요금 체제의 개편

전기의 판매시장에서의 경쟁체제를 통한 전기요금이 가격 기능에 따라 결정될 수 있는 체계로의 전환·개편이 필요

3) 전력 판매 산업의 경쟁체계

(1) 전력산업 구조개편에 따라 배전 및 판매부문도 다수의 회사로 분할
(2) 분할된 발전회사에 판매 기능을 이관하여 발전/판매 겸업회사를 만들고, 이들이 도·소매시장에서 경쟁구조를 형성하는 방안

4) 이해관계자들의 원만한 소통

스마트 그리드를 다양한 관점에서 이해하고 분석하여 여러 이해관계자들 간의 이견을 조화시키는 것이 바람직

5.16.1 지능형 전력계량시스템(AMI : Advanced Metering Infrastructure)

1. 정의

1) 실시간 가격, 에너지 사용정보, 기기에 대한 감시·제어 신호를 전달할 수 있는 지능형계량 시스템
2) **통신방식** : 전력선 통신(PLC : 국내 및 유럽), 무선통신방식(LTE : 북미)

2. 구성요소

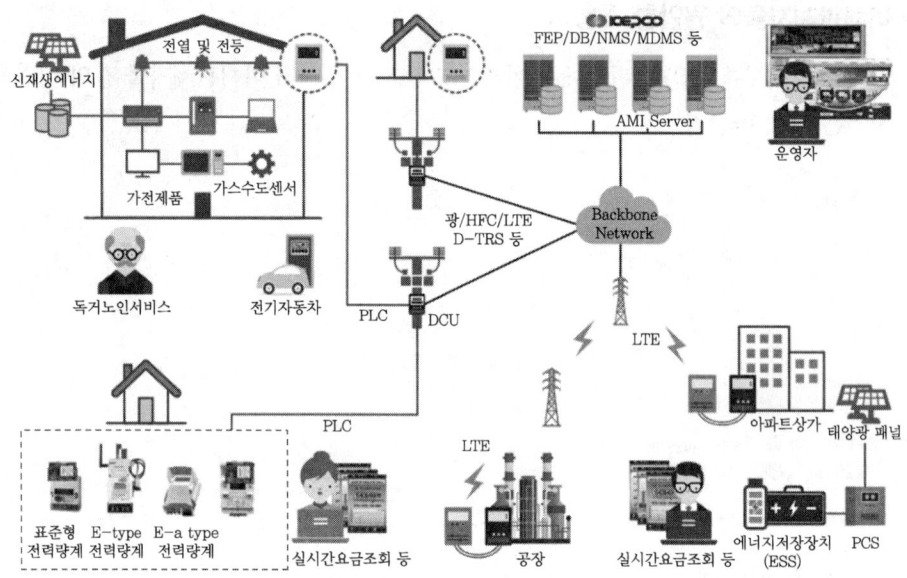

그림 5-55 ▶ AMI 구성도

구분	내용 설명
전자식 전력량계 (스마트 미터)	① 전력사용량 검침 계기 ② 종류 　• 구분 : 기계식, 전자식 　• 저압 : 표준형, E-a type을 많이 적용함 　• 고압 : 표준형, S-type
모뎀(Modem)	데이터 집중장치(DCU)와 전력량계 간의 검침 정보 전송
DCU(Data Concentration Unit : 데이터 집중장치)	전력량계에서 검침된 데이터를 취합하여 서버로 전송
AMI Server(서버)	전력량계로부터 데이터 취득, 저장, 분석, 장애관리 등 수행

3. 도입 효과

1) 전력 소비 효율화 서비스 창출
(1) 실시간 고객 전력 사용 정보 제공으로 에너지 효율성 향상
(2) 양방향 통신으로 실시간 요금제를 적용하여 소비자 전력 효율화

2) 소비자 수요반응 시스템 개발 기반 확보
(1) 효율적인 에너지 활용 서비스 제공
(2) 전력소비 컨설팅 등 검침데이터를 활용한 부가 서비스 제공

3) 원격검침에 의한 검침 인건비 감소

4) 산업적 효과
(1) 일자리 창출
(2) 타 산업기술 분야의 융합 등을 통한 새로운 산업시장 형성

5) 환경적 효과 : 온실가스 개선

SECTION 17 | 분산형 전원의 배전계통 도입과 대책

1. 개요

1) 분산형 전원의 정의

기존 전력회사의 대규모 전원(원자력, 대용량 화력 등)과는 달리 소규모로서 수요지 근방에 분산배치가 가능한 전원

2) 분류

분류기준	분산형 전원의 형태
발전기술	가스터빈, 가스엔진, 디젤엔진, 연료전지, 태양광, 풍력, 소수력, 소형 열병합 등
발전설비	회전기(동기기, 유도기), 정지기
이용형태	발전 전용, 열병합발전 저장 및 발전
소유 및 운용권한	전기사업자용, 비전기사업자용
계통과의 연계운전	연계운전형, 단독운전형
역조류의 유무	역송 가능형, 역송 불가능형

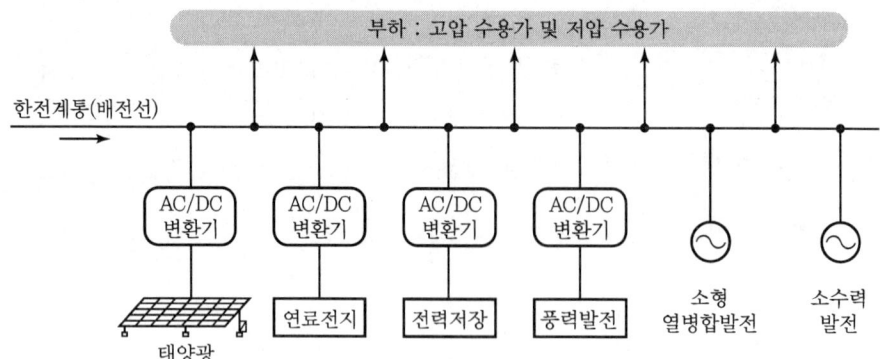

그림 5-56 ▶ 분산형 전원의 배전계통 도입 일례

2. 분산형 전원의 배전계통 도입에 따른 문제점

1) 기술적 측면에서의 문제점

(1) 전압변동

① 문제점 : 분산형 전원이 투입되면 투입지점 부근의 전압이 상승하여 전력품질 저하
   (현 OLTC 전압조정 문제점 발생)
② 대책 : 배전선로를 재설계(분산형 전원의 잉여전력 특성을 고려)

(2) 보호협조

① 문제점 : 계통사고 시 분산형 전원이 지락, 단락, 낙뢰사고 등이 발생하여 계통의 사고 파급 우려(기존 보호협조 체계에 문제점 생김)
② 대책 : 보호협조 가이드라인 필요

(3) 단독운전(Islanding)

① 문제점 : 계통사고 시 분산형 전원이 계속 단독운전되면, 계통 측 전원 복귀 시 위상차로 인한 단락사고 또는 탈조사고가 발생
② 대책
   ㉠ 배전사령실의 전송신호에 의한 조작
   ㉡ 계통전원 상실 시 분산형 전원 측에서 검출하여 자동적 계통 분리

(4) 고조파 문제

① 문제점 : 변환장치에 의해 고조파 발생
② 대책 : Filter 사용, PWM 방식 채용

(5) 역률

① 문제점 : 유효전력은 계통 측에 공급하고, 무효전력은 계통으로부터 공급받기 때문에 역률의 악화로 전압안정도 저하
② 대책 : 전력용 콘덴서 삽입, 동기조상기 과여자운전, 동기발전기 지상운전

(6) 상 불평형

① 문제점 : 분산형 전원의 투입으로 상 불평형이 생기게 되면 중성선에 불평형 전류가 흘러 중성점 전위 상승 → 선로 제어기기 오동작
② 대책 : 배전선로 재설계, 보호협조 가이드라인 필요

(7) 주파수
① 문제점 : 다수 분산형 전원이 동시에 출력 "0"로 되는 경우 주파수 저하
② 대책 : UFR 설치(Load Shedding 실시)

(8) 단락용량
① 문제점 : 계통사고 시 분산형 발전기 단락전류에 의해 단락용량 증가
② 대책 : 발전기 리액턴스 검토, 계통 구성 재검토, 한류리액터 설치

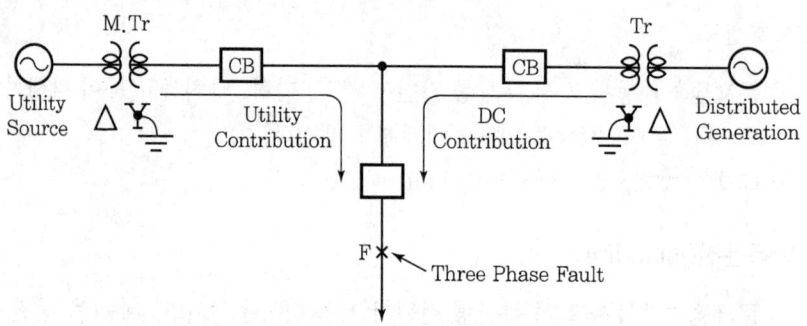

그림 5-57 ▶ 분산형 전원의 배전계통 도입 일례

2) 사회·경제적 측면에서의 문제점
(1) 제어시스템 및 전력품질 기준의 미비 : 유연한 급전 및 제어성 떨어짐
(2) 상대적인 고비용 : 적산용 전력량계 등 추가비용 발생
  • 역송 가능 계통연계 운전형 : 전력회사로부터 전력 구입, 잉여전력 판매
(3) Grid 시스템과의 통합의 복잡성
(4) 발전차액지원제도(FIT : Feed-in Tarriff)로 전력회사 경제적 손실 발생
  • 현재 의무할당제(RPS : Renewable Portfolio Standard) 적용

3. 향후 전망
기존 배전계통에 다수의 분산형 전원 도입 시 고품질, 고신뢰의 전력공급을 위한 고기능 실현이 가능한 차세대 배전계통 운용체제(스마트 그리드) 구축을 통한 통합제어로 기술적 측면의 상기 8가지 문제점이 해결될 것이다.

5.17.1 분산형 전원설비의 전력계통 연계 시설 기준

1. 적용범위

이 기준은 분산형 전원을 설치한 자(분산형 전원 설치자)가 해당 분산형 전원을 한국전력공사(한전)의 배전계통(계통)에 연계하고자 하는 경우에 적용한다.

2. 전기방식

1) 분산형 전원의 전기방식은 연계하는 계통의 전기방식과 동일해야 함
2) 단, 3상으로 전기를 공급받아 자가소비 후 역송하는 분산형 전원 설치자가 단상 인버터를 설치하여 분산형 전원을 계통에 연계하는 경우

표 5-7 ▶ 3상 수전 단상 인버터 설치기준(발전사업용 제외)

구분	연계계통의 전기방식
1상 또는 2상 설치 시	각 상에 4[kW] 이하로 설치
3상 설치 시	상별 동일 용량 설치 원칙(단, 1상에 4[kW] 이내 불평형 허용 가능)

3) 분산형 전원의 연계 구분에 따른 연계계통의 전기방식

표 5-8 ▶ 연계 구분에 따른 계통의 전기방식

구분	연계계통의 전기방식
저압 한전계통 연계	교류 단상 220[V] 또는 교류 3상 380[V] 중 기술적으로 타당하다고 한전이 정한 한 가지 전기방식
특고압 한전계통 연계	교류 3상 22,900[V]

3. 한전계통 접지와의 협조

1) 역송병렬 형태의 분산형 전원 연계 시 그 접지방식은 해당 한전계통에 연결되어 있는 타 설비의 정격을 초과하는 과전압을 유발하거나 한전계통의 지락고장 보호협조를 방해해서는 안 됨
2) 단, 분산형 전원 설치자가 비접지방식을 사용하여 연계하고자 하는 경우 한전계통 접지와의 협조를 만족할 수 있는 별도의 대책을 수립하여야 함

4. 동기화

분산형 전원의 계통 연계 시 제한범위 이내에 있어야 하며, 만일 어느 하나의 변수라도 제시된 범위를 벗어날 경우에는 병렬연계 장치가 투입되지 않아야 한다.

표 5-9 ▶ 계통 연계를 위한 동기화 변수 제한범위

발전용량합계[kW]	주파수 차 (Δf, [Hz])	전압 차 (ΔV, [%])	위상각 차 ($\Delta \phi$, [°])
0 ~ 500 이하	0.3	10	20
500 초과 1,500 이하	0.2	5	15
1,500 초과 20,000 미만	0.1	3	10

5. 감시 및 제어

특고압 또는 전용변압기를 통해 저압 한전계통에 연계하는 역송병렬의 분산형 전원이 하나의 공통 연결점에서 단위 분산형 전원의 용량 또는 분산형 전원 용량의 총합이 100[kW] 이상일 경우 분산형 전원 설치자는 분산형 전원 연결점에 연계상태, 유·무효 전력 출력, 운전 역률 및 전압 등의 전력품질을 감시하기 위한 설비를 갖추어야 한다.

6. 변압기의 시설

1) 분산형 전원 설치자는 인버터로부터 직류가 계통으로 유입되는 것을 방지하기 위하여 연계시스템에 상용주파 변압기를 설치하여야 함
2) 상용주파 변압기의 설치를 생략할 수 있는 경우
   (1) 직류회로가 비접지인 경우 또는 고주파 변압기를 사용하는 경우
   (2) 교류 출력 측에 직류 검출기를 구비하고 직류 검출 시에 교류 출력을 정지하는 기능을 갖춘 경우

7. 단독운전

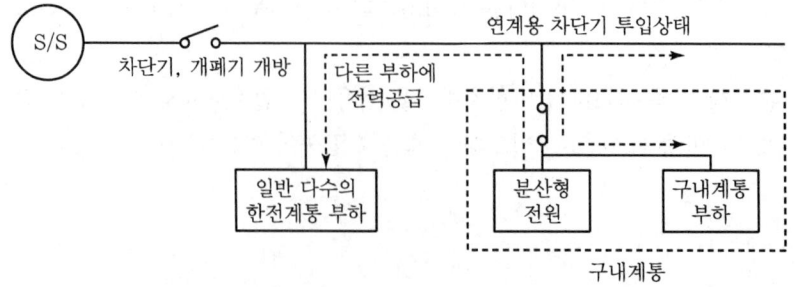

그림 5-58 ▶ 단독운전 예

1) 개념

한전계통의 일부가 한전계통의 전원과 전기적으로 분리된 상태에서 분산형 전원에 의해서만 가압되는 상태를 말함

2) 단독운전 상태가 발생할 경우

해당 분산형 전원 연계 시스템은 이를 감지하여 단독운전 발생 후 최대 0.5초 이내에 한전계통에 대한 가압을 중지해야 함

3) 개별 인버터의 용량과 총 연계용량이 상이하여 단위 분산형 전원에 2대 이상의 인버터를 사용하는 경우 인버터의 상호 간섭으로 인해 단독운전 검출 감도에 영향을 미칠 수 있으므로 분산형 전원 설치자는 이를 방지할 것

8. 보호장치 설치

1) 분산형 전원 설치자는 고장 발생 시 자동적으로 계통과의 연계를 분리할 수 있는 보호장치를 설치해야 함
2) 역송병렬 분산형 전원의 경우 단독운전 방지 기능에 의해 자동적으로 연계를 차단하는 장치를 설치해야 함
3) 인버터를 사용하는 저압계통 연계 분산형 전원의 경우 인버터 포함 연계시스템에 보호 기능이 내장 시 별도 보호장치 설치를 생략할 수 있음

9. 전기품질

1) 직류 유입 제한

분산형 전원 및 그 연계 시스템은 분산형 전원 연결점에서 최대정격출력 전류의 0.5[%]를 초과하는 직류 전류를 계통으로 유입시켜서는 안 됨

2) 역률

① 분산형 전원의 역률은 90[%]를 유지함을 원칙으로 함
② 분산형 전원의 역률은 계통 측에서 볼 때 진상역률(분산형 전원 측에서 볼 때 지상역률)이 되지 않도록 함을 원칙으로 함

3) 플리커(Flicker)

분산형 전원은 빈번한 기동, 탈락 또는 출력변동 등에 의하여 한전계통에 연결된 타 전기 사용자에게 시각적 자극을 줄 만한 플리커나 설비의 오동작을 초래하는 전압요동을 발생시켜서는 안 됨

4) 고조파

특고압 한전계통에 연계되는 분산형 전원은 연계용량에 관계없이 한전이 계통에 적용하고 있는 "배전계통 고조파 관리기준"에 준하는 허용기준을 초과하는 고조파 전류를 발생시켜서는 안 됨

10. 순시전압변동

1) 특고압계통

(1) 순시전압변동률 허용기준

변동빈도	순시전압변동률
1시간에 2회 초과 10회 이하	3[%]
1일 4회 초과, 1시간에 2회 이하	4[%]
1일에 4회 이하	5[%]

(2) 단, 해당 Hybrid 분산형 전원의 변동 빈도를 정의하기 어렵다고 판단되는 경우에는 순시전압변동률 3[%]를 적용함

2) 저압계통

계통 병입 시 돌입전류를 필요로 하는 발전원에 대해서 계통 병입에 의한 순시전압변동률이 6[%]를 초과하지 않아야 함

CHAPTER 05
전기에너지 설비

SECTION 18 | 전기자동차 전원공급설비

1. 전기자동차 전원공급설비 적용범위

이 규정은 1,000[V] 이하의 교류 전압과 1,500[V] 이하의 직류 전압을 이용하여 전기자동차를 충전하는 장치와 전원망에 연결될 때 자동차에 부가적인 기능을 위하여 전력을 공급하는 외장장치에 적용한다. 단, 이 규정은 무궤도 버스, 궤도차량, 산업용 트럭 또는 비포장도로용으로 설계된 자동차는 적용하지 않는다.

> **참고**
> - 외장 충전기(장치) : 교류 주전원의 구내 배선에 연결되고 자동차와 완전히 분리되어 동작하도록 설계된 충전기(장치)를 말함
> - 내장 충전기 : 자동차에 탑재되어 자동차에만 동작하도록 설계된 충전기(장치)를 말함

2. 전기자동차 전원공급설비의 구성 개념도

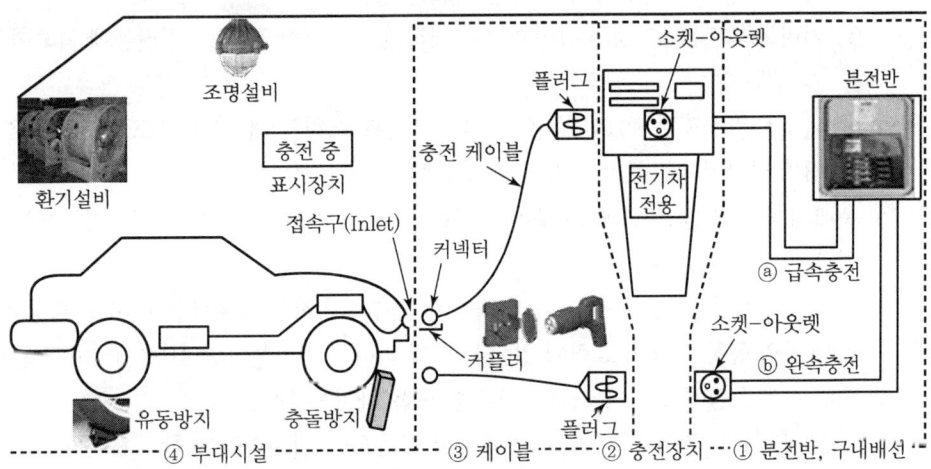

그림 5-59 ▶ 전기자동차 충전장치 접속

3. 전원공급설비의 저압선로 시설(KEC 241.17.2)

전기자동차에 전기를 공급하기 위한 저압전로는 전기자동차 전원공급설비의 인입구부터 충전장치까지 전용으로 시설하고 다음 각 호에 따라 시설하여야 한다.

1) 전용의 개폐기 및 과전류차단기를 각 극에 시설하고 또한 전로에 지락이 생겼을 때 자동적으로 그 전로를 차단하는 장치를 시설할 것

2) 옥내에 시설하는 저압용 배선기구의 시설

(1) 옥내에 시설하는 저압용의 배선기구는 그 충전 부분이 노출하지 아니하도록 시설하여야 함. 다만, 취급자 이외의 자가 출입할 수 없도록 시설한 곳에서는 적용하지 않음

(2) 옥내에 시설하는 저압용의 비포장 퓨즈는 불연성의 것으로 제작한 함 또는 안쪽 면 전체에 불연성의 것을 사용하여 제작한 함의 내부에 시설하여야 함
다만, 사용전압이 400[V] 미만인 저압 옥내 전로에 다음 각 호에 적합한 기구 또는 「전기용품 및 생활용품 안전관리법」의 적용을 받는 기구에 넣어 시설하는 경우에는 적용하지 않음
① 극과 극 사이에는 개폐하였을 때 또는 퓨즈가 용단되었을 때 생기는 아크가 다른 극에 미치지 않도록 절연성의 격벽을 시설할 것
② 커버는 내(耐)아크성의 합성수지로 제작한 것이어야 하며 또한 진동에 의하여 떨어지지 않을 것
③ 완성품은 KS C 8311(2005) "커버 나이프 스위치"의 "3.1 온도상승", "3.6 내열", "3.5 단락차단" 및 "3.8 커버의 강도"에 적합할 것

(3) 옥내의 습기가 많은 곳 또는 물기가 있는 곳에 시설하는 저압용의 배선기구에는 방습장치를 하여야 함

(4) 옥내에 시설하는 저압용의 배선기구에 전선을 접속하는 경우에는 나사로 고정시키거나 기타 이와 동등 이상의 효력이 있는 방법에 의하여 견고하고 또한 전기적으로 완전히 접속하고 접속점에 장력이 가하여지지 않도록 하여야 함

(5) 저압 콘센트는 접지 극이 있는 콘센트를 사용하여 접지하여야 함

3) 옥측 또는 옥외에 시설하는 저압용 배선기구의 시설

(1) 전기기계기구 안의 배선 중 사람이 쉽게 접촉할 우려가 있거나 손상을 받을 우려가 있는 부분은 금속관 공사 또는 케이블 공사(전선을 금속제의 관 또는 기타의 방호장치에 넣는 경우에 한함)에 의하여 시설할 것

(2) 전기기계기구에 시설하는 개폐기·접속기·점멸기 기타의 기구는 손상을 받을 우려가 있는 경우에는 이에 견고한 방호장치를 하고, 물기 등이 유입될 수 있는 곳에서는 방수형이나 이와 동등한 성능이 있는 것을 사용할 것

4. 전기자동차의 충전장치(KEC 241.17.3)

1) 충전부분이 노출되지 않도록 시설하고, 외함의 접지는 접지공사를 할 것
2) 외부 기계적 충격에 대한 충분한 기계적 강도(IK08 이상)를 갖는 구조일 것
3) 침수 등의 위험이 있는 곳에 시설하지 말아야 하며, 옥외에 설치 시 강우·강설에 대하여 충분한 방수 보호등급(IPX4 이상)을 갖는 것일 것
4) 분진이 많은 장소, 가연성 가스나 부식성 가스 또는 위험물 등이 있는 장소에 시설하는 경우에는 통상의 사용 상태에서 부식이나 감전·화재·폭발의 위험이 없도록 시설할 것
5) 충전장치에는 전기자동차 전용임을 나타내는 표지를 쉽게 보이는 곳에 설치할 것
6) 전기자동차의 충전장치는 쉽게 열 수 없는 구조일 것
7) 전기자동차의 충전장치 또는 충전장치를 시설한 장소에는 위험 표시를 쉽게 보이는 곳에 표지할 것
8) 전기자동차의 충전장치는 부착된 충전 케이블을 거치할 수 있는 거치대 또는 충분한 수납공간(옥내 0.45[m] 이상, 옥외 0.6[m] 이상)을 갖는 구조이며, 충전 케이블은 반드시 거치할 것
9) 충전장치의 충전 케이블 인출부는 옥내용의 경우 지면으로부터 0.45[m] 이상 1.2[m] 이내에, 옥외용의 경우 지면으로부터 0.6[m] 이상에 위치할 것
10) 급속충전시설은 비상 개폐 또는 단로(공급망을 분리하거나 소켓-아웃렛이나 케이블어셈블리를 분리하기 위해 사용)를 설치할 것
11) 전기사용량에 대한 요금 부과기능이 있는 형태의 콘센트(과금형 콘센트)는 접지극이 있는 방적형 또는 동등 이상의 보호덮개가 있는 것을 사용하고 접지할 것
12) 충전 케이블은 거치 또는 보관 시 케이블의 손상을 방지하기 위하여 주차구획 내에 위치하지 않도록 시설할 것

5. 전기자동차의 충전 케이블 및 부속품 시설(KEC 241.17.4)

1) 충전장치와 전기자동차의 접속에는 연장코드를 사용하지 말 것
2) 충전장치와 전기자동차의 접속에는 자동차 어댑터를 사용할 수 있음
3) 충전 케이블은 유연성이 있는 것으로서 통상의 충전전류를 흘릴 수 있는 충분한 굵기의 것일 것
4) 전기자동차 커플러는 다음에 적합할 것
   ① 다른 배선기구와 대체 불가능한 구조로서 극성이 구분이 되고 접지극이 있는 것일 것
   ② 접지극은 투입 시 제일 먼저 접속되고, 차단 시 제일 나중에 분리되는 구조일 것
   ③ 의도하지 않은 부하의 차단을 방지하기 위해 잠금 또는 탈부착을 위한 기계적 장치가 있는 것일 것

④ 전기자동차 커넥터가 전기자동차 접속구로부터 분리될 때 충전 케이블의 전원공급을 중단시키는 인터록 기능이 있는 것일 것

5) 전기자동차 커넥터 및 플러그는 낙하 충격 및 눌림에 대한 충분한 기계적 강도를 가질 것일 것

6. 충전장치 등의 방호장치 시설(KEC 241.17.5)

1) 충전장치 등의 방호장치 시설

(1) 충전장치로 충전 중인 전기자동차 또는 이동식 전기자동차 충전기의 유동을 방지하기 위한 장치를 갖출 것
(2) 전기자동차, 이동식 전기자동차 충전기 등에 의한 물리적 충격의 우려가 있는 경우에는 방호하는 장치를 시설하고, 잠재적 위험 경고 표시를 할 것
(3) 충전 중 환기가 필요한 경우에는 충분한 환기설비를 갖추어야 하며, 환기설비를 나타내는 표지를 쉽게 보이는 곳에 설치할 것
(4) 충전 중에는 충전상태를 확인할 수 있는 표시장치를 쉽게 보이는 곳에 설치할 것
(5) 충전시설 이용 시 안전과 편리를 위하여 KS A 3011(조도 기준)의 [표5-10]과 같이 시설할 것

표 5-10 ▶ 조도 분류 및 조도 값

	조도 분류	조도범위			장소
		최고	표준	최저	
D	잠시 동안의 단순 작업장	60	40	30	건물면(유리 제외), 주유기 (전기자동차 커플러 및 접속구)
C	어두운 분위기의 공공장소	30	20	15	-
B	어두운 분위기의 이용이 빈번하지 않은 장소	15	10	6	차도, 서비스 지역
A	어두운 분위기 중의 시식별 작업장	6	4	3	진입로

[비고] 1. 옥외 및 복도는 지면 또는 노면조도, 기타 것은 바닥에서 0.85[m]의 수평조도로 한다.
2. 이 조도는 항상 유지하여야 하는 값을 나타낸다.
3. 표 5-10은 KS A 3011(조도기준)의 표 5(주유소)를 기준한 것이다.

2) 자주식 지하주차장에 충전장치 설치

(1) 전기자동차 충전장치가 설치된 주차구역을 감시할 수 있는 CCTV를 설치할 것. 다만, 과금형 콘센트에 대해서는 예외임
(2) 원활한 화재 진압을 위해 지하주차장 3층 이내(주차구획이 없는 층은 제외)에 설치할 것

(3) 전기자동차 충전장치가 설치된 주차구역의 벽, 기둥, 천장, 바닥은「건축물의 피난·방화구조 등의 기준에 관한 규칙」제3조에 따른 내화구조일 것

3) 이동식 전기자동차 충전시설
옥내, 지붕이 있는 주차장, 옥상, 지하에 시설할 수 없으며, 이 장소에서 이동식 전기자동차 충전기를 이용하여 전기자동차를 충전할 수 없음

5.18.1 V2G(Vehicle-to-Grid)

1. 개요

1) V2G는 Vehicle-to-Grid의 줄임말로서, 전기자동차가 전력계통에 연계되어 전기자동차 내의 배터리에 심야시간의 저렴한 전기요금으로 충전한 전력을, 주간 Peak 시간대에 전력계통으로 역송전하는 시스템을 의미함
2) 최근 지구온난화 방지 측면에서 효율적인 에너지 사용을 할 수 있는 V2G와 관련하여 스마트 그리드 실증단지를 통해 실증이 완료된 상태임

2. V2G(Vehicle-to-Grid) 개념 및 목적

1) 개념

V2G는 Vehicle-to-Grid의 줄임말로서, 전기자동차가 계통에 연계되어 전기자동차 내의 배터리에 충전을 하거나 저장된 전력을 계통으로 역송전하는 시스템임

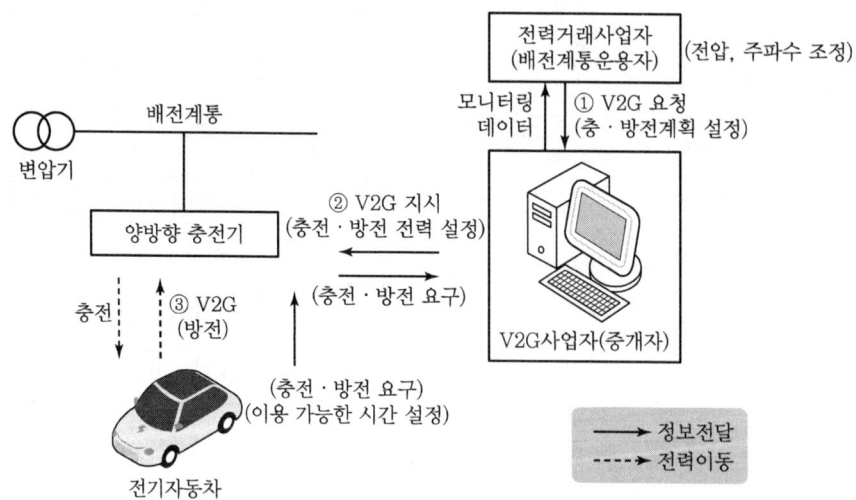

그림 5-60 ▶ V2G 구성도

2) 기능(목적)

(1) 부하의 평균화
(2) 전력예비력 공급
(3) 전압 및 주파수 조정
(4) 신재생 출력 안정

3) 정보전달 및 충전 방전

   (1) 각각의 구성요소는 실시간 다음 정보를 교환함
      ① 계통상태(주파수, 부하량, 전압 등)
      ② 충·방전을 요구하는 전기자동차의 수
      ③ 전기자동차 Battery 충전상태 등

   (2) 상기 정보를 바탕으로 최종적으로 전기자동차의 충전 및 방전을 수행하고, V2G에 검증된 전력량에 대한 대가를 지불함

3. V2G 활성화 방안

1) EV의 보급과 충전인프라 구축의 필요
2) EV의 보급을 위한 정부의 새로운 정책
3) EV를 충전할 수 있는 휴대용 충전기술
4) 충전시간의 단축

4. V2G 활용 가능한 분야 및 장점

1) 주파수 조정 가능
2) 화석연료 사용량 감소
3) 신재생에너지 출력 안정화
4) 전력예비력 공급
5) 첨두부하 감소

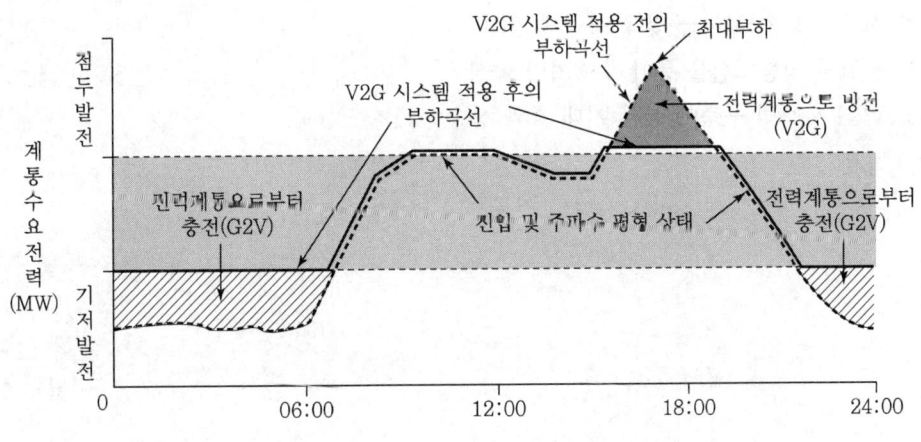

그림 5-61 ▶ V2G 시스템을 이용한 부하평균화

5. 문제점

1) 과부하 문제
대규모 전기자동차 충전 시 발생

2) 역조류 발생
전압 상승 및 보호시스템의 복잡성 증가

3) 전압 변동 발생
불특성 다수의 지역에서 충·방전 시 발생

4) 전력품질 저하
전압 변동 및 고조파 발생 등으로 인한 문제 발생

5) 전력계통 보호협조
양방향 보호협조 시스템의 도입 필요

6) 전력계통 안정도 문제
적절한 충전제어가 이루어지지 않을 경우 전압 붕괴 현상 발생

6. 향후 기대 효과

1) 전기자동차 신규 모델 출시
2) 전기자동차 가격인하를 통한 소비자의 관심 증가
3) 정부의 보조금 지급 및 환경규제 강화
4) 축전지 성능개선을 통한 주행거리 향상
5) V2G 시스템 구축에 따른 기대 효과 상승

SECTION 19 | 대기전력 차단시스템

1. 개요

1) 대기전력이란 기기가 외부의 전원과 연결된 상태에서 해당 기기의 주기능을 수행하지 않거나 외부로부터 켜짐 신호를 기다리는 상태에서 소비되는 전력을 말함
2) 대기전력 차단으로 절전과 전기화재를 원천적으로 예방하여 에너지 낭비 요인을 제거
3) 네트워크로 상시 연결된 디지털 기기는 전원을 꺼도 신호대기를 위한 내부회로가 살아 있는 상태로 20~30[W]에 이르는 많은 전력을 소비하고 있음

2. 대기전력의 문제점

1) 대기전력에 의한 국가적 손실(가정 대상)

분류	대기전력 손실
전국 가정용 대기전력(순시전력)	856[MW]
전국 연간 대기전력 소모량	4.6[TWh/년] (6,000억 원)
전국 총소비전력 대비	1.67[%]
대기전력 1[W] 시 절감 가능 전력량	3.3[TWh/년] (4,300억 원)

2) 대부분의 사업장에서 사용되고 있는 전기제품은 점심시간, 퇴근 이후 및 공휴일에도 대기전력을 차단하지 못하고 불필요한 전력이 소비되고 있으며, 누전 등에 의한 전기화재 요인도 잠재하고 있음
3) 이와 같은 소모전력을 국가적으로 환산하면 연간 6천억 원 정도로 100[만kWh] 규모의 화력발전소 1기를 돌리지 않아도 되는 전력 낭비의 원인이 되고 있음

3. 대기전력 차단장치

1) 대기전력 자동 차단 콘센트

   (1) **부하 감지형** : 대기전력 자동 차단 콘센트에 연결된 전원이 차단되었을 때 이를 감지하여 대기전력을 차단함

   (2) **조도 감지형** : 내장된 조도 감지장치로 조도를 감지하여 대기전력을 자동 차단함

   (3) **복합형** : 부하 및 조도를 감지함

2) 대기전력 자동 차단 스위치

 (1) 1개 이상의 콘센트가 유·무선으로 연결됨
 (2) 일괄 제어 기능과 개별 제어 기능이 있음

4. 대기전력 급증 전망

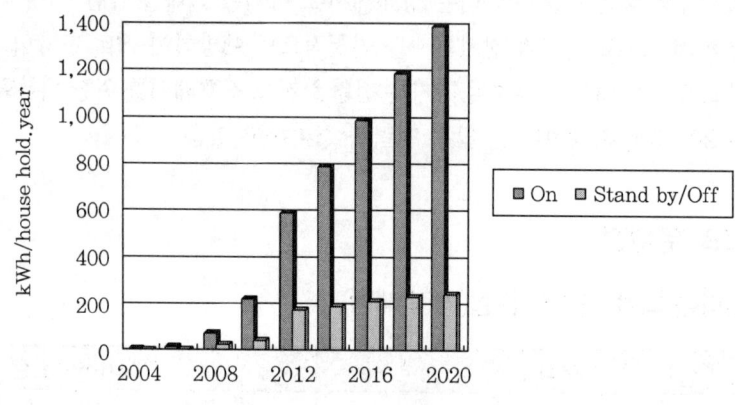

그림 5-62 ▶ 대기전력 전망도

가정의 홈 네트워크화로 인한 급증 예상으로 2020년경 가정 소비전력 중 1/4은 대기전력 점유 전망(스위스 정부 IEA 발표 자료)

5. 대기전력의 종류

구분	개념	전원	해당기기	비고
No Load	플러그가 꽂혀 있는 상태에서 소비되는 전력	-	핸드폰 충전기 직류전원 장치	1[W] 프로그램 주 타깃
Off	전원을 꺼도 소비되는 전력(0~3[W])	Put off	TV, PC, DVD 모니터, 프린터	
Passive Stand by	리모컨으로 전원을 꺼도 소비되는 전력(3[W])	Put off		
Active Stand by	NW로 연결된 디지털기기는 전원을 꺼도 20~30[W] 전력 소모	Put off	셋톱박스 홈 네트워크	향후 큰 이슈
Sleep	기기 동작 중 사용하지 않는 대기상태에서 소비되는 전력	On & Stand by	PC, 모니터 복사기, 스캐너	절전모드

6. 대기전력 절감을 위한 제도

1) Stand by Korea 2010(지식경제부, 에너지관리공단)

2010년까지 모든 전자기기의 대기전력은 1[W] 이하로 함

2) 대기전력 저감 프로그램 운용규정(지식경제부, 에너지관리공단)

대기전력 저감성이 우수한 제품의 보급을 촉진하기 위하여 실시

3) 에너지 절약마크제품 보급 촉진 지원

7. 대기전력 절감 기기

1) 대기전력 감소용 분전반 특징

(1) 단상 및 3상용 전원 분전반에 설치하는 대기전력 차단장치
(2) 인입구 전기 분전함에 설치된 차단장치와 사용자의 조작이 가능한 곳에 콘트롤러를 설치하여 전력기기 미사용 시 기기의 전원을 차단함
(3) 대기전력으로 인한 에너지 낭비의 방지와 누전 등에 의한 전기화재의 예방 가능

2) 대기전력 감소용 콘센트 특징

(1) 기존의 수동적인 전원 Off에 의한 대기전력 차단방식 탈피
(2) 메인 전원기기 사용에 따라 종속관계의 기기전원 흐름을 차단하여 대기전력을 제거
(3) 대기전력에 따른 전기에너지 절감과 제품의 수명 향상을 가짐

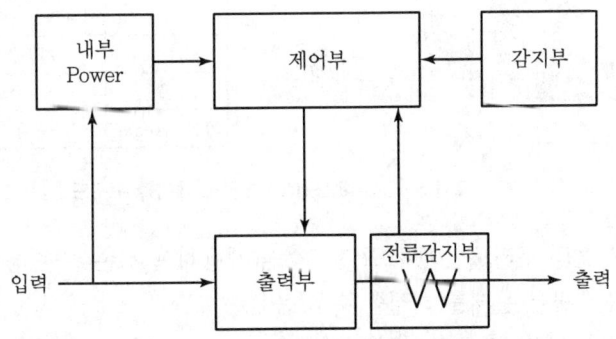

그림 5-63 ▶ 대기전력 차단회로 개념도

SECTION 20 | 초전도 기술

1. 개요

1) 초전도 기술이란 임계온도, 임계전류 밀도, 임계자기장의 조건하에서 전기저항이 0이 되고 자기장을 투과시키지 않는 완전 반자성특성, 두 개의 초전도체 사이의 절연층을 통과하는 전류가 흐르는 현상을 말함
2) 현재 2세대 고온 초전도 선재인 YBCO CC가 본격 생산되면서 초전도 변압기를 중심으로 연구가 활발히 진행되고 있음

2. 전력분야에서의 기여 방향

1) 초전도 케이블

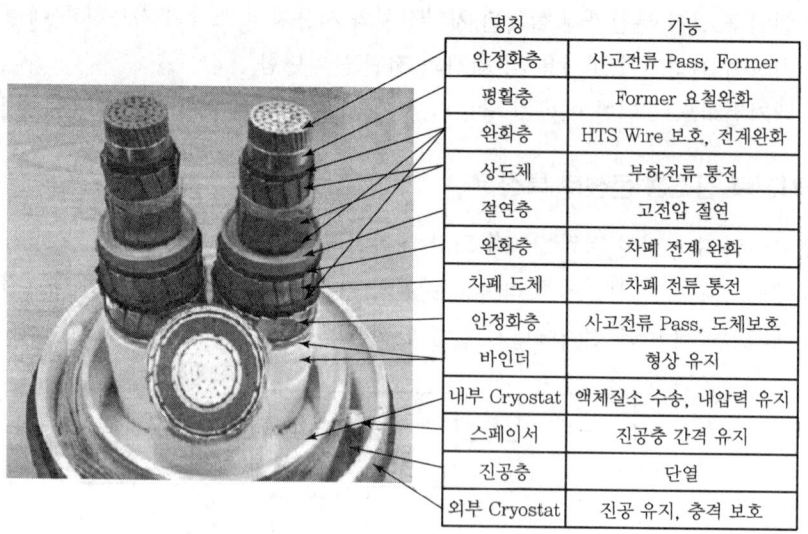

그림 5-64 ▶ 22.9[kV] 초전도 케이블 구조도

(1) 기존 케이블의 구리도선 대신 초전도선을 사용하여 저손실, 대용량 전력수송이 가능
(2) 대도시 전력공급 문제를 해결할 수 있음
(3) 765[kV]나 345[kV] 초고압이 아닌 154[kV], 22.9[kV]의 저전압으로 대용량 송전이 가능함
(4) 종래 변전소 고압 송전을 위한 주변기기를 간략화할 수 있음
(5) 전력 케이블 설치공간 축소가 가능함
(6) 경제성이 우수함

2) 초전도 변압기

(1) 기존 변압기 권선을 초전도체로 대체하여 무게, 부피 감소, 효율 상승, 과부하내력의 증대가 가능함
(2) 절연유가 없어 화재나 폭발의 위험이 없음
(3) 소형화가 가능함
(4) 환경오염이 없음(감소)

3) 초전도 한류기

(1) 전력계통에서 단락 및 지락사고로 인해 발생되는 고장전류를 제한하거나 제거시키는 초전도 기술을 적용함

(2) **정상 상태** : 전력 손실이 없고, 전압강하가 없음

(3) 사고 상태
   ① 사고를 스스로 감지하여 자동으로 계통임피던스를 증가시켜 사고전류를 허용치 이하로 제한함
   ② 전력 기기 보호
   ③ 기존 차단기 용량 문제 해결
   ④ 환경친화적임

4) 초전도 전동기

(1) 계자 코일이나 전기자 코일을 초전도체를 사용하여 발생 자장을 높임
(2) 기기의 효율과 출력을 높임
(3) 소형화 및 경량화 가능
(4) 안정도 향상

3. 초전도 특징

1) 변압기(기존 변압기의 권선을 초전도체로 내체함)

(1) 효율이 향상됨
(2) 소형화가 가능함(전류용량이 큰 초전도체를 사용함)
(3) 절연유를 사용하지 않음
(4) 화재나 폭발의 위험이 없음
(5) 환경오염을 감소시킬 수 있음

(6) 저온 초전도 변압기는 액체 헬륨을 사용하기 때문에 냉각비용의 부담이 커서 상용화가 어려움

(7) 교류 손실이 적은 고온 초전도체가 개발되면서 가격이 저렴한 액체질소를 사용할 수 있는 고온 초전도 변압기 개발이 활발히 진행되고 있음

2) 초전도 케이블

(1) 저전압으로 대용량 송전이 가능함

(2) 교류손실이 기존 케이블에 비해 매우 작음

(3) 충전전류가 적어 장거리 송전이 가능함

(4) 지중계통 전압등급의 균일화가 가능하여 송전비용이 절감됨

(5) 1회선당 송전용량이 매우 크기 때문에 기존 케이블에 비해 소요 회선수가 대폭 감소하여 소형화가 가능함

(6) 동일한 일반 전력선에 비해 약 5~10배의 송전 효과가 있음

(7) 송전관로의 소형화가 가능함(기존 관로 및 전력구 활용이 가능함)

3) 초전도 한류기

(1) **정상 상태** : 전력 손실 및 전압강하의 발생이 없음

(2) **사고 상태**

① 스스로 사고를 감지해서 자동으로 계통의 임피던스를 증가시킴

② 사고전류를 허용치 이하로 제한함

③ 전력계통의 안정도 문제를 해결할 수 있음

④ 친환경적인 새로운 사고전류 대책 기술임

4. 산업응용분야

1) 전력에너지

전동기, 발전기, 변압기, 자기에너지 저장, 한류기, 케이블

2) 정보통신

무선통신기지국, 슈퍼컴퓨터, 초고속 네트워크

3) 의료분석기기

Squid 뇌자계/심자계, MRI/NMR, NDE

4) 환경

고속자기분리(HGMS), 오폐수 처리, 녹조 적조류 제거

5. 향후 전망

1) 현재 2세대 고온 초전도 선재 손실보다 $\frac{1}{10}$ 정도 저감 기술 개발
2) 극저온 냉각기의 효율 개선 및 가격 저감
3) 극저온 절연재료의 개발
4) 저손실 고온 초전도 선재화 및 표면 부식 방지 개발

SECTION 21 | 에너지 절감

5.21.1 건축물의 에너지 절약 설계기준(2025년 1월 1일 국토교통부 제2024-1026호)

1. 개요
건축물의 효율적인 에너지 관리를 위하여 에너지 절약 설계에 관한 기준이 건축, 기계, 전기 및 신재생에너지 부분에 적용되며, 이에 관해 전기 부분의 의무사항과 권장사항 부분에 대한 기준을 중심으로 설명하였다.

2. 적용대상 건축물(의무대상)
기준의 제외대상 이외의 연면적 500[m^2] 이상의 건축물은 에너지 절약 설계기준을 적용하였다.

3. 전기부문의 의무사항

1) 수변전설비

   변압기를 신설 또는 교체하는 경우에는 고효율제품으로 설치할 것

2) 간선 및 동력설비

   (1) 전동기에는 「기본공급약관 시행세칙」 별표 6에 따른 역률개선용 커패시터(콘덴서)를 전동기별로 설치할 것(다만, 소방설비용 전동기 및 인버터 설치 전동기에는 예외)
   (2) 간선의 전압강하는 「한국전기설비규정」을 따를 것

3) 조명설비

   (1) **조명기기 중 안정기내장형램프, 형광램프를 채택 시**

      최저소비효율기준을 만족하는 제품을 사용하고, 유도등 및 주차장 조명기기는 고효율 제품에 해당하는 LED 조명을 설치할 것

   (2) **공동주택 각 세대 내의 현관 및 숙박시설의 객실 내부 입구, 계단실의 조명기구**

      인체감지점멸형 또는 일정시간 후에 자동 소등되는 조도자동조절 조명기구를 채택할 것

(3) 조명기구

필요에 따라 부분조명이 가능하도록 점멸회로를 구분하여 설치하여야 하며, 일사광이 들어오는 창 측의 전등군은 부분점멸이 가능하도록 설치함(다만, 공동주택은 예외임)

(4) 공동주택의 효율적인 조명에너지 관리

세대별로 일괄적 소등이 가능한 일괄소등스위치를 설치할 것(다만, 전용면적 60[m^2] 이하인 주택의 경우에는 예외임)

4) 공공건축물을 건축 또는 리모델링하는 경우

에너지성능지표 전기설비부문 8번 항목 배점을 0.6점 이상 획득할 것

5) 「공공기관 에너지이용 합리화 추진에 관한 규정」 제6조제3항의 규정을 적용받는 건축물의 경우에는 에너지성능지표 전기설비부문 8번 항목 배점을 1점 획득할 것

4. 전기부문의 권장사항

에너지절약계획서 제출대상 건축물의 건축주와 설계자 등은 다음 각 호에서 정하는 사항을 선택적으로 채택할 수 있다.

1) 수변전설비

(1) 변전설비는 부하의 특성, 수용률, 장래의 부하 증가에 따른 여유율, 운전조건, 배전방식을 고려하여 용량을 산정함

(2) 부하특성, 부하종류, 계절부하 등을 고려하여 변압기의 운전대수제어가 가능하도록 뱅크를 구성함

(3) 수선전압 25[kV] 이하의 수전설비에서는 변압기의 무부하 손실을 줄이기 위하여 충분한 안전성이 확보된다면 직접강압방식을 채택하며 건축물의 규모, 부하특성, 간선손실, 전압강하 등을 고려하여 손실을 최소화할 수 있는 변압방식을 채택함

(4) 전력을 효율적으로 이용하고 최대수용전력을 합리적으로 관리하기 위하여 최대수요전력 제어설비를 채택함

(5) 역률개선용 커패시터(콘덴서)를 집합 설치하는 경우에는 역률자동조절장치를 설치함

(6) 건축물의 사용자가 합리적으로 전력을 절감할 수 있도록 층별 및 임대 구회별로 전력량계를 설치함

2) 조명설비

(1) 옥외등은 고효율제품인 LED 조명을 사용하고, 옥외등의 조명회로는 격등점등(또는 조도조절기능) 및 자동점멸기에 의한 점멸이 가능하도록 함
(2) 공동주택의 지하주차장에 자연채광용 개구부가 설치되는 경우에는 주위 밝기를 감지하여 전등군별로 자동점멸되거나 스케줄 제어가 가능하도록 하여 조명전력이 효과적으로 절감될 수 있도록 함
(3) LED 조명기구는 고효율제품을 설치함
(4) KS A 3011에 의한 작업면 표준조도를 확보하고 효율적인 조명설계에 의한 전력에너지를 절약함
(5) 효율적인 조명에너지 관리를 위하여 층별 또는 구역별로 일괄소등이 가능한 일괄소등 스위치를 설치함

3) 제어설비

(1) 여러 대의 승강기가 설치되는 경우에는 군관리 운행방식을 채택함
(2) 팬코일유닛이 설치되는 경우에는 전원의 방위별, 실의 용도별 통합제어가 가능할 것
(3) 수변전설비는 종합감시제어 및 기록이 가능한 자동제어설비를 채택함
(4) 실내 조명설비는 군별 또는 회로별로 자동제어가 가능하도록 함
(5) 승강기에 회생제동장치를 설치함
(6) 사용하지 않는 기기에서 소비하는 대기전력을 저감하기 위해 대기전력자동차단장치를 설치함

4) 건축물에너지관리시스템(BEMS)이 설치되는 경우

「제로에너지건축물 인증기준」 별표 1의2에 따라 센서·계측장비, 분석 소프트웨어 등이 포함되도록 함

5.21.2 수변전설비의 에너지 절감대책

1. 개요

수변전설비란 전력회사에서 전력을 공급받아 수용가에게 적합한 전압으로 변성시켜 전력을 공급하는 설비로서 에너지 절감방안으로 부하사용의 배치방법, 고효율 기기 선정, 적합한 제어방식 등이 있다.

2. 수변전설비의 에너지 절감방안

방법	내용
사용부하 중심 배치	배전선로 전압강하 및 전력손실 저감
적정 변압기 선정	1) 고효율 변압기 채용(표준소비효율제 변압기) 　① 몰드 변압기 　② 아몰퍼스 변압기 2) 적정용량의 변압기 산정 3) 변압기 대수 제어 4) 적정한 TAP 선정 5) One-Step 강압방식 채용
적정 제어방식 적용	1) 진상용 콘덴서 시설 2) Demand Control 3) Peak Cut용 발전기 사용 4) 열병합 발전 채용 5) 분산형 전원의 채용

3. 변압기에 의한 에너지 절감

1) 표준소비효율제(고효율) 변압기 사용

(1) 변압기는 수변전설비에서 효율에 가장 큰 영향을 주는 기기임
(2) 변압기는 용량이 증가할수록, 동일 용량의 경우에는 절연 계급이 낮을 경우 효율이 높음
(3) 변압기의 손실은 부하손 무부하손이 있으며, 부하율이 낮을 경우 무부하 손실이 더 크고 대부분 철손이 차지하므로 저손실 규소강판(자속밀도가 낮은 규소강판)을 사용함
(4) 부하율이 낮을 경우 아몰퍼스 변압기 채용
(5) 건축물의 경우 표준소비효율제 몰드변압기를 채용

2) 변압기 용량의 적정 산정

(1) 실부하 용량을 면밀히 분석하여 산정함

(2) 부하설비 용량, 수용률, 부등률을 적정하게 적용하고 장차 증설을 고려하여 결정함

① 변압기 용량 $\geq \dfrac{\text{부하설비용량합계} \times \text{수용률}}{\text{부등률}} = \text{합성최대부하용량}$

② 수용률 $= \dfrac{\text{최대수용전력}}{\text{설비용량}} \times 100[\%]$

③ 부등률 $= \dfrac{\text{각각의 최대수용전력의 합}}{\text{합성최대수용전력}}$

수용률과 부등률을 과다하게 적용하여 변압기 용량이 필요 이상 크게 산정하는 것은 에너지절약 측면에서 바람직하지 못함

(3) 변압기 용량 산정 시 유의사항

① 3상 변압기를 선정함
② 3상 Bank 용량을 동일하게 설계하며 자랭식을 풍랭식으로 설계함
③ 피크 부하 시간대에 120[%]의 과부하 운전함

3) 변압기의 대수제어

(1) **경부하 시**(부하율이 낮을 때) : 변압기 단독운전

(2) **중부하 시**(부하율이 높을 때) : 변압기 병렬운전

4) 변압기의 적정 Tap 선정

(1) 선정된 Tap 전압보다 계통전압이 높으면 변압기가 과여자로 철손이 증가
(2) 선로의 전압 강하를 보상하기 위하여 지나친 과여자는 바람직하지 못함

① Tap 5[%] 과여자 시 → 손실의 증가, 철손이 8~17[%] 증가
② Tap 5[%] 부족 여자 시 → 선로의 전압강하가 급격하여 선로손실 증가

5) 적정 강압방식의 선정

(1) 2단 강압방식(Two-Step)

① 대규모 공장이나 대형 빌딩에 적용하며, 특고압 → 고압 → 저압으로 변성하는 방식
② 1단 강압방식에 비하여 전력손실이 많으며 시설비가 고가임

(2) 1단 강압방식(One-Step)

① 일반적인 규모의 수전설비에 적용하며 특고압 → 저압으로 직접강압

② 적용대상

아파트 등의 단순부하나 저압의 종류가 단순한 부하, 비상 부하의 중요도가 적은 부하, 부하 증가 추후 변경 예상이 없는 부하

③ 적용 효과

변전실 면적의 축소 등 공사비 절감 효과 및 무부하 손실의 절감

④ 적용 시 유의사항

㉠ 부하 증가, 부하 변동의 고려
㉡ 배전선로 손실과 변압기의 손실을 검토

4. 제어방식의 적정 적용

1) Demand Control

(1) 정의

정해진 시간간격에 대한 전력의 평균치가 Demand이고, 목표 Demand를 넘지 않도록 제어하는 것이 Demand Control임

(2) 방법

Demand가 계약전력을 초과할 우려가 있는 경우 사전에 부하를 조사하여 중요도가 낮은 순으로 부하를 일시적으로 정지시켜 Demand를 억제

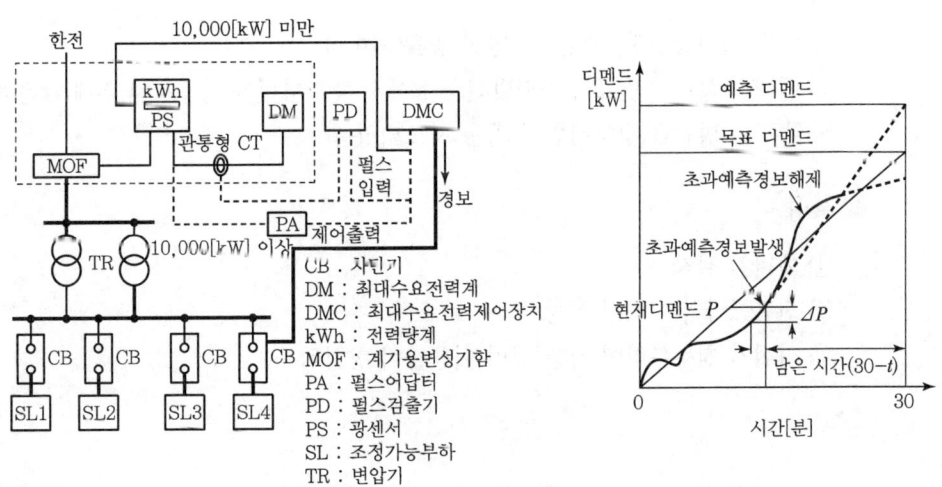

그림 5-65 ▶ 디멘드 콘트롤(Demand Control) 개념도

(3) 대상부하

① 공조설비부하 : 냉각기, 응축기 등
② 전등설비부하 : 외등설비, 보안등
③ 간헐 사용부하
④ 조명설비의 Demanding 제어

(4) 채용 효과

① Peak 억제에 따른 전력요금 절감
② 설비 투자 효율의 향상 및 합리적 설비 규모

2) 수전점의 역률 제어(진상용 콘덴서의 설치)

(1) 무효전력의 보상과 선로의 손실을 경감시킴
(2) 부하의 안정적인 전압을 공급

3) Peak Shift(부하의 심야 이용)

(1) 심야전력을 이용한 빙축열 시스템 채용(잠열 이용)
(2) 수축열 시스템 채용(현열 이용)

5. System적인 부문의 활용

1) Co-Generation System

(1) 정의

① 일명 열병합발전, 폐열회수발전 등을 의미함
② 에너지 절약 측면에서 화력발전소 등에서 증기터빈을 가동시킨 후에 남은 폐열을 회수하는 방안을 강구하면서 처음 시도되었음

(2) 목적

① 에너지 절약
② 전력공급의 신뢰성 향상
③ 하절기 첨두부하에 따른 설비 이용률이 향상됨

(3) 구성

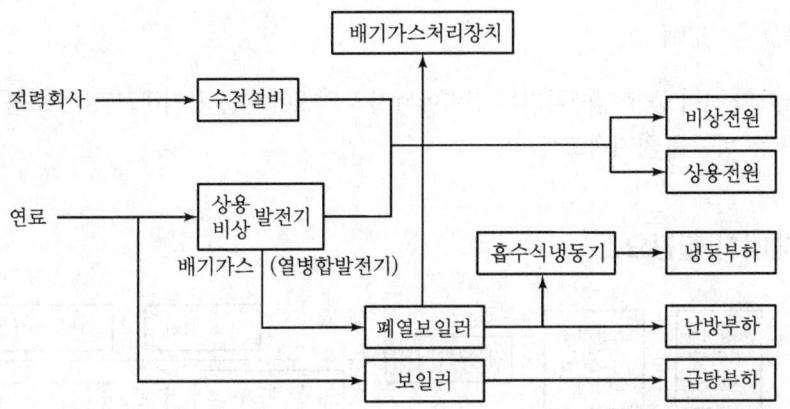

그림 5-66 ▶ 열병합 발전 구성도

2) 기타

(1) 연료전지 System의 채용
(2) 태양광 발전 System 채용
(3) 전력저장 System(ESS) 채용
(4) 기타 분산형 전원 채용

6. 설계 시 고려사항

1) 변전실 위치 선정 시 다음 사항을 고려하여 전력 손실의 최소화 계획

(1) **부하의 중심에 위치할 것** : 배전 선로 손실의 경감
(2) 수전의 인입 및 배전에 편리한 장소일 것
(3) 장차 증실 확장 및 변경의 여유가 있을 것

2) 전력용 콘덴서의 설치 시에 부하의 무효분보다 적게 할 것
3) 경제성과 신뢰성을 검토할 것

5.21.3 조명에너지 절감대책

1. 개요

우리나라의 전력 중 조명에너지는 전력에너지의 약 20[%]를 차지하고 있어 조명분야가 에너지 절약에 큰 비중을 차지하고 있다.

2. 조명에너지 절감요소

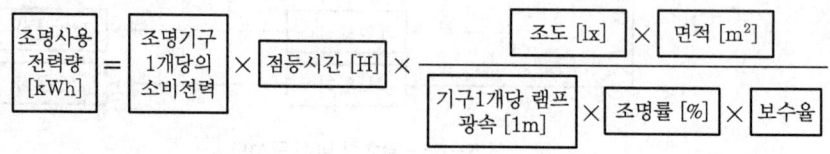

1) **에너지 절약을 위하여 높여야 하는 요소** : 기구당 램프광속, 조명률, 보수율
2) **에너지 절약을 위하여 낮춰야 하는 요소** : 기구당 소비전력, 점등시간, 조도, 면적

3. 조명에너지 절감대책

1) **최적 설계조도 결정(KS A 3011 조도기준에 적합)**

   작업의 난이도 및 지속시간, 작업원의 시기능 및 연령을 고려하여 적정조도 결정

2) **고효율 안정기(전자식 안정기)의 채용**

   (1) 기존의 자기식 안정기

   형광등 점등을 위해 60[Hz]의 상용 주파수의 전원을 사용하여 큰 시동전압을 발생시키고 출력전류를 제한하려다 보면 대형의 인덕터와 저항성분이 필요함
   → 이는 곧 자체 열손실을 포함한 전력손실로 표출되어 에너지 소비가 증가됨

   (2) 전자식 안정기

   ① 전자식 안정기는 사용 주파수를 20[kHz] 이상으로 높여 소형의 인덕터 적용을 가능하게 하여 열손실을 비롯한 전기에너지 손실이 기존에 비해 크게 저감됨
   ② 절전 효과는 약 15~25[%] 정도이며 약 10[%] 이상의 발광효율 증가 효과가 있음

3) 고효율 광원의 선택

(1) 슬림형 형광램프 : 26[mm] 32[W](T8) 및 16[mm] 28[W](T5)

① 형광램프의 지름을 슬림화하여 기존보다 소비전력 저감 및 발광효율 향상
② 기존 32[mm] 40[W]에서 26[mm] 32[W](T8) 및 16[mm] 28[W](T5)로 슬림화
③ 관경이 기존 램프보다 40[%] 감소되어 자원 절감 및 폐기물이 감소됨

(2) 안정기 내장형 램프

① 전자식 안정기를 내장하여 램프와 일체형으로 제작되어 별도의 장치 없이 소켓에 직접 사용할 수 있는 램프임
② 20[W]의 형광등 기구는 백열전구 100[W] 상당의 밝기를 낼 수 있어 백열전구에 비해 약 70~80[%]의 전력 저감이 가능함

(3) 고효율 옥외 투광등

① 절전형 메탈할라이드 램프(PSL : Power Saving Lamp)와 절전형 래피드스타트 자기식 안정기(PSB : Power Saving Ballast)로 조합된 조명시스템
② 방전관의 기하학적 구조개선으로 불필요한 열손실 부위를 제거함(광효율 개선)
③ 일반적인 전력 절감률은 소비전력이 기존에 비해 12~22[%] 절감

(4) LED(Light Emitting Diode)

① LED는 전기에너지를 직접 광으로 변환시키는 광 반도체 소자
② 절감 원리

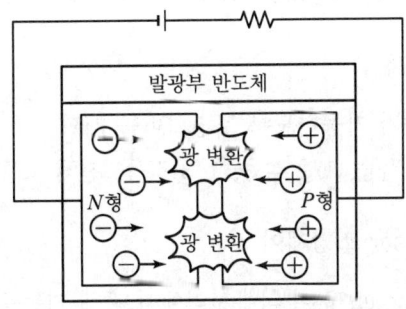

그림 5-67 ▶ LED 발광 원리

㉠ P형 반도체와 N형 반도체를 접합시킨 LED 칩에 순방향으로 전압을 인가
㉡ 전자와 정공이 P-N 접합면에서 재결합
㉢ 재결합된 상태의 에너지는 전자와 정공의 각각의 에너지보다 작아짐
㉣ 이때 발생된 여분의 에너지가 광에너지로 변환되어 발광하는 원리

③ LED 효과
  ㉠ 매우 작은 소비전력 : 공급전력의 90[%]를 빛으로 전환, 백열등의 경우 공급전력의 10[%]가 빛으로 전환
  ㉡ 전등효율 $\left(\eta = \dfrac{F(\text{lm})}{P(\text{W})}\right)$이 높음
  ㉢ 장수명 : 기존 전구에 비해 10배 이상(글로브, 필라멘트 및 튜브가 없음)
  ㉣ 친환경성 : LED 광원은 무수은
    기존의 나트륨등은 30[mg], 메탈등은 6[mg]의 수은과 인을 함유

4) 조명제어시스템의 적용

(1) Photo-System에 의한 창가 조명제어

태양광 감지에 따라 실내 조명기구의 자동점멸 : 창측 조명 별도회로 구성

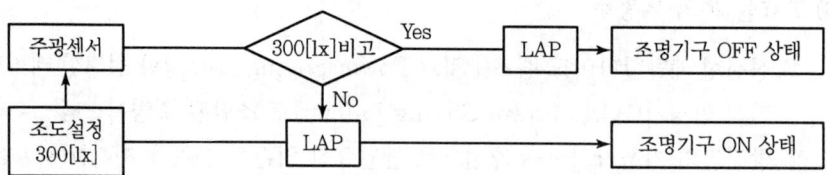

그림 5-68 ▶ Photo-System에 의한 조명제어

(2) Time Schedule 조명제어

① 건물 내 거주시간 동안 규칙적인 Time Program에 의해 자동 On/Off
② 주광센서와의 중복 시 Software상으로 처리됨

(3) Multi Level 조명제어

① Zone별로 제어가 가능하도록 조명설비를 계획
② 종류로는 전체 점등, 1/2 점등, 1/3 점등, 전체 소등이 있음

(4) Occupency-Sensor 조명제어

① 국부 조명용 Switch 없이 국부지역에서 자체 기능을 수행함
② Time 스케줄 제어를 하고 있는 중에도 사내에 사람이 없으면 조명이 Off되며, Sensor의 감지에 의해 사람이 감지되면 자동점등됨

5) 기타

(1) 조도 자동조절기구의 채용

인체감지 센서로 사람의 출입이 있는 상태에서만 전등을 자동점등시켜 전력을 절감함

(2) 형광램프용 고조도 반사갓 : 반사율 90[%]

① 형광램프와 안정기의 개수 저감 – 설치수량을 약 30[%] 축소 가능
② 소비전력 약 25[%] 이상 절감 가능

(3) 조명과 공조부하

① 광원에서 소비되는 에너지가 실내온도 상승의 원인이 되어 공조부하 증가
② 조명기구의 적정배치 및 공조형 조명기구 채택

5.21.4 동력설비 에너지 절감대책

1. 개요

건축전기설비에서 동력설비가 차지하는 전력의 비율은 전체 전력의 약 30[%]에 해당되며 이중에서 동력용 전동기가 차지하는 비율은 70[%]에 해당된다. 동력용 전동기의 역률은 약 70[%]밖에 되지 않아, 에너지 절약 측면에서의 역률개선, System 보완 등은 매우 중요함

2. 전동기의 적용

1) Premium(프리미엄)형 이상의 전동기 채용(IE3)

2) 전동기의 고효율화 방안

(1) 동손 저감

① Slot 형태의 개선
② 도체 직경의 적정화 및 도체 저항의 감소

(2) 철손 저감

① 철심재료의 고품질화, 철심두께의 적정화
② 공극의 적정화로 인한 표류부하손의 경감

(3) 기계손의 절감 : 20~30[%]의 절감 효과 기대

3) 전동기의 손실 저감법(전동기의 효율적인 운영방법)

(1) **부하 역률의 개선** : 전동기별 적정 콘덴서 설치
(2) **전원의 안정화** : 적정전압 유지
(3) **부하율의 최적화** : 전동기 용량별 최적의 부하율
(4) **배선방식의 최적화** : 배전손실 및 전압강하가 작은 배전방식 채용
(5) 공회전의 방지
(6) 적정한 전동기 용량 선정

3. 전동기제어 System의 적용

1) VVVF 운전방식

(1) 원리

상용전력으로부터 공급된 전력의 주파수와 전압을 가변시켜 전동기에 공급하여 전동기의 속도를 조절하여 에너지를 절약함

(2) 적용

부하 특성이 유량의 변화에 따라 제곱 저감 토크(Torque) 특성을 갖는 펌프(Pump), Blower, Fan 등에 적용($Q \propto N$에서 $T \propto N^2$이므로 $P \propto N^3$)

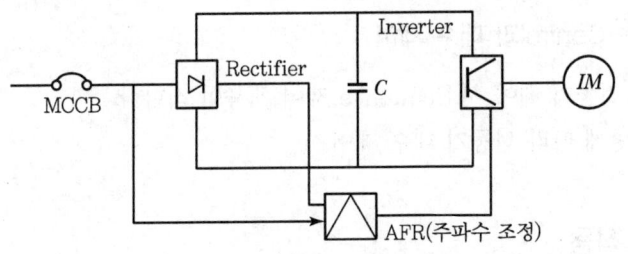

그림 5-69 ▶ VVVF 운전방식

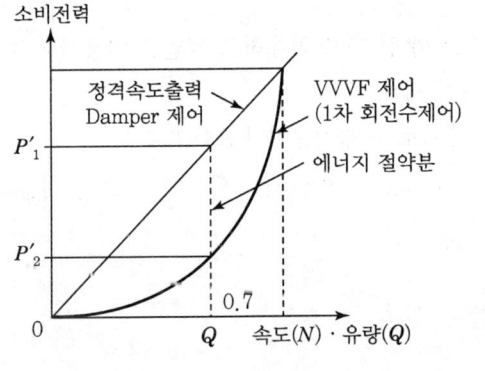

① 유량 $Q = K_1 N$
② 양정 $H = K_2 N^2$
③ 축동력 $P = K_3 N^3$

그림 5-70 ▶ 에너지 절감

(3) 적용 시 유의사항

인버터 사용에 따른 고조파 발생을 유의하고 대책을 세움. 전동기의 축진동에 의한 공진 현상을 고려함

2) 진상용 콘덴서의 채용

(1) 목적 : 부하의 무효전력분을 절감시켜 주고 전압을 안정시켜 줌

(2) 에너지 절약의 대책으로 수전점과 부하 측에서 설치됨

(3) 콘덴서의 채용 효과

① 전력손실의 경감(선로 전류가 감소하여 선로 손실이 저감됨)
② 전기요금의 경감
③ 설비 여유의 증가(변압기 설비의 여유용량이 발생됨)
④ 전압강하의 감소
⑤ 변압기 손실의 감소

3) Sequence Control과 대수 제어

(1) 다수의 전동기 제어 시 Sequence 제어 채용이 적합함

(2) 부하용량에 따라 전동기 대수 제어

4. 공조설비의 적용

1) 흡수식 냉동기의 채용

(1) Turbo 냉동기가 갖는 전력(Peak전력)을 억제하고 폐열을 이용하여 자동적으로 냉각 효과를 갖는 폐열회수 냉동기의 채용

(2) **Turbo 냉동기** : 흡수식 냉동기로 교체(2중이나 3중 흡수식)

(3) 폐열을 항상 다량으로 얻을 수 있는 건축물에 적합

2) Heat Pump의 적용

(1) 어떤 냉매가스로도 압축할 수 있음

(2) 진동이 적음

(3) 고속회전으로 대용량화가 용이하고 소형임

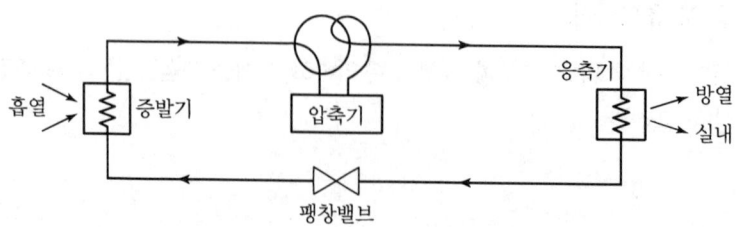

그림 5-71 ▶ Heat Pump 개념도

5. 송풍기의 에너지 절약

1) 적정한 제어방식 : Timer 설치 System, VVVF 제어방식 채택

2) 필요공기만을 가변적으로 유입시키는 방식

6. 반송설비의 측면

에너지 절약형 엘리베이터 설치(엘리베이터의 마이컴 제어, 군관리 운전방식), 승강기의 적정 용량 산정 및 군관리운전 방식을 채용한다.

1) 승강기의 적재량에 따른 전동기 용량의 적정 선정
2) 격층 운행
3) 3층 이하의 운행 금지
4) 이용자가 많은 시간대와 적은 시간대의 운전대수 제어 – 무부하 손실의 방지
5) 고층건물의 경우 저층부, 중층부, 고층부로 나누어 운행 – 분산 System의 구성
6) 승강기 속도 제어방식의 개선 – 인버터 방식의 채택

7. 설계 시 고려사항

1) 부하특성, 온도에 알맞은 적정한 용량의 것을 선정
2) 3.7[kW] 이상의 전동기에는 기동장치설치
3) 효율이 좋은 전동기 채택
4) 유도전동기 속도제어 방식은 VVVF 방식을 채택
5) 경부하운전, 공회전 방지를 위한 S/W와 검출계, 전류계 설치
6) 무부하 운전시간이 많은 경우 전력의 위상제어, 설비를 갖출 것
7) 전동기에는 절전장치(MELC) 설치
8) 직류전동기의 직류전원공급은 MG – SET 대신 정지형 Thyristor 사용
9) 전동기 설비 가동 시에만 Condenser 연결되도록 회로 구성
10) 작업에 지장이 없는 경우 전동기 가동시간을 야간시간대로 이동하여 값싼 심야전력을 이용
11) 부하의 크기에 따라 대수 제어 운전

5.21.5 첨두부하 억제방안

1. 개요

건축전기설비에서 첨두부하가 발생하여 이를 억제하는 것은 설비이용률의 향상과 전력요금의 절약 측면에서 중요하다.

2. 첨두부하 억제의 목적

1) 에너지 절감 효과
2) **설비의 합리화 운영** : 전력요금의 절감
3) **부하율의 개선** : 설비 이용률의 증대
4) 환경오염 방지(CO_2 절감 : 지구온난화 방지)

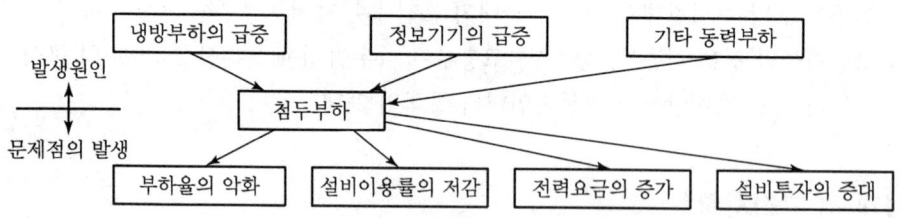

그림 5-72 ▶ 첨두부하의 발생원인 및 문제점

3. 첨두부하의 발생

1) **냉방부하의 급증** : 쾌적한 환경의 구축
2) **냉방부하와 OA기기 사용으로 인한 부하의 급증** : 사무 효율화 기대

4. 첨두부하가 건물에 미치는 영향

1) 설비투자의 증대
2) 과대한 설비로서 전력손실의 증가
3) 부하율의 악화, 설비이용률의 감소
4) 전력요금의 증가 → Peak 전력 상승으로 계약전력 증가

5. 첨두부하 억제대상 부하

1) 동력부하, 공조부하 전반, 각종 펌프류
2) 간헐사용부하
3) 자가발전 부담 설비
4) 조명설비와 승강기설비

6. 첨두부하 억제대책

1) 수용가 측면의 대책

(1) Peak 부하의 심야 이용(Peak Shift)

① 축열조와 빙축열조를 이용하여 심야시간대에 에너지를 저장하여 주간 냉·난방에 이용함으로써 Peak 부하를 억제시킴
② 심야부하의 창출, 최대부하의 이동

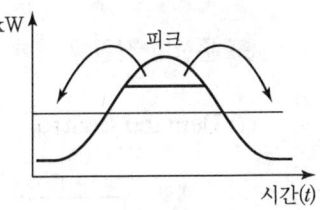

그림 5-73 ▶ Peak Shift 제어

(2) 축열, 수축열 System의 적용

① 목적 : 심야전력을 이용하여 물을 냉각시키거나 얼려 빙축열조에 저장, 주간 냉방에 이용함
② 종류 : 수축열방식, 빙축열방식, 기타 방식
③ 구조

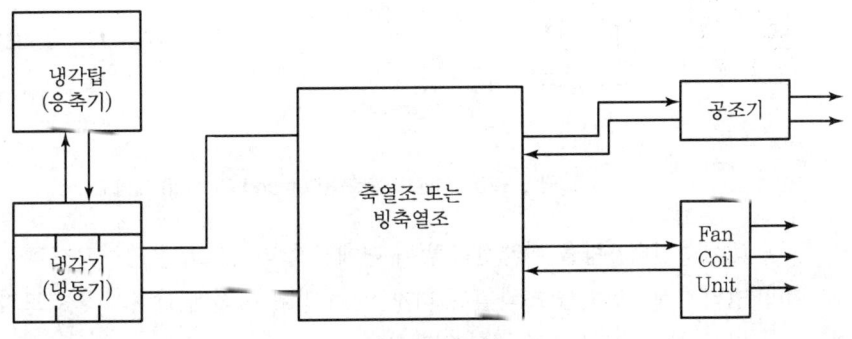

그림 5-74 ▶ 빙축열 System

④ 기대 효과
  ㉠ 전기요금의 경감
  ㉡ Peak 전력의 억제 → 예비율의 확보
  ㉢ 전력의 안정적인 공급

(3) 가스흡수식 냉동기의 채용

① 사용하고 남은 폐열을 이용하여 냉·난방에 이용
② 폐열을 항상 다량으로 이용할 수 있는 장소에 적합

(4) Co-Generation System의 적응

① 에너지 절감 효과가 큼
② 공급 신뢰도가 높은 전원대책
③ 첨두부하 억제 효과로 설비 이용률이 개선

(5) 발전기 가동으로 인한 Peak 부하의 차단

(6) 분산형 전원에 의한 Peak 억제

(7) Demand Control

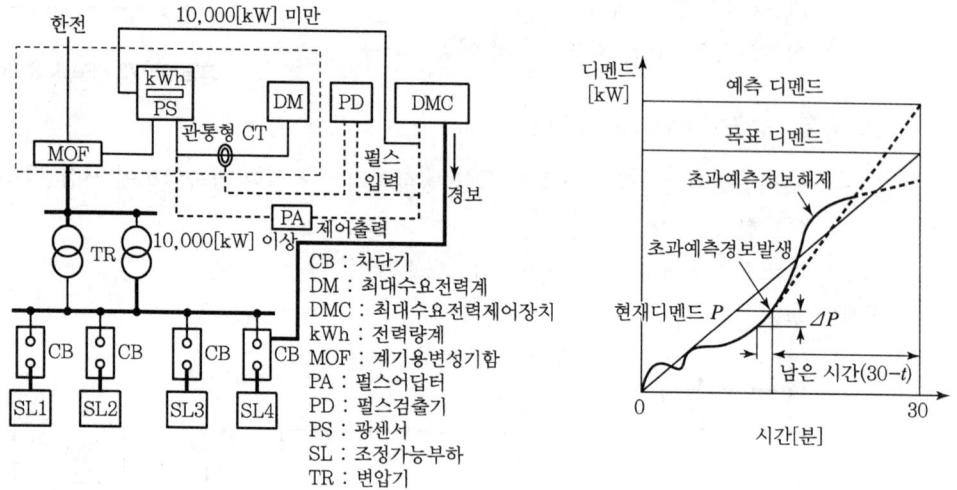

그림 5-75 ▶ 디멘드 콘트롤(Demand Control) 개념도

① 대상 : 설비용량을 계약전력 범위 내에서 합리적으로 운영하고자 하는 경우
② 방법 : 계약전력을 초과할 우려가 있는 경우 사전에 살펴서 중요도가 낮은 순으로 일시 정지시켜 Demand를 억제함

2) 전력회사 측 대책

(1) 간접부하 제어방식 : 시간대별 요금을 다르게 함
(2) 직접부하 제어방식

7. 억제 효과

1) 수용가 측

(1) 설비비의 감소에 따른 전력손실의 감소와 경제성 향상
(2) 부하율 향상에 따른 설비이용률의 향상
(3) 전기요금의 절감

2) 전력회사 측의 효과

(1) 발전 단가의 감소
(2) 전력 예비율의 향상
(3) 연료대체 효과로 인한 수입 억제 효과

8. 설비 적용 시 고려사항

1) 부하관리, 수요관리, 공급관리를 적정하게 적용하여 부하를 분산시킴
2) 건물 쾌적성에 손상을 주어서는 안 됨
3) 하계 냉방부하가 주가 되므로 적극 억제
4) 심야전력을 이용한 빙축열 System의 적극 적용
5) 흡수식 냉방 System을 적극 고려

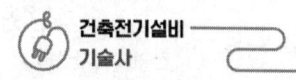

5.21.6 전력수요관리(DSM : Demand Side Management)

1. 개요

전력수요관리란 전기사용에 있어 소비자의 전기사용 패턴에 영향을 주어 예측된 전력 수요 절감 및 평균화로 전력공급설비의 투자를 지연 또는 회피시키고 기존 설비의 이용률, 효율을 향상시키는 전력공급자 측의 일련의 계획과 수단이다.

2. 수요관리의 필요성

1) 부하율의 악화

(1) 산업구조가 산업용 중심에서 업무용, 주택용으로 비중 증대
(2) 계절성 단기부하(냉방, 난방)의 증대

2) 발전설비 확충의 어려움 증대

(1) 전원입지 확보의 애로
(2) 환경규제 강화
(3) 발전소 건설 지역 주민 민원
(4) 투자재원의 부족
(5) 에너지 자원의 한계

3. 수요관리 유형물 검토

유형	정의	적용(수단)	효과
최대수요 억제	최대피크시간대 전력공급설비를 강제적으로 가동 축소	배전자동화 이용 선로 차단	피크용 고가 연료 절약
기저부하 증대	심야시간대의 전력수요 증대	• 심야온수설비 보급 • 축열난방	평균 공급비용 감소

유형	정의	적용(수단)	효과
최대부하 이전	피크시간대의 전력수요를 경부하대로 이동함	• 빙축열 보급 • 계절별, 시간별 차등요금제도	• 피크부하 억제 • 심야전력 창출
전략적 소비절약	전기이용효율 및 사용방법 개선	기기의 고효율화	• 수급불안 대처 • 비용억제 효과
전략적 부하증대	공급설비 > 수요부하인 경우 설비이용률 증대	• 전전화 주택 보급 • 이중연료 설비 보급	• 전력생산성 증대 • 전력이용률 증대
가변부하 조정	피해가 없는 부하의 공급 중단으로 최대수요전력 억제	• 냉방부하 원격제어 • 전전화배전반(배전선로 교대 차단)	• 공급신뢰도 향상 • 예비율 감소 • 공급비용 절감

4. 수요관리방법

1) 직접 부하관리

소비자의 전력 수요설비에 원격 조정장치를 설치하고 전력회사가 필요시 통신수단을 이용하여 기기운전을 직접 제어하는 방법으로, 외국의 경우 강제성이 부가되나 국내는 크게 강제성이 없음

(1) 부하관리기기

타임스위치, 전자식 계량기, 전류제한기, 최대전력관리장치가 있으며 현재 타임스위치와 전자식 계량기가 많이 사용됨

종류	장점	단점	적용
Time Switch	설치 및 조작 간편	원격제어 불가	심야전력에 채용
전자식 계량기	완벽한 장치	수용가 규모별 경제성 차이	고압수용가에 채용

(2) 통신방식
① 무선
② 전력선 반송(PLC 등)
③ 전화선 이용방식(이용방식이 유리함)

2) 간접 부하관리
요금제도, 기기의 효율 개선, 고효율기기에 대한 지원 등으로 간접적인 수요관리를 유도하는 방법

(1) 수요관리 요금제도

제도	대상	목적	내용
누진제도	주택용	소비 억제	전력량에 따라 3단계 누진
심야제도	한전 인정 축열기	부하이동	심야요금(갑)(을)
하계휴가 조정요금제도	계약전력 500[kW] 이상 수용가	피크 삭감	한전 지정기간 내 50[%] 절감 시 3일분 기본료 감면
전력수급 조정요금제도	계약전력 500[kW] 이상 수용가	피크 삭감	한전사전 요청으로 500[kW] 이상 조정 시 5일분 기본료 절감

(2) 기기의 효율 개선
① 수변전설비 측면
  ㉠ 고효율 변압기 채용(아몰퍼스 변압기, 몰드 변압기)
  ㉡ 전압강압방식(One-Step)
  ㉢ 변압기 적정용량 산정 및 대수 제어(계절부하 Off)
  ㉣ 변압기 적정 Tap 선정
  ㉤ Demand Control 채용
  ㉥ Co-Generation 시스템 적용 및 연료전지 검토
  ㉦ 수전점 역률 개선
② 동력설비 측면
  ㉠ 고효율 전동기 채용
  ㉡ VVVF 운전(Fan류 등)
  ㉢ 진상용 콘덴서 적절 설치
  ㉣ 흡수식 냉동기 채용
  ㉤ Heat Pump 적용
  ㉥ 승강설비 용량적정 및 군관리 방식

③ 조명설비 측면
　㉠ 고효율 광원 채택
　㉡ 고효율 안정기 채택
　㉢ 고효율 조명기구 채택
　㉣ 조명률, 보수율 향상
　㉤ 공조 조명설비 적용
　㉥ 조명제어 채용
　㉦ 유도등 적정점멸
　㉧ 실내 반사율 개선
　㉨ 자연주광 채용
④ 간선설비 측면
　㉠ 간선경로 단축
　㉡ 400[V]급 배전방식
　㉢ 간선 Size 및 전압강하 검토

(3) 제도개선

제도	주관기관	내용
고마크 제도	한전	전자식 안정기 자금지원
융자지원	에너지관리공단	일정효율 이상 제품의 융자지원
효율 등급제	에너지관리공단	소비자에게 효율 관련 정보제공

5. 효과

전력회사	국가(공동이익)	수용가
① 전력설비 이용률 증대 ② 재무구조 개선 ③ 설비 투자 축소 ④ 수용가 관세 개선 ⑤ 특정연료 사용 제한	① 특정연료(유류) 대체 ② 에너지 수입비 절감	① 전력수요 Cost 절감 ② 에너지 절약 ③ 생활 Pattern 개선

6. 문제점 및 대책

1) 문제점

(1) 전력수요의 불확실성
(2) 수용가 Data 부족
(3) 분석 Model 부족
(4) 관련 기관 역할 분담 부족

2) 대책

(1) 수요관리 체제로의 전환
(2) 수요관리 전문가 양성
(3) 수요관리 기반 구축
(4) 수요관리 별도 기관 선정
(5) 기술개발 투자 및 홍보

7. 결론

국내 전력수급이 기존 산업용 중심에서 업무용, 가정용으로 전환됨에 따라 부하율이 낮아지고 기존 SSM(Supply Side Management)의 한계로 DSM 방식이 적극적으로 추진되어야 할 것이다.

5.21.7 제로에너지 빌딩(Zero Energy Building)

1. 개요

1) 제로에너지 빌딩이란 단열성능을 극대화하여 에너지 사용량을 최소화하고, 태양광 등 신재생에너지를 활용하여 에너지를 자급, 자족하는 건축물을 말함

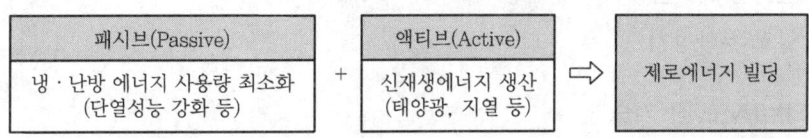

2) 최근 기후 변화, 온실가스 저감 측면에서 제로에너지 빌딩은 친환경과 에너지 절감 측면에서 관심이 증가되고 있음

2. 추진배경 및 필요성

1) 에너지 고갈 및 기후 변화에 대응함
2) 온실가스 감축 목표를 상향 조정하고 분야별 감축 수단 발굴 및 이행 노력 가속화
3) 기후 변화 대응 신기술 개발과 신산업 창출을 위한 제로에너지 건축물 활성화 필요

3. 제로에너지 빌딩이 되기 위한 3가지 조건

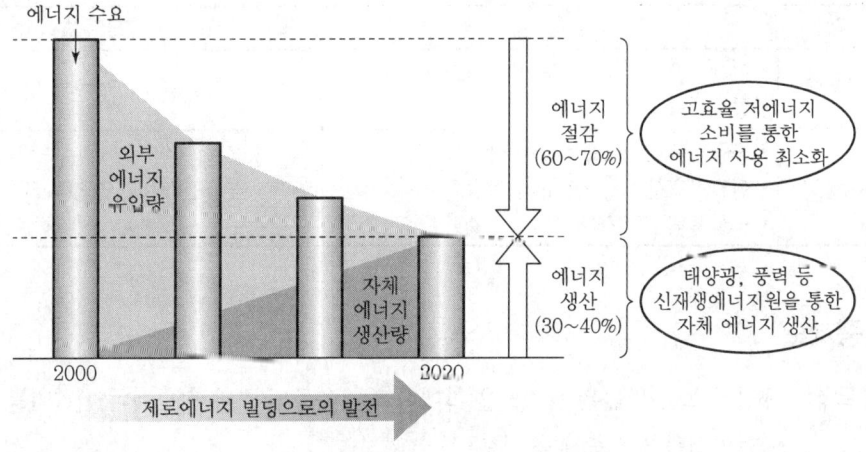

그림 5-76 ▶ 제로에너지 빌딩 실현

1) 고효율 저에너지 소비의 실현
2) 건물이 자체적인 에너지 생산설비를 갖추어야 함
3) 전력망과의 연계

4. 제로에너지 빌딩에 적용되는 주요 기술

   1) 패시브(Passive) 기술

      (1) 고기밀, 3중 로이복층 유리
      (2) 외부 차양
      (3) 고기밀 테이프
      (4) 열교 차단장치

   2) 액티브(Active) 기술

      (1) 태양광 시스템
      (2) 지열 시스템

   3) BEMS(Building Energy Management System)기술

      (1) 계측(정보 수집)
      (2) 모니터링(실시간)
      (3) 분석 Software(최적화)
      (4) 최적화 제어(에너지 절약)

5. 제로에너지 건축 의무화 로드맵(국토교통부 기준)

구분	2025년	2030년
기존안	• 민간·공공건축물 : 연면적 500~5,000[m²] • 공동주택 : 30세대 이상	민간·공공건축물 : 연면적 500[m²] 이상
수정안	• 공공건축물 : 500[m²] 이상 • 민간건축물 : 1,000[m²] 이상 • 공동주택 : 30세대 이상	민간·공공건축물 : 연면적 500[m²] 이상

6. 인증제도

   1) **목적** : 에너지 성능이 높은 건축물을 확대하고 건축물의 효과적인 에너지 관리를 위해 제로에너지건축물 인증제를 시행

   2) **정의** : 건물의 설계도서를 통하여 연간 단위면적당 1차 에너지 소요량과 에너지 자립률을 평가하는 6개 등급(ZEB Plus~5등급)으로 인증

   3) **대상** : 「녹색건축물조성지원법 시행령」 제12조의 제로에너지건축물 인증대상 건축물등)

4) 에너지 자립률 = $\dfrac{\text{단위면적당 1차 에너지 생산량}(kWh/m^2 \cdot \text{년})}{\text{단위면적당 1차 에너지 소비량}(kWh/m^2 \cdot \text{년})} \times 100[\%]$

ZEB 등급	에너지 자립률	또는	등급용 1차 에너지 소요량 $(kWh/m^2 \cdot \text{년})$	
			주거용	비주거용
ZEB Plus	120[%] 이상인 건축물		−10 미만	−70 미만
1등급	100[%] 이상인 건축물		−10 이상 10 미만	−70 이상 −30 미만
2등급	80[%] 이상 100[%] 미만인 건축물		10 이상 30 미만	−30 이상 10 미만
3등급	60[%] 이상 80[%] 미만인 건축물		30 이상 50 미만	10 이상 50 미만
4등급	40[%] 이상 60[%] 미만인 건축물		50 이상 70 미만	50 이상 90 미만
5등급	20[%] 이상 40[%] 미만인 건축물		70 이상 90 미만	90 이상 130 미만

7. 추진체계

1) 설계단계 (건축물의 에너지 절약 설계기준)	**에너지 절약설계의무기준** ① 일정규모(5백m^2) 이상의 건축물에 대한 허가 및 신고행위 시 에너지 절약계획서 제출 의무 ② 건축, 기계, 전기, 신재생 부분의 항목들을 에너지성능지표 배점기준에 따라 평가
↓	
2) 설계 및 준공단계 (건축물 에너지효율등급 인증제)	**절약형 건물 인증** ① 일정규모(1천m^2) 이상의 공공건축물에 대해 인증 의무 ② 그 외 건축물에 대해서는 자발적 인증 유도 ③ 건물에너지 해석프로그램을 통해 1차 에너지 소요량에 따라 평가(예비인증, 본인증)
↓	
3) 건축물의 준공단계 + 운영계획 (제로에너지 건축물 인증제)	**미래지향적 건물 인증** ① 건축물 에너지효율등급인증제와 인증대상 및 의무대상 동일 ② Passive, Active, 신재생 기준을 강화하여 에너지자립률에 따라 인증능급 부여 ③ 건물운영단계 에너지 효율화를 위한 건물에너시 관리시스템(BEMS) 또는 원격검침전자식 계량기 설치 필요

8. 법적 근거

1) 녹색건축물 조성 지원법
2) 녹색건축물 조성 지원법 시행령
3) 건축물 에너지효율등급 인증 및 제로에너지 건축물 인증에 관한 규칙
4) 건축물 에너지효율등급 인증 및 제로에너지 건축물 인증기준

9. 연간 단위면적당 1차 에너지 총소요량(kW/m² · 년)

1) **식** : Σ 용도별 에너지 소요량 × 1차 에너지 환산계수

2) 주거용 건축물과 비주거용 건축물의 구분

등급	주거용 건축물 연간 단위면적당 1차 에너지 총소요량 (kW/m² · 년)	주거용 이외의 건축물 연간 단위면적당 1차 에너지 총소요량 (kW/m² · 년)
1+++	60 미만	80 미만
1++	60 이상~90 미만	80 이상~140 미만
1+	90 이상~120 미만	140 이상~200 미만
1	120 이상~150 미만	200 이상~260 미만
2	150 이상~190 미만	260 이상~320 미만
3	190 이상~230 미만	320 이상~380 미만

10. 인센티브

1) 건축기준 완화

용적률, 건축물의 높이 등 건축기준 최대 15[%] 완화

인증등급	건축기준 최대완화비율	비고
1	15[%]	에너지 자립률이 100[%] 이상
2	14[%]	에너지 자립률이 80[%] 이상 100[%] 미만
3	13[%]	에너지 자립률이 60[%] 이상 80[%] 미만
4	12[%]	에너지 자립률이 40[%] 이상 60[%] 미만
5	11[%]	에너지 자립률이 20[%] 이상 40[%] 미만

2) 신재생에너지 설치보조금 우선지원

태양열, 지열 등 신재생에너지의 설치보조금을 우선지원받을 수 있음

3) 주택도시기금 대출한도 확대

제로에너지 건축물 인증을 받은 공공임대주택 및 분양주택에 대해 주택도시기금 대출한도가 20[%] 상향됨

4) 주택건설사업 기반시설 기부채납 부담률 완화

기반시설 기부채납 부담수준에 대해 최대 15[%] 경감률이 적용됨

5) 세제 혜택

취득세가 최대 20[%] 감면되며 신재생에너지설비, BEMS 등 에너지 절약시설 투자비용 일부에 대한 소득세 또는 법인세가 공제됨

11. 기대 효과

1) **온실가스 감축** : 제로에너지 빌딩(가전 제외)으로 건축할 경우 기존 건축물 대비 온실가스를 70~80[%] 감축 가능함
2) 경제활성화의 선순환 체계 구축
3) 일자리 창출
4) 에너지 비용 절감을 통한 서민 삶의 질 향상에 기여

5.21.8 BEMS(Building Energy Management System : 건물에너지관리시스템)

1. 개요

1) BEMS란 건물 내 에너지 사용기기(조명, 냉·난방설비, 콘센트 등)에 센서 및 계측장비를 설치하고 통신망으로 연계하여 에너지원별(전력·가스·연료 등) 사용량을 실시간으로 모니터링하고, 수집정보를 분석하여 에너지 사용을 최적화하고 제어하는 시스템임
2) BEMS 구축을 위해 건설기술(CT), 정보통신기술(IT), 에너지기술(ET)의 융합이 필요함

2. 개념도

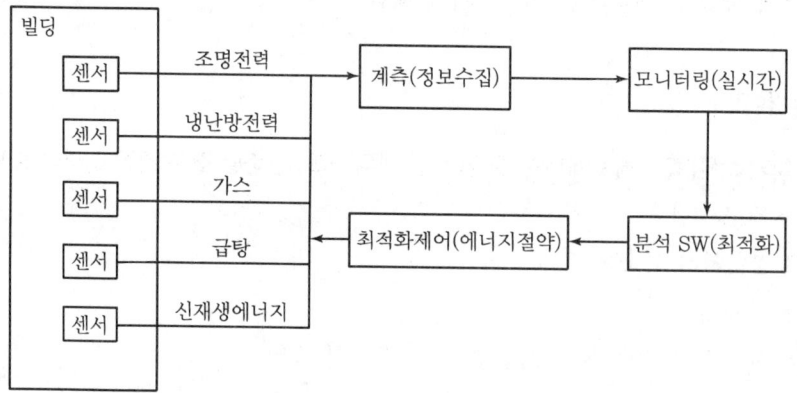

그림 5-77 ▸ BEMS 개념도

3. 도입목적

에너지 소비량을 파악하여, 에너지원별, 열원별, 계통별, 주요 장비별로 적정에너지가 소비되었는지 분석하여 효율적인 에너지 관리가 되도록 한다.

4. BEMS의 구성요소

표 5-11 ▸ BEMS의 구성요소

분류		내용
H/W(하드웨어)	계측장비	전력량계, 유량계, 열량계, 온습도 센서, 풍속계, CO_2 센서, 재실감지센서, 조도센서 등
	통신·제어장비	계측정보 전송장치, 통신장치, Controller 등
S/W(소프트웨어)	모니터링장비	모니터, PC, Data 저장서버 및 분석 S/W, 알고리즘

5. 도입배경

1) 국제 환경규제에 자발적으로 대응
2) 에너지 위기에 능동적으로 대응
3) 건물에너지 관련 산업의 고도화 필요
4) 고부가가치 신성장 산업 육성지원 필요

6. 기존 건물관리시스템과 BEMS의 차이

종류	주요 기능
BAS(Building Automation System)	기계/전기설비, 조명, 방재 등 각종 설비의 상태 감시, 경보발령
IBS(Intelligent Building System)	설비, 조명, 방재, 엘리베이터 등 건물 내 시스템의 통합관리
BMS(Building Management System)	상태 감시 및 제어, 에너지사용량 감시, 주차관제 등 각 설비별 독자관리, 수선이력 및 보전 스케줄 관리, 설비대장 및 과금자료 관리
BEMS(Building Energy Management System)	에너지 및 환경의 관리, 건물설비 관리지원, 시설운영지원, BAS 중앙감시스템 연계

7. 법적 근거(「공공기관에너지 이용 합리화 추진에 관한 규정」 – 산업통상자원부 고시 제2024호 – 110호)

공공기관에서 연면적 $10,000[m^2]$ 이상의 건축물을 신축하거나 별동으로 증축하는 경우에는 건물에너지 이용 효율화를 위해 건물에너지관리시스템(BEMS)을 구축·운영하여야 하며, 한국에너지공단을 통해 설치확인을 받아야 한다.

8. 기능

1) 데이터 수집 및 표시 기능(10점)

(1) 건물에너지관리시스템은 획득·수집한 건물 에너지 소비 및 관련 데이터를 알기 쉽게 컴퓨터 화면을 통해 표시하는 기능을 가짐
(2) 단위는 국제표준 단위계를 따름

2) 정보 감시 기능(15점)

운영자가 에너지 소비에 관한 기준값이나 에너지 사용설비의 운전범위 등을 입력할 수 있어야 하며, 입력값과 실제 운영결과를 비교하여 운전범위나 기준값을 벗어나는 경우 이를 운영자에게 알려 주는 기능을 제공함

(1) 기준값 및 운전범위 입력 기능
(2) 입력과 운영결과 비교 기능
(3) 경보발령 기능

3) 데이터 조회 및 관리 기능(5점)

운영자가 원하는 기간 동안의 건물 에너지 소비 및 관련 데이터와 정보를 표 또는 그래프로 제공하여야 함

(1) 일정기간의 정보 조회 기능
(2) 기간별 정보 조회 기능
(3) 2개 이상의 기간별 정보 동시 조회 기능

4) 건물 에너지 소비현황 분석 기능(15점)

운영자가 건물 에너지 소비현황을 쉽게 파악할 수 있어야 함

(1) 에너지원별 소비량
(2) 석유환산톤으로 환산한 1차 에너지 소비량
(3) 용도별 소비량
(4) 수요처별 소비량
(5) 이산화탄소 배출량
(6) 최대전력수요
(7) 건물 에너지 효율 수준
(8) 에너지 소비 절감량 및 절감률

5) 설비의 성능 및 효율 분석 기능(15점)

운영자가 건물에서 운용되는 각종 설비의 운전상태와 성능을 쉽게 파악할 수 있어야 함

(1) 설비의 성능
(2) 설비의 효율

6) 실내 · 외 환경 정보 제공 기능(10점)

기후와 실내 환경 등 건물 에너지 소비와 밀접한 관련이 있는 다음 정보를 제공함

(1) 외기의 온도와 습도
(2) 실내 공기의 온도와 습도

7) 에너지 소비량 예측 기능(10점)

8) 에너지 비용 조회 및 분석 기능(10점)

(1) 에너지 비용 체계 선택
(2) 에너지 비용 단가 수정
(3) 기간별 에너지 비용 조회
(4) 예상 에너지 비용 조회

9) 제어시스템 연동 기능(10점)

자체적으로 제어 기능을 수행하거나 그렇지 못한 경우 건물 자동화 시스템과 연동하여 자동으로 제어하는 기능을 제공함

9. BEMS 평가항목 및 평가방법(건축물에너지관리시스템)

	항목	필수 기능 요구사항	필수여부
1	일반사항	대상건물의 에너지 관리에 대한 일반적인 사항 작성	필수
2	시스템 설치	건축물에너지관리시스템를 구축 및 운영하기 위하여 건축물에너지관리시스템 설치 시 필요한 일반적인 요구사항을 평가	필수
3	데이터 수집 및 표시	대상건물에서 생산 · 저장 · 사용하는 에너지를 에너지원별(전기/연료/열 등)로 데이터 수집 및 표시	필수
4	정보감시	에너지 손실, 비용 상승, 쾌적성 저하, 설비 고장 등에너지 관리에 영향을 미치는 관련 관제값 중 5종 이상에 대한 기준값 입력 및 가시화	권장
5	데이터 조회 및 관리	일간, 주간, 월간, 연간 등 정기 및 특정 기간을 설정하여 데이터를 조회	필수
6	에너지소비 현황 분석	2종 이상의 에너지원단위와 3종 이상의 에너지 용도에 대한 에너지소비 현황 및 증감 분석	필수
7	설비의 성능 및 효율 분석	에너지사용량이 전체의 5% 이상인 모든 열원설비 기기별 성능 및 효율 분석	권장

	항목	필수 기능 요구사항	필수여부
8	실내·외 환경 정보 제공	온도, 습도 등 실내·외 환경정보 제공 및 활용	권장
9	에너지 소비량 예측	에너지사용량 목표치 설정 및 관리	권장
10	에너지 비용 조회 및 분석	에너지원별 사용량에 따른 에너지비용 조회	권장
11	제어시스템 연동	1종 이상의 에너지용도에 사용되는 설비의 자동제어 연동	권장
12	종합유지관리	계측 장비 및 계측 데이터에 대한 체계적 관리 수행	필수
13	시스템 확장성	설비 등 증개축에 따른 추가 데이터 축적 관리	권장

10. 보급 활성화 방안

1) BEMS 기술기준 표준화
2) 실증시범사업 추진 및 지원제도 설계
3) BEMS 인증제도 도입
4) BEMS 도입지원 제도 마련
5) BEMS 운영 전문가 양성 및 국제 협력 강화

11. 도입 효과

1) 건물 에너지 소비절약을 통한 운영 및 관리비 절감
2) 최적 운전 설정점 도출 등 운영기법 향상
3) 에너지 소비 절감 및 운영·관리비 절감
4) 건물 에너지 관련 분야 핵심 관리기법 향상 및 노하우 습득
5) 건물의 에너지 이용 효율 향상
6) 홍보 효과 및 차별화

5.21.9 전력산업에 적용이 가능한 에너지(Energy) 하베스팅(Harvesting) 기술

1. 정의

1) 기기 주변의 진동과 전자기파 등과 같은 환경에너지, 태양과 바람과 같은 자연에너지를 수거하여 사용하는 기술을 말하며 주로 $\mu W \sim mW$ 정도의 에너지 범위임
2) 에너지 하베스팅 소자에 들어오는 기계적 진동에너지, 빛에너지, 폐열에너지 등을 전기적인 에너지로 변환 후 사용하는 재생에너지원이라 할 수 있음

그림 5-78 ▶ 에너지 하베스팅 개념도

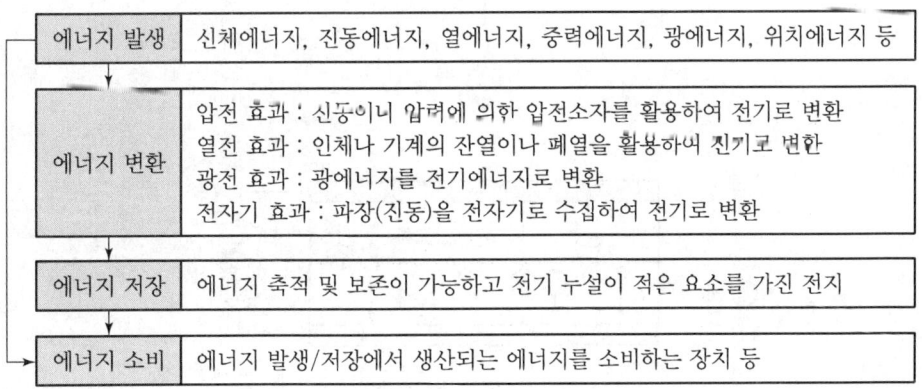

2. 에너지 하베스팅 기술이 가능한 이유
20세기 나노기술의 발전으로 기존에 버려졌던 미세한 에너지까지도 효과적으로 수확할 수 있다.

3. 에너지 하베스팅 기술

1) 압전 효과
(1) 압전 효과는 기계적인 압력을 가하면 전압이 발생하고, 전압을 가하면 기계적인 변형이 발생하게 되는 현상임
(2) 주로 진동에너지, 중력에너지에 사용되고 있음
(3) 최근 Micro 합성섬유 등의 신소재가 개발되면서 활발히 연구 중임

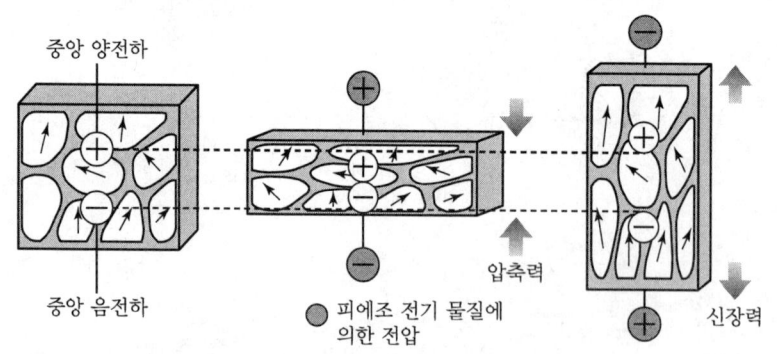

(a) 외부 응력이 없을 때   (b) 압축력에 의한 전압 발생   (c) 신장력에 의한 전압 발생

그림 5-79 ▶ 압전 효과도

2) 광전 효과
(1) 광전 효과는 금속 등이 고에너지 전자기파를 흡수할 때 전압이 발생되는 현상임
(2) Bell 연구소에서 개발한 실리콘 기반의 태양전지가 최초의 광전 하베스팅 기술임

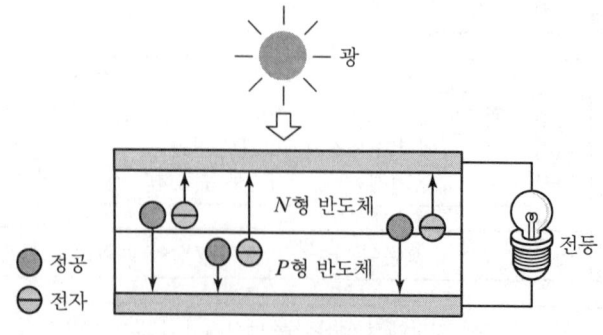

그림 5-80 ▶ 광전효과도

3) 열전 효과

(1) 두 종류의 금속이나 반도체의 양 끝을 접합한 부분에 발생하는 온도차가 전압으로 직접 변화되는 현상
(2) 신체에너지, 광에너지 그리고 열에너지에 주로 사용
(3) 침낭의 인체 마찰열을 통해 발전된 전력을 스마트폰 충전에 활용

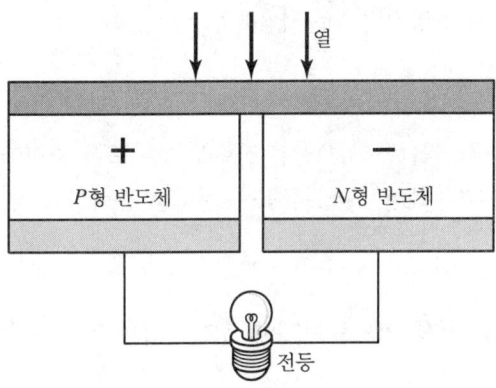

그림 5-81 ▶ 열전 효과도

4. 특성 비교

에너지원	전력밀도[mW/cm^2]	효율[%]
압전	0.001~90	25~60
태양광	500~5,000	5~40
열전	50~500	0.1~10
전자기	0.1~50	30~40

5. 기존 발전과 압전 발전 비교

기존 발전	압전 발전
• 수력, 화석연료를 이용한 화력, 핵연료를 이용한 원자력 발전을 이용하여 배터리 등에 저장하는 발전 기술 • 에너지 고갈 및 공해물질 발생	• 압전 효과, 광전 효과, 열전 효과, 전자기 효과 등을 이용하여 태양광, 진동, 열, 풍력, 전자기에너지 등 자연적인 에너지원으로부터 전기에너지로 변환시키는 발전 기술 • 무공해, 무한정한 에너지원

6. 기술 동향

1) 압전 효과

(1) 소자 및 공정 기술이 활발히 진행 중

(2) 최근 Micro 합성섬유 등의 신소재가 개발되면서 연구에 활기를 띠고 있음

(3) 브라질은 빈민가 축구장에 압전소자를 활용한 타일을 설치하여 낮에 생산한 에너지를 저장하여 야간에 조명전력으로 사용

2) 열전 효과

(1) 침낭의 인체 마찰열을 통해 발전된 전력을 스마트폰 충전에 활용(Vodafone 社)

(2) 사람의 호흡을 이용하여 스마트폰을 충전하는 풍력발전 마스크 개발(Inhabitat 社)

3) 광전 효과

Flexible CIGS 박막태양 전지를 이용한 생활밀착형 전원 개발

4) 전자기 효과

지상에 떠다니는 전파를 전력으로 변환하여 스피커를 작동(Drayson Technologies 社)

CHAPTER
06

방재 및 방범설비

SECTION 01 | 전기방재설비

지진, 화재, 낙뢰 등의 재해 발생 시 인명과 재산상의 손실을 초래하므로 이에 대한 방재수단으로 전기적, 기계적, 건축적 설비들을 분류하고 본 내용에서는 이러한 재해 중 화재에 대한 방지설비 중 전기적인 방재설비를 중심으로 기술한다.

1. 목적

1) 각종 재해로부터 인명 보호 및 재산 보호
2) 재해 발생의 사전 탐지 및 경보(조기감지 및 경보) 신속한 조치
3) 피난활동에 도움을 주고 소화활동에 도움을 줌
4) 빠른 화재감지를 통해 가능한 한 허용피난시간을 연장시키고 필요한 피난시간을 단축

2. 화재대책

1) 건축방화대책

연소 확대를 방지하고 피난안전 시간 및 통로를 확보함

(1) 내장재의 제한 : 재료의 불연화, 난연화

(2) 구조제한

방화구획, 방연구획 설정 → 착화, 화재, 연기·연소 확대에 이르는 시간 연장 → 허용피난시간 확보

2) 피난확보대책

(1) 화재의 감지 : 자동화재탐지설비

(2) 전달

경보설비(비상경보설비, 비상방송설비, 자동화재탐지설비, 자동화재속보설비, 누전경보기)

(3) 피난

① 전기적 : 유도등, 유도표지, 피난유도선, 비상조명등, 휴대용 비상조명등(밝기의 확보)
② 건축적 : 방화구획, 방연구획, 관통부 Sealing, 방화문, 복도, 계단, 옥상 광장, 안전구획(피난 안전확보)

3) 소화활동대책

(1) 초기 및 자동소화(소화설비)

옥내소화전설비, 스프링클러소화설비, 물분무소화설비, 미분무소화설비, 포소화설비, 이산화탄소소화설비, 할로겐화합물소화설비, 분말소화설비, 옥외소화전설비

(2) 소방활동지원(소화활동설비)

제연설비, 연결송수관설비, 연결살수설비, 비상콘센트설비, 무선통신보조설비, 연소방지설비

3. 전기방재설비의 구성

방재설비계획에서 각 설비들이 화재의 각 단계에서 유효하게 작동되도록 설비계획이 세워져야 한다.

전기방재설비	1) 전기소방설비	① 자동화재탐지설비 ② 누전경보설비 ③ 가스누설경보설비 ④ 비상경보설비 ⑤ 비상방송설비 ⑥ 유도등과 비상조명등 ⑦ 비상콘센트설비 ⑧ 무선통신보조설비 ⑨ 비상전원설비와 내화배선 ⑩ 전기화재 아크 스파크 경보기 ⑪ 케이블 연소방지 대책
	2) 방범설비	① 출입통제설비 ② 침입감지설비(CCTV 설비 포함) ③ 침입통보설비
	3) 피뢰설비	
	4) 접지설비	
	5) 항공등화 항공장애등 표시등 설비	
	6) 기타 설비	

4. 종류별 구분

1) 자동화재탐지설비

자동화재탐지설비는 화재 초기에 발생하는 열, 연기, 불꽃 등을 자동으로 탐지하여 경보를 발함으로써 화재를 조기에 발견하고 조기통보, 초기 소화, 조기피난을 가능하게 하기 위한 설비임

2) 자동화재속보설비

(1) 화재 발생 시 소방관서에 1분 간격으로 3회 통보하여 줌
(2) 전용 전화선이 있어야 함

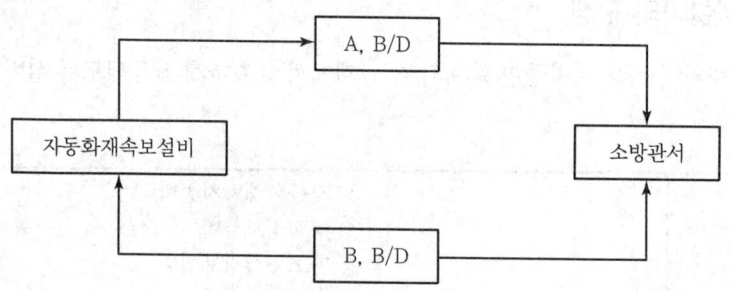

그림 6-1 ▶ 자동화재속보설비의 구성도

3) 전기화재경보기

전기화재의 원인이 되는 누전을 신속 정확히 검출하여 경보를 울리고 적당한 차단장치를 통해 차단기를 차단시켜 줌

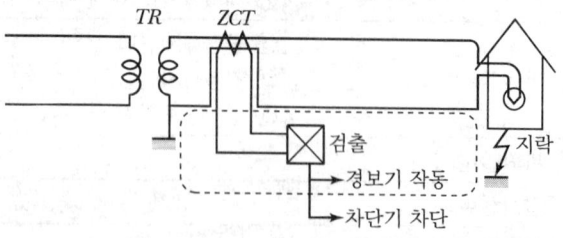

그림 6-2 ▶ 전기화재경보기

4) 전기화재 아크 스파크 경보기

(1) 전기화재 아크·스파크 감지기는 전기화재가 우려되는 회로에 설치함
(2) 전기화재 아크·스파크 감지기는 절연물질을 통과하여 연속적인 불꽃을 일으키는 방전현상(아크)과 순간적 또는 비연속적 불꽃을 발생시키는 방전현상(스파크)을 검출하여 이를 통보하도록 설계함
(3) 검출장치의 경보음색은 다음 기기와 명확히 구분되는 것으로 자체 경보 이외에 통신선을 통하여 중앙감시가 가능한 기능으로 함

5) 비상경보 및 비상방송설비

비상경보설비는 사람이 화재를 발견하고 건물 내에 있는 사람들에게 알리는 설비로 수동으로 동작하며, 비상방송설비의 경우 감지된 화재를 신속하게 소방대상물에 있는 사람들에게 경보하여 피난 및 소화활동을 용이하게 해줌. 종류에는 비상벨, 비상방송설비, 자동식 사이렌, 단독경보형 감지기 등이 있음

6) 비상콘센트

비상시에 소방대가 조명, 피난기구용 전원, 소화활동상 필요한 장비의 전원으로 사용하기 위해 설치하며, 11층 이상의 층, 지하가, 지하 3층 이상에 설치함

7) 유도등 및 비상조명등 설치

사람이 많이 모이는 장소에서 비상시에 혼란 없이 안전한 장소로 피난할 수 있도록 피난구 및 피난경로에 설치하며 피난유도등, 통로유도등, 유도표지판, 피난유도선과 상용전원의 차단 시 피난경로의 조도를 유지하기 위한 비상조명등을 설치함

8) 내열·내화 전선

계통에 사용되는 전선으로서 노출 시공 시에는 내화케이블을 내열 처리를 한 경우에는 내열전선을 사용함

(1) **내열전선**

450/750[V] 저독성 난연가교폴리올레핀 절연전선, FR-3 전선

(2) **내화전선**

무기질로 절연된 전선. FR-8, MI Cable이 있음

9) 무선통신보조설비

소방대상물 중에서 지하가 1,000[m²] 이상 또는 지하층에 설치하는 설비로서 화재 발생 시에 피난활동 및 소방활동에 사용하기 위하여 지하 등에 시설하는 설비

10) 방재센터

방재용의 중앙관리실로서 긴급상태 발생 시에 소방본부로 사용된다. 건물높이 11층 이상, 31[m] 이상 건축물 또는 지하 바닥 면적 1,000[m²] 이상인 건물에 설치하며, 외부 사람이 많이 모이는 백화점 전시장, 집회장 등에 설치한다. 특히 IBS, BAS 건물에서 빌딩관리를 종합적으로 관리하고자 하는 경우 설치한다. 방재센터의 구성은 다음과 같음

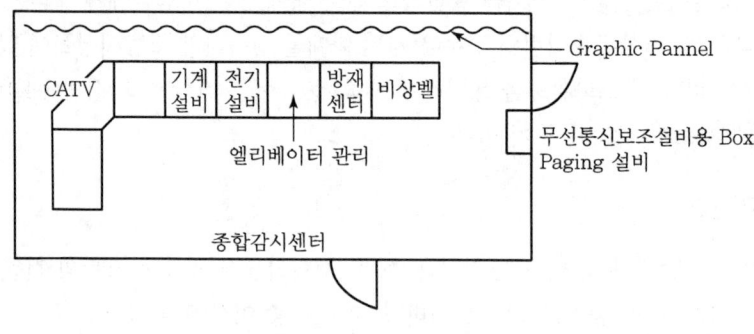

그림 6-3 ▶ 방재센터의 구성

(1) 기능

① 방재·방범 설비의 용이한 관리
② 방화활동의 용이
③ 화재의 조기발견 및 신속한 경보·통보
④ 인명의 안전한 피난 유도
⑤ 비상사태 발생 시 사태 진압에 용이
⑥ 소화활동을 위한 지휘통제가 용이

(2) 위치 및 구조

① 설치위치
  ㉠ 피난층이나 그 직상·직하층 : 직접 외부로 전용통로가 있는 장소, 지휘통제가 용이하고 소방관계자의 출입이 용이한 장소
  ㉡ 비상용 엘리베이터, 피난계단 등의 이용이 용이한 장소
  ㉢ 옥외, 외부 소방대와 연락이 쉬운 장소

② 구조
  ㉠ 내부는 불연재로 마감
  ㉡ 외부와 통하는 출입문이 커서 인식될 것
  ㉢ 판단, 조작, 감시가 용이하도록 배치 설계
  ㉣ 방재센터의 바닥면적은 150~200[m^2] 확보

(3) 설계 시 고려사항

① 유사시에 중앙감시반으로써 사용이 가능하도록 설계
② 방재센터의 건축적 고려사항 : 바닥높이, 하중내력, 바닥 재질, 중요 공간 확보
③ 방재센터의 건축적 환경(공간설비) : 열원의 파악, 공기분해방식, 적정온습도 유지
④ 전기적 조건의 고려사항
  ㉠ 조명대책 : 최소조도 유지, 비상조명장치, 구간개폐
  ㉡ 전원대책 : 양질전원, 일정주파수, 일정전압
  ㉢ 배전대책 : Main 설치, 접지대책, 피뢰대책, 배선대책, 통신장해대책, 비상전원 확보
  ㉣ 안전 및 방재대책 : 공조환기, 중앙관리통제, 기계환기, 배연설비 조정감시, 엘리베이터 조정감시, 각종 소방시설의 조정감시

SECTION 02 | 경보설비

6.2.1 자동화재탐지설비

1. 정의

화재 시 발생되는 열과 연기 또는 가스, 불꽃 등과 같은 물리·화학적 변화량에 대한 정보를 수신하여 소방대상관계자에게 화재의 위험에 대해 자동 또는 수동으로 경보하는 설비이다.

2. 구성 및 흐름도

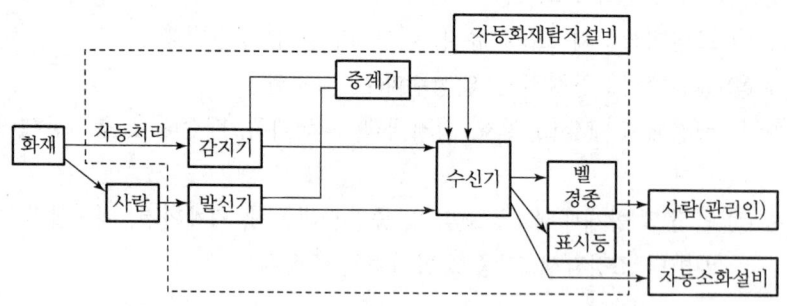

그림 6-4 ▶ 자동화재 탐지설비

3. 감지기

감지기란 열, 연기, 불꽃 등 화재 시 발생하는 연소 생성물의 물리적·화학적 변화량을 자동으로 감지하여 이들 신호를 수신기에 발신하는 장치로서 감지형식, 감지방식, 설치높이에 따라 분류된다.

1) 감지기의 분류

(1) **내식형 유무** : 보통형, 내산형, 내알칼리형

(2) **재용성 유무** : 재용형, 비재용형

(3) **연기의 축적** : 축적형, 비축적형

(4) **방폭구조 유무** : 방폭형, 비방폭형

(5) **화재신호 발신방법** : 단신호식, 다신호식, 아날로그식

(6) **음향장치 유무** : 단독형, 분리형

(7) **감지기감도** : 특종, 1종, 2종, 3종

(8) **설치장소에 따라(불꽃)** : 옥내형, 옥외형

2) 감지방식

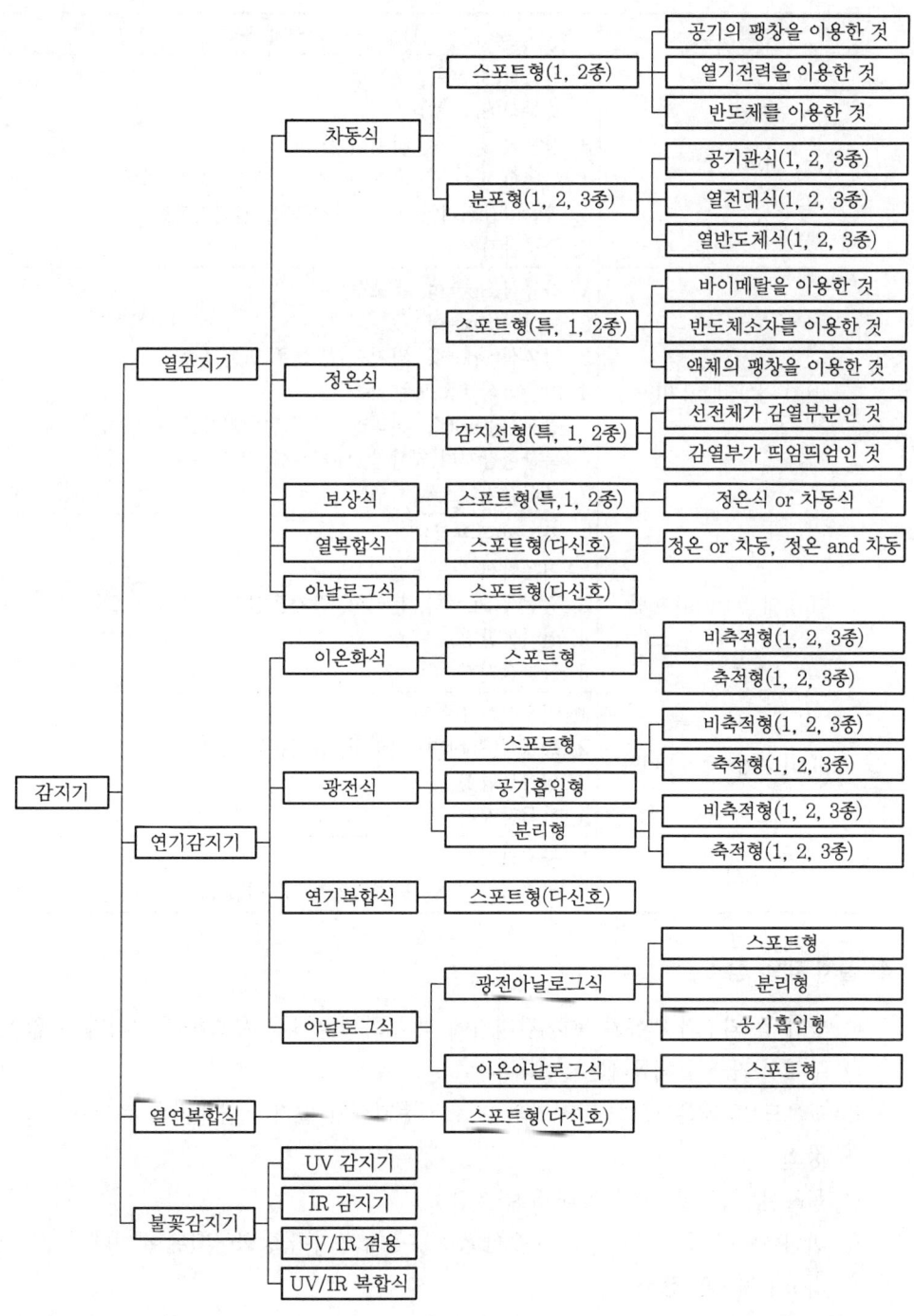

그림 6-5 ▶ 감지기 분류

3) 설치높이

부착 높이	감지기 종별
4[m] 미만	1. 차동식(Spot형, 분포형) 2. 보상식(Spot형) 3. 정온식(Spot형, 감지선형) 4. 이온식 또는 광전식(Spot형, 분리형, 공기흡입형) 5. 복합형감지기(열복합, 연기복합, 열연기복합) 6. 불꽃감지기
4[m] 이상 8[m] 미만	1. 차동식(Spot형, 분포형) 2. 보상식(Spot형) 3. 정온식(Spot형, 감지선형) 특종 또는 1종 4. 이온화식 1종 또는 2종 5. 광전식(Spot형, 분리형, 공기흡입형) 1종 또는 2종 6. 복합형감지기(열복합, 연기복합, 열연기복합) 7. 불꽃감지기
8[m] 이상 15[m] 미만	1. 차동식(분포형) 2. 이온화식 1종 또는 2종 3. 광전식(Spot형, 분리형, 공기흡입형) 1종 또는 2종 4. 연기복합형 5. 불꽃감지기
15[m] 이상 20[m] 미만	1. 이온화식 1종 2. 광전식(Spot형, 분리형, 공기흡입형) 1종 3. 연기복합형 4. 불꽃감지기
20[m] 이상	1. 불꽃감지기 2. 광전식(분리형, 공기흡입형) 중 아날로그 방식

4) 설치 제외 장소

(1) 헛간 등 외부와 기류가 통해 감지기에 의해 화재 발생을 유효하게 감지할 수 없는 장소
(2) 부식성 가스가 체류하는 장소
(3) 고온도 및 저온도로서 감지기의 기능이 정지되기 쉽거나 감지기의 유지관리가 어려운 장소
(4) 목욕실, 화장실, 기타 이와 유사한 장소
(5) 파이프덕트 등 그밖의 이와 비슷한 것으로 2개 층마다 방화구획된 것이나 수평단면적이 5[m²] 이하인 장소
(6) 먼지, 가루 또는 수증기가 다량으로 체류하는 장소 또는 주방 등 평시에 연기가 발생하는 장소

(7) 기타 화재 발생 위험이 적은 장소로서 감지기의 유지관리가 어려운 장소
(8) 천장 또는 반자의 높이가 20[m] 이상의 장소(적응성 있는 감지기인 불꽃, 정온식감지선형, 분포형, 복합형, 광전식분리, 아날로그방식, 다신호방식의 감지기는 제외)

5) 종류

(1) 정온식 감지선형 감지기(분포형)

① 개요
  ㉠ 정온식(감지선형) 감지기는 일국소의 주위 온도가 일정온도 이상이 되었을 경우 가용절연물이 녹아 2가닥의 전선이 접촉되어 작동하는 감지기임
  ㉡ 소방대상물(산업시설, 건축물) 어디에라도 근접 설치(단, 4[m] 이하)할 수 있는 자동화재 탐지기임

② 작동원리

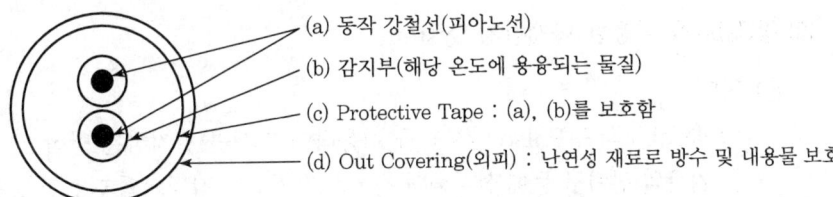

그림 6-6 ▶ 정온식 감지기

  ㉠ 화재 시 온도가 상승하여 감지부 작동온도에까지 도달 시 감지부의 가용절연물이 용융되면 트위스트시킨 강철선(피아노선)의 복원력에 의해 단락으로 동작됨
  ㉡ 이 동작신호를 수신기로 발신하는 감지기임

③ 적용 장소
  ㉠ Cable Tray(개방형 Cable Duct)
  ㉡ 배전설비
  ㉢ 컨베이어 벨트
  ㉣ 송유관 연료탱크
  ㉤ 집진기

④ System 구성

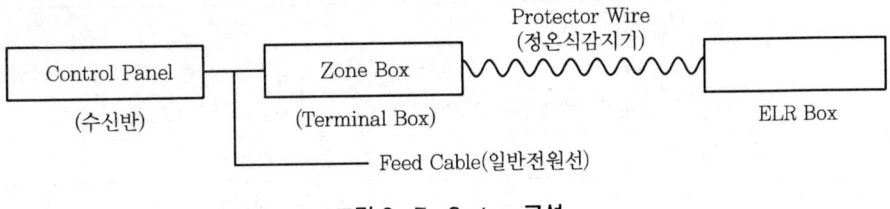

그림 6-7 ▶ System 구성

⑤ 특징(기능)
  ㉠ 200[℃] 이상 열을 받지 않으면 재사용이 가능함
  ㉡ 일단 작동되어 가용절연물이 용융되면 재사용이 불가능하므로 단자(각 실에 2개)를 사용하여 접속시킴(교체의 용이성으로)
  ㉢ 선형감지기를 설치한 어느 지점에서도 감지가 똑같이 잘 됨
  ㉣ 주위 조건에 따라 선형감지기 사용의 폭이 넓어짐
  ㉤ 같은 회로 내에서 온도조건이 서로 다른 선형감지기와의 연결 사용도 가능함
  ㉥ 선형감지기 자체의 이상 유무도 감지함
  ㉦ 어떠한 시설에도 설치, 철거, 재설치가 용이함
  ㉧ 방폭지역 및 위험지역에서도 사용이 가능함
  ㉨ 하나의 회로로 3,500[ft](1,067[m])까지 포설이 가능함
  ㉩ 어떠한 이유로 일부분 훼손 시 잘라내고 새것으로 Splicing하여 사용 가능함

(2) 광Cable을 이용한 화재감지 System
  ① 개요
    ㉠ 광Cable의 광Pulse 반사법을 이용하여 화재를 감지하는 방식
    ㉡ 기존의 전력구 등에 설치되던 정온식 감지선형 감지기의 단점인 일정화재 후 감지되던 특성을 보완할 수 있는 방식
    ㉢ 최근 터널, 지하철 등의 구조물에서 설치공간의 제약과 관련하여 이 방식이 적합하며 이 방식의 구성도 및 동작원리, 종류, 특징 비교, 적용 장소에 관해 설명함
  ② 구성도 및 동작원리
    ㉠ 구성

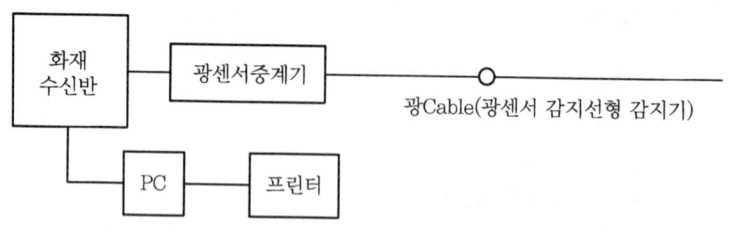

그림 6-8 ▶ 광Cable 화재감지 System

구분	역할
광Cable	난연성 광센서 감지선으로 광신호를 전달하는 통로 역할을 함
광센서 중계기	광신호를 온도 값으로 변화시키는 기능을 함
화재 수신반	모든 Data를 수집 분석하는 기능을 함
PC	모니터상에 거리별 온도값을 나타냄

ⓒ 원리
- 레이저 Pulse가 발사되면 광케이블의 이상온도 지점에서 Signal이 분산, 산란 되며 이 Signal을 제어장치에서 전송받아 각 위치별 온도 및 온도 상승률을 판독하여 과열 및 화재지점을 측정함

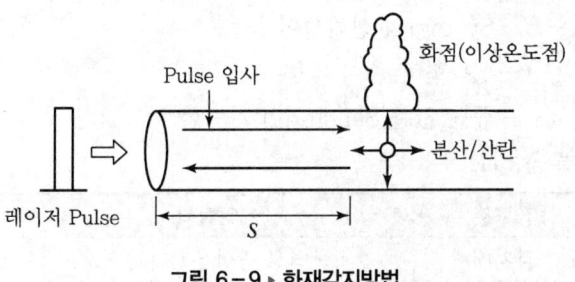

그림 6-9 ▶ 화재감지방법

- 레이저 Pulse에 의한 화재점 측정

  $2S = c \cdot t$

  여기서, $2S$: 왕복거리

  $S = \dfrac{c \cdot t}{2}$

  여기서, c : 광속도[m/s], t : 시간[sec]

- 수신기 Signal 상태

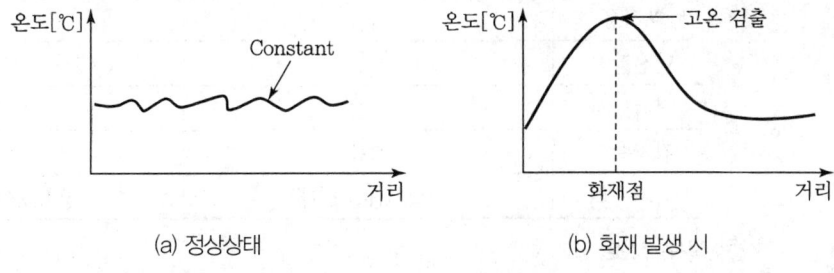

그림 6-10 ▶ 수신기 검출신호

③ 종류

㉠ Single Ended 방식
- 난연성 광센서 감지선이 검출부로 복귀하지 않고 감지구역 내의 마지막 구역에서 말단 처리되는 방식
- 적용 장소
  - 사방으로 선로가 설치되어 있는 지하공동구지역
  - 지역이 광범위하여 복귀선로를 구성하는 데 어려움이 있는 발전설비지역
  - Plant 생산시설, 위험물 취급시설 등에 적합

ⓛ Double Ended 방식
- 광센서 감지선이 Ring 형태를 구성하는 Back-up 방식
- 적용 장소 : 지하철, 터널 등
- 특징
  - System의 신뢰성이 높음
  - 신속한 검출이 가능
  - 중단 없는 Sensing이 가능함

④ 특징 비교

구분	광케이블형	정온식 감지선형
감지매체	난연성 광섬유 Cable	2가닥 절연구리/절연도체
감지방식	정온식, 차동식, 보상식	정온식
감지원리	Laser Pulse 반사	온도 상승 → 단락 → Signal 송출
형식	방수형, 재용형, 아날로그	방수형 1종, 70°, 90°, 130°
최대길이	2~12[km]	1[km]
설치높이	0~20[m]	0~4[m]
감지온도	-40~90[℃]	70° 90° 130°
예비경종	가능	불가능
경종온도조정	가능	불가능
재사용	가능	불가능
단선감시	가능	불가능
단락감시	가능	불가능
감지속도	빠름	늦음
감지능력	정확(1[m] 이내)	정확성이 떨어짐

⑤ 적용 장소
  ㉠ 넓은 장소 : 지하가, 창고, 공장, 격납고
  ㉡ 긴 장소 : 지하공동구, 전력구, 터널
  ㉢ 방폭 공간 : Plant, 유류창고, 위험물 저장 Tank
  ㉣ 특수 환경 : 발전소 등
  ㉤ 미관지역 : 박물관, 문화재 보호시설
  ㉥ 방수분진지역 : 일반감지기 설치 애로 장소

(3) 연기감지기

① 개요
  ㉠ 정의 : 연기감지기란 화염 전에 발생되는 연기를 감지하는 것으로 연기의 유동특성은 매우 빠르기 때문에 일반건축물에서는 거실보다 복도에 설치하여 오동작 발생을 방지함
  ㉡ 종류 : 광전식, 이온식, A.S.D
  ㉢ 연기감지기의 설치장소 및 각 감지기별 감지원리를 구분하여 설명

② 연기감지기 설치기준
  ㉠ 설치장소
    - 복도(30[m] 미만은 제외)
    - 엘리베이터, 권상기실, 린넨슈트, 파이프덕트, 기타 유사 장소
    - 천장 또는 반자의 높이가 15[m] 이상 20[m] 미만의 장소
    - 계단 및 경사로(15[m] 미만 장소)
  ㉡ 제외장소
    - 교차회로방식에 의한 감지기 설치장소
    - 규정의 단서조항에 따른 감지기 설치장소
  ㉢ 부착높이별 바닥면적

부착높이	연기감지기[m²]	
	1종, 2종	3종
4[m] 미만	150	50
4[m] 이상 20[m] 미만	75	−

  ㉣ 복도 및 계단 설치기준
    - 복도 및 통로 : 1종 및 2종은 보행거리 30[m]마다 1개 이상, 3종은 보행거리 20[m]마다 1개소 이상 설치
    - 계단 및 경사로 : 1종 및 2종은 수직거리 15[m]바다 1개소 이상
  ㉤ 기타 기준
    - 천장 또는 반자가 낮은 실내 또는 좁은 실내에 있어서 출입구의 가까운 부분에 설치(비화재보 방지)
    - 천장 또는 반자 부근에 배기구가 있는 경우 그 부근에 설치
    - 감지기는 벽 또는 보로부터 60[cm] 이상 이격설치(60[cm] 기준은 차동식은 적용하지 않고 연기식의 경우 연기의 유동이 원활한 장소에 설치하기 위하여 규정한 것임)

③ 감지원리
  ㉠ 광전식
    • Spot형(산란광식)
      - 연기만 들어갈 수 있게 한 암상자에 발광소자를 설치하여 한 방향으로 빛을 비추어 주면 빛이 연기입자 때문에 난반사하게 됨
      - 수광소자에서는 난반사로 인한 수광량 증가로 수광부 전류가 미약하게 증가됨
      - 이 출력 전압을 증폭하여 감지기 동작신호로 송출함

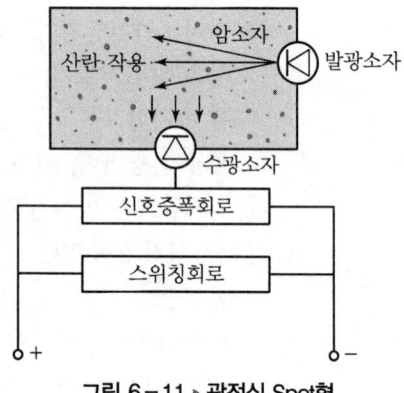

그림 6-11 ▶ 광전식 Spot형

    • 분리형(감광식)
      - 송광부와 수광부가 분리되어 구성되며 대칭으로 설치됨
      - 화재 발생 시 연기가 송광부에서 발사되는 광량을 일부분 차단하므로 수광부에 입사되는 광량이 감소되는 것을 검출하여 화재신호로 감지하는 방식임

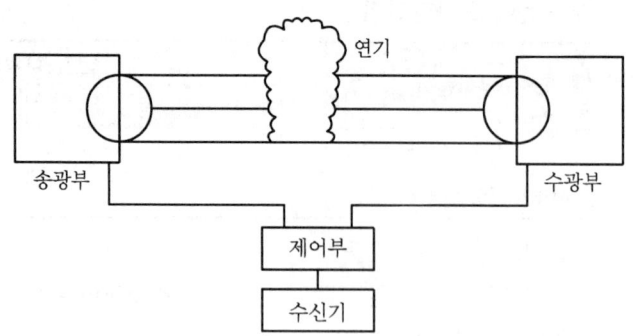

그림 6-12 ▶ 광전식 분리형 감지방법

표 6-1 ▶ 광전식 분리형의 특징

장점	단점
• 광범위한 누적연기를 감지하여 신속 정확한 검출(Spot 대비) • 감지기 포용면적이 넓음 • 유지보수가 용이, 비용 절감 • 먼지가 많은 장소에 설치 가능(특수환경) • 고천장 설치 가능	• 옥외 사용 불가(Spot와 동일) • 비가시성 연기 – 감도가 저하됨 • 장애물 등의 간섭으로 오동작 우려(대형 전시장)

표 6-2 ▶ 광전식 분리형과 Spot형의 비교

구분	분리형	Spot형
구조	발광부, 수광부 분리	통합
감지방식	감광식(수광량 감소)	산란광식(수광량 증가)
감지기준	• 거리기준(1, 2종) • 공칭감지거리 5~100[m] 이하	• 면적기준(1, 2종) − 4[m] 미만 : 150[m^2] − 4~20[m] 미만 : 75[m^2]
설치장소	넓은 공간 Hall, 강당, 체육관	계단, Pit, Duct 승강기 기계실과 같은 수직부분
설치면	벽	천장
설치 개수	적음	많음
경제성	고가/대당	저가/대당
응답 특성	빠름	늦음
연기밀도 동작 특성	저밀도에 동작	일정 이상 농도 시 동작
빠른 연기유동	적응성이 있음 (대공간 설치 가능)	적응성이 없음 (감시실 내 일정 농도 유지 애로)
적용환경	• 창 사용(유지보수 가능) • 부식 먼지 장소 사용 가능	• 경년 변화 문제 • 부식 먼지장소에 부적합

  ㉡ 이온화식

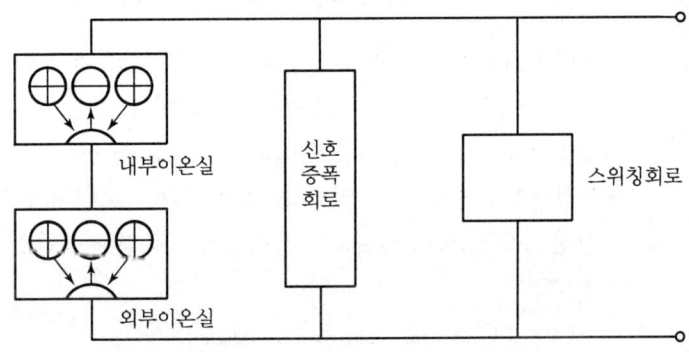

그림 6-13 ▶ 이온화식 회로 구성

- 이온실에 소량의 방사선원 AM[241]에 알파선(α)이 조사되면 이온실의 내부 공기가 이온화되어 이온전류가 발생됨
- 평상시 : 내·외부 이온실이 전압평행상태를 유지함
- 화재 시 : 연기입자의 외부 이온실 침입으로 이온전류가 감소 → 내·외부 이온실간 전압 불균형 발생(ΔV) → 증폭소자에 의한 증폭 → 스위칭회로에 전달되면 감지기가 동작됨

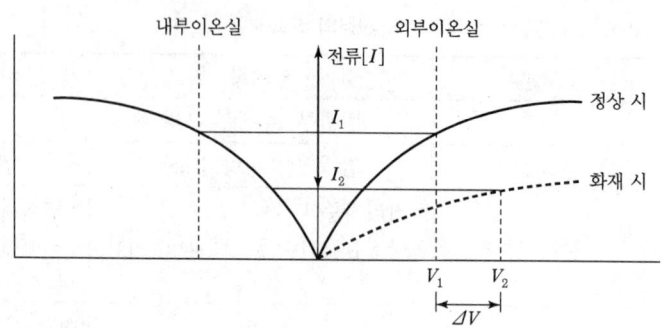

그림 6-14 ▶ 화재 시, 이온전류, 전압 변화도

- 감지입자의 검출방식

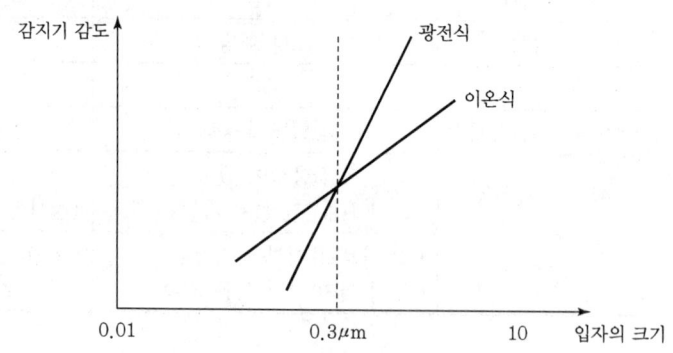

그림 6-15 ▶ 입자 크기에 따른 감도 크기

    $-0.3[\mu m]$ 이하의 입자인 경우 이온식의 감도가 우수함
    $-0.3[\mu m]$ 이상의 입자인 경우 광전식의 감도가 우수함

ⓒ A.S.D(Air Sampling Smoke Detection System)
- 동작원리 : 연소 초기 열분해 시 발생되는 초미립자($0.02[\mu m]$)를 분석하여 일정 농도 이상이 검출되면 산란광식과 동일한 방법으로 검출함
- 종류
    −Cloud Chamber Smoke Dection 방식

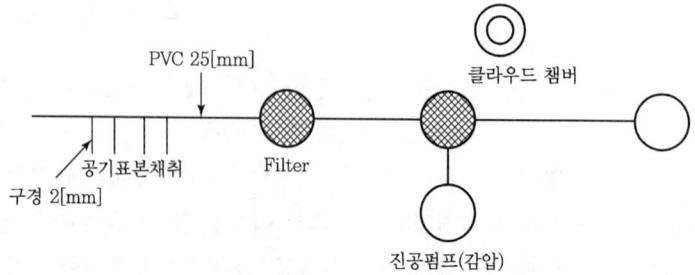

그림 6-16 ▶ 클라우드 챔버 방식

(a) Pipe 구성 및 Sampling Hole의 규격은 제조사 Program에 의해 설계함
(b) 경보기준 감지농도 설정 등은 수신기에서 Program으로 조정이 가능함
(c) 감지방식
- Air Pump로 해당 지역의 공기표본을 1~5초 간격으로 추출
- 필터(Filter)를 통해 큰 입자는 제거시킨 후
- Cloud Chamber(습도 약 100[%])로 공기 표본을 유입시키며 이때 챔버 내 압력을 저하시키면 연기입자에 습도입자가 응축되어 응축핵이 됨($15[\mu m]$)
(d) 이 응축핵에 적외선 Beam 조사 시 산란작용을 통한 수광량 증가로 검출이 용이해짐

– 크세논램프 방식

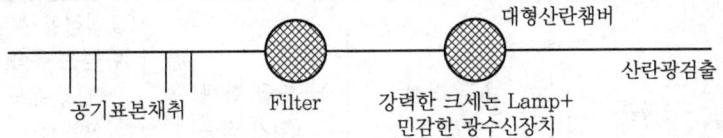

그림 6-17 ▶ 크세논램프방식

(a) Cloud Chamber 방식과 원리는 같으나 고감도 크세논 광원을 사용하는 방식임
(b) 대형 산란 챔버에 강력한 크세논램프와 민감한 광수신 장치의 조합으로 초미립자 연기를 검출함
(c) 크세논램프 Type 선정 배경
- 먼지와 연기의 구분이 정확치 않음에 따른 오동작
- hole 규격에 따라 농도가 높아야 동작됨
- 일정한 한계점에 도달되어야 동작됨
(d) 크세논램프의 단점 : 수명이 짧음

– 레이저 발광방식

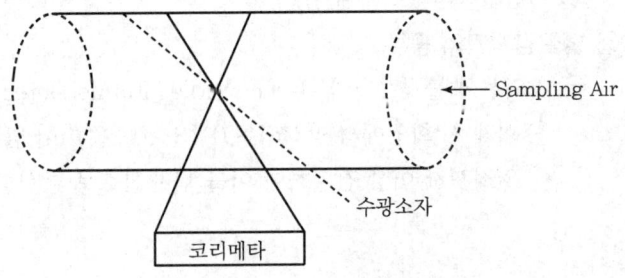

그림 6-18 ▶ 레이저 발광이용 감지방식

(a) 레이저 발광소자와 수광소자를 이용한 방식

ⓑ 크세논의 단점인 램프의 수명 한계로 인한 수시교체의 문제점이 보완됨
ⓒ 초기 감지특성이 우수하여 화재 위험이 높은 소방대상물에 적합한 새로운 방재설비임

표 6-3 ▶ 일반 연기감지기와 ASD 특징 비교

감지기 적용	일반 연기감지기		A.S.D	
	광전식(Spot)	이온화식(Spot)	Cloud-Chamber	초기 감지기
원리	광전자, 광저항 소자의 변화	이온 전류의 변화에 의한 전위차 변화	크라우드 챔버 입자 감지 기술	산란광 원리
입자 크기	$0.3 \sim 1.0[\mu m]$	$0.01 \sim 0.3[\mu m]$	$0.005 \sim 0.02[\mu m]$	좌동
화재형상	훈소화재	불꽃화재	화재초기열분해 생성물에 대한 반응	좌동
설치장소	A급 화재 (입자 큼)	B급 화재 (입자 작음)	① 청정실, 무균실 등 ② 높은 유속, 분진, 습도, 온도 변화가 심한 곳 ⓒ 전자파 오보 우려 장소	좌동

(4) 불꽃감지기

① 개념 및 원리

㉠ 화재 시 화염(Flame), 전기불꽃(Spark), 잔화(Ember)로부터의 복사에너지는 스펙트럼상의 자외선, 가시광선, 적외선의 다양한 방출물로 나타나게 됨

㉡ 특정 파장의 방사에너지를 전기에너지로 변환하여 이를 검출하는 것으로 물질이 빛을 흡수하면 광전자를 방출하여 기전력이 발생하는 현상인 광전 효과(Photoelectric Effect)를 이용한 것임(NFPA에서는 화염, 잔화 등 모든 복사에너지를 감지할 수 있는 복사에너지 감지기로 총칭하여 이를 불꽃감지기와 스파크 -잔화감지기로 구분함)

② 불꽃감지기의 종류

㉠ 자외선식 불꽃감지기(Ultra-Violet Flame Detector)

ⓐ 화재 시 화염에서 방사되는 $0.18 \sim 0.26[\mu m]$ 범위의 파장인 자외선 변화량을 일정시간 이상 감지하여 이를 화재신호로 발신함

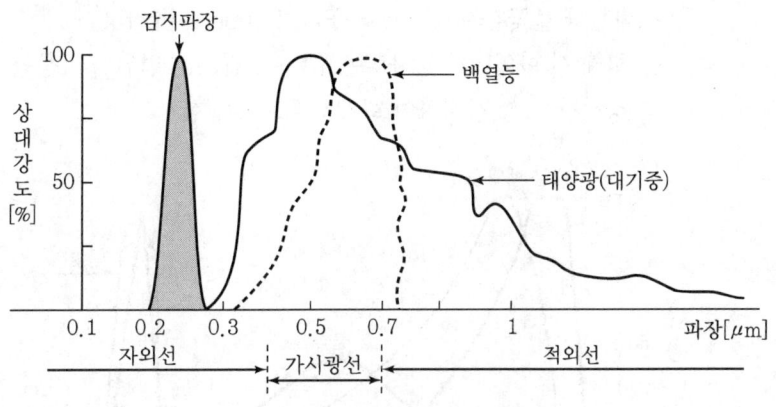

그림 6-19 ▶ 자외선 불꽃감지기

ⓑ 검출방식
- 외부 광전자 효과형 : 빛에 대하여 고체 내의 여기전자가 진공 중에 방출되는 광전자 방사원리를 이용한 방식(검출소자 : UV Tron)
- 광도전 효과형 : 빛을 받으면 반도체의 저항 변화가 일어나는 것을 이용하는 것(검출소자 : Pbs, Pbse 등)
- 광기전력 효과형 : 빛을 받으면 P, N형 접합반도체의 전극 간에 기전력이 발생하는 것을 이용한 것(Silicon Photo Diode, Photo Transistor)

ⓒ 장점
- 태양광선, 인공조명등, 가시광선에 반응하지 않음
- 감도가 높음
- 가격이 안정적임
- 대량 제작, 세계적으로 사용

ⓓ 단점
- 검출영역이 좁음
- 분진에 약함
- 오보가 많음
- 보수유지 공간이 필요(투과창 먼지, 오염물의 정기 제거)

ⓔ 적응성
- 화염이 농후한 액체, 기체에 적합
- 옥외용으로 사용(가연성 및 폭발성 저장소, 작업장)
- 응답이 매우 빠름

ⓒ 적외선식 불꽃감지기(Infra-Red Flame Detector)
   ⓐ 화재 시 화염에서 방사되는 4.2~4.7[μm] 범위의 파장인 적외선 변화량을 일정시간 이상 감지하여 화재신호로 발신함

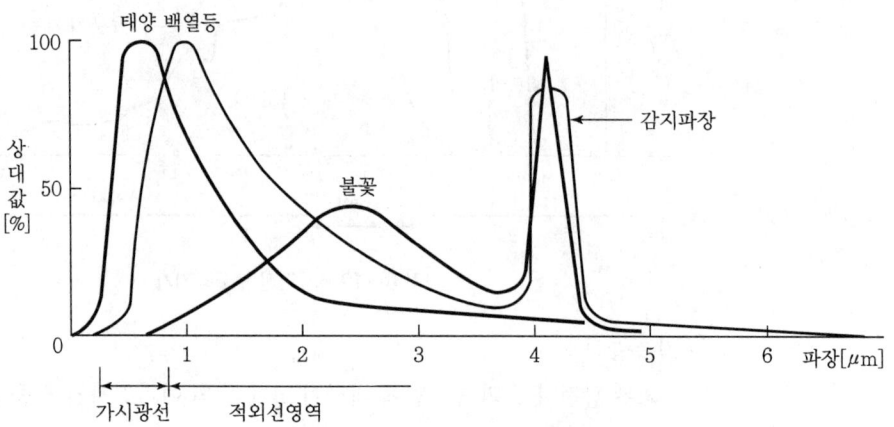

그림 6-20 ▶ 적외선 불꽃감지기

ⓑ 감지방식에 따른 종류
  • CO_2 공명방사 감지방식
    연소 시 탄산가스(CO_2)분자는 약 4.3[μm] 영역에서 공명방사가 발생되며 이 공명선만을 취하기 위하여 검출소자는 4[μm]에서 최대특성을 갖는 PbSe를 사용하고 필터는 3.5~5.5[μm]의 적외선 통과 필터가 사용됨
  • 2파장 감지방식
    – 연소 시 적외선 파장 2[μm] 부근과 4.4[μm] 정도에서 상대적으로 높은 분광분포 특성을 나타내는데 이 두 개의 파장을 동시에 검출하는 방식
    – 일반 조명광이나 자연광 등의 환경에서는 오동작이 없는 화재검출 감도가 매우 우수함
  • 정방사 감지방식
    – 화염에서 방사되는 적외선 영역의 일정 방사량을 감지하는 방식
    – 검출소자는 Silicon Photo Diode 또는 Photo Transistor 등이 사용됨
    – 조명 등의 영향을 받지 않기 위해 적외선 필터에 0.72[μm] 이하의 가시광선은 차단시키고 이 범위 이외의 파장을 검출함
    – 검출소자의 특성상 태양광이나 일반조명이 완전히 꺼지지 않는 밝은 장소에서의 사용이 곤란한 경우도 있게 된다. 적외선 검출형 중 정방사식은 주로 가솔린화재 등에 적합한 방법임

- Flicker 감지방식
  - 화염에서 방사되는 적외선 영역의 Flicker(깜빡거림)를 감지하는 방식
  - 초전형 센서로 불꽃의 기본 주파수인 2~20[Hz]만 선택하는 Filter로 구성
- ⓒ 장점
  - 검출영역이 넓음
  - 창의 더러워짐에 감도 저하가 적음
  - 분진의 영향이 적음
  - 비화재보 우려가 낮음
- ⓓ 단점
  - 태양광선, 가시광선에 예민함
  - 감도가 늦음
  - 가격이 고가임
- ⓔ 적응성
  - 연기가 농후한 장소에 적합
  - 옥내용으로 사용(은폐창고나 지하금고와 같이 폐쇄된 공간에 사용)

ⓒ UV – IR 겸용 불꽃감지기

자외선, 적외선의 감지소자가 모두 작동하여야 화재신호를 발신하도록 만들어진 감지기

ⓔ 복합형 불꽃감지기

자외선, 적외선의 감지소자가 모두 작동하여야 화재신호를 발신하거나 자외선, 적외선 감지소자의 작동 시 각각 신호를 발신하도록 만들어진 감지기

ⓜ Spark/Ember 불꽃감지기

Spark나 Ember를 감지하기 위한 복사에너지 감지기로 통상 밀폐된 환경에 설치되고 스펙트럼상 적외선 부분을 감지함

- Flame : 연료의 연소 화학반응에 의해 정해지는 특수한 파장 Band에서 복사에너지를 방출하고 연소과정에 수반된 가스상 물질의 기류나 중심부
- Ember : 고체물질 입자의 표면 연소과정이나 고체물질의 고온에 의해 복사에너지를 방출하는 것
- Spark : 유동장을 갖는 Ember(Moving Ember)

③ 불꽃감지기 설치기준
ⓐ 공칭감시거리 및 공칭시야각은 형식 승인 내용에 따를 것
ⓑ 감지기는 공칭감시거리와 공칭시야각을 기준으로 감시구역이 모두 포용될 수 있도록 설치할 것
ⓒ 감지기는 화재감지를 유효하게 감지할 수 있는 모서리 또는 벽 등에 설치할 것

ⓔ 감지기를 천장에 설치하는 경우에는 감지기는 바닥을 향하여 설치할 것
ⓕ 수분이 많이 발생할 우려가 있는 장소에는 방수형으로 설치할 것
ⓖ 그 밖의 설치기준은 형식 승인 내용에 따르며 형식 승인 사항이 아닌 것은 제조사의 시방에 따라 설치할 것

④ 화염(불꽃)감지기 적용장소
㉠ 감지기를 설치할 구역의 천장 등의 높이가 15[m]~20[m] 미만인 장소
㉡ 감지기를 설치할 구역의 천장 등의 높이가 20[m] 이상인 장소
㉢ 특정 방화대상물의 지하층, 무창층 및 11층 이상의 부분
㉣ 교차회로 방식에 사용되는 곳
㉤ 유류 취급장소 등 급격한 연소 확대가 우려되는 장소

⑤ UV 감지기와 IR 감지기의 비교

구분	자외선	적외선
명칭	UV(Ultra-Violet Flame Detector)	IR(Infra-Red Flame Detector)
작동 원리	화재 시 화염에서 방사되는 0.18~0.26[μm] 범위의 파장인 자외선을 감지하여 화재신호로 발신하는 것	화재 시 화염에서 방사되는 4.2~4.7[μm] 범위의 파장인 적외선을 감지하여 화재신호로 발신하는 것
감지 방식	• 외부 광전자 효과 : UV tron • 광도전 효과 : Pbs, Pbse • 광기전력 효과 : Silicon Photo Diode, Photo Transistor	• CO_2 공명방사 감지방식 • 2파장 감지방식 • 정방사 감지방식 • Flicker 감지방식
연기 영향	연기 발생 시 급격한 감도가 저하(연기 속에서 불꽃을 감지하지 못함)	파장이 길기 때문에 연기의 영향을 받지 않음(신뢰도가 높음)
적응성	• 화염 농후한 액체, 기체, 불꽃화재 • 옥외용으로 사용 : 가연성 또는 폭발성 물질의 저장소나 작업장 • 응답이 매우 빠름	• 연기 농후한 장소 • 옥내용으로 사용 : 햇빛 또는 반짝거리는 물체의 간섭 때문에 은폐창고나 지하금고와 같이 폐쇄된 공간에 사용
장점	• 가시광선, 태양광선에 반응하지 않음 • 감도가 높음 • 가격이 안정적임 • 대량 제작, 세계적으로 사용	• 검출영역이 넓음 • 분진의 영향이 적음 • 비화재보 우려가 낮음 • 창의 더러워짐에 감도 저하가 적음
단점	• 검출영역이 좁음 • 분진에 약함 • 오보가 많음 • 보수유지 공간이 필요 • 투과창 먼지, 오염물의 정기적 제거	• 태양광, 가시광선에 예민함 • 가격이 고가

(5) Analog 감지기

① 정의

감지기 주위의 온도, 농도를 상시 검지하여 수신기로 그 값을 송출하면 수신기 Program의 설정치에 의해 단계별로 출력을 송출하는 감지기

② 특징

㉠ 온도, 연기농도에 따라 예비경보, 화재경보, 설비연동이 수행됨
㉡ 비화재보가 방지됨
㉢ 신뢰성이 우수함
㉣ Analog 신호를 수신할 수 있는 수신기가 설치되어야 함
㉤ 중계기가 불필요함

③ 종류

㉠ 정온식 Spot형
㉡ 이온화식 Spot형
㉢ 광전식 Spot형
㉣ 광전식 분리형

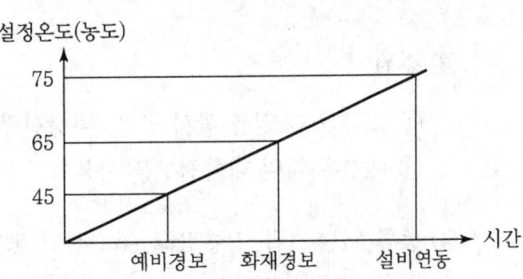

그림 6-21 ▶ 아날로그 감지기 동작

④ 일반감지기와의 차이점

구분	Analog	일반형
종류	열식, 광전식, 이온식	열, 연기(광전, 이온화), 복합형 등
동작 특성	• 온도, 농도를 항시 검지하여 Analog 신호를 송출함 • 수신기 Program에 의해 단계적으로 경보 발생	• 정해진 온도, 농도에 도달 시 즉시 동작 • 수신반에서 즉시 경보 발생
시공 방법	• 감지기 하나가 1회로이며 고유번호기 부여되어 각 수신기에 연결 • 각 실별 1회로로 구성됨 • 수신기여이 많아짐	• 600[m²]당 1경계구역으로 여러 개의 감지기를 1회로로 구성 • 동작감지기를 알 수 없음 • 수신지역이 적음
수신반 회로수	(감지기별 1회로이므로) 대용량 수신반이 필요	(경계구역별로 1회로이므로) 수신반 회로수가 적음
특징	• 비화재보 발생이 낮음 • 감지기, 수신반 가격이 고가임 • 회로구성비는 저렴함	• 비화재보 발생 가능성이 높음 • 가격이 저렴
적용 장소	• 20[m] 이상(광전식 아날로그형) • 기타 경제성보다 신뢰성이 더 요구되는 곳	• 20[m] 이하 장소 • 일반적인 장소

4. 수신기

1) 개요

(1) 정의
화재 발생 신호를 감지기, 발신기, 중계기로부터 수신하여 화재현장의 소화설비, 제연설비, 비상경보설비 등 소방시설을 가동시키는 장치

(2) 설치장소
사람이 항상 상주하는 장소에는 수위실에 설치, 대형 건물에는 방재센터 또는 중앙감시실

(3) 전원
① 교류 220[V]를 상시 공급, 비상전원설비, 축전지 설비를 갖춤
② 배선은 내열 내화전선을 사용

(4) 종류 : P형 1급, P형 2급, 부수신기, R형 수신기

구분	P형 1급	P형 2급	R형
접속 회선수	제한 없음	5회로 이하	제한 없음
발신기 응답 기능	O	×	O
전화 통화 기능	O	×	O
신호 전송	개별 신호방식	개별 신호방식	다중통신방식

(5) 기능
① 화재표시, 경종 등의 작동시험, 회로 도통시험 기능
② 주전원과 예비전원의 자동전환 기능, 예비전원 사용 여부 표시
③ 발신기 등과 연락할 수 있는 전화 연락 기능

2) 기능별 분류

(1) R형(아날로그) 수신기

① 정의
   열 또는 연기에 따른 온도, 연기농도의 변화에 대해 단계별로 화재신호를 송출하는 수신기

② 특징
　㉠ 선로수가 적어 경제적임
　㉡ 선로 길이는 길게 만들 수 있음
　㉢ 증설, 이설 변경작업이 용이함
　㉣ 발생지구를 선명하게 숫자로 표시
　㉤ 신호 전달이 정확함

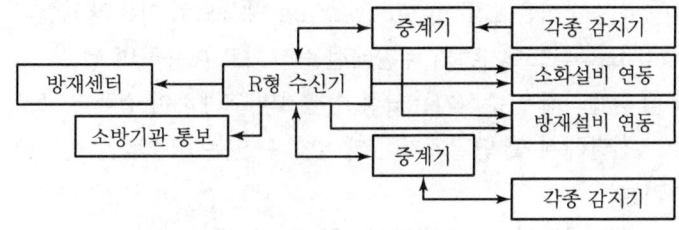

그림 6-22 ▶ R형 수신기 및 주변 설비 구성도

(2) 일반수신기

최초의 화재신호를 수신한 후 5초 이내에 지구경종 동작 및 화재표시를 나타내는 가장 일반적인 수신기로서 특히, 신호 출력 및 경보기능 이외에 이 신호와 연동하여 소화설비나 제연설비 등을 제어할 수 있는 제어기능이 있을 때 이를 복합식 수신기라 함

(3) 축적형 수신기

최초의 화재신호를 수신한 후 곧 수신을 개시하지 않고 축적시간(5~60초) 후 화재신호를 재차 받을 경우에 지구경종 동작 및 화재표시를 나타내는 수신기임
수신기는 축적시간 동안 지구표시장치의 점등 및 주경종을 작동시킬 수 있으며 화재신호 축적시간은 5~60초 이내이어야 하고, 공칭축적시간은 10초 이상 60초 이내에서 10초 간격으로 함. 또한 축적기능의 수신기에는 축적형 감지기를 설치하지 않는 것이 원칙임

(4) 다신호식(2신호식) 수신기

최초의 화재신호 시에는 주경종 작동 및 지구표시만 되며 재차 동일 경계구역의 화재신호 시에는 지구경종이 작동되는 수신기임. 이때 동일 경계구역의 화재신호란 같은 경계구역 내 설치된 감지기 또는 동일한 다신호식 감지기의 또 다른 신호를 의미함

(5) 인텔리전트 수신기

① 개요

인텔리전트 수신기는 중계기와 아날로그 감지기에서 발신한 신호와 단말기기의 기동을 제어하는데 전송방식은 각 중계기 및 아날로그 감지기를 차례로 호출하고 Data의 송수신을 반복하는 다중전송에 의한 Addressing 방식을 채용함

② 전송방식

㉠ 전송방식은 Polling Addressing 방식으로 기존의 R형 시스템보다 배선이 적게 소요되므로 기존의 배관배선을 그대로 이용하면 됨

㉡ 인텔리전트 수신기는 R형 수신기와 교체하며 컴퓨터 프로그램에 의한 자동 경보 전달체계 및 단말기기를 제어할 수 있는 시스템을 설치함

③ 기능

㉠ 단선감지기능 : 전송로의 이상을 알려주는 기능

㉡ 축적기능 : 비화재보를 방지하는 기능

㉢ 자기진단기능 : 정기적으로 시스템을 진단하는 기능

㉣ 집중감시기능 : 모든 이상 상태를 한눈에 볼 수 있는 기능

3) P형 수신기와 R형 수신기 특징 비교

항목	P형 수신기	R형 수신기
System 구성	발신기―감지기, 감지기, 수신기	감지기→중계기→Desk←R형 수신기→Graphic
System 신뢰성	수신반에 고장이 발생할 경우 System이 마비됨	• 고장중계기를 수신반에 표시 • 타 중계기 정식 작동 • System 정상 작동
화재표시 방법	램프점등	• Digital 숫자 표시 • 램프점등 CRT 표시
배선방법	발신기→발신기→수신기, 감지기, 감지기	중계기→중계기→R형 수신기, 감지기, 감지기
회로증설변경	복잡하고 공사비가 고가	용이, 경제적
신호전달방식	개별 신호선	다중전송방식
유지보수	어려움	용이

4) 설치기준

(1) 수위실 등 상시 사람이 근무하는 장소에 설치할 것. 다만, 사람이 상시 근무하는 장소가 없는 경우에는 관계인이 쉽게 접근할 수 있고 관리가 용이한 장소에 설치함
(2) 수신기가 설치된 장소에는 경계구역 일람도를 비치할 것. 다만, 모든 수신기와 연결되어 각 수신기의 상황을 감시하고 제어할 수 있는 수신기(주 수신기)를 설치하는 경우에는 주 수신기를 제외한 기타 수신기는 제외함
(3) 수신기의 음향기구는 그 음량 및 음색이 다른 기기의 소음 등과 명확히 구별될 것
(4) 수신기는 감지기, 중계기 또는 발신기가 작동하는 경계구역을 표시할 수 있을 것
(5) 화재, 가스, 전기 등에 대한 종합 방재반을 설치한 경우에는 당해 조작반에 수신기의 작동과 연동하여 감지기·중계기 또는 발신기가 작동하는 경계구역을 표시할 수 있을 것
(6) 하나의 경계구역은 하나의 표시등 또는 하나의 문자로 표시되도록 할 것
(7) 조작 스위치는 바닥으로부터의 높이가 0.8[m] 이상 1.5[m] 이하인 장소에 설치할 것
(8) 하나의 소방대상물에 2 이상의 수신기를 설치하는 경우에는 수신기를 상호 간 연동하여 화재 발생 상황을 각 수신기마다 확인할 수 있도록 할 것

5. 비화재보

1) 개요

(1) 비화재보란 화재가 아니었는데 화재로 경보되는 현상을 말함
(2) 실제 화재인데 단선 등의 원인으로 기기가 작동되지 않는 실보와 구분이 됨
(3) 비화재보의 ① 종류 ② 원인 ③ 대책에 대해 아래와 같이 기술함

2) 종류

(1) Nuisance Alarm

① 화재와 유사한 환경적 요인으로 인한 Alarm임
② 보일러, 난로열, 조리 시 연기 등이 이에 해당됨

(2) False Alarm(설비 자체의 결함이나 오조작에 의함)

구분	내용 설명
설비 자체의 기능성 결함	• 전자유도에 의한 전자파 간섭 • 전기적 Noise • 정전기에 의한 2신호 입력
설비의 유지관리 불량	먼지나 이물질에 의한 단락 등으로 인한 오동작
실수나 고의적인 행위	장난이나 발신기 조작, 점검 중 실수에 의한 조작 실수

3) 원인

구분	내용 설명
인위적인 요인	• 공사 중의 먼지, 분진의 변화 • 공조기의 풍압 변화 • 자동차 배기가스 • 조리에 의한 열, 연기의 변화 • 흡연에 의한 연기 변화
기능적인 요인	• 회로의 불량 • 경년변화에 의한 감도 저하 • 리크 Hall의 막힘 • 부식에 의한 접점 부식 • 습기에 의한 결로 • 충의 침입
유지관리상의 문제	• 청소 불량 • 실내 분진 및 증기 발생 등 감지기 주위의 부정적 환경요인 • 공사의 부적절(배선 접속 불량, 부식) • 수증기, 가스 발생 등 적응성이 부적합한 장소 설치

4) 대책

건물의 계획 단계에서 건물의 용도 규모에 적합한 System 선정이 중요함

(1) 감지기 측면

① 적응성이 있는 감지기 설치

지하층, 무창층 등으로 환기가 잘 되지 아니하거나 실내면적이 40[m²] 미만인 장소, 감지기 부착 면과 실내바닥 면의 사이가 2, 3[m] 이하인 곳으로 일시적으로 발생한 열, 연기 등으로 화재신호를 발신할 우려가 있는 곳은 적응성이 있는 다음의 감지기를 선정하도록 함(화재안전기준)

㉠ Analog 감지기　　　　　　　　㉡ 불꽃감지기
㉢ 광전식 분리형 감지기　　　　　㉣ 다신호식 감지기
㉤ 정온식 감지선형 감지기　　　　㉥ 분포형 감지기
㉦ 축적형 감지기　　　　　　　　㉧ 복합형 감지기

② 오동작 우려가 없는 감지기 선정
　　㉠ 비축적형보다는 축적형 감지기 선정
　　㉡ Spot형보다는 분포형을 선정함
　　㉢ 일반형보다는 복합형, 다신호식, 광전식 분리형 등 선정
③ 감지기 설치장소의 주위 환경 개선
　　㉠ 먼지 등의 정기적인 청소 실시
　　㉡ 습기 등이 발생되지 않게 함
　　㉢ 감지기 주위에 취사 난방기구 등의 사용을 억제함
④ 정기적인 점검/청소 등을 통한 유지관리의 강화

(2) 수신기 측면

① Analog 수신기 채용
② 축적형 수신기 중계기 채용
③ 다신호식 수신기 채용
　　㉠ 제1보 : 주음향장치 명동
　　㉡ 제2보 : 지구음향장치 명동

(3) Maker : 고품질 제품 생산

5) 결론

(1) 비화재보는 미연에 충분히 방지할 수 있는 것으로서
(2) 감지기 설치장소를 충분히 검토한 후 감지기의 종류 및 부착위치를 선정함
(3) 전문지식을 가진 기술자가 정기적인 점검을 실시하고 가열가연시험기를 이용하여 수시로 징상 동자 여부를 확인하여 이상 발생 시 즉각 교체하여 사전에 비화재보를 방지함
(4) 현장 Engineer의 적응성 있는 System 설계
(5) Maker의 신뢰성이 우수한 제품 생산 및 현장 적용

Exercise 01

Seeback 효과(제백 효과)

🔍 **풀이**

1. 정의
   2종의 금속선 양끝을 접합시켜 열전대를 만들고, 양끝의 접점에 온도차를 주면 이 온도차에 의해 열기전력이 생겨 전류가 흐르는 현상을 말한다.

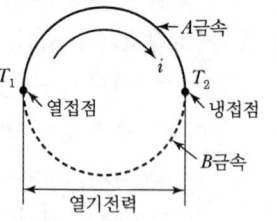

   그림 6-23 ▶ 제백 효과 설명도

2. Seeback 효과를 이용한 열전대 감지기

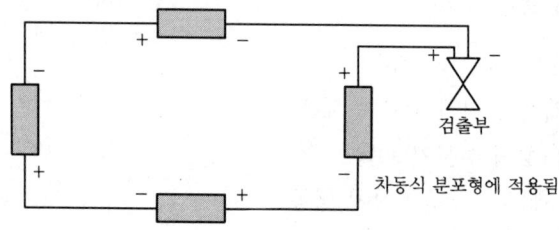

   그림 6-24 ▶ 열전대 감지기

   1) 열기전력이 큰 것은 (+) 방향으로 흐르고, 열기전력이 적은 것은 (-)로 흐름
   2) (+), (-)의 열기전력의 누적에 따른 전위차로 검출부에 전류가 흐르게 되어 수신기에 정보를 발신함
   3) 주요 구성 : 열전대, 검출부
   4) 감지구역마다 회로별로 4~20개의 열전대를 직렬로 접속시킬 수 있음
   5) Cu(56%) + Ni(45%) 합금의 열전대가 가장 효과가 큼

3. 적용 : 차동식 분포형 감지기

Exercise 02

광전 효과

🔍 **풀이**

1. 원리
   수광부에 빛을 받으면 P형 반도체와 N형 반도체를 통해 전자의 이동이 발생되고 이에 따라 전류의 흐름 및 전압이 발생되는 현상을 말한다.

2. 적용
   1) 불꽃감지기
   2) 태양광 발전

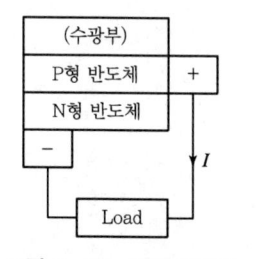

그림 6-25 ▶ 광전 효과도

Exercise 03

MIE의 분산법칙(MIE Dispersion Law)

풀이

1. 정의
   1) 산란작용이란 파장(λ) 또는 전자파가 공기 중의 부유입자와 충돌 시 운동방향을 바꾸는 현상을 말함
   2) MIE의 분산법칙은 입자의 크기가 파장의 $\frac{1}{2}\lambda \sim 10\lambda$ 정도일 때의 산란작용을 말함

2. 입자의 크기에 따른 산란작용
   1) 입자의 크기 < 파장의 크기인 경우
      ① 레일리 산란(Rayleigh Scattering) 적용
      ② 파장의 방향이 거의 바뀌지 않는 형태
      ③ 적용 : 맑은 하늘
   2) 입자의 크기 > 파장의 크기인 경우
      ① MIE 산란이 적용
      ② 파장의 방향이 불규칙적이고 복잡한 형태
      ③ 적용
         ㉠ 하얀 구름에서의 파장반사
         ㉡ 소방분야 : 광전식 감지기

3. 광전식 감지기 원리(MIE 분산법칙 이용)
   1) 암상자 내로 연기 침입 시 수광소자의 수광량 증가
   2) 수광량 증가 → 기전력 발생(광전 효과)
   3) 신호증폭 및 스위칭 회로 작동으로 광전식 감지기 작동

4. MIE 분산법칙을 이용한 감지기
   1) 광전식 분리형
   2) 광전식 Spot형
   3) 초미립자 감지기

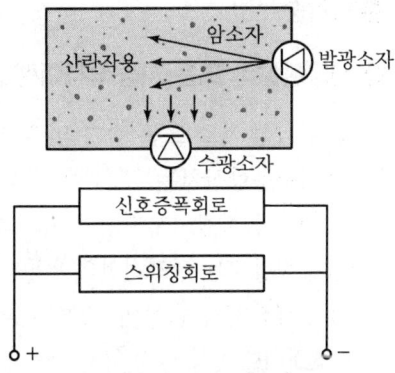

그림 6-26 ▶ 광전식 감지기

5. 적용소자
   1) 적외선 방출 Diode
      ① 저렴한 가격, 전기회로의 소모가 적어 많이 사용
      ② 통상 0.9[μm]의 파장을 사용하며 이것이 감지 가능한 입자의 하한치임
   2) 크세논 방전장치
      0.3[μm] 이하의 파장을 사용하므로 적외선 방출 Diode보다 약 3배의 능력을 발휘함

6.2.2 비상경보설비

1. 목적

화재를 신속하게 해당 소방대상물의 사람에게 경보를 하여 신속한 피난과 동시에 초기 소화활동을 목적으로 하며 그 설치범위가 자동화재탐지설비보다 광범위하다.

2. 종류

비상벨설비, 자동식사이렌설비, 단독경보형감지기

3. 설치대상

소방대상물	기준면적
공연장	바닥면적 100[m²] 이상
지하층, 무창층	바닥면적 150[m²] 이상
상기 내용 이외의 것	연면적 400[m²] 이상

4. 설치기준

1) 비상벨설비 또는 자동식사이렌설비 설치기준

(1) 부식성 가스 또는 습기 및 부식의 우려가 없는 장소에 설치
(2) 지구음향장치는 소방대상물의 층마다 설치하되, 당해 소방대상물의 각 부분으로부터 하나의 음향장치까지의 수평거리가 25[m] 이하
(3) 음향장치는 정격전압의 80[%] 전압에서 음향을 발할 수 있도록 해야 함
(4) 음향장치의 음향의 크기는 부착된 음향장치의 중심으로부터 1[m] 떨어진 위치에서 90[dB] 이상

2) 발신기는 다음 각 호의 기준에 따라 설치하여야 함(지하구의 경우에는 발신기 설치제외 가능)

(1) 바닥으로부터 0.8[m] 이상 1.5[m] 이하의 높이에 설치
(2) 소방대상물의 층마다 설치하되, 당해 소방대상물의 각 부분으로부터 하나의 발신기까지의 수평거리가 25[m] 이하
(3) 발신기의 위치표시등은 함의 상부에 설치하되, 그 불빛은 부착면으로부터 15° 이상의 범위 안에서 부착지점으로부터 10[m] 이내의 어느 곳에서도 쉽게 식별 가능한 적색등으로 함

3) 비상벨설비 또는 자동식사이렌설비의 상용전원 기준

① 전원은 전기가 정상적으로 공급되는 축전지 또는 교류전압의 옥내 간선으로 하고, 전원까지의 배선은 전용으로 할 것
② 개폐기에는 "비상벨설비 또는 자동식사이렌설비용"이라고 표시한 표지를 할 것
③ 설비에 대한 감시상태를 60분간 지속한 후 유효하게 10분 이상 경보할 수 있는 축전지설비(수신기에 내장하는 경우를 포함)를 설치해야 함

6.2.3 비상방송설비

1. 설치대상

소방대상물	기준면적
전 소방대상물	연면적 3,500[m²] 이상인 것은 모든 층
	층수가 11층 이상인 것은 모든 층
	지하층의 층수가 3층 이상인 것은 모든 층

2. 설치기준

1) 확성기의 음성입력은 3[W](실내에 설치하는 것에 있어서는 1[W] 이상일 것)
2) 확성기는 각 층마다 설치하되, 그 층의 각 부분으로부터 하나의 확성기까지의 수평거리가 25[m] 이하가 되도록 하고, 당해층의 각 부분에 유효하게 경보를 발할 수 있도록 설치할 것

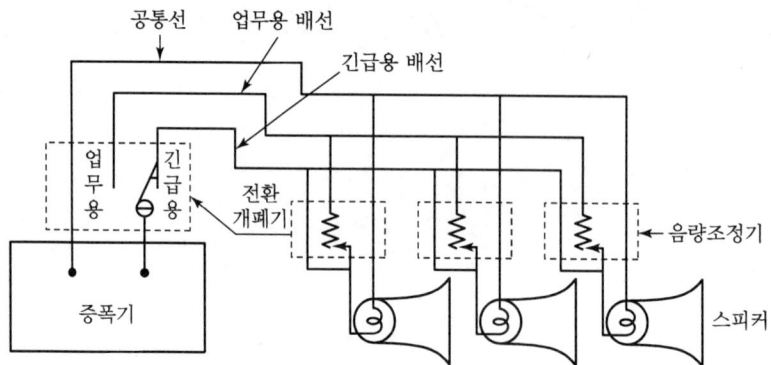

그림 6-27 ▶ 비상방송 3선식 배선도

3) 음량조정기를 설치하는 경우 음량조정기의 배선은 3선식으로 할 것
4) 조작부의 조작스위치는 바닥으로부터 0.8[m] 이상 1.5[m] 이하의 높이에 설치
5) 조작부는 기동장치의 작동과 연동하여 당해 기동장치가 작동한 층 또는 구역을 표시할 수 있는 것으로 할 것
6) 증폭기 및 조작부는 수위실 등 상시 사람이 근무하는 장소로서 점검이 편리하고 방화상 유효한 곳에 설치할 것

7) 층수가 5층 이상으로서 연면적 3,000[m²]를 초과하는 특정소방대상물의 경우

(1) 2층 이상의 층에서 발화 시 : 발화층 및 그 직상층에 경보를 발할 것
(2) 1층에서 발화 시 : 발화층 및 그 직상층 및 지하층에 경보를 발할 것
(3) 지하층에서 발화 시 : 발화층·그 직상층 및 기타의 지하층에 경보를 발할 것

8) 다른 방송설비와 공용하는 것에 있어서는 화재 시 비상경보 외 방송을 차단할 수 있는 구조
9) 다른 전기회로에 따라 유도장해가 생기지 않도록 할 것
10) 하나의 특정소방대상물에 2 이상의 조작부가 설치되어 있는 때에는 각각의 조작부가 있는 장소 상호 간에 동시통화가 가능한 설비를 설치하고 어느 조작부에서도 해당 특정소방대상물의 전 구역에 방송을 할 수 있도록 할 것
11) 기동장치에 따른 화재신호를 수신한 후 필요한 음량으로 화재 발생 상황 및 피난에 유효한 방송이 자동으로 개시될 때까지의 소요시간은 10초 이내로 할 것

12) 음향장치의 구조 및 성능

(1) 정격전압의 80[%] 전압에서 음향을 발할 것
(2) 자동화재탐지설비의 작동과 연동하여 작동할 수 있을 것

13) 배선

(1) 화재로 인하여 하나의 층의 확성기 또는 배선이 단락, 단선 시 다른 층의 화재 통보에 지장이 없을 것
(2) 전원회로의 배선은 내화배선, 그 밖의 배선은 내화배선 또는 내열배선에 따라 설치

14) 전원

비상방송설비에 대한 감시상태를 60분간 지속한 후 유효하게 10분 이상 경보할 수 있는 비상전원으로서 축전지설비 또는 전기저장장치를 설치할 것

SECTION 03 | 소화활동설비

1. 무선통신 보조설비

1) 개요

(1) 설치목적

① 지하층이나 지하상가에 화재 발생 시 피난활동을 위한 통신
② 지하층이나 지하상가에 화재 발생 시 소방대 소화활동용 내·외부 간 통신

(2) 대상건축물

특정소방대상물	적용기준
지하가(터널 제외)	연면적 1,000[m²] 이상
지하층	지하층의 바닥면적의 합계가 3,000[m²] 이상인 것 또는 층수가 3개 층 이상이고, 지하층의 바닥면적의 합계가 1,000[m²] 이상인 것은 지하층의 전층
터널	길이가 500[m] 이상
지하구	공동구(「국토의 계획 및 이용에 관한 법률」 제2조제9호의 규정)
30F 이상 고층건물	층수가 30F 이상인 것으로서 16F 이상 부분의 모든 층

지하층·지하상가와 같이 전파가 급격히 감소하는 장소의 재해현장에서 지상이나 방재센터에 설치된 지휘본부와 각 소방대원의 무선통신을 확보하는 소화활동설비로서 연면적 1,000[m²] 이상 규모의 지하상가와 지하층 바닥면적의 합계가 3,000[m²] 이상인 것, 지하층의 층수가 3층 이상인 것은 지하층 전층에 무선통신 보조설비를 의무적으로 설치하도록 되어 있음

2) 분류

(1) 누설동축케이블 방식

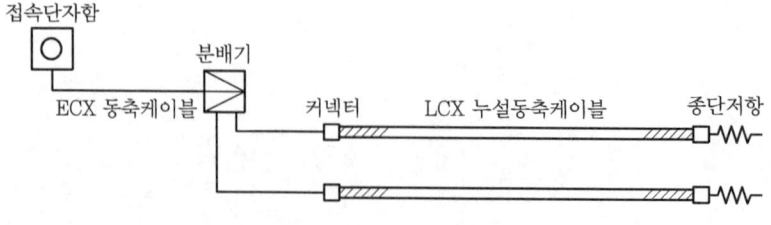

그림 6-28 ▶ 누설동축케이블 방식의 구성도

① 적용 : 터널, 지하철역(구간) 등 폭이 좁고 긴 지하가나 건축물 내부에 적합함
② 특징
- 균일한 전파를 광범위하게 방사할 수 있음
- 전자계의 방사량 조절이 가능함
- 케이블이 외부에 노출되므로 유지보수가 용이함
- 이동체 통신에 적합
- 고온에 고주파 특성에 유리함

(2) 공중선 방식(안테나 방식)

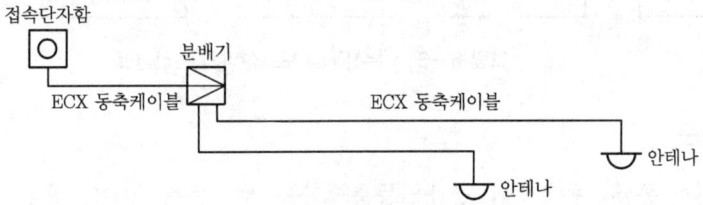

그림 6-29 ▶ 공중선 방식의 구성도

① 적용
- 강당, 극장 등
- 기타 장애물이 적은 넓은 공간에 적합
② 특징
- 말단에서 전파의 강도가 떨어져서 통화 애로가 있음
- 누설동축케이블 방식보다 경제적임
- 케이블을 반자 내에 은폐할 수 있어 화재 시 영향이 적고 미관을 해치지 않음

(3) 병용방식

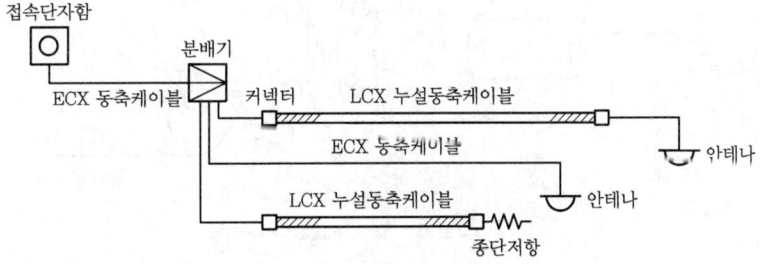

그림 6-30 ▶ 병용 방식의 구성도

누설동축케이블 방식과 공중선(안테나) 방식의 병용 형태로 누설동축케이블의 장점과 공중선(안테나)의 장점을 이용한 것

3) 비교

종류	외관	설치비	통화범위	설치장소
LCX	노출이 큼	고가	넓음	터널, 지하철
공중선	양호	저가	안테나 설치위치	대강당 등
혼합방식	LCX와 공중선 방식의 장점만을 이용함			

4) 통신경로

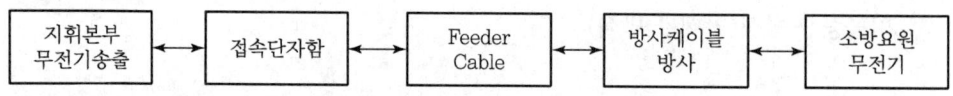

그림 6-31 ▶ 무선통신 보조설비의 통신경로

5) 설치기준

(1) **케이블 종류** : 동축케이블, 내열동축케이블, 누설동축케이블, 내열누설동축케이블

① 누설동축 Cable(Leaky Coaxial Cable)

㉠ 구조
- 내부도체 : 전송선 역할
- 내부절연체 : 내부도체 보호
- 외부도체 : 차폐 역할
- Slot : 전파방사 역할
- 외부절연체 : 외부의 습기, 해충 등으로부터 Cable 보호용

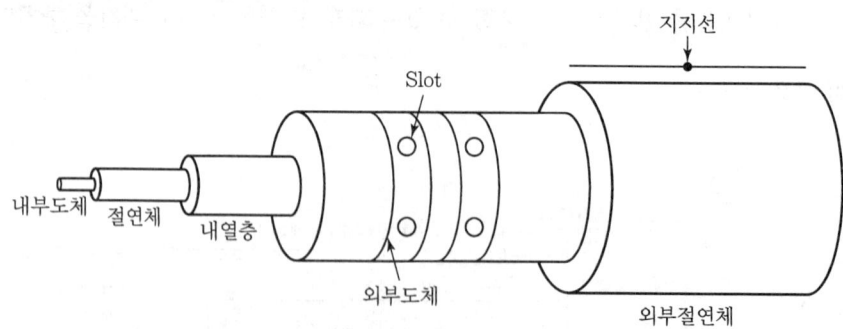

그림 6-32 ▶ 누설동축 Cable

ⓒ 특징
  - 외부도체상에 전자파를 방사할 수 있도록 Cable 길이 방향으로 일정하게 Slot을 만들고 Slot의 기울기, 길이, 간격에 따라 주파수를 선택할 수 있음
  - 균일한 전계를 Cable의 길이 방향으로 광범위하게 방사할 수 있음
  - 누설동축 Cable로 전송되는 전자파는 대부분 Cable 내부로 전달되기 때문에 주위 환경조건에 대해 영향을 받지 않음
  - Cable의 오염이나 경년변화에 대한 열화가 적으며 누설동축 Cable의 표피 효과로 Cable 내부는 Tube 상태이며 또한 결합손실이 적은 Cable을 접속시켜 희망하는 전송거리를 얻을 수 있음(이 과정을 Grading이라 함)
  ⓒ 시공 시 주의사항
  - 소방전용의 주파수대에서 전파의 전송 복사에 적합할 것
  - 불연성, 난연성의 것으로 습기에 따라 전기적 특성이 변질되지 아니할 것
  - 노출 설치 시 피난 및 통행에 장해가 없을 것
  - 화재 시 Cable 본체가 떨어지지 않도록 4[m]마다 금속제 또는 자기제 등의 지지 금구로 벽, 천장, 기둥에 고정할 것. 다만 불연재료로 구획된 반자 안에 설치 시는 제외함
  - 인접 금속판 등에 따라 전파의 복사 특성이 현저히 저하되지 않는 위치에 시설할 것
  - 누설동축 Cable 및 공중선은 고압전로로부터 1.5[m] 이상 떨어진 위치에 설치할 것
  - 끝부분은 무반사 종단저항을 설치할 것 → 임피던스는 50[Ω]으로 하고 전압정재파비는 1.5 이하일 것
② 동축 Cable
  ⓐ 일반 Cable과 달리 도체의 동심원상에 내부도체와 외부도체를 동일한 축상으로 배열한 것으로 외부 잡음에 거의 영향을 받지 않는 고주파 전송용 도체임
  ⓑ 신호전송 시 전송거리에 따라 약해지며 외부로의 누설전계도 동시에 약해짐
  ⓒ 손실 보상을 위해 중계기나 증폭기를 설치함

(2) 분배기(Distribution)
① 분배기
  누설동축 Cable을 분기하는 장소에 설치되며 입력신호를 2개소 이상 분배하는 장치
② 시공 시 주의사항
  ⓐ 먼지, 습기, 부식 등에 의한 기능장해가 발생되지 않아야 함
  ⓑ 임피던스는 50[Ω]의 것으로 할 것
  ⓒ 점검에 편리하고 화재 등의 재해로부터 피해가 없는 장소에 설치할 것

(3) 무선기기 접속단자

① 설치목적
무선통신보조설비에서 상호 간의 교신을 위하여 무전기를 접속하는 단자로서 접속용 Cable을 이용하여 접속단자와 무전을 상호 접속함

② 시공 시 주의사항
  ㉠ 높이 : 0.8~1.5[m]
  ㉡ 설치장소
  - 감시제어반 내 설치
  - 화재층으로부터 지면으로 떨어지는 유리창에 의한 지장을 받지 않고 지상에서 유효하게 소방활동을 할 수 있는 장소 또는 수위실 등 사람이 상시 근무하는 장소
  - 지상에 설치하는 접속단자는 보행거리 300[m] 이내마다 설치하고 타 용도로 사용되는 접속단자에서 5[m] 이상 이격할 것

(4) 공중선(Antenna)

① 위치 : 동축 Cable 말단에 설치함
② 목적
전파를 효율적으로 송신하거나 수신하기 위하여 사용하는 공중도체로서 공중선의 길이가 주파수에 따라 무지향성 및 지향성으로 구분됨
③ 시공 시 주의사항
  ㉠ 천장 내부 콘크리트에 견고히 안테나가 고정될 것
  ㉡ 안테나의 내식, 변형, 파손 등이 없을 것

(5) 무반사 종단저항(Dummy Load)

① 위치 : 누설동축 Cable 말단에 설치함
② 목적
누설동축 Cable로 전송된 전자파는 Cable 끝에서 반사되어 교신을 방해하게 되므로 송신부로 되돌아오는 반사파의 반사를 방지하기 위해 설치함($50[\Omega]$)

2. 비상콘센트

1) 설치목적

① 화재 시에 조명용 또는 피난기구용의 전원으로 사용
② 소방활동에 필요한 전원으로 사용

2) 설치대상

① 지하층을 제외한 11층 이상인 특정소방대상물의 경우에는 11층 이상의 전층
② 지하층의 층수가 3개 층 이상이고 지하층의 바닥면적의 합계가 1,000[m²] 이상인 것은 지하층의 전층
③ 터널로서 길이가 500[m] 이상인 것

3) 계통도

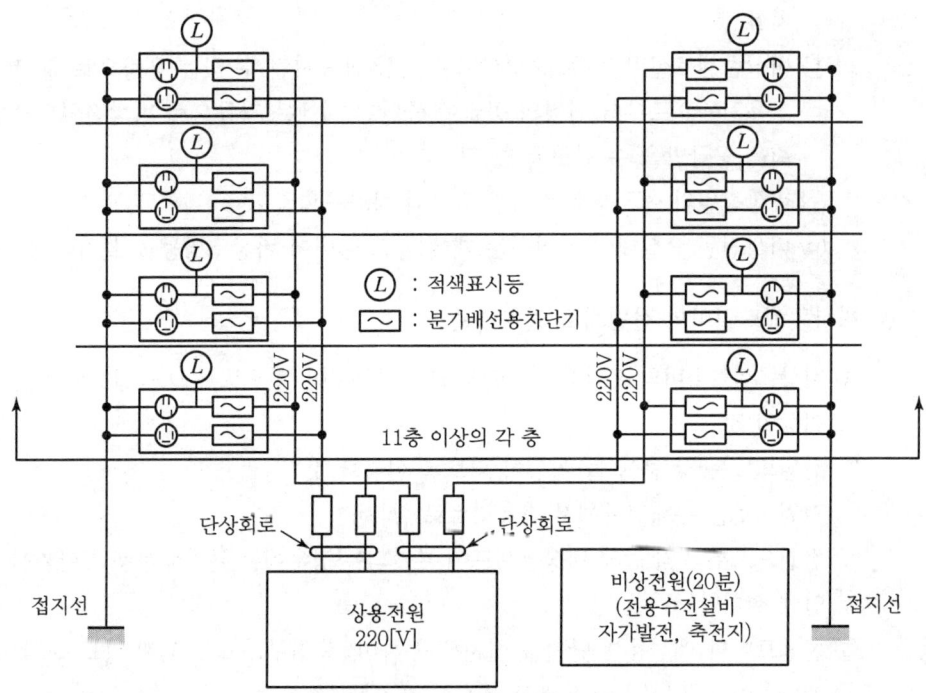

그림 6-33 ▶ 비상콘센트 설비의 전원회로

4) 「화재안전성능기준(NFPC 504)」에서 규정하는 전원 및 콘센트 등

(1) 비상콘센트설비의 전원 설치

① 상용전원회로의 배선은 전용배선으로 하고 상용전원의 상시 공급에 지장이 없도록 할 것

② 지하층을 제외한 층수가 7층 이상으로서 연면적이 2,000[m²] 이상이거나 지하층의 바닥면적의 합계가 3,000[m²] 이상인 특정소방대상물의 비상콘센트설비에는 자가발전설비, 비상전원수전설비, 축전지설비 또는 전기저장장치를 비상전원으로 설치할 것

③ 비상전원 중 자가발전설비, 축전지설비 또는 전기저장장치는 다음 각 목의 기준에 따라 설치하고 비상전원수전설비는 소방시설용 비상전원수전설비의 「화재안전성능기준(NFPC 602)」에 따라 설치할 것

　㉠ 점검에 편리하고 화재 및 침수 등의 재해로 인한 피해를 받을 우려가 없는 것에 설치할 것
　㉡ 비상콘센트설비를 유효하게 20분 이상 작동시킬 수 있는 용량으로 할 것
　㉢ 상용전원으로부터 전력의 공급이 중단된 때에는 자동으로 비상전원으로부터 전력을 공급받을 수 있도록 할 것
　㉣ 비상전원의 설치장소는 다른 장소와 방화구획할 것
　㉤ 비상전원을 실내에 설치하는 때에는 그 실내에 비상조명등을 설치할 것

(2) 비상콘센트설비의 전원회로 설치기준

① 비상콘센트설비의 전원회로는 단상 교류 220[V]인 것으로서 그 공급용량은 1.5[kVA] 이상일 것

② 전원회로는 각 층에 둘 이상이 되도록 설치할 것

③ 전원회로는 주배전반에서 전용회로로 할 것

④ 전원으로부터 각 층의 비상콘센트에 분기되는 경우에는 분기배선용 차단기를 보호함 안에 설치할 것

⑤ 콘센트마다 배선용 차단기를 설치해야 하며, 충전부가 노출되지 않도록 할 것

⑥ 개폐기에는 "비상콘센트"라고 표시한 표지를 할 것

⑦ 비상콘센트용의 풀박스 등은 방청도장을 한 것으로서 두께 1.6[mm] 이상의 철판으로 할 것

⑧ 하나의 전용회로에 설치하는 비상콘센트는 10개 이하로 할 것. 이 경우 전선의 용량은 각 비상콘센트(비상콘센트가 3개 이상인 경우에는 3개)의 공급용량을 합한 용량 이상의 것으로 해야 함

(3) 비상콘센트의 플로그접속기는 접지형 2극 플러그접속기를 사용해야 함
(4) 비상콘센트의 플로그접속기의 칼받이의 접지극에는 접지공사를 해야 함

(5) 비상콘센트 설치기준
   ① 설치높이 : 바닥으로부터 0.8[m] 이상 1.5[m] 이하
   ② 비상콘센트 배치
      ㉠ 아파트 또는 바닥면적이 1,000[m²] 미만인 층은 계단의 출입구로부터 5[m] 이내
      ㉡ 바닥면적이 1,000[m²] 이상인 층(아파트 제외)은 각 계단의 출입구 또는 계단부속실의 출입구로부터 5[m] 이내에 설치하되 그 비상콘센트로부터 그 층의 각 부분까지의 거리가 다음 각 목의 기준을 초과하는 경우에는 그 기준 이하가 되도록 비상콘센트를 추가하여 설치할 것
         • 지하상가 또는 지하층의 바닥면적의 합계가 3,000[m²] 이상인 것은 수평거리 25[m]
         • 위에 해당하지 않는 것은 수평거리 50[m]

(6) 비상콘센트설비의 전원부와 외함 사이의 절연저항 및 절연내력
   ① 절연저항은 전원부와 외함 사이를 500[V] 절연저항계로 측정할 때 20[MΩ] 이상일 것
   ② 절연내력은 전원부와 외함 사이에
      ㉠ 정격전압이 150[V] 이하인 경우 : 1,000[V]의 실효전압
      ㉡ 정격전압이 150[V] 이상인 경우 : 그 정격전압에 2를 곱하여 1,000를 더한 실효전압을 가하는 시험으로 1분 이상 견디는 것으로 할 것

5) 「화재안전성능기준(NFPC 504)」에서 규정하는 배선
(1) 비상콘센트의 전원회로의 배선은 내화배선으로 함
(2) 그 밖의 배선은 내화배선 또는 내열배선으로 설치해야 하며 이 경우 내화배선 또는 내열배선은 「옥내소화설비의 화재안전성능기준(NFPC 102)」의 제10조제2항에 따름

SECTION 04 | 피난설비

1. 피난유도설비

1) 개요

(1) 목적

건축물이 대형화·고층화함에 따라 건축물에서의 재해 발생 시에 이를 감지하고 감지한 제보를 알려 피난경로를 확보시켜 주는 것은 인명의 보호와 피난 측면에서 매우 중요하며, 이에 대한 피난확보 대책으로서 피난유도설비가 사용됨

(2) 적용(설치대상)

① 피난구 및 통로 유도등 : 모든 소방대상물(단, 지하구 및 지하가 중 터널은 제외함)
② 객석유도등 : 유흥주점영업, 문화집회 및 운동시설

표 6-4 ▶ 유도등 및 유도표지의 종류 및 설치장소

설치장소	종류
공연장·집회장(종교 집회장 포함)·관람장·운동시설	• 대형피난구유도등 • 통로유도등 • 객석유도등
유흥주점영업시설(카바레·나이트클럽 또는 이와 비슷한 영업시설만 해당)	
위락시설·판매시설·운수시설·관광숙박업·의료시설·장례식장·방송통신시설·전시장·지하상가·지하철역사	• 대형피난구유도등 • 통로유도등
숙박시설(제3호의 관광숙박업 외의 것)·오피스텔	• 중형피난구유도등 • 통로유도등
제1호~제3호 외의 건축물로서 지하층·무창층 또는 층수가 11층 이상 특정소방대상물	
제1호~제5호 외의 건축물로서 근린생활시설·노유자시설·업무시설·발전시설·종교시설(집회장 용도로 사용하는 부분 제외)·교육연구시설·수련시설·공장·창고시설·교정 및 군사시설(국방·군사시설 제외)·기숙사·자동차정비공장·운전학원 및 정비학원·다중이용업소·복합건축물·아파트	• 소형피난구유도등 • 통로유도등
그 밖의 것	• 피난구유도표지 • 통로유도표지

[비고]
1. 소방서장은 특정소방대상물의 위치·구조 및 설비의 상황을 판단하여 대형피난구유도등을 설치하여야 할 장소에 중형피난구유도등 또는 소형피난구유도등을 중형피난구유도등을 설치하여야 할 장소에 소형피난구유도등을 설치하게 할 수 있음
2. 복합건축물과 아파트의 경우 주택의 세대 내에는 유도등을 설치하지 않을 수 있음

2) 전원 및 배선

(1) 유도등의 전원은 축전지 또는 교류전압의 옥내간선으로 하고, 전원까지의 배선은 전용 배선일 것

(2) 비상전원의 기준
  ① 축전지로 할 것
  ② 유도등을 20분 이상 유효하게 작동시킬 수 있는 용량으로 할 것. 다만, 다음 각 목의 소방대상물의 경우에는 그 부분에서 피난층에 이르는 부분의 유도등을 60분 이상 유효하게 작동시킬 수 있는 용량일 것
    ㉠ 지하층을 제외한 층수가 11층 이상의 층
    ㉡ 지하층 또는 무창층으로서 용도가 도매시장, 소매시장, 여객자동차터미널, 지하역사 또는 지하상가

(3) 배선은 다음 각 호의 기준에 따라야 함
  ① 유도등의 인입선과 옥내배선은 직접 연결할 것
  ② 유도등은 항상 점등상태를 유지할 것(전기회로에 점멸기를 설치하지 않음). 아래 사항에 해당하는 장소로서 3선식 배선에 따라 충전되는 구조인 경우에는 예외임
    ㉠ 외부광(光)에 따라 피난구 또는 피난방향을 쉽게 식별할 수 있는 장소
    ㉡ 공연장, 암실(暗室) 등으로서 어두워야 할 필요가 있는 장소
    ㉢ 소방대상물의 관계인 또는 종사원이 주로 사용하는 장소

(4) (3)의 ②의 규정에 따라 3선식 배선에 따라 상시 충전되는 유도등의 전기회로에 점멸기를 설치하는 경우에는 다음 각 호의 하나에 해당되는 때에 점등될 것
  ① 자동화재탐지설비의 감지기 또는 발신기가 작동되는 때
  ② 비상경보설비의 발신기가 작동되는 때
  ③ 상용전원이 정전되거나 전원선이 단선되는 때
  ④ 방재업무를 통제하는 곳 또는 전기실의 배전반에서 수동으로 점등하는 때
  ⑤ 자동소화설비가 작동되는 때

3) 유도등의 종류

(1) 고휘도유도등
  ① 정의 : 일반유도등에 비해 휘도가 높은 유도등을 말함
  ② 생산배경 : 당초 크기만을 규정하였으나 크기를 다양화할 수 있도록 하고 평균휘도를 정함으로써 유도등의 식별도를 명확히 하도록 하기 위함

③ 특징
　㉠ 표시면의 두께 및 크기가 대폭 축소되어 소형화가 가능함
　㉡ 전력소비가 매우 적어 에너지 절감이 가능함
　㉢ 다양한 광원을 사용할 수 있으며 일반유도등과 달리 휘도가 높음
　㉣ 장수명
　㉤ 시각적으로 매우 미려함
　㉥ 소형, 경량의 이유로 설치 및 시공이 편리함
　㉦ 가격이 고가인 단점(일반유도등 대비)

④ 종류
　㉠ CCFL(Cold Cathode Fluorescent Lamp)
　　열전자 방출형의 열음극형이 아닌 전계전자 방출에 의한 냉음극형의 원리를 적용한 광원
　㉡ LED
　　발광다이오드를 이용한 방식으로 형광램프에 비해 광도는 낮으나 소비전력이 매우 적은 특징과 장수명의 장점이 있음
　㉢ T_5 형광등
　　20~50[kHz]의 고주파를 이용한 전자식 안정기로만 점등되는 형광램프로 관경이 16[mm]인 램프를 의미함

(2) 점멸유도장치(내장형)유도등

유도등의 하부 또는 내부에 4[W]의 점멸형 고휘도 크세논램프를 부착한 유도등으로 화재 및 비상시 점멸램프가 동작하여 피난 효과를 증대시키는 유도등으로 점멸주기가 2[Hz]로 청각장애인에게 효과적인 유도등임

(3) 음성유도장치(내장형)유도등

① 유도등의 하부 또는 내부에 일정 이상의 음압으로 피난구를 안내하는 장치가 부착된 유도등으로 시각장애인에게 효과적인 유도등임
② 음압의 기준은 주위 소음이 35[dB] 이하인 상태에서 유도등 전면으로 1[m] 떨어진 지점에서 음압 측정 시 최소 70[dB] 이상이어야 하며 음압 조정은 90[dB] 이상 조정이 가능해야 함

(4) 감광형 유도등

국내에는 기준이 없으나 일본에서 규정한 유도등으로 평상시에는 감광된 상태로 사용하다가 화재 발생 시 자동으로 광원을 정상적으로 점등시키는 유도등을 말함

(5) 복합표시형 유도등

표시면과 피난목적이 아닌 안내 표시면이 구분되어 함께 설치된 유도등을 말함

4) 2선식과 3선식 유도등의 구분

상시점등 상태로 배선하는 방식이 2선식이며, 화재 시(필요시)에만 유도등이 점등되는 배선방식이 3선식 배선방식임

(1) 3선식을 사용하는 목적

① 지상층 또는 주간의 경우 상시점등에 따른 문제점이 있는 경우 이에 대한 대안으로 사용됨
② 에너지 절약 및 등기구 수명의 전환 및 개선
③ 정전이나 단선 시는 비상전원으로 절환 및 자동으로 점등될 것

(2) 조건

① 소등 시에도 비상전원은 상시 충전상태를 유지할 것
② 화재 및 소방시설 작동 시까지는 자동으로 점등될 것

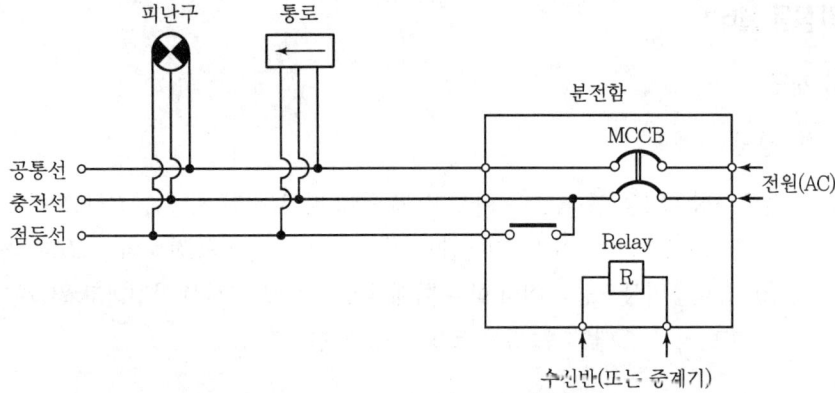

그림 6-34 ▶ 3선식 회로 구성

Relay기 평상시는 Off 상태로 유지하다 비상시 화재접점이 연결되면 Relay가 동작되어 R-a(a접점)이 동작되어 유도등의 점등선이 Close되므로 점능됨

㉠ 자동화재탐지설비의 감지기 또는 발신기가 작동 시
㉡ 비상경보설비의 발신기가 작동 시
㉢ 사용전원이 정전되거나 전원선이 단선 시
㉣ 방재업무를 통제하는 곳 또는 전기실의 배전반에서 수동으로 점등 시
㉤ 자동식 소화설비가 작동 시

(3) 3선식 적용장소

유도등의 배선은 점멸기를 설치하지 않고 항상 점등상태를 유지해야 하나 다음의 예외적인 경우에 한해 3선식 배선을 적용할 수 있음
① 외부광에 따라 피난구 또는 피난방향을 쉽게 식별할 수 있는 장소
② 공연장, 암실 등으로 어두워야 할 필요가 있는 장소
③ 특정소방대상물의 관계인 또는 종사원이 주로 사용하는 장소

표 6-5 ▶ 2선식과 3선식 비교

비교	2선식	3선식
장점	• 배선이 간단함 • 고장진단이 용이함	• 절전 효과가 큼 • 유지보수비가 저렴
단점	• 절전 효과가 없음 • 유지보수비가 큼 • 축전지 상태 감시가 필요함	• 초기 투자비가 큼 • 정상 작동 여부를 위한 주기적인 점검이 필요함
특징	• 상용전원에 의한 상시점등 • 정전 시 축전지로 20분간 점등	• 상시소등상태 • 점등조건 시 점등

2. 비상등설비

1) 개요

(1) 정의

① "비상조명등"이라 함은 화재 발생 등에 따른 정전 시에 안전하고 원활한 피난활동을 할 수 있도록 거실 및 피난통로 등에 설치되어 자동점등되는 조명 등을 말함
② "휴대용비상조명등"이라 함은 화재 발생 등으로 정전시 안전하고 원활한 피난을 위하여 피난자가 휴대할 수 있는 조명 등을 말함

(2) 목적

지진, 화재, 기타 재해 시 상용전원이 차단되면 건축물 내부가 비상사태에 빠질 위험성이 있으며 피난행동을 원활히 할 수 없을 우려가 있어 이를 배제할 목적으로 설치하며 피난을 위한 최저의 조도를 확보하기 위한 조명장치임

2) 적용

(1) 설치대상

비상조명등을 설치해야 할 특정소방대상물은 다음과 같음(다만, 가스시설 또는 창고와 이와 비슷한 곳은 제외)

표 6-6 ▶ 비상조명등 설치 대상별 기준

구분	특정소방대상물	적용기준
비상조명등	① 지하층을 포함한 층수가 5층 이상인 건축물	연면적 3,000[m²] 이상인 것
	② 위에 해당되지 않는 지하층, 무창층	당해 바닥면적이 450[m²] 이상인 경우 지하층 또는 무창층
	③ 지하가 중 터널	길이 500[m] 이상인 것
휴대용 비상조명등	① 숙박시설	일반숙박시설, 관광숙박시설 전체
	② 판매시설 중 대규모 점포, 철도 및 도시철도시설 중 지하역사, 지하가 중 지하상가, 영화상영관	수용인원 100[인] 이상인 것
	③ 다중이용업소 영업장의 구획된 실	「설치유지 및 안전관리법 시행령」 제14조

(2) 면제 및 제외대상

① 면제대상

피난구유도등 또는 통로유도등을 화재안전기준에 적합하게 설치한 경우 그 유도등의 유효범위 내(1[lx] 이상)의 부분에 대해 비상조명등 설치가 면제됨

② 제외대상
   ㉠ 비상조명등
   - 거실의 각 부분으로부터 하나의 출입구까지의 보행거리가 15[m] 이내인 부분
   - 의원, 경기장, 공동주택, 의료시설, 학교의 거실
   ㉡ 휴대용 비상등
   1층 또는 피난층으로서 복도, 통로 또는 창문 등의 개구부를 통하여 피난이 용이한 경우

3) 비상조명등 설치기준

(1) **설치장소** : 각 거실과 그로부터 지상에 이르는 복도, 계단 및 그 밖의 통로에 설치함

(2) **조도기준** : 비상조명등이 설치된 장소의 각 부분의 바닥에서 1[lx] 이상일 것

(3) **비상전원기준**

① **예비전원 내장형 비상조명등**
평상시 점등 여부를 확인할 수 있는 점검스위치를 설치하고 당해 조명등을 유효하게 작동시킬 수 있는 용량의 축전지와 예비전원 충전장치를 내장함

② **예비전원 비내장형 비상조명등**
자가발전설비 또는 축전지설비, 전기저장장치를 다음의 기준에 따라 설치해야 함
㉠ 설치장소
점검이 편리하고 화재 및 침수 등의 재해로 인한 피해가 없는 곳에 설치함
㉡ 전력공급
상용전원으로부터 전력의 공급 중단 시 자동으로 비상전원으로 전력공급이 가능할 것
㉢ 설치장소
타 장소와 방화구획하고, 타 설비(그 장소에는 비상전원의 공급에 필요한 기구나 열병합발전설비에 필요한 기구나 설비는 제외)를 두어서는 안 됨
㉣ 비상전원을 실내에 설치하는 때에는 그 실내에 비상조명등을 설치할 것

③ **전원용량**
㉠ 20분 이상 유효하게 작동시킬 수 있는 용량일 것
㉡ 아래 소방대상물의 경우에는 그 부분에서 피난층에 이르는 부분의 비상조명등을 60분 이상 유효하게 작동시킬 수 있는 용량일 것
  • 지하층을 제외한 층수가 11층 이상의 층
  • 지하층 또는 무창층으로서 용도가 도매시장 · 소매시장, 여객자동차터미널, 지하역사 또는 지하상가

④ **성능기준**
㉠ 광학적 성능 : 비상시 유효점등시간(20[분] 또는 60[분]) 및 평균조도가 1[lx] 이상일 것
㉡ 내열성능 : 배선은 HIV전선을 사용하고 등기구는 불연성 재료일 것
㉢ 즉시 점등성
  • 통상 백열등을 사용함
  • 형광등의 경우 Rapid Start Type를 사용함
  • 형광등의 경우 비상전원이 축전지일 경우 동작을 위한 인버터 회로가 내장될 것

⑤ **설계 시 고려사항**
㉠ 정전 시 비상조명과 화재 시 비상조명을 고려한 설계가 바람직함
㉡ 화재 시 비상조명은 소화활동에 지장이 없는 최소한의 조도로 하는 것이 바람직함

　　　　ⓒ 화재 시 비상조명은 Trip 회로를 구성하지 말 것
　　　　ⓓ 등기구
　　　　　• 전용으로 사용 시 : 상용전원과 비상전원이 분리 배선됨
　　　　　• 겸용으로 사용 시 : 형광등의 경우 Rapid Start Type을 사용함
　　　　　• 형상 및 배치는 비상시 피난을 유도할 수 있는 최상의 것으로 고려해야 함
　　　　　　– 센서등의 비상등 인정 여부 : 아파트 통로 및 계단에 설치하는 센서등은 비상등으로 인정되지 않아 반드시 센서용 조명등과 비상용 전구를 동시에 설치해야 함
　　　　　　– 비상조명등에 설치하는 점등용 Switch 문제 → 선로 중간에 On – Off Switch 설치 불가

4) 휴대용 비상조명등 설치기준

화재발생 등으로 정전 시 원활하고 안전한 피난을 위해 피난자가 휴대할 수 있는 조명등을 말함

(1) 설치장소

① 숙박시설, 다중이용업소 : 객실 또는 구획된 실에 1개 이상 설치
② 영화상영관, 판매시설 중 대규모 점포 : 보행거리 50[m]마다 3개 이상 설치
③ 지하역사, 지하상가 : 보행거리 25[m]마다 3개 이상 설치
④ 고층건축물의 피난안전구역
　　㉠ 초고층 피난안전구역 : 피난안전구역 위층 재실자 수의 1/10 이상
　　㉡ 피난 연계 복합건축물 피난안전구역 : 피난안전구역이 설치된 층의 수용인원의 1/10 이상
　　㉢ 건전지 및 충전식 배터리 용량 : 40분 이상(50층 이상 : 60분 이상)

(2) 설치높이

바닥으로부터 0.8[m] 이상 1.5[m] 이하의 높이에 설치

(3) 성능

① 어둠 속에서 위치를 확인할 수 있도록 할 것
② 사용 시 자동으로 점등되는 구조일 것
③ 외함은 난연성능이 있을 것
④ 건전지를 사용하는 경우에는 방전 방지 조치를 하여야 하고, 충전식 배터리의 경우에는 상시 충전되도록 할 것
⑤ 건전지 및 충전식 배터리의 용량은 20분 이상 유효하게 사용할 수 있을 것

SECTION 05 | 비상전원

1. 비상전원설치 및 제외 소방대상물(비상콘센트 및 옥내소화전 설비 기준)

1) 설치대상 소방대상물

(1) 층수가 7층 이상으로서 연면적이 2,000[m^2] 이상인 것
(2) 지하층의 바닥면적의 합계가 3,000[m^2] 이상인 소방대상물

2) 제외대상 소방대상물

2 이상의 변전소에서 전력을 동시에 공급받을 수 있거나 하나의 변전소로부터 전력공급이 중단되는 때에 자동으로 타 변전소로부터 전력을 공급받을 수 있도록 상용전원을 설치한 경우는 비상전원 설치를 제외할 수 있음

2. 비상전원수전설비 설치기준

1) 개념

비상전원설비란 사용전원(한전) 정전 시에도 각종 소방시설을 정상적으로 사용할 수 있는 설비로서 「소방법」상 비상전원수전설비, 자가발전설비, 축전지설비가 있으며 그중 축전지설비가 가장 신뢰도가 높음

2) 설치기준

(1) 자가발전설비 및 축전지설비

① 점검에 편리하고 화재 및 침수 등의 재해로 인한 피해를 받을 우려가 없는 곳에 설치
② 각종 소화설비를 유효한 시간 이상 작동시킬 것
　㉠ Sprinkler : 20분
　㉡ 무선통신보조설비 : 30분
　㉢ 비상콘센트 : 20분
　㉣ 비상방송 : 10분
　㉤ CO_2설비 : 20분
　㉥ 비상경보 : 10분
③ 상용전원으로부터 전력공급 중단 시 자동으로 비상전원으로 전력공급을 받을 수 있게 함
④ 비상전원 설치장소는 다른 장소와 방화 구획해야 하며 그 장소에 비상전원의 공급에 필요한 기구나 설비 외의 것을 두어서는 안 됨

⑤ 비상전원을 실내에 설치한 때에는 그 실에 비상조명등을 설치함

(2) 비상전원수전설비(NFPC/NFTC 602)

① 인입선 및 인입구 배선시설

㉠ 인입선은 화재로 인해 손상을 받지 않아야 함

㉡ 인입구 배선은 규정의 조건에 적합한 내화배선으로 함

② 특별고압 또는 고압으로 수전하는 경우(별표 1)

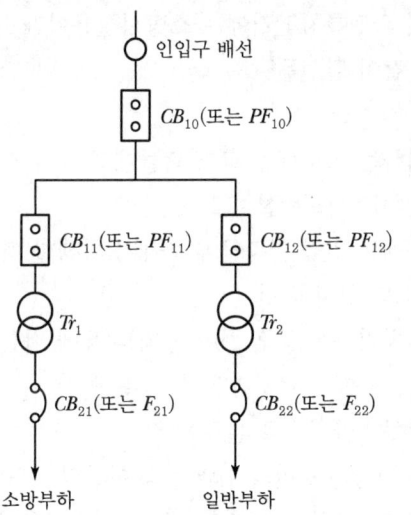

- 전용의 전력용 변압기에서 소방부하에 전원을 공급하는 경우
  - 일반회로의 과부하 또는 단락사고 시에 CB_{10}(또는 PF_{10})이 CB_{12}(또는 PF_{12}) 및 CB_{22}(또는 F_{22})보다 먼저 차단되어서는 안 된다.
  - CB_{11}(또는 PF_{11})은 CB_{12}(또는 PF_{12})와 동등 이상의 차단용량일 것

그림 6-35 ▶ 전용변압기방식

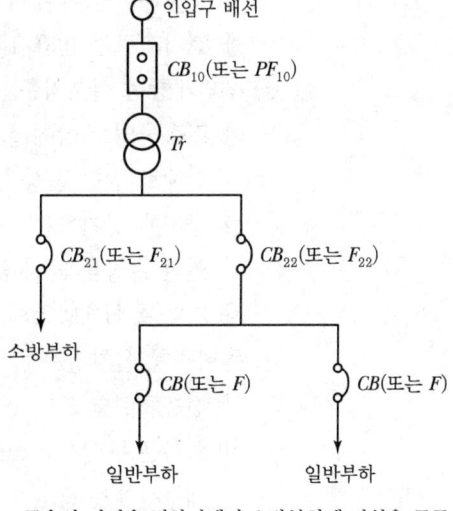

- 공용의 전력용 변압기에서 소방부하에 전원을 공급하는 경우
  - 일반회로의 과부하 또는 단락사고 시에 CB_{10}(또는 PF_{10})이 CB_{22}(또는 F_{22}) 및 CB(또는 F)보다 먼저 차단되어서는 안 된다.
  - CB_{21}(또는 PF_{21})은 CB_{22}(또는 F_{22})와 동등 이상의 차단용량일 것

그림 6-36 ▶ 공용변압기방식

㉠ 소방설비 전용의 변압기에 의한 방식 또는 주변압기 2차에서 전용의 개폐기 이용방식을 사용

㉡ 주변압기 이용방식을 적용하는 경우(일반 건축물에서 많이 사용)

전력용 변압기 2차 측의 주차단기 1차 측에서 분기하여 전용배선을 원칙으로 하나, 상용전원의 상시공급에 지장이 없는 경우 주차단기 2차에서 분기하며 전용으로 배선함

ⓒ 수납방식에 따른 구분
  ⓐ 방화구획형, 옥외개방형 또는 큐비클형 설치기준
    ㉮ 전용의 방화구획 내에 설치할 것
    ㉯ 소방회로배선은 일반회로배선과 불연성 벽으로 구획할 것. 다만, 소방회로 배선과 일반회로배선을 15[cm] 이상 떨어져 설치한 경우는 예외임
    ㉰ 일반회로에서 과부하, 지락사고 또는 단락사고가 발생한 경우에도 이에 영향을 받지 않고 계속하여 소방회로에 전원을 공급 가능할 것
    ㉱ 소방회로용 개폐기 및 과전류차단기에는 소방시설용이라 표시할 것
    ㉲ 전기회로는 별표 1과 같이 결선됨
  ⓑ 옥외개방형 설치기준
    ㉮ 건축물의 옥상에 설치하는 경우에는 그 건축물에 화재가 발생할 경우에도 화재로 인한 손상을 받지 않도록 설치할 것
    ㉯ 공지에 설치하는 경우에는 인접 건축물에 화재가 발생한 경우에도 화재로 인한 손상을 받지 않도록 설치할 것
    ㉰ 기타 옥외개방형의 설치기준은 ⓐ의 ㉮~㉱의 내용에 적합할 것
  ⓒ 큐비클형 설치기준
    ㉮ 전용큐비클 또는 공용큐비클식으로 설치할 것
    ㉯ 외함은 두께 2.3[mm] 이상의 강판과 이와 동등 이상의 강도와 내화성능을, 개구부에는 60분+ 방화문, 60분 방화문, 30분 방화문을 설치할 것
    ㉰ 외함에 노출하여 설치 가능한 것
      • 표시등(불연성 또는 난연성 재료로 덮개를 설치한 것에 한한다)
      • 전선의 인입구 및 인출구
      • 환기장치
      • 전압계(퓨즈 등으로 보호한 것에 한한다)
      • 전류계(변류기의 2차 측에 접속된 것에 한한다)
      • 계기용 전환스위치(불연성 또는 난연성 재료로 제작된 것에 한한다)
    ㉱ 외함은 건축물의 바닥 등에 견고하게 고정할 것
    ㉲ 외함에 수납하는 수전설비, 변전설비, 그 밖의 기기 및 배선은 다음 기준에 적합하게 설치할 것
      • 외함 또는 프레임(Frame) 등에 견고하게 고정할 것
      • 외함의 바닥에서 10[cm](시험단자, 단자대 등의 충전부는 15[cm]) 이상의 높이에 설치할 것
    ㉳ 전선 인입구 및 인출구에는 금속관 또는 금속제 가요전선관을 쉽게 접속할 수 있도록 할 것

㉥ 환기장치의 설치기준
- 내부의 온도가 상승하지 않도록 환기장치를 할 것
- 자연환기구의 개부구 면적의 합계는 외함의 한 면에 대하여 해당 면적의 3분의 1 이하로 할 것
- 자연환기구에 따라 충분히 환기할 수 없는 경우에는 환기설비를 설치할 것
- 환기구에는 금속망, 방화댐퍼 등으로 방화조치를 하고, 옥외에 설치하는 것은 빗물 등이 들어가지 않도록 할 것

㉦ 공용큐비클식의 소방회로와 일반회로에 사용되는 배선 및 배선용 기기는 불연재료로 구획할 것

㉧ 기타 큐비클형의 설치에 관하여는 ⓐ의 ㉮~㉯의 내용 및 한국산업표준에 적합할 것

③ 저압으로 수전하는 경우

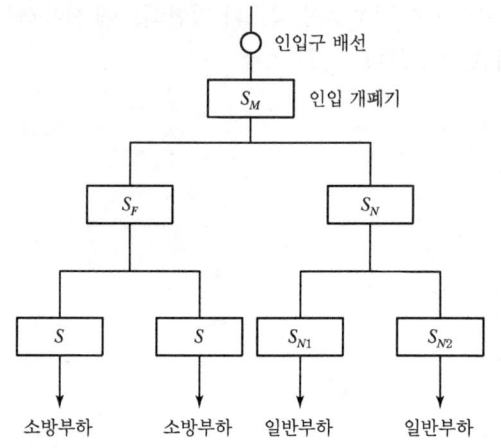

그림 6-37 ▶ 저압수전 전기회로

㉠ 전기사업자로부터 저압수전하는 비상전원수전설비
전용배전반(1·2종), 전용분전반(1·2종) 또는 공용분전반(1·2종) 방식으로 해야 함

㉡ 1종 분전반 및 1종 배전반
ⓐ 외함 두께가 1.6[mm](전면판 및 문은 2.3[mm]) 이상의 강판 또는 동등 이상의 강도와 내화성능이 있을 것
ⓑ 외함 내부는 내열성, 단열성의 재료로 단열할 것
ⓒ 외함에 노출하여 설치할 수 있는 부분
- 표시등(불연성 또는 난연성 재료로 덮개를 설치한 것에 한함)
- 전선의 인입구 및 인출구

ⓓ 외함은 금속관 또는 금속제 가요전선관을 쉽게 접속할 수 있도록 하고, 해당 접속부는 단열조치를 할 것
ⓔ 공공배전반 및 공용분전반의 경우 소방회로와 일반회로에 사용하는 배선 및 배선용 기기는 불연재료로 구획될 것

ⓒ 2종 분전반 및 배전반
ⓐ 외함 두께가 1.0[mm] 이상의 강판과 이와 동등 이상의 강도와 내화성능이 있을 것
ⓑ 120[℃]의 온도를 가했을 때 이상이 없는 전압계 및 전류계는 외함에 노출하여 설치할 것
ⓒ 단열을 위해 배선용 불연전용실 내에 설치할 것
ⓓ 외함은 금속관 또는 금속제 가요전선관을 쉽게 접속할 수 있도록 하고, 해당 접속부는 단열조치를 할 것
ⓔ 공공배전반 및 공용분전반의 경우 소방회로와 일반회로에 사용하는 배선 및 배선용 기기는 불연재료로 구획될 것

SECTION 06 | 건축물 방화대책

6.6.1 내열, 내화 전선

1. 개요

화재 발생 시 Cable에 착화되면 큰 연소력에 의해 화재가 확대되어 나간다. Cable의 연소는 피복의 연소와 함께 유독성 Gas, 진한 연기로 소화활동을 어렵게 만들어 많은 설비, 인명에 치명적인 타격을 주게 된다. 내열·내화 전선은 Cable에 착화 또는 연소를 어렵게 함으로써 화재의 확산을 막고 소화활동에 시간을 벌어주는 역할을 하게 된다.

2. 내열, 내화 전선

1) 내열전선

(1) 종류

① 0.6/1[kV] 가교폴리에틸렌 절연 저독성 난연 폴리올레핀 시즈 전력 케이블(HFCO)
② 450/750[V] 저독성 난연 가교폴리올레핀 절연전선
③ 600[V] 2종 비닐절연전선(HIV)

(2) 용도

저압 옥내의 전기공작물이나 전기기기의 배선에 사용하는 비닐전선 → 내열성 가스제를 사용한 염화 비닐수지를 주재로 하여 컴파운드로 절연된 전선

(3) 구조

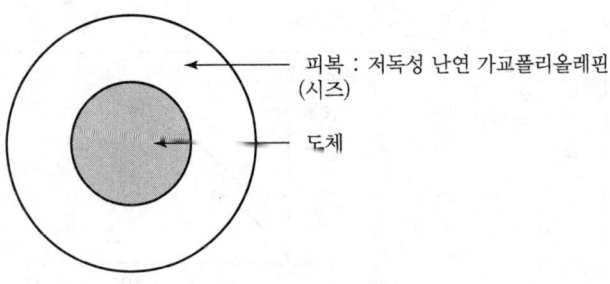

그림 6-38 ▶ 내열전선

2) 내화전선

(1) **종류** : 무기질로 절연된 전선 → FR-8, MI Cable이 이에 속함
(2) **용도** : 주요 부하의 간선, 주요 Feeder에 전선 및 Cable이 사용됨
(3) 내화전선을 사용할 경우 별도의 내열보호를 하지 않고 노출 사용이 가능함
(4) **구조**

그림 6-39 ▶ 내화전선

3) 내열, 내화 기준

(1) **내열전선** : 380[℃]에서 15분간 견딜 수 있는 구조
(2) **내화전선** : 840[℃]에서 30분간 견딜 수 있는 구조

3. 내열, 내화전선의 비교

구 분	내화전선	내열전선
종류	FR-8, MI-Cable	FR-3, HFCO, HFIX, HIV
구조	도체, 내화수지, 시즈, 절연체	도체, 저독성 난연 가교폴리올레핀
온도특성	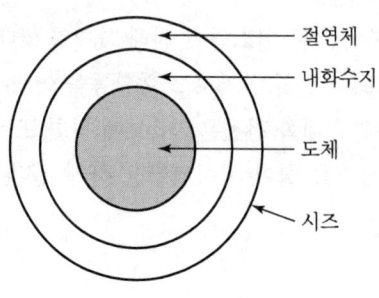	
내화처리	불필요함	별도 내화처리 필요
적용	• 비상부하간선 • 주요 Feeder에 적용	• 일반옥내배선용 → HFIX • 방재 통신용 → FR-3

4. 내화, 내열처리방법

1) 일반전선의 내화처리방법(화재안전기준)

(1) 금속관, 2종 금속제 또는 합성수지관에 수납하여 내화구조로 된 벽 또는 바닥 등에 표면으로부터 25[mm] 이상 매설한 경우

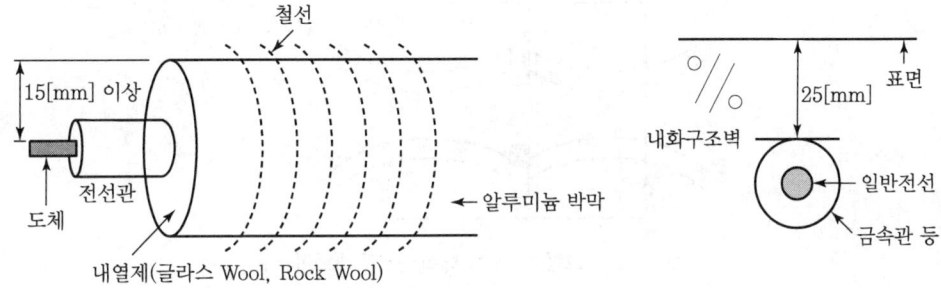

그림 6-40 ▶ 일반전선의 내화처리방법

(2) 내화성능을 가진 배선전용실 또는 배선용 샤프트, 피트, 덕트 등에 설치하는 경우

(3) 배선전용실 또는 배선용 Shaft, 피트, Duct 등에 다른 설비의 배선이 있는 경우에는 이로부터 15[cm] 이상 이격하거나 이웃하는 배선지름 중 가장 큰 것의 1.5배 이상의 높이로 불연성 격벽을 설치함

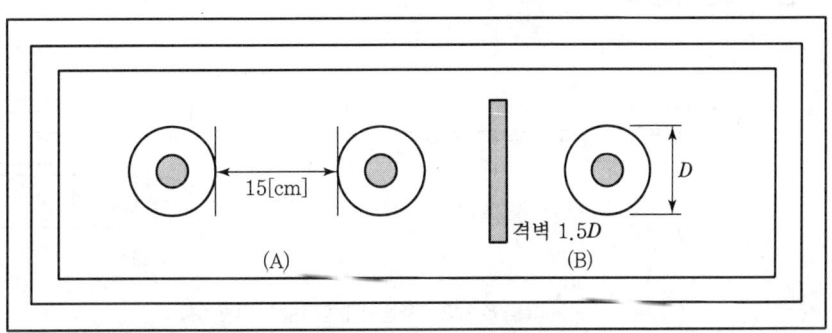

그림 6-41 ▶ 내화처리방법

2) 일반전선의 내열처리방법(「소방법」 기준)

(1) 금속관, 금속제 가요 전선관, 금속 Duct, Cable(불연성 Duct에 설치하는 경우에 한함) 공사로 하는 경우

(2) 내화성능을 갖는 배선전용실 또는 배선을 배선용 Shaft, 피트, Duct에 설치하는 경우

(3) 배선 전용실 또는 배선용 Shaft 등에 다른 설비의 배선이 있는 경우 15[cm] 이상 이격시키거나 이웃하는 배선지름 중 가장 큰 것의 1.5배 이상의 높이로 불연성 격벽을 설치함

5. 내화, 내열전선의 시공

1) 내화전선, MI Cable

(1) 내화성능 요구 장소에 Cable 배선이 가능함
(2) 내화전선의 내화처리

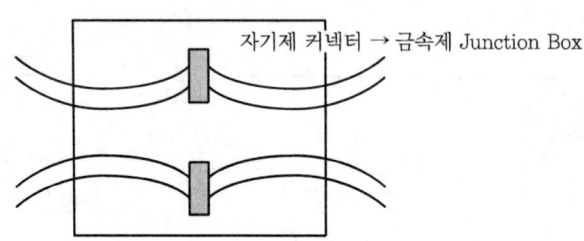

그림 6-42 ▶ 내화전선의 내화처리도

2) 내열전선, 내화전선, MI Cable

내열성능이 요구되는 장소에 Cable 배선이 가능함

6. 실계통에서의 적용

1) 자동화재탐지설비

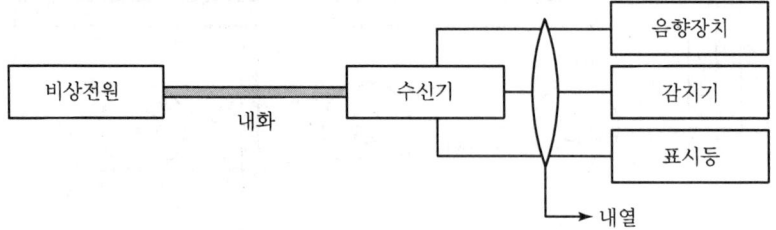

그림 6-43 ▶ 자동화재탐지설비 전원계통

2) 비상콘센트설비

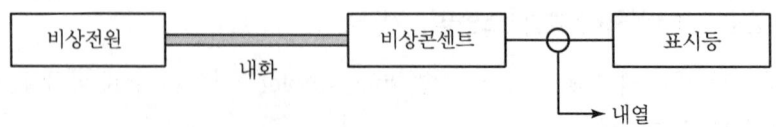

그림 6-44 ▶ 비상콘센트설비 전원계통

3) 옥내소화전설비

「화재안전기준」에서 소방용전선을 고내화성능(830[℃])으로 기준을 개선함(소방청고시 제2022-3호 기준 : 시행 2022. 3. 4.)

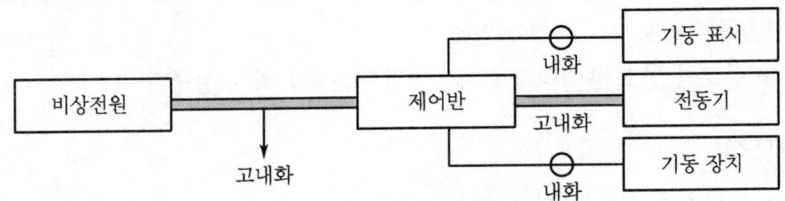

그림 6-45 ▶ 옥내소화전설비 전원계통

7. 결론

1) 내화 Cable과 내열전선의 경우 열적 특성이 다름
2) 일반 Cable의 경우 내열, 내화처리방법에 따라 성능이 달리 적용됨
3) 내화 Cable의 경우 기준의 온도 및 시간 이상의 경우에 Halogen 성분에 의한 인명의 질식사 우려 등이 있으므로 이 부분에 대해 Halogen Free Cable의 적용을 Case By Case로 검토해야 하며 Maker 측에서는 지속적인 기술개발로 가격 저감에 노력해야 함

6.6.2 Cable 선로의 방재대책

1. 개요

1) Cable 선로 화재 시 진한 연기, 유독성 Gas가 발생되어 소방활동을 방해하고 인명피해(질식사망)를 유발시키는 특성이 있음
2) Cable 선로의 연소 용이성과 화재위험장소를 구분하여 설명함

3) 방재대책

(1) 근본적 방법

화재예방을 최우선으로 화재 발생을 방지

(2) 차선적 방법

① Cable의 불연화
② 난연화
③ Cable 관통부의 방화 Seal
④ 자동탐지화 설비
⑤ 소화설비 등이 적용되며 이를 구분하여 설명함

표 6-7 ▶ Cable 선로의 방화대책

구분	항목	
선로설계의 적정화	• 보호계통의 검토 • 배선방법의 검토	• 접지계통의 검토 • Cable의 종류, 규격 검토
점검 및 보수	• 이상점검 • 유압, 온도 감시 • 절연진단 • 공사 중의 부주의(용접불꽃, 외부 피복의 손상)	
Cable의 불연화, 난연화	• 불연 Cable의 채용 : MI Cable • 난연 Cable의 채용 : 고난연 Cable • Cable의 방화보호(모래채우기, 방화시트, 방화테이프, 연소방지도료)	
Cable 관통부의 방화 Seal	• 구획 관통부의 방화 Seal • Panel 하부의 방화 Seal • 동도(洞道), Duct 내의 격벽	
화재검지	• Cable 이상 온도의 검지 : 화재검지 System의 채용 • 화재통지, 각종 감지기, 화재통지설비	
소화	자동소화설비 : CO_2, 하론, 스프링클러	
기타	작은 동물의 침입 방지 : 침입로 폐쇄	

2. Cable 선로의 연소 용이성과 화재위험

1) 연소 용이성

표 6-8 ▶ 기중 배선에서의 Cable의 연소 용이성

구분	폴리에틸렌 외장케이블	PVC 외장케이블	고난연 케이블	불연케이블
단선배선	×	○	○	◎
다선배선	×	×	○	◎

× : 타기 쉽고 연소가 빠름 ○ : 타지만 연소가 안 됨 ◎ : 타지 않음

2) 화재 위험성

(1) Cable 자체에 고유의 독성성분(cl)을 함유하고 있음

(2) 비화재실로의 화염전파

굴뚝 효과가 발생되는 수직 Duct, Shaft 등을 통해 비화재실로의 화염전파로 상부층 인명손상 유발

3. Cable 선로의 방재대책

1) 불연, 내화 Cable 적용

법적 기준 및 화재예방이 근본적으로 필요한 장소에 적용

(1) MI - Cable

Mineral Insulation Cable로 저압용 Cable로서 도체를 MgO의 분말로 충전하고 그 위를 동판으로 피복한 Cable로서 내열성이 우수함

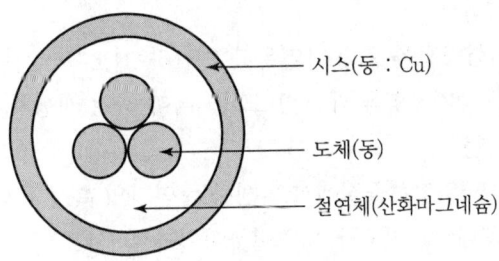

그림 6-46 ▶ MI Cable의 구조도

(2) FR-8(강전용)

2) Cable의 난연화

난연재료가 화염에 노출될 경우 재료의 팽창, 발포, 탄화현상으로 단열층이 생기고 이 단열층이 열전달 차단 및 화염 확산을 방지함

일반 PVC, CV-Cable 등을 대상으로 난연처리를 하는 방법은 아래와 같음

(1) 방화도료(연소방지도료) → 「소방법」 기준 ①~⑤ 항목

① 도포방법
  ㉠ 도포하고자 하는 부분의 오물을 제거하고 충분히 건조시킨 후 도포할 것
  ㉡ 도포두께는 평균 1[mm] 이상일 것
  ㉢ 유성도료의 도포간격은 2시간 이상으로 하되, 환기가 원활한 곳에서 실시할 것

② 연소방지도료는 다음 각 호의 중심으로부터 양쪽 방향으로 전력Cable은 20[m](통신 Cable은 10[m] 이상 도포함)
  ㉠ Cable이 상호 연결된 부분
  ㉡ 분전반, 절연유, 순환 Pump 등이 설치된 부분
  ㉢ 지하구와 교차된 수직구 또는 분기구
  ㉣ 기타 화재 우려가 있는 장소 등

③ 성능기준 및 시험방법
  ㉠ 연소방지도료는 인체에 유해한 석면 등이 함유되어서는 안 되며 난연처리한 Cable, 전선 등의 기능 변화가 없어야 함
  ㉡ 기타 건조 시험에 만족해야 함
  ㉢ 산소지수 : 기준의 시험방식에 의해 산소지수는 30 이상이어야 함

$$\text{산소지수} = \frac{O_2}{O_2 + N_2} \times 100$$

  여기서, O_2 : 산소유량[L/min]
  N_2 : 질소유량[L/min]

④ 난연성 시험
  기준의 시험방법을 통해 가열온도를 816[℃]±10[℃]를 유지하면서 20분간 가열한 후 불꽃을 제거하였을 때 자연소화되어야 하며 시험체가 전소되지 않아야 함

⑤ 발연량 시험
  ASTM E 662(고체물질에서 발생하는 연기의 특성 광학밀도)의 방법으로 발연량을 측정 시 최대연기밀도가 400 이하이어야 함

⑥ 기타 일반적 특징
  ㉠ 물로 희석시킨 도료를 Spray, 솔, 롤러 등으로 칠함
  ㉡ 어떠한 Cable에도 적용이 가능함
  ㉢ 건조 후 굳어지는 특성으로 증·개설이 빈번한 선로에는 부적합함

(2) 방화 Tape(난연 Tape)

① 「소방법」에 의한 시험방법
  ㉠ 난연성 실험(방화도료와 동일)
  ㉡ 발연량 시험(방화도료와 동일)
  ㉢ 산소지수는 평균 28 이상일 것

② 기타 일반적 특징
  ㉠ 주로 단선된 Cable의 표면에 감는 난연성 피복으로 선로의 연소를 방지함
  ㉡ 고난연 재료의 Tape(0.7~1.4[mm])로서 신축성이 있음
  ㉢ Cable의 전류열에 의한 열 특성을 고려한 CV Cable, 특고압 Cable 등 Power Line에 적용됨

(3) 방화시트(Sheet)

① 불연재인 유리섬유를 이중 재단 봉재한 시트로서 길이 및 폭은 Cable 크기에 맞춘 치수로 하고 연속해서 Cable 전체를 감쌈
② 이중 유리섬유 사이에 불연 단열재인 세라믹을 끼운 것은 연소방지의 Cable로 내화성 향상 효과가 있음
③ 발열에 문제가 없는 통신, 신호 등 약전 Cable에 적합함
④ 최근 전력 Cable에도 적용됨

3) Cable 관통부의 방화 Seal 방법

(1) 전선관의 벽관통

① 벽과 전선관 사이에 시멘트 모르타르를 충진함(장래 증설 고려 → Rock Wool을 내부에 충진함)
② 벽면과 전선관 사이에 내열 Sealing 처리함
③ 관통부 주위가 연소경로가 되지 않도록 관통부 전후 1[m]를 불연 재료로 처리함(주로 철판, 내화피복재가 사용됨)

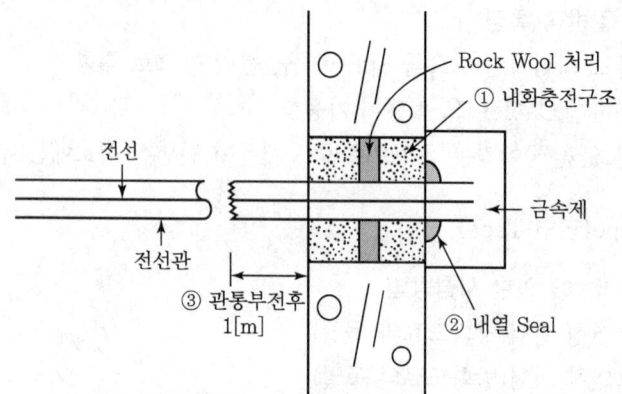

그림 6-47 ▶ 관통부 처리도

(2) Cable Rack의 벽관통

① 전선과 Tray 간의 내화 충진제 삽입
② 벽 통과 부분에 내화마감재 사용
③ 내열 Seal 처리하여 빈틈 처리

(3) 금속 Duct 공사

① Duct와 관통부 틈새를 모르타르로 충진함
② Duct 내부에 Rock Wool 또는 내화 피복판 등을 세워 연소 방지 조치함
③ 내화피복판과 Duct 내부에는 내열 Seal 처리함

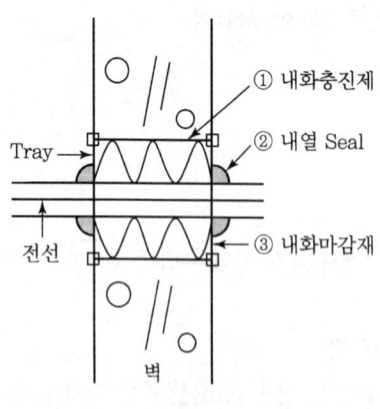

그림 6-48 ▶ 케이블랙 내화처리도

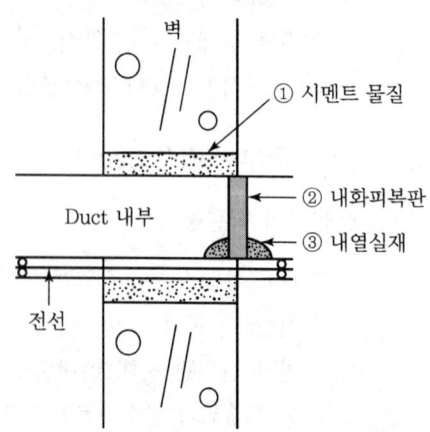

그림 6-49 ▶ 금속덕트 내화처리도

4) 자동화재탐지설비 설치

(1) 일반감지기

열, 연기 감지 특성이 정온식 감지선형 감지기에 비해 떨어짐

(2) 정온식 감지선형 감지기

① 4[m] 이하의 장소에서 적용 가능
② 감지능력의 정확성이 크게 문제가 되지 않는 곳에 적용

(3) 광케이블 감지기

① 0~20[m]까지 적용이 가능
② 감지능력의 정확성이 요구되는 장소에 적용

5) 소화설비

(1) 연소방지 설비

① 살수구역은 지하구 길이방향으로 350[m] 이하마다 또는 환기구 등을 기준으로 1개 이상 설치함
② 하나의 살수구역은 3[m] 이상
③ 방수 Head는 천장 또는 벽면에 설치
④ Head 간 수평거리는 2[m] 이하임

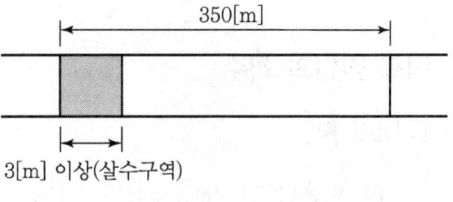

그림 6-50 ▶ 연소방지도

(2) 스프링클러설비

① 가장 신뢰성이 높으나 비용이 고가임
② Head 간 거리는 1.5[m] 정도임

4. 설계 시 고려사항

Cable 선로의 방화대책은 고도의 산업기술 발달과 정보통신 시대에서 특히 그 중요성이 높아지고 있어 중요한 시설인 경우 사용전선의 난연화, 불연화를 실현하고 각종 방화방법도 더욱 새로워진 기술 개발이 계속되겠지만 방화공법, 자재의 특징을 정확히 파악하여 효과적인 설계와 시공을 하는 것이 중요하다고 생각된다.

SECTION 07 | 방범, 방재 설비

6.7.1 피뢰 설비

1. 개요

건축물이 고층화되면서 낙뢰에 대한 피해가 급증, 방호대책으로 피뢰침설비 설치가 필요하다. 피뢰침설비는 뇌격을 흡인하여 대지로 방류시켜 피해를 최소화하는 데 중요한 설비이며 피뢰침설비의 설치목적은 다음과 같다.

2. 설치목적

1) 낙뢰(직격뢰)로 인한 화재, 건물의 파손, 인축의 피해 보호
2) 보호대상물에 근접하는 뇌격을 확실하게 흡인하여 신속 안전하게 대지로 방류하여 건물을 보호

3. 낙뢰 원인과 회수

1) **낙뢰 원인**

   여름철 온난기류가 상승하면서 한랭기류와 만나서 양전기, 음전기를 띤 뇌운을 형성하고 구름과 구름, 구름과 대지 간의 큰 전위차에 의해 공기의 절연이 파괴되어 큰 방전전류를 발생하는 현상

2) **낙뢰 회수** : 낙뢰 회수는 건물 높이[H]의 자승에 비례함

   (1) 낙뢰 회수

   $$N = 3 \times 10^{-4} H^2 [회/년]$$

   (2) 방전전압

   $$e = Ri(t) + L\frac{di(t)}{dt} [V]로 나타남$$

   여기서, e : 낙뢰로 인한 대지의 순간적인 전위상승값

4. 설치기준(「건축물의 설비기준 등에 관한 규칙」 제20조 : 2024. 8. 7 개정 기준)

1) 낙뢰의 우려가 있는 건축물 또는 높이 20[m] 이상의 건축물에는 피뢰설비를 설치함
2) 피뢰설비는 KS가 정하는 피뢰레벨 등급에 적합한 피뢰설비일 것(위험물저장 및 처리시설에 설치하는 피뢰설비는 피뢰시스템레벨 Ⅱ 이상)
3) 돌침은 건축물의 최상부로부터 25[cm] 이상 돌출시켜 설치(설계하중에 견딜 것)
4) 피뢰설비의 재료는 최소 단면적이 피복이 없는 동선을 기준으로 수뢰부, 인하도선 및 접지극은 50[mm²] 이상이거나 이와 동등 이상의 성능
5) 철골조의 철골구조물과 철근콘크리트조의 철근구조체 등이 전기적 최상단부와 지표레벨 사이의 전기저항이 0.2[Ω] 이하 연속성이 보장될 경우 인하도선으로 대용이 가능함
6) 측뢰를 방지하기 위하여 높이가 60[m] 초과하는 건축물 등에는 지면에서 건축물 높이의 4/5 지점부터 최상단까지의 측면에 수뢰부를 설치해야 함
    (1) 지표레벨에 최상단 높이가 150[m] 초과하는 건축물은 120[m] 부분에 측뢰 수뢰부를 설치함
    (2) 건축물의 외벽이 금속부재(部材)로 마감되고, 전기적 연속성이 보장되며 피뢰시스템 레벨 등급에 적합하게 설치된 경우 측면 수뢰부가 설치된 것으로 봄
7) 접지(接地)는 환경오염을 일으킬 수 있는 시공방법이나 화학첨가물 등을 사용하지 아니할 것
8) 급수·급탕·난방·가스 등 금속배관 및 금속재설비는 등전위의 접속을 함
9) 전기설비, 피뢰설비 및 통신설비 등의 접지극을 공용통합 접지공사를 하는 경우에는 낙뢰 등으로 인한 과전압으로부터 전기설비 등을 보호하기 위하여 KS에 적합한 서지보호장치(SPD)를 설치함
10) 그 밖에 피뢰설비와 관련된 사항은 KS 기준에 적합하게 설치함

5. 뇌운 발생 및 뇌 방전특성, 낙뢰의 일반적인 현상

1) 뇌운 발생 이론

상부에 차고 밀도가 높은 공기가 존재하고 하부에 따뜻하고 습도가 높은 공기가 존재하는 경우에 발생한다. 이는 하부의 따뜻한 공기가 상승기류가 되어 구름이 되고 상부의 찬 공기가 하강함으로써 발생됨

2) 뇌운의 전기적 특성

일반적으로 과냉각된 물방울에서 싸락눈이 생성되는 과정에서 전하 분리가 주요한 역할을 하는데 빙점과 싸락눈의 접촉, 분리 대전에 의한 학설이 가장 현실적인 것으로 봄

3) 뇌운의 구분

(1) 겨울 뇌운

운고가 낮고 운저도 100[m] 이하인 경우도 있고 상층풍이 현저하여 전하배치가 여름보다 높고 양극성 전하가 직접 대지로 방전하는 낙뢰가 많은 특징

(2) 여름 뇌운

상층풍이 약하며 전하배치가 겨울보다 낮음

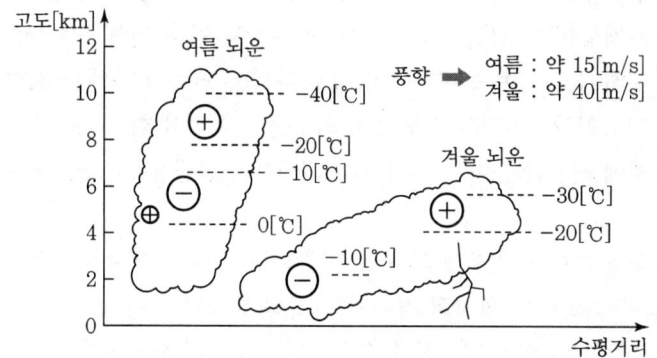

그림 6-51 ▶ 여름, 겨울 뇌운형상과 전하분포도

4) 뇌 방전특성

(1) 각 뇌격은 우선 구름에서 빛이 약한 선행방전(선구방전)이 발생
(2) 그것이 대지로 향하여 진전하고 그 선단이 대지에 접근 시 대지 쪽에서 상향의 스트리머가 출발
(3) 양자가 결합되는 순간 대지로부터 다량의 전하가 선행방전에 주입되어 주뇌격이 발생됨
(4) 최초 뇌운으로부터 대지로 향하는 선행방전은 단계적으로 진전하여 스텝리더라 하고 음과 양의 전하 사이에서 국부적인 절연파괴가 시작됨

(5) 스텝리더 진행특성

① 50[m] 진전 후 약 50[μs] 동안 휴지과정을 거쳐 대지로 접근함

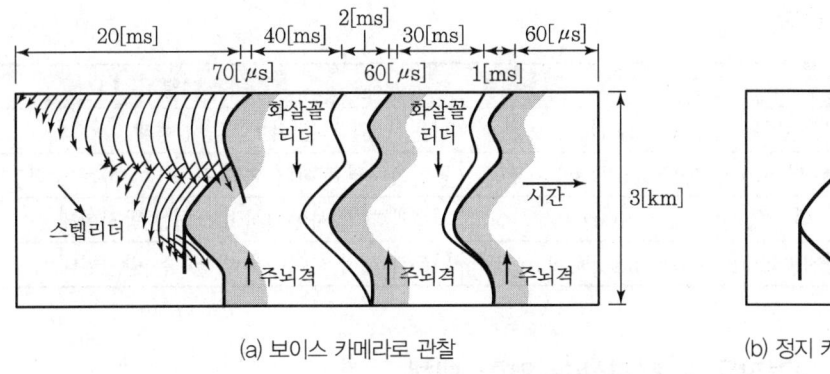

(a) 보이스 카메라로 관찰   (b) 정지 카메라로 관찰

그림 6-52 ▶ 낙뢰 진전과정

② 구름과 대지로의 평균 진전속도는 약 $1.5 \times 10^5 [m/s]$

5) 낙뢰의 일반적인 현상

(1) 열적 효과

① 뇌방전로 온도는 스펙트럼에서 측정한 값 기준으로 3만[°K]에 가까움
② $5 \sim 10 \times 10^{-6}[S]$ 사이에서 최고온도에 달함
③ 발열량은 $I^2 t$에서 지속시간이 약 1초에 가까워지면 방전로의 가열 효과에 의해 화재 및 금속의 용융이 발생함

(2) 기계적 효과

① 방전로가 급격한 가열로 인한 팽창, 압축을 발생하여 초음속 압력파가 전달
② 파괴 효과가 큰 낙뢰는 전류 파고값이 높고, 지속시간이 짧은 경우로 추정됨
③ 50[kA]의 전류에 철선 접속 콘크리트가 균열할 정도
④ 콘크리트 내부로 관통 후 철근에 낙뢰전류가 유입 시 그 부분의 콘크리트의 파괴 및 비산 우려

(3) 전기적 효과

① 도체에 낙뢰전류 유입 시 전위상승[U]

$$U = Ri + L \frac{di}{dt} [V]$$

여기서, i : 전류[A], R : 접지저항[R]
L : 도체인덕턴스[H], $\frac{di}{dt}$: 뇌전류 파두준두

② 전위상승치에 의해 인근에 금속제 탱크 등이 있으면 방전되며 금속판 루프코일 등이 있으면 코로나 방전, 유도전압, 절연파괴 등이 발생함

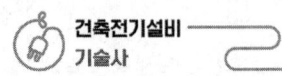

6) 낙뢰의 종류

구분	내용 설명
운간 방전(Cloud to Cloud Discharge)	뇌운(+)과 뇌운 사이의 방전형태
운내부 방전(Intra-Cloud Discharge)	동일운내의 전하와 전하 간에 발생하는 방전형태
대기 방전(Air Discharge)	뇌운과 대기 사이에서 발생하는 방전형태
대지방전(Cloud to Ground Discharge)	뇌운과 대지 사이에서 발생하는 방전형태

6. 건축물에 뇌격작용 시 전위상승, 영향, 대책

1) 개요

(1) 건축물에 뇌격이 인가되는 경우 각종 장해현상을 분석하고 대책을 수립함으로써 사람은 물론 건축물 내의 각종 설비의 장해현상을 방지할 수 있음

(2) 이러한 현상을 종합적으로 분석함으로써 현재 많이 적용되는 빌딩 등의 피뢰설비에 대한 기술적인 검토가 가능하리라 판단됨

2) 뇌격 시 건축물의 전위상승

(1) 건물에 뇌격작용 시

① 뇌격전류가 급준파의 특성으로 일반적인 전류파형과 구분해야 함

② 초고층건물의 경우 파동임피던스로 생각해야 함

③ 일반건축물의 뇌격전류 $i(t)$에 의한 대지전위상승(E)

$$E = L\frac{di(t)}{dt} + R_e\, i(t)$$

여기서, R_e : 접지저항[Ω]

④ 건축물 내 피뢰도선 근방에 다른 도체계가 있을 때의 전위차(V)

$$V = (1-K)\left[L\frac{di(t)}{dt} + R_e\, i(t)\right]$$

여기서, K : 피뢰도선과 부근 타 도체계와의 결합률 < 1

㉠ 이전위 V가 두 도체 사이의 절연내력을 넘으면 플래시오버가 발생

㉡ 이전위에 의한 부근도체에 영향을 미쳐 접속기기에 악영향

⑤ 낙뢰전류로 인한 정전, 전자결합에 의한 유도전압

㉠ 정전유도전압(U_e)

$$U_e = \frac{C_1}{C_1 + C_2} U$$

여기서, U : 뇌격전류 $i(t)$에 의한 피뢰도선 유기 전압(U)
C_1 : 피뢰도선과 절연금속체 간 정전용량[F]
C_2 : 절연금속체와 대지 간 정전용량[F]

㉡ 전자유도전압(U_M)

피뢰도선 가까이에 있는 도체에 유도되는 전압

$$U_M = M \frac{di}{dt}$$

여기서, M : 상호임피던스, $\frac{di}{dt}$: 뇌격전류의 시간적 변화

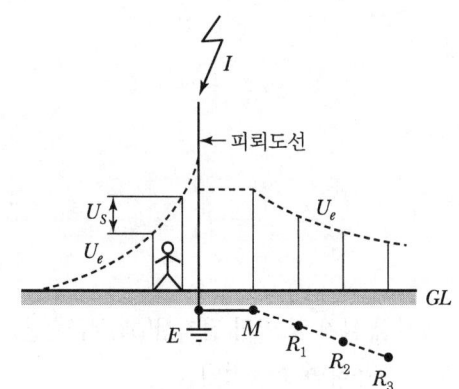
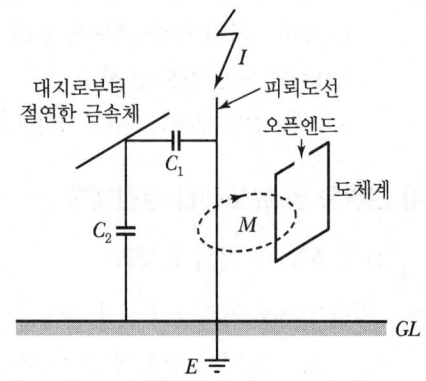

여기서, U_e : 대지전위상승, U_S : 보폭전압
M : 접지망전극, E : 접지
R_1, R_2, R_3 : 서로 다른 직경과 매설깊이의 링전극

여기서, C_1 : 피뢰도선과 절연금속체 사이의 정전용량
C_2 : 절연금속체와 대지 간 정전용량
M : 상호임피던스

그림 6-53 ▶ 대지전위 상승 및 정전 전자유도전압

(2) 건축물 인근에 낙뢰가 작용 시

① 건축물 내의 전기회로 및 설비에 미치는 전위차 및 과전압(유도 Surge) 발생

$$유도\ Surge(V) = a \frac{30 I_0 h}{y} \left[1 + \frac{1}{\sqrt{2}} v \frac{1}{\sqrt{1 - \frac{1}{2}v^2}} \right]$$

여기서, a : 건물의 종류, 구조, 규모에 따른 차폐계수 < 1
I_0 : 뇌전류[kA]
h : 전기회로나 설비의 설치위치[m]
y : 낙뢰지점과 전기회로나 설비의 거리[m]
v : 뇌방전진행속도와 광속도의 비(0.1~0.3)

② 전력선이나 통신선 등의 인입선을 통한 유도 Surge가 발생
전력선이나 통신선의 절연 및 인입, 인출상황에 따라 영향을 받으며 이에 대한 적절한 대책이 요구됨

3) 낙뢰에 의한 영향

(1) **인축에 미치는 영향** : 감전 및 재산상 손실

(2) **각종 설비에 미치는 영향**

고장, 화재, 각종 장해 등의 직접적인 손실 외 복구지연에 따른 무형의 재산상의 손실이 발생하며 특히 절연내력이 낮은 통신설비 측이 많은 영향을 받음
① 각종 통신기기의 Memory 손실, PC의 NIC 카드 손상
② R형 수신반 키판 손상
③ 엘리베이터 키판 손상
④ 제어기기의 각종 반도체 부품의 손상
⑤ PC의 NIC 카드 손상
⑥ 각종 전자제품의 기능 저하 및 수명 단축

4) 전위차 및 유도전압 경감대책

(1) **건축물 내 전위 균등화**

① 건축물 기초면이나 각 층에서의 공용 접지점 설치 및 연접 접지선(모든 금속물) 설치, 건축물 기초접지, 링 또는 Mesh 접지를 사용하면 효과적임
② 피뢰인하 도선은 병렬 접속하여 임피던스를 감소시킴
③ 과전압보호 필요시 피뢰기 등의 과전압 보호장치를 접속함
④ 통신기기 등은 피뢰도선으로부터 가능한 이격 및 충분한 차폐 실시
⑤ 기타 전력용 배선, 전화선, 가스관, 수도관 등은 충분한 거리 유지(적어도 1.5[m] 이상 이격)

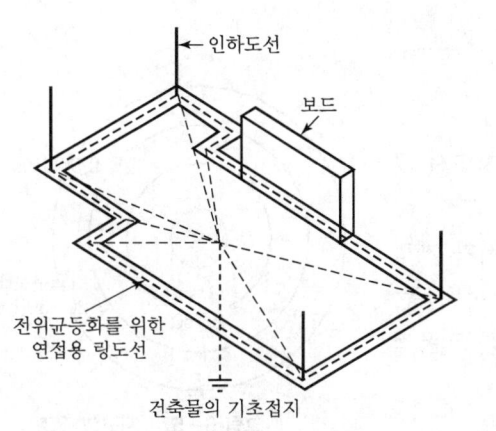
그림 6-54 ▶ 전위균등화를 위한 건축물 기초접지

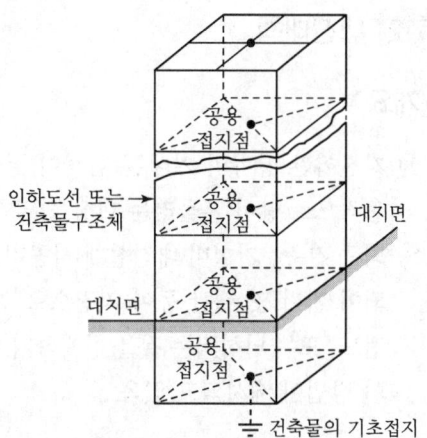
그림 6-55 ▶ 각 층 공용접지

(2) 건축물 내의 전기설비 및 통신회로 보호

① 건물 인입구 피뢰기 설치
  ㉠ 건물 외부로부터 전력선, 통신선을 통한 유도뢰 방지에 효과적임
  ㉡ 가공인입 통신선의 경우 유도뢰 방지를 위해 Shield Cable 설치

② 저압배선에 시설되는 전자회로설비 보호
  텔레비전 중계소, 무선중계소 등의 옥내전기설비를 과전압으로부터 보호하는 방법으로 절연변압기, 피뢰기, SA, 기기차폐, 접지를 일괄 공용처리함

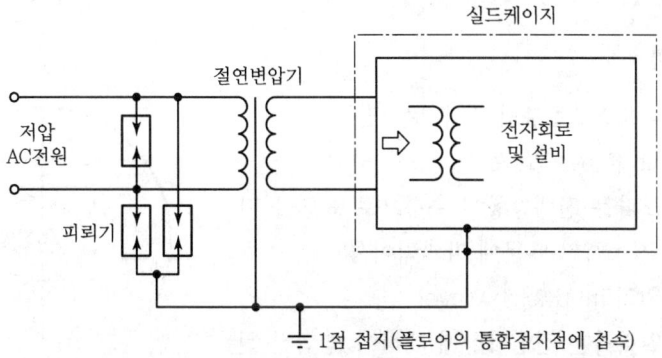
그림 6-56 ▶ 전자회로 및 설비보호

③ 과도적인 전자유도전압 경감방안
  ㉠ 배선방식의 Open-Loop 회로 회피
  ㉡ 왕복 배선은 가능한 한 통합하여 꼬아서 배치
  ㉢ 인하도선과 옥내배선을 최대한 이격 배치함
  ㉣ 쉴드배선 또는 금속관 배관 및 접지

6.7.2 내진대책

1. 개요

1) 지진이란 땅속의 거대한 암석이 부딪치면서 그 충격으로 땅이 흔들리는 현상을 말함
2) 최근 건축전기설비 내진설계 시공지침서가 제정되어 기기 및 배관 등이 지진으로 인하여 활동, 전도, 또는 낙하되는 것을 방지하기 위한 실용적인 방법이 제시되고 있음

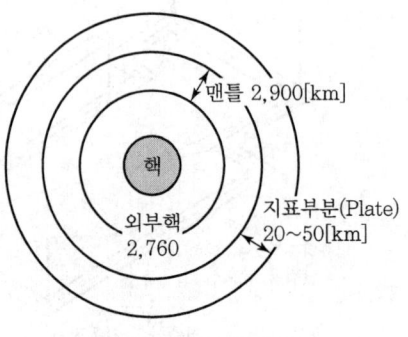

그림 6-57 ▶ 지구의 구조

2. 지진의 원인 및 종류

1) 지진의 원인

맨틀의 유동에 의한 지표 부분의 균형 파괴로 지표의 융기, 단층되어 발생, 즉 지표의 균형을 맨틀의 움직임으로 인해 깨트림으로써 지표 부분에 융기, 단층(위로 솟음)되어 지진이 발생함

2) 지진의 종류

중심파 또는 실체파(종파, 횡파), 표면파

(1) 표면파

진앙지 표면으로부터 전해오는 진동

① 러브파(Love Wave)
러브파는 진행방향에 수평으로 표면을 따라 진동하기 때문에 파괴력이 큼

② 레일리파(Rayleigh Wave)
레일리파는 진행방향에 대하여 역회전 원운동을 하기 때문에 파괴력이 가장 강력하며, 현대식 고층건물에 큰 피해를 줌

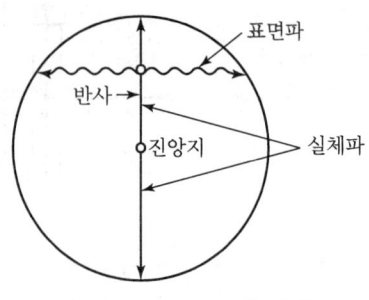

그림 6-58 ▶ 지진의 진행

(2) 실체파

진앙지를 출발하여 지구의 중심을 통과하여 표면에 나오는 진동

① P파(Primary Wave : 1차파)

P파는 진행방향으로 지층에 대한 압축과 팽창작용을 교대로 반복하며, 지진파 중에서 속도가 가장 빠름

② S파(Second Wave : 2차파)

P파가 지나간 뒤 몇 초 후에 도래하며 P파보다 속도가 느리며, 지반을 상하좌우로 움직이게 하므로 P파보다 더 큰 진동을 야기시킴

3. 내진설계 목적 및 「건축법」상의 제한

1) 내진설계의 목적

(1) 인명, 안전성의 확보

지진 발생 시 내부 인명을 안전하게 보호하기 위해 지진 내습에 견디도록 설계함

(2) 재산의 보호

지진의 내습에 의한 파괴의 최소화 및 복구시간의 절감

(3) 설비기능의 유지

① 내습 후 비상전원설비의 기능을 확보 유지
② 전원설비 : 대피 및 인명구조에 도움
③ 조건 : 지진 중에도 운전이 가능할 것, 지진감지기 동작 후 전기설비의 운전 재개 가능 (자동운전 가능)

2) 「건축법」상 내진제한

(1) 구조내력

지진에 안전한 구조, 구조내력의 기준 제정

(2) 구조 안전 내력의 확인(「건축법 시행령」 제32조 : 내진 대상 건축물)

① 층수가 2층(기둥과 보가 목재인 목구조 건축물의 경우 3층) 이상인 건축물
② 연면적이 200[m^2](목구조 건축물의 경우 500[m^2]) 이상인 건축물. 다만, 창고, 축사, 작물 재배사 및 표준설계도서에 따라 건축하는 건축물은 제외함
③ 높이가 13[m] 이상인 건축물

④ 처마높이가 9[m] 이상인 건축물
⑤ 기둥과 기둥 사이의 거리가 10[m] 이상인 건축물
⑥ 건축물의 용도 및 규모를 고려한 중요도가 높은 건축물로서 국토교통부령으로 정하는 건축물
⑦ 국가적 문화유산으로 보존할 가치가 있는 건축물로서 국토교통부령으로 정하는 것
⑧ 「건축법 시행령」 제2조제18호 가목 및 다목의 건축물
⑨ 별표 1 제1호의 단독주택 및 같은 표 제2호의 공공주택(신설)

(3) 내진 주요 대상 건축물

종합병원, 발전소, 공공건물, 방송국, 전신전화국

4. 내진설계 시공지침(「건축전기설비 내진설계 시공지침서」 기준)

1) 대상건축물

(1) 70[m] 초과 건물에 설치된 건축전기설비 : 동적해석법 적용
(2) 70[m] 이하 건물에 설치된 건축전기설비 : 등가정하중법 적용

2) 내진설계 대상설비 및 제외대상 설비

대상설비		제외대상
• 수변전설비 • 축전지설비 • 조명설비	• 자가발전설비 • 간선, 동력설비 • 약전설비	• 가공배선 • 중량이 100[kgf] 이하로서 바닥에 장착하는 방식의 기기(천장 및 벽에 정착하는 기기는 제외) • 면진 장치가 설치된 바닥에 정착하는 기기

3) 기본개념

(1) 내진설계 개념

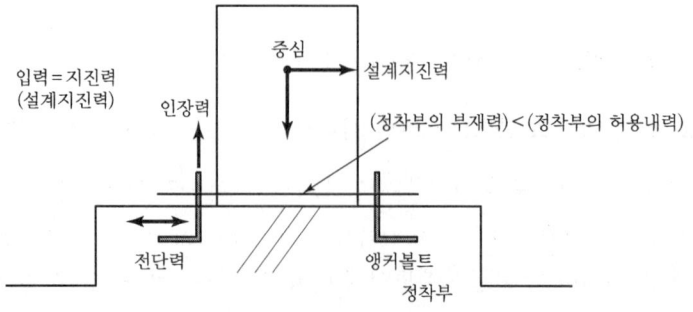

그림 6-59 ▶ 건축전기설비의 내진설계 개념도

지진동(지진으로 일어나는 지면의 진동)으로 인해 건축전기설비의 기기 및 배관이 활동, 전도 낙하되지 않도록 기기 및 배관을 건축물에 견고하게 고정 또는 정착하는 것임

(2) 전기설비가 지진으로 인하여 이동·전도 방지를 위한 조건 검토

① 정착부의 부재력 < 정착부의 허용내력
② 지진력에 의해 요구되는 앵커볼트의 인장력 < 앵커볼트의 허용 인장력
③ 지진력에 의해 요구되는 앵커볼트의 전단력 < 앵커볼트의 허용 전단력

4) 구조설계법

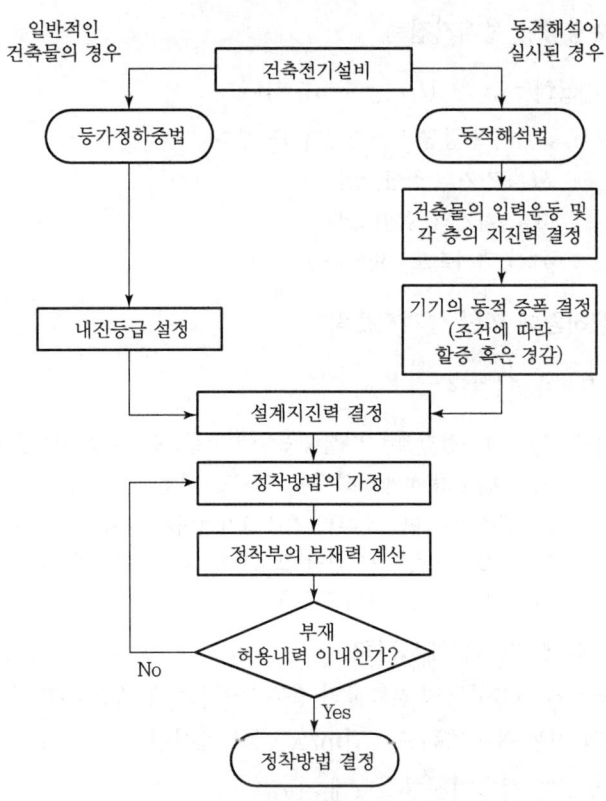

그림 6-60 ▶ 내진설계 순서도

(1) 정착부의 구조설계법은 기본적으로 허용 응력법을 적용함
(2) 건축전기설비의 정착부에 대한 내진설계는 상기의 순서도에 따라 수행됨. 반면에 배관 등은 사전에 미리 결정된 내진등급에 따라 정착부의 정착방법 및 시공방법이 정해짐
(3) 일반적인 경우 정착부 설계는 기기 및 배관에 따라 근사적으로 설계지진력을 결정하는 등가정하중법을 적용함
(4) 특별히 건축물의 동적해석을 실시한 경우에는 개별적으로 지진 입력을 결정하게 됨

5) 지진지역의 구분

국내 지진지역 및 지역계수의 값은 다음과 같이 구분함

표 6-9 ▸ 지진지역 구분 및 지역계수(S)

지진지역	행정구역	지역계수(S)
1	지진지역 2를 제외한 전 지역	0.22
2	강원도 북부, 전라남도 남서부, 제주도	0.14

6) 설계지진력

(1) 기기의 수평방향 설계지진력

$$F_H = F_P [\text{kgf}] = a_H \cdot M_P \cdot g = a_H \cdot W_P$$

여기서, a_H : 수평방향 설계지진가속도계수
M_P : 기기의 질량[kg]
W_P : 기기의 중량[kgf]
g : 중력가속도 = 9.80[m/sec²]

① 등가정하중에 의한 설계지진력

$$F_P = 0.6 S_{DS} \left(1 + 2\frac{z}{h}\right) W_P$$

여기서, F_P : 건축전기설비의 질량중심에 작용하는 수평방향 설계지진력
S_{DS} : 단주기 설계스펙트럼 가속도
z : 건축의 밑면으로부터 건축전기설비가 설치된 슬래브까지의 높이
h : 건물의 밑면(기초하단)으로부터 지붕층까지의 평균높이
W_P : 건축전기설비의 운전중량

② 동적해석에 의한 설계지진력

면진구조와 제진구조의 건축물인 경우 등에서는 건축물 설계에서 동적해석이 실시되어 각 층의 진동 응답가속도 G_f[m/sec²]를 계산함

㉠ 수평방향 설계지진가속도계수(a_H)

$$a_H = \left(\frac{G_f}{g}\right) K_F D_{SS}$$

여기서, K_F : 기기의 응답배율, D_{SS} : 설비의 구조특성계수
G_f : 기기가 위치한 층에서 건축물의 지진응답가속도 최댓값[m/sec²]
g : 중력가속도 = 9.80[m/sec²]

㉡ 수직방향 설계지진가속도계수(a_V)

수평방향 지진가속도계수의 $\frac{1}{2}$을 적용함

(2) 기기의 수직방향 설계지진력

$$F_V = \frac{1}{2}F_H[\text{kgf}] = a_V \cdot M_P \cdot g = a_V \cdot W_P$$

여기서, a_V : 수직방향 설계지진가속도계수

7) 내진등급

국내의 경우 건축전기설비에 대한 내진등급의 구분은 실시하지 않으나 건축주의 요구나 특별히 설계자가 판단하여 필요한 경우는 내진등급을 구분하여 적용할 수 있음

(1) 일반적인 경우

① 내진등급 B : 방진장치가 부착되지 않은 일반기기
② 내진등급 A : 방진장치가 부착된 발전장치, 변압기 등

(2) 행정시설의 내진등급(수조 제외)

구분	방진 유무/기기 종류	일반기기	중요기기
일반시설	방진장치가 없는 기기	내진등급 B	내진등급 A
	방진장치가 설치된 기기	내진등급 A	내진등급 S
특정시설	방진장치가 없는 기기	내진등급 A	내진등급 S
	방진장치가 설치된 기기	내진등급 S	내진등급 S

(3) 내진등급의 적용

표 6-10 ▶ 내진등급에 따른 설계지진력의 할증계수

내진등급 S	내진등급 A	내진등급 B
2.0	1.5	1.0

5. 내진대책

1) 건축물에서의 대책

(1) 기초의 보강

전력기기 및 기초콘크리트의 수직하중과 지진에 의한 수평하중에 견디는 기초강도가 모든 설비에 보강되어야 함
① 하부 Fix는 필수적이고 측면 Fix도 부수적이 됨
② 기기와 옹벽 사이에 내진 보강재로 고정함

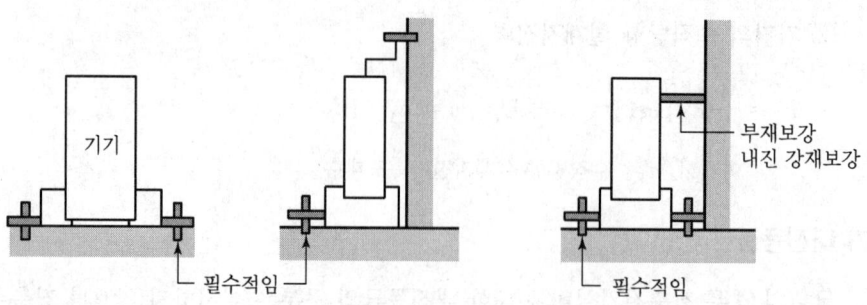

그림 6-61 ▶ 기초의 보강

(2) 부재의 보강

① 앵커볼트의 강도가 지진에 의한 수평하중에 따른 인장응력과 전단응력 이상이 되게 함
② 배관을 행거 등의 사용부재로 보강함

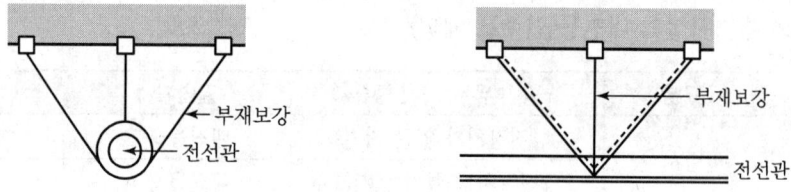

그림 6-62 ▶ 부재의 보강

2) 전기설비의 대책

(1) 수변전설비

① 변압기

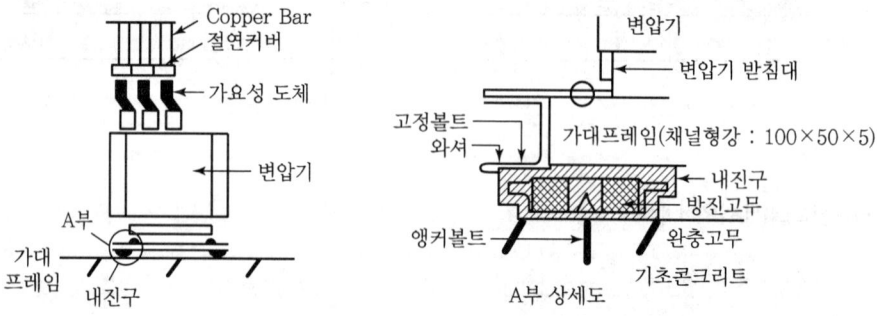

그림 6-63 ▶ 변압기 내진대책

㉠ 정적하중이 최대 고려사항
㉡ 방진장치가 있는 것은 내진 스토퍼 설치
㉢ 기계적 계전기의 불필요 동작방지대책
㉣ 애자는 0.3[G], 공진 3에 견딜 것
㉤ 기초볼트는 바닥에 견고히 고정
㉥ 변압기 용량, 중량에 의한 적정 방진고무를 설치
㉦ 변압기 접속전선은 진동에 여유가 있게 시설
㉧ 변압기 용량, 중량에 의해 내진구의 배치, 개수, 크기 고려
㉨ 저압 측을 동부스로 접속 시 가요성 도체를 필히 사용
㉩ 가요성 도체는 절연커버를 설치

② **수배전반**
㉠ 배전반은 상호 연결시킴
㉡ 바닥, 벽, 천장 등에 견고한 고정설비 설치
㉢ 배전반 내 취부 채널은 가능한 한 용접식을 적용함
㉣ 취부기기는 가능한 한 견고한 고정설비로 함
㉤ 각 수배전반은 각 반과 반 사이를 내진스프링과 앵커볼트로 고정함

③ **보호계전기**
㉠ 정지형 계전기나 디지털 계전기 사용
㉡ 판의 강성을 높여서 응답배율을 내림
㉢ 기초부를 보강

④ **일반설비**
㉠ 전기실은 지하층이나 저층에 시설
㉡ 옥외기기의 기초는 일체구조
㉢ 배관이나 리드선은 가요성을 부여함
㉣ 지진 시 변위량이 큰 것은 내진 스토퍼를 설치

(2) 예비전원설비

① 자가발전기

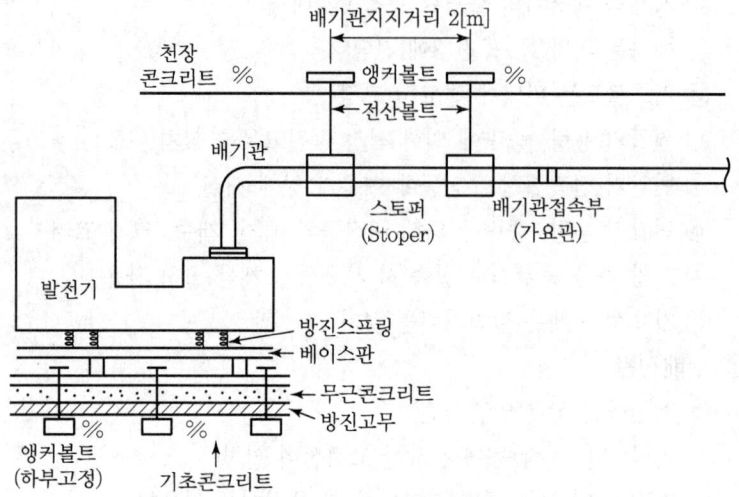

그림 6-64 ▶ 발전기 내진대책

㉠ 지진 후 안전하게 운전이 가능할 것
㉡ 방진고무와 앵커볼트로 하부를 고정하고, 원동기, 발전기에 방진장치를 시설 시 변위에 대한 유효한 구속력이 있는 스토퍼를 설치
㉢ 원동기의 배기, 냉각수, 연료, 윤활유, 시동용 공기의 각 출입구 부분, 배관 접속부에는 변위량을 흡수하는 가요관을 시설
㉣ 배기관 지지재는 2[m] 이하마다 설치
㉤ 배기관과 스토퍼의 상하 좌우 틈은 5[mm]로 함
㉥ 배기관 지지 강재의 치수 또는 직경을 기재할 것

② 축전지설비

㉠ 앵글 프레임을 용접방식으로 채용
㉡ 내진 가대의 바닥면 고정은 강도적으로 충분히 견딜 것
㉢ 축전지 상호 간 이동 틈을 없애고 이동 방지틀을 시설
㉣ 인출선은 가요성 있는 접속재로 충분한 길이로 S자형으로 할 것

(3) 엘리베이터

① 구조부분에 위험한 변형이나 레일 이탈 방지
② 로프나 케이블이 승강로 내의 돌출물에 걸리지 않게 함
③ 정전 및 운행 지장 시 가능한 신속히 정지시키는 지진 시 관제 운전장치를 설치함

6.7.3 방폭 전기설비

1. 개요

1) 가스 등의 가연물에 최소착화에너지 이상의 점화원과 산소가 결합 시 화재·폭발이 발생된다. 이러한 위험 분위기 속에서 사용이 가능하도록 기술적 조치를 한 설비가 방폭설비임
2) 국내의 경우 공장설비 등에서 IEC 기준을 근거로 설계가 이루어지고 있음

3) 화재·폭발 조건

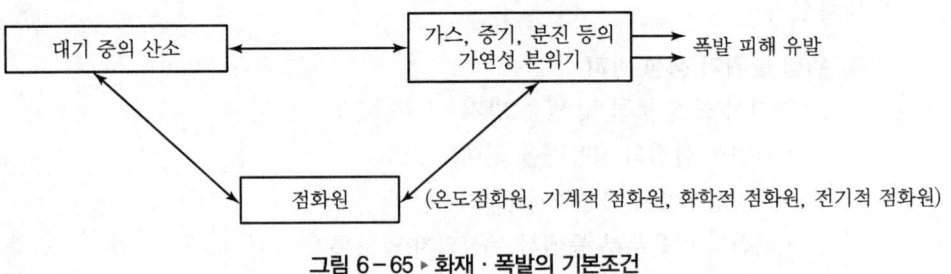

그림 6-65 ▶ 화재·폭발의 기본조건

3개 중에서 1개의 요소를 제거하면 화재·폭발의 발생을 막을 수 있음

2. 설치목적

1) 폭발성, 인화성 가스로부터 전기 사용 원인으로 인한 폭발 방지
2) 폭발성, 인화성 가스로부터의 안전 확보
3) 폭발성, 인화성 가스로부터 인명보호 및 재산보호
4) 재해의 예방

3. 점화원의 종류 및 화재폭발 방지대책

1) 점화원의 종류

구분	내용
온도에 의한 점화원	현재 타고 있는 불꽃, 과열에 의한 점화온도 이상에서 점화
전기적 점화원	전기적 스파크, 아크, 정전기, 선로의 단선, 지락사고 시 불꽃 아크
기계적 점화원	마찰, 단열압축, 충격
화학적 점화원	자연발화(분해, 산화 등에 의한 열 발생)

2) 전기기기 점화원

(1) **정상상태 운전 중 발생** : 개폐기, 정류기, 슬립링

(2) **과전류** : 불꽃이나 과열

(3) 고장으로 인한 불꽃, 아크 발생

3) 화재 폭발 방지 기본대책

가연성 가스와 점화원의 분리로 방지됨

(1) **방폭설비**

① 위험 분위기 생성 방지

㉠ 가연성 물질 누설 및 방출 방지
- 가연성 물질의 사용량을 최대한 억제
- 개방상태에서 사용하지 않도록 함
- 배관의 이음부분 등에서 누설되지 않도록 함

㉡ 가연성 물질의 체류 방지
- 누설되거나 방출되기 쉬운 설비는 옥외에 설치 또는 외벽이 개방된 건물에 설치함
- 환기가 불충분한 장소에서 강제환기로 체류 방지

② 전기설비의 점화원 억제

㉠ 점화원의 방폭적 격리
- 점화원을 주위의 가연성 물질과 격리(예 압력방폭구조, 유입방폭구조)
- 전기설비 내부에서 발생한 폭발이 주변 가연성 물질로 파급되지 않도록 실질적으로 격리(예 내압방폭구조)

㉡ 전기설비의 안전도 증강
정상상태에서 점화원이 되는 전기불꽃의 발생부 및 고온부에 대한 안전도를 증가시켜 고장 발생 확률을 0에 가깝게 한 방법(예 안전증 방폭구조)

㉢ 점화능력의 본질적 억제
약전류 회로의 전기설비와 같이 정상상태뿐만 아니라 사고 시에도 발생하는 전기불꽃 고온부가 최소착화에너지 이하의 값으로 되어 가연물에 착화할 위험이 없는 것으로 충분히 확인된 것을 말함(예 본질 안전 방폭구조)

(2) **분진방폭 전기설비**

① 전기기기를 위험장소가 아닌 곳에 설치하도록 계획
② 전기기기 설치장소에는 분진이 발생하거나 쌓이지 않도록 배려
③ 분진의 위험 종류에 따라 전기기기의 적합한 분진구조

4. 방폭구조의 종류

1) 내압 방폭구조(Flame Proof Type, d)

(1) 기기의 케이스는 전폐구조로 하고, 이 용기 내에 외부폭발성 가스가 침입하여 용기 내부에서 폭발하여도 파괴되지 않는 견고한 구조

(2) 폭발성 가스가 용기 틈으로 누설되어도 냉각 효과에 의해 외부 착화가 불가함

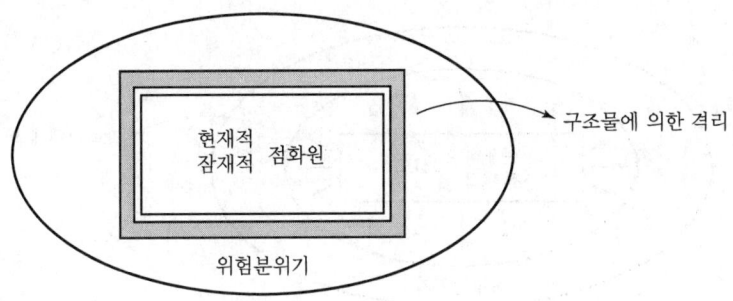

그림 6-66 ▶ 내압 방폭구조

(3) 용기가 견딜 수 있는 압력 규정

① 내부 용적이 $100[cm^3]$를 초과하는 것
   → 폭발등급 1, 2의 가스에 대해서 압력이 $10[kg/cm^3]$ 이상으로 규정

② 내부 용적이 $100[cm^3]$ 이하인 것
   → 폭발등급 1, 2의 가스에 대해서 $8[kg/cm^3]$ 이상으로 규정

(4) 적용

① 아크 발생기기 : 접점, 스위치등
② 표면 온도 상승 기기 : 전동기, 조명, 전열등

2) 유입 방폭구조(Oil Immersed Type, o)

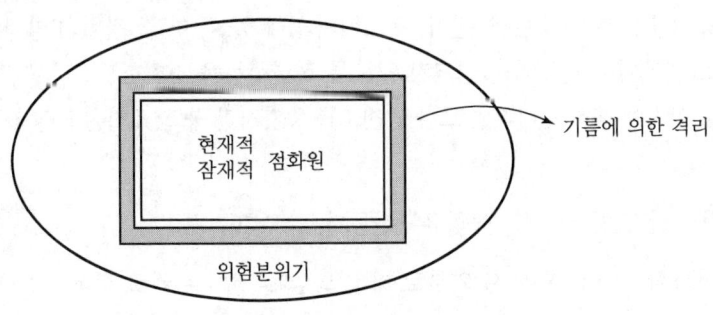

그림 6-67 ▶ 유입 방폭구조

(1) 전기기기의 불꽃, 아크, 고온 발생 부분을 유중(油中)에 담가 가스와 격리
(2) 유면으로부터 위험부까지 최소 10[mm] 이상 이격하고, 유면계를 설치하여 수시로 체크함
(3) **적용** : 탄광 방폭기기
(4) **주의사항** : 일정 유량 유지 및 과전류 방지

3) 압력 방폭구조(Pressurized Type, p)

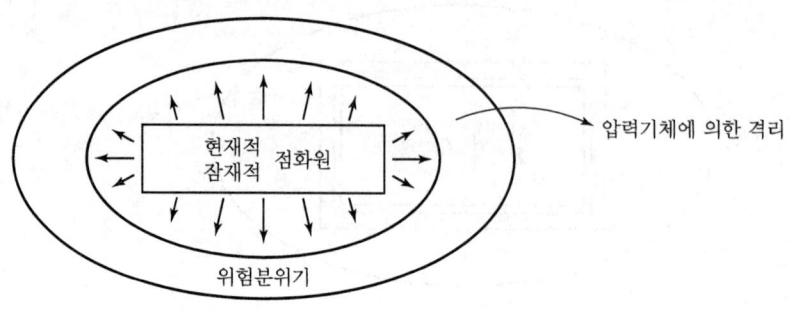

그림 6-68 ▶ 압력 방폭구조

(1) 점화원을 전기기기 용기 속에 넣고 공기, 불활성 가스를 압입하여 내압을 유지시켜 외부로부터의 폭발성 가스의 침입을 방지시킴
(2) **종류** : 통풍식, 봉입식, 밀봉식
(3) **적용** : 접점, 개폐기, 스위치
(4) **주의사항** : 용기 내 압력을 주위 대기압보다 수주 5[mm] 이상 높게 유지함
  ① 통풍식과 봉입식의 경우 그 내압방폭성을 확보하기 위해 시동 중 및 운전 중에 용기 내의 모든 점의 압력을 주위 대기압보다 수주 5[mm] 이상 높게 유지함
  ② 밀봉식의 경우 용기 내부의 압력을 확실하게 지시하는 장치를 시설하도록 되어 있음

4) 안전증 방폭구조(Increased Safety Type, e)

(1) 정상적인 운전 중에 접점, 단자, 전기기기 등에 불꽃, 아크, 과열의 발생이 방지되도록 한 구조(내부에서 불꽃이 발생되지 않도록 절연성능을 강화함)
(2) 온도 상승에 대하여 타 기기보다 안전도를 증가시킨 구조(표면온도 상승을 더 낮게 설계한 구조)
(3) **적용** : 단자 및 접속함, 농형유도전동기, 조명기구 등
(4) **주의사항** : 내부 폭발 시 외부로 파열 화염 발생의 우려로 사용장소 선정에 주의가 필요함

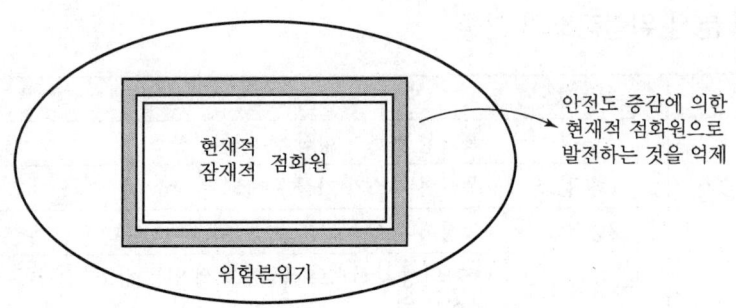

그림 6-69 ▶ 안전증 방폭구조

5) 본질안전 방폭구조(Intrinsic Safety, i)

(1) 점화원에 착화에너지가 주어지지 않아서 폭발성 가스가 있어도 점화 불가
(2) 온도 상승에 의한 점화는 될 수 있음

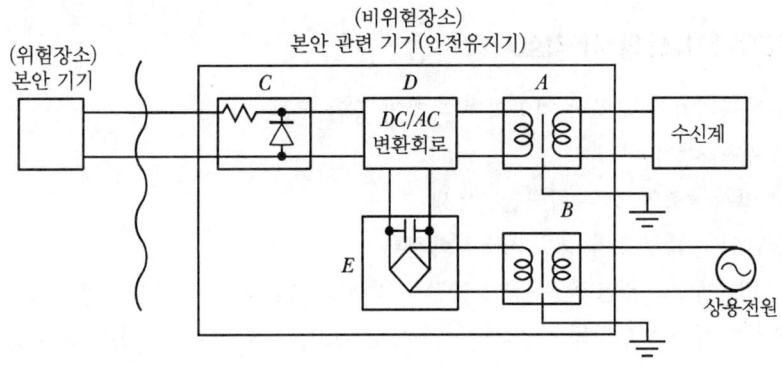

그림 6-70 ▶ 본질안전 방폭구조

(3) 특징

① 0종 장소 등과 같은 최악의 조건에서도 사용이 가능한 구조
② 에너지 조건 : 1.3[W], 30[V], 250[mA] 이내일 것

(4) 적용 : 신호기, 계측기, 전화기

6) 특수 방폭구조(Special Safety, s)

외부의 폭발성 가스에 인화를 방지할 수 있음을 시험에 의해 확인한 구조

5. 가스 및 분진 위험장소의 분류

종류	위험장소	정의
가스, 증기	0종 장소	폭발성 가스가 항상 존재하는 장소
	1종 장소	폭발성 가스가 가끔 누출되는 장소
	2종 장소	고장이나 실수로 가스가 누출되는 장소
분진위험장소	가연성 A종	• 가연성 분진으로 폭발위험성 있는 장소, 전기기가 점화원이 될 수 있는 장소
	가연성 B종	• 작업 시 분진 존재, 기기 내외부에 분진이 쌓여 방열을 방해, 착화 염려 장소
	폭연성 분진	• 폭연성 분진이 존재하거나 누적되어 폭발위험이 있는 장소
	유전성 분진	• 유전성 분진 존재, 분진폭발의 염려가 있는 장소 • 기기 내부 침입 절연 약화, 단락시킬 염려가 있는 장소

6. 방폭전기기기 선정 시 검토사항

1) 방폭전기기기가 설치된 지역의 방폭지역 등급 구분
2) 가스 등의 발화온도
3) 내압 방폭구조의 경우 최대안전틈새
4) 본질안전 방폭구조의 경우 최소점화전류
5) 압력 방폭구조, 유입 방폭구조, 안전증 방폭구조의 경우 → 최고표면온도
6) 방폭전기기기가 설치될 장소의 주변 온도, 표고, 먼지, 부식성 가스 또는 습기 등 환경(환기)조건
7) 보수 난이도와 보수능력
8) 경제성

7. 방폭설비 설치 설계 시 유의사항

1) 설계 시 방폭설비의 표시등급을 특별히 주의시켜야 함
2) 용도, 규모에 맞는 방폭구조 검토
3) 경제성 검토
4) 전기화재 폭발에 대한 기본적인 손실을 잘 파악해야 함

표 6-11 ▶ 주요 국가의 방폭지역 구분

국가 \ 위험분위기	지속적 위험분위기	통상 상태에서의 간헐적 위험분위기	이상상태에서의 위험분위기
IEC/유럽	ZONE 0	ZONE 1	ZONE 2
북미	DIVISION 1		DIVISION 2
한국/일본	0종 장소	1종 장소	2종 장소

표 6-12 ▶ 방폭지역의 방폭구조 적용

방폭지역	방폭구조
0종 지역	본질안전 방폭구조
1종 지역	본질안전, 내압, 유입, 압력 방폭구조
2종 지역	본질안전, 내압, 유입, 압력, 안전증, 특수 방폭구조

표 6-13 ▶ 방폭구조의 종류 구분

구분	내압방폭	유입방폭	압력압력	안전증방폭	본질안전방폭
KS	d	o	p	e	i
노동부 고시	E×d	E×o	E×p	E×e	E×i

표 6-14 ▶ 최대안전틈새의 분류

폭발성 가스의 분류	A	B	C
최대안전틈새 범위 (내압)	0.9[mm] 이상	0.5[mm] 초과 0.9[mm] 미만	0.5[mm] 이하
적용기기 (내압, 본질안전)	ⅡA	ⅡB	ⅡC
대표적 가스	암모니아, 일산화탄소	에틸렌, 도시가스	아세틸렌, 수소

표 6-15 ▶ 위험분위기가 존재하는 빈도, 시간

구분	빈도, 시간	IEC/유럽	한국/일본
지속적인 위험분위기	일반적으로 연간 1,000시간 이상	ZONE 0	0종 장소
통상상태에서의 간헐적 위험분위기	연간 10~1,000시간	ZONE 1	1종 장소
이상상태에서의 위험분위기	연간 0.1~10시간	ZONE 2	2종 장소

표 6-16 ▶ KS C IEC 기준 ▶ 가스 또는 증기발화온도와 기기등급 간의 관계

폭발위험장소 구분에 따라 요구되는 온도등급	가스 또는 증기의 발화온도[℃]	사용 가능한 기기 온도등급
T1	>450	T1-T6
T2	>300	T2-T6
T3	>200	T3-T6
T4	>135	T4-T6
T5	>100	T5-T6
T6	>85	T6

8. 방폭 전기 설치공사

1) 저압 방폭 전기배선

(1) 내압 방폭 금속관배선

① 내압성이 있는 금속관에 배선하는 것으로 전선관로 내에서 발생한 사고가 주위 위험 분위기로 파급을 방지함

② KSC 규정에 의한 시공
　㉠ 사용전선 : 600[V] 절연전선
　㉡ 전선관 : 후강금속관
　㉢ 전선관접속 : 5산 이상 나사부 사용
　㉣ 폭발화염 전파 방지 : Sealing Fitting의 Compound 충진

(2) 안전증 방폭 금속관배선

① 기계적, 전기적인 안전도를 증가시킨 금속관 배선방식
② Cable의 배선 : Cable 손상, 절연열화 방지
③ 절연전선 : 전선관과 부속은 안전증 방폭구조인 것 사용
④ 사용재료 : 내압 방폭 금속관 배선과 거의 유사

(3) Cable 배선

① 위험장소에서 Cable의 열적, 기계적, 전기적 안전도를 증가시킨 배선
② Cable 보호를 위해 금속 및 콘크리트 Duct, Tray를 사용함
③ Cable 접속은 가능한 한 회피

(4) 이동 전기배선

① 고정된 전원에서부터 이동 전기설비에 전기공급 혹은 이동 전기설비의 금속제 외함에 접지를 위한 배선이 필요함
② **사용전선** : 3종, 4종 캡타이어 Cable 사용
③ 전원과 이동 전기설비 접속 : 콘센트형 차입접속기가 사용됨

2) 고압 방폭 전기배선

(1) 케이블 배선에 의하며 케이블은 KSC의 고압 Cable로 함
(2) Cable 보호를 위한 보호관, Duct, Tray를 사용함

3) 본질안전회로 배선

(1) 본질안전회로의 배선이 본질안전 방폭의 성능을 저해하지 않도록 해야 함
(2) 비본질회로에서부터 정전유도, 전자유도를 받지 않도록 금속관 내에 넣고 접지하거나 차폐해야 함

9. 방폭 전기설비의 전기적 보호

방폭 전기설비에서의 전기회로가 지락, 과전류, 온도 상승 등에 의해 이상이 발생할 우려가 있는 경우에는 이것을 조기에 검출하고 또한 그 원인을 제거하여 점화원으로 되는 것을 억제하기 위한 전기적 보호를 해주어야 한다.

1) 지락보호

전로에 지락사고가 일어난 경우에 전로를 즉시 차단할 수 있는 지락차단장치를 설치해야 하며, 발생한 지락이 점화원으로 될 가능성이 희박한 경우에 한해서 제거하여야 함

2) 과전류 보호

(1) **단락전류 보호**

전로에서 단락이 발생한 경우에는 즉시 그 단락 현상을 자동적으로 검출하는 장치를 설치하고, 또한 즉시 그 전로를 자동적으로 차단하는 보호장치를 설치해야 함

(2) **과부하전류 보호**

전로에 과부하전류가 흐를 경우에는 즉시 그 전류를 자동적으로 차단하는 보호장치를 설치해야 하며, 이것이 점화원으로 될 가능성이 희박한 경우에 한해서 자동경보장치를 설치하는데, 이 경우에는 가능한 한 신속하게 그 원인을 제거해 주어야 함

3) 노출도전성 부분의 보호접지

전기설비의 금속제외함, 전선관, 전선관용 부속품, 케이블의 금속제 Sheath 등의 노출도전성 부분은 모두 보호접지를 해주어야 함

6.7.4 전기방식

1. 부식현상

금속의 화학적 침식현상으로 지중매설금속체 표면에서 전위차가 발생하여 양극부·음극부가 발생되고 전해질이 존재할 때 양극부의 금속이 전해질 속으로 용해됨으로써 발생된다.

2. 부식에 영향을 미치는 요인

1) 전해질(토양의 특성, 함수량)
2) 온도, 용존산소, 염수농도
3) PH
4) 토양의 저항률

3. 부식의 종류

1) 건식

   (1) 고온가스에 의한 부식
   (2) 비전해질에 의한 부식으로 주로 가공 Cable에 문제

2) 습식

   (1) 전식

   ① 양극의 표면에서 전류가 전해질로 유출하는 지점에서 산화반응이 일어남으로써 전식이 발생하며 보통 DC일 때 잘 일어남
   ② Faraday 법칙
      ㉠ 제1법칙 : 전류의 통과로 생기는 반응물질의 양은 통과한 전기량에 비례함
      ㉡ 제2법칙 : 같은 전기량에 의해 전해되는 물질의 양은 그 화학당량에 비례함

   (2) 자연부식(화학부식)

   콘크리트, 토양, 이종 금속, 박테리아 등의 자연전위차에 의해 양극부, 음극부가 형성되어 부식이 발생함
   ① 국부전지 부식(Micro Cell 부식)
      금속의 표면은 불순물, 산화물, 피막, 결정의 구조의 흩어짐으로 인해 매우 불균일한 상태이므로 같은 금속이라도 부분적인 전위차로 인한 국부전지가 형성되어 부식이 발생함

② 이종 금속접촉 부식
   종류가 다른 금속이 결합하여 전지를 형성하여 부식이 되는 것으로 전극전위가 낮은 금속이 양극이 되어 양극부분에 부식이 발생함
③ 농담전지 부식(Macro Cell 부식)
   같은 금속의 다른 부분에서 액 중의 염류농도나 산소 등의 용해되어 있는 가스량이 다른 경우 금속 표면에 양극부분과 음극부분이 형성되며 양극부분에 부식이 발생함
④ 세균 부식
   매설된 금속체의 부식은 토양 중에 서식하는 세균에 의해 현저하게 촉진됨

4. 금속의 자연전위열 부식 발생

금속의 종류	자연전위열[V]
백금	+0.33
금	+0.18
은	−0.6
동	−0.17
니켈	−0.24
주석	−0.46
강·주철	−0.45~−0.65
알루미늄	−0.78
마그네슘	−1.60

1) 하단의 금속일수록 상단에 위치하는 금속보다 이온화 경향, 즉 부식 경향이 큼
2) 따라서 동과 마그네슘이 접촉 시 마그네슘이 부식되게 됨

5. 부식 발생 조건과 발생 메커니즘

1) 부식 발생 조건

(1) 양극과 음극의 연결도선
(2) 양극부와 음극부의 전위차
(3) 전해질(토양, 해수, 단수 등)

2) 부식 발생 메커니즘(Mechanism)

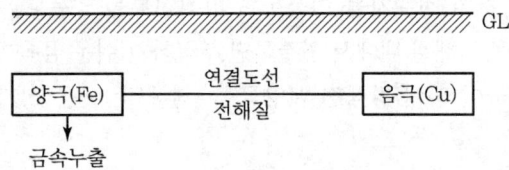

그림 6-71 ▶ 부식 발생도

(1) 매설구조체 금속 표면에 전위차가 발생하여 부식전위열이 낮은 철(Fe)이 양극부, 부식전위열이 높은 구리(Cu)가 음극부를 형성한 경우
(2) 전해질이 존재할 때
(3) 양극부의 철(Fe)이 전해질 속으로 용해됨으로써 부식이 발생됨

(4) 화학반응식

① 양극 : $Fe \rightarrow Fe^{2+} + 2e^-$ (산화작용 : 부식)
② 음극 : $Cu^{2+} + 2e^- \rightarrow Cu$ (환원작용 : 방식)

6. 부식 방지대책

1) 방식피복 및 환경개선

방식피복	환경개선
매설금속 등을 폴리에틸렌라이닝 등의 재료로 피복	매설 배관의 주변을 모래로 치환

2) 전기방식

매설금속의 노출면에 직류방식 전류를 공급함으로써 부식을 막는 방식으로, 전기방식법은 크게 유전양극법, 외부전원법, 배류법 등으로 나눌 수 있음

(1) 희생양극법(유전양극법)

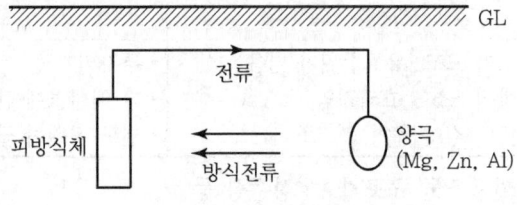

그림 6-72 ▶ 희생양극법

① 원리

이종 금속 간의 전위차를 이용하여 방식전류를 얻는다. 피방식 금속보다 부식하기 쉬운 금속을 전해질 내에서 연결하면 부식하기 쉬운 금속이 양극(Mg, Zn, Al) 피방식 금속이 음극이 되어 방식전류(양극 → 전해질 → 음극)가 흐르게 되어 방식 효과를 얻음

② 장단점

장점	단점
• 별도 전원 불필요	• 방식 효과가 적음
• 구조가 간단하고 분산배치가 용이함	• 강한 전식 효과에 불리
• 공사비 저렴	• 일정기간 후 양극재 보충 필요
• 과방식 우려가 없고 타 금속체에 간섭이 없음	• 방식전류 조절 불가

③ 적용 : 소규모 저장탱크 등

(2) 외부전원법

① 원리

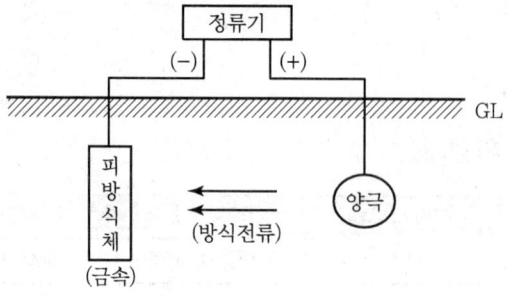

그림 6-73 ▶ 외부전원법

직류 전원 장치(정류기)의 (+)단자에 전해질 내 설치한 양극을 접속하고 음극에 피방식 금속을 접속한 후 전압을 가해 양극으로부터 전해질을 통해 방식전류를 흐르게 하여 부식을 방지함

② 장단점

장점	단점
• 방식 효과가 크고, 유효범위가 넓음	• 투자비가 큼
• 장거리 방식구조에 효과적임	• 타 매설물에 간섭
• 전류, 전압조정이 용이	• 별도 전원이 필요함

③ 적용 : 매설구조물 규모가 큰 정수장 등

(3) 배류방식

매설금속에 유입한 전기철도로부터의 전류를 대지에 유출시키지 않고 직접 레일에 되돌려주는 방식으로 직접, 선택, 강제배류라는 3가지가 있으며 선택배류법을 많이 사용하고 있다. 선택배류법은 매설금속관과 전철 레일 사이에 선택배류기를 접속한 것으로 선택배류기는 전위가 전철 레일에 대해 가장 높고 장시간에 걸쳐 정(+)전위가 되는 장소에 설치하는 것이 효과적임

① 직접배류 방식
  ㉠ 원리 : 피방식 구조물과 레일을 직접 접속시켜 레일의 누설전류가 직접 피방식 구조물로 통하게 하여 부식을 방지하는 것으로 누설전류가 경미한 곳에 적용함

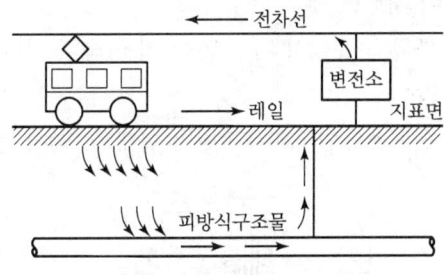

그림 6-74 ▶ 직접배류법

  ㉡ 장단점

장점	단점
• 구조가 간단함 • 비용이 가장 적음	• 전철 휴지기간 동안 피방식 구조물이 무방식임 • 역방향으로 운행 시 부식 발생

  ㉢ 적용 : 변전소가 하나이고 역류가 없는 곳에 적용함

② 선택배류 방식
  ㉠ 원리 : 직접배류 방식에서 전차부하의 변동, 변전소 부하의 분담 변화 등으로 레일에 저전위가 되어 역전류가 흐르는 것을 방지하기 위해 Diode를 설치하여 부식을 방지함

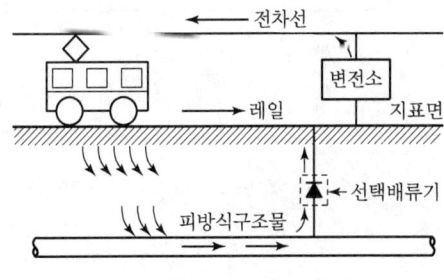

그림 6-75 ▶ 선택배류법

ⓒ 장단점

장점	단점
• 전철의 누설전류를 이용함 • 유지비가 저렴함	• 전철 위치에 따라 효과범위가 제한됨 • 전철의 휴지기간에는 방식 효과가 없음

ⓒ 선택배류기 조건
- 레일과 피방식 구조물 사이에 가해지는 광범위한 전압을 선택적으로 배류
- 급격한 전압변동에 대해서도 충분한 동작을 할 것
- 정방향에 대해서는 저저항, 역방향에 대해서는 역전류 특성을 유지
- 고장이 없어야 하고 유지보수성이 우수할 것
- 가격이 저렴할 것

ⓔ 특징 : 배류법 중에서 가장 많이 적용(국내 지하철에 적용)

③ 강제배류 방식

㉠ 원리 : 선택배류법+외부전원법 형태로, 항시 배류되어 피방식 구조물을 방식함

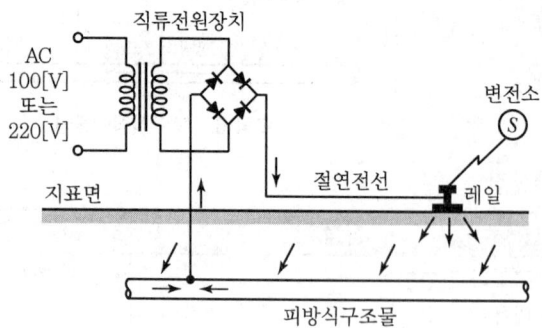

그림 6-76 ▶ 강제배류법

ⓒ 장단점

장점	단점
• 효과범위가 넓고, 전압, 전류 조정이 쉬움 • 전철 휴지기간에도 방식이 가능 • 외부전원법에 비해 저렴	• 타 매설물에 간섭 • 전철 신호 장해 우려 • 별도 전원 필요

7. 부식 관련 접지 시공 시 고려사항

1) 이종 금속 간 접속 억제

이종 금속 간 접속 시 전위차 발생으로 부식 발생

2) 이종 금속 간 접속 시 중간 부식 전위의 금속 삽입

CU	Sn	Al
	(삽입)	

부식전위 : e_1 (Al) > e_2 (Sn) > e_3 (Cu)

(1) 이종 금속(Al + CU) 접속 시, Faraday 법칙에 의한 부식량 검토(Q)

$$Q = Kit(e_1 - e_3)^n [kg/년]$$

여기서, K : 전해질 형태
I : 유출전류[A]
e : 금속전위
$n ≒ 8$

(2) 중간 부식 전위의 금속 삽입 시 부식량(Q')

$$Q' = Kit\{(e_1 - e_2)^n + (e_2 - e_3)^n\}$$

(3) 변압기와 저압부스바(Cu + Al) 등의 접속 시 검토가 필요

8. 결론

1) 전기철도에서 적용되는 강제배류법은 선택배류법에 비해 10배 이상 레일의 전식을 일으키며, 인접 시설물의 간섭문제, 지중매설배관 및 금속시설물에 대한 총체적인 전식대책의 마련이 시급함
2) 외국의 경우 신기술 개발 및 신제품 개빌에 매진하고 있는 실정
3) 국내의 경우 우수한 전력 IT기술과 전력설비의 방식 기술의 접목으로 방식 예방을 통한 안전성 확보, 신뢰성 확보, 환경오염 및 대형사고 예방, 경제적 손실 방지 등이 이루어져야 할 것으로 판단함

6.7.5 전기화재

1. 개요

1) 전기화재란 전기를 사용하는 발열체가 발화원이 되는 화재의 총칭
2) 전기회로 중 방전 발화의 경로 중에 가연성 가스 등의 가연물이 존재하여 연소조건에 부합되는 경우 발생됨
3) 전체 화재 건수 중 가장 높은 비율을 차지하는 전기화재와 관련된 ① Mechanism, ② 원인, ③ 특징, ④ 대책에 대해 설명함

2. 발생 Mechanism

1) 도체에 전류(I)가 흐를 때 발열량 $Q = I^2 \cdot R \cdot T [J]$가 발생됨

    여기서, I : 전류[A], R : 저항[Ω], T : 시간[sec]

2) 이때 I, R, T에 의해 발열량이 결정됨

3) IV 전선의 경우

    (1) 200~300[%]의 과전류에서 열분해로 인한 피복 변형
    (2) 500~600[%]의 과전류에서 용융상태로 인한 가연성 가스 등이 발생됨

4) 전선의 자체 발열량(Q)이 점화원이 되고 가연성 가스가 대기 중의 공기(21[%])와 연소범위를 형성 시 발화됨

3. 전기화재의 원인

1) 전류 Factor

    (1) 과부하전류

    ① 정격부하 이상의 과부하 상태에서 발생됨
    ② 과전류가 증가할수록 절연체의 열적 열화가 빨라짐
    ③ 실계통에서 가장 많은 전기화재의 원인이 됨

    (2) 단락전류

    ① 선간 Short 상태에(사고 등) 한하여 발생됨
    ② 정격전류의 수십 배의 전류가 단락시간(약 2초) 동안 방열량 ≪ 발열량일 때 Cable에 열적 열화의 원인이 되어 전기화재가 발생됨

(3) 지락전류

① 지락사고 등에 의한 지락점에서 발화가 됨
② 인화성 물질과 산소 등의 연소범위 내에 전기화재가 발생됨

2) 저항(R) Factor

접촉부가 불완전 시 그 부분의 접촉저항이 증가하며 국부적인 발열이 발생됨

3) 열적 경과시간(T) Factor

전등, 전열기 등의 가연물 주위 사용 환경이 열방산이 용이치 않을 경우 일정시간의 열축적 과정에 의해 발화하게 됨

4) 기타

(1) Spark

스위치 개폐, 회로단락 등의 Spark가 가연성 가스 등으로 착화되어 발생됨

(2) 절연열화, 탄화전로

유기물 절연체의 탄화 현상으로 인해 탄화도전로 생성 및 국부적인 가열로 인해 발화가 됨

(3) 정전기

① 정전기가 발생하는 장소에서 가연성 가스 등의 가연물에 최소 착화에너지 이상의 정전기가 점화원으로 작용 시 발생됨
② 특히 위험물 취급 장소에서 많이 발생함

(4) 낙뢰

낙뢰 발생 시 접지저항값 등이 충분치 못할 경우 역섬락전압이 저압기기에 열적 손상 및 발화의 원인이 되게 함

4. 전기화재의 특징

1) 유독성 가스 성분이 발생(HCl 등)
2) 부식성 가스 발생
3) 연소 에너지의 열기가 강함(인공 고분자 물질)
4) 연소의 직진성과 빠른 연소

5) 화점 확인 애로 및 소화장해
6) 정전 및 통신선로의 파급사고 확대 가능성

5. 대책

1) 과전류

(1) 과부하 설비를 제한함(문어발식 배선 사용 억제)
(2) KEC 규격에 적합한 전선 선정
(3) KEC 규격에 적합한 차단기 선정
(4) 전기엔지니어에 의한 설계, 시공, 감독 강화 등

2) 단락전류

(1) 단락이 발생될 수 있는 경로를 차단시킴
(2) 단락 시에 견디는 전선 및 적합한 차단기 선정
(3) 전선 인출부 등 단락 가능성이 있는 배선의 관리 강화

3) 지락전류

(1) 지락검출 및 차단시스템 설계
(2) 지락점 주위에 가연성 가스 등의 제거

4) 기타 점검 강화

(1) 접촉부의 조임 확인
(2) 열 발생이 많은 장소에서 방열방법 적극 검토
(3) 정전기 억제 등

6. 결론

1) 전기화재의 경우 아직도 국내에서 차지하는 비중이 가장 큼
2) 여러 가지 경로를 통해 화재가 발생될 수 있음
3) 전기설계, 시공, 감리 시 이러한 부분의 철저한 검토와 지속적인 유지보수 등으로 인해 전기로 인한 점화원이 되지 않도록 해야 함

6.7.6 항공장애등

1. 개요

항공장애등은 비행 중인 항공기 조종사에게 장애물의 존재를 알려 위험요소를 제거하기 위한 것으로 항공장애표시등과 항공장애 주간표지로 구분되며, 「항공장애표시등과 항공장애주간표지의 설치 및 관리기준」, 「공항시설법」에서 제시하는 기준에 맞게 설치해야 한다.

2. 장애물 제한표면의 정의 및 종류(「공항시설법」 기준)

1) 정의

항공기의 안전운항을 위하여 공항 또는 비행장 주변에 장애물(항공기의 안전운항을 방해하는 지형·지물 등)의 설치 등이 제한되는 표면

2) 종류

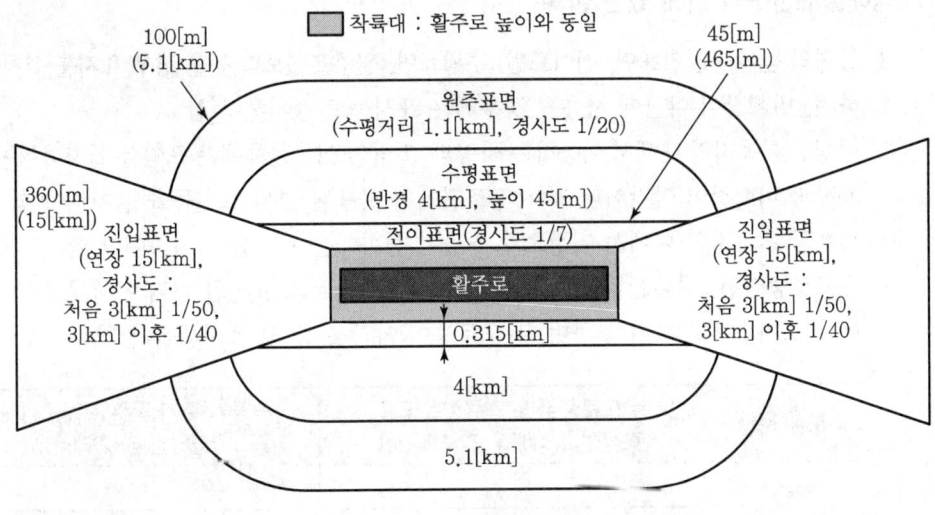

그림 6-77 ▶ 장애물제한표면

(1) 진입표면

착륙대 끝(폭 300[m])에서 3[km]까지는 1/50, 그 이후부터 15[km]까지는 1/40의 경사도(종점, 폭 4.8[km])를 갖는 사다리꼴 표면(착륙대 끝에서 15[km]까지, 높이 360[m])

(2) 전이표면

착륙대의 측변 및 진입표면 측변의 일부에서 수평표면에 연결되는 외측 상방으로 1/7의 경사도를 갖는 복합된 표면(착륙대 측변에서 315[m]까지, 높이 45[m])

(3) 수평표면

활주로 중심선 끝에서 60[m] 연장한 지점에서 반경 4[km] 원호를 그리고 두 원호를 연결해 주는 접선 표면(높이 45[m])

(4) 원추표면

수평표면 원주로부터 외측 1.1[km]까지 상방으로 1/20의 경사도를 갖는 표면(높이 100[m])

3. 장애물제한구역(항공장애 표시등과 항공장애 주간표지의 설치 및 관리기준)

장애물제한표면이 지표 또는 수면에 수직으로 투영된 구역

4. 설치대상(항공장애 표시등과 항공장애 주간표지의 설치 및 관리기준)

1) 장애물제한구역 안에 있는 물체

(1) 물체의 높이가 진입표면, 전이표면, 수평표면, 원추표면보다 높을 경우 표지를 설치하여야 하며, 비행장이 야간에 사용될 경우에는 표시등도 설치해야 함
(2) 비행장 이동지역 내에서 이동하는 차량과 그 밖의 이동물체에는 표지를 설치하여야 하고, 차량과 비행장이 야간이나 저 시정조건에서 사용될 경우 표시등을 설치해야 함
(3) 비행장 이동지역 내에서 지상으로 노출된 등화에는 표지를 설치하여야 함
(4) 유도로중심선, 계류장유도로, 항공기 주기장 주행로와 규정한 거리 이내에 있는 장애물에는 표지를 시설하여야 하며, 유도로등이 야간 사용 시 표시등을 설치해야 함

분류 문자	유도로중심선, 계류장유도로 중심선과 장애물 간 거리[m]	항공기 주기장 주행로 중심선과 장애물 간 거리[m]
A	15.5	12
B	20	16.5
C	26	22.5
D	37	33.5
E	43.5	40
F	51	47.5

주) 분류문자는 「공항시설법 시행규칙」 제16조에 의한 분류 문자를 기준으로 한다.

(5) 그 밖의 물체들(수로나 고속도로와 같은 시계비행로에 인접한 물체를 포함)중에서 지방항공청장이 항공기에 대한 위험요소라고 판단되는 물체는 표시등이나 표지를 설치하여야 함

2) 장애물제한구역 밖에 있는 물체

(1) 지표 또는 수면으로부터 150[m] 이상 높이의 물체나 구조물에 표시등과 표지를 설치하여야 함
(2) 굴뚝, 철탑, 기둥, 계류기구, 풍력터빈 등 높이가 60[m] 이상인 물체나 구조물에는 표시등과 표지를 설치하여야 함
(3) 그 밖의 물체들(수로나 고속도로와 같은 시계비행로에 인접한 물체를 포함) 중에서 지방항공청장이 항공기에 대한 위험요소라고 판단되는 물체는 표시등이나 표지 중 적어도 하나를 설치하여야 함

5. 항공장애 표시등과 표지의 설치 면제(항공장애 표시등과 항공장애 주간표지의 설치 및 관리기준)

1) 항공장애 표시등 설치 면제

(1) 표시등이 설치된 물체로부터 반경이 600[m] 이내에 위치한 물체로서 그 높이가 장애물 차폐면보다 낮은 물체

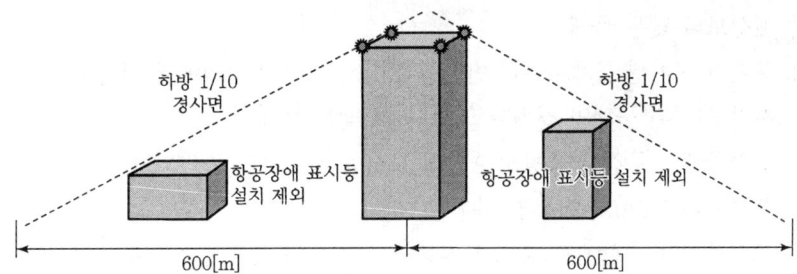

그림 6-78 ▶ 항공장애 표시등 설치 제외 대상 물체

(2) 표시등이 설치된 물체로부터 반지름 45[m] 이내의 지역에 위치한 물체로서 높이가 표시등이 설치된 물체와 같거나 그보다 낮은 물체

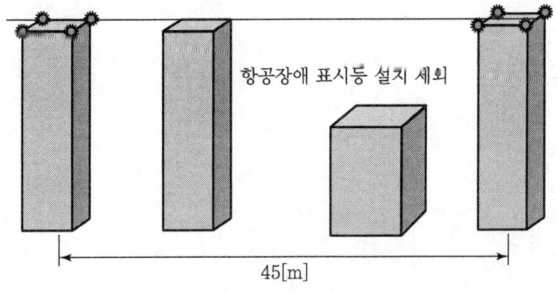

그림 6-79 ▶ 항공장애 표시등 설치 제외 대상 물체

(3) 등대(Lighthouse)로서 지방항공청장이 정한 광도기준을 충족한다고 인정한 경우
(4) 비행장 이동지역 내에 설치되는 항공등화 및 표지
(5) 진입표면, 전이표면, 보다 높게 위치한 고정물체가 다른 고정장애물 또는 수목 등 자연장애물의 장애물차폐면보다 낮은 경우
(6) 수평표면 또는 원추표면보다 높게 위치한 이동이 불가능한 물체 또는 지형에 의해 광범위하게 장애가 되는 곳에서는 공고된 비행로 미만으로 안전한 수직 간격이 확보된 비행절차가 정해져 있는 경우
(7) 수평표면 또는 원추표면보다 높게 위치한 고정물체가 고정장애물 또는 수목 등 자연장애물에 의하여 차폐되는 경우
(8) 수평표면 또는 원추표면보다 높게 위치한 고정물체가 지방항공청장의 항공학적 검토 결과 항공기의 항행 안전을 해칠 우려가 없다고 판단되는 장애물
(9) 장애물제한구역 밖에서 지표 또는 수면으로부터의 높이가 150[m] 미만인 가공선이나 케이블 현수선, 지선, 계류용선

2) 항공장애표지 설치 면제

(1) 표지가 설치된 물체로부터 반지름 600[m] 이내에 위치한 물체로서 그 높이가 장애물 차폐선보다 낮은 물체
(2) 표지가 설치된 물체로부터 반지름 45[m] 이내의 지역에 위치한 물체로서 그 높이가 표지가 설치된 물체와 같거나 그보다 더 낮은 물체
(3) 고정물체가 주간에 중광도 A형태 표시등에 의하여 조명되고 그 높이가 지표 또는 수면으로부터 150[m] 이하인 경우
(4) 고정물체가 주간에 고광도 표시등을 설치하여 운용하는 경우
(5) 전압 400[kV] 이상의 전력선을 지지하는 구조물로서 안전상 표지 설치가 곤란한 전선지지대(Arm) 부분

6. 항공장애등 종류 및 성능(항공장애 표시등과 항공장애 주간표지의 설치 및 관리기준)

성능 종류	색체	신호형태 (섬광/fpm)	배경휘도의 최대광도(cd)		
			500cd/m² 이상 (주간)	50~500cd/m² (박명)	50cd/m² 미만 (야간)
저광도 A (고정장애등)	적색	고정	비해당	비해당	10
저광도 B (고정장애등)	적색	고정	비해당	비해당	32
저광도 C (이동장애등)	노란/파란색	섬광 (60~90)	비해당	40	40
저광도 D (지상유도차량)	노란색	섬광 (60~90)	비해당	200	200
저광도 E	적색	섬광 (C)	비해당	비해당	32
중광도 A	흰색	섬광 (20~60)	20,000	20,000	2,000
중광도 B	적색	섬광 (20~60)	비해당	비해당	2,000
중광도 C	적색	고정	비해당	비해당	2,000
고광도 A	흰색	섬광 (40~60)	200,000	20,000	2,000
고광도 B	흰색	섬광 (40~60)	100,000	20,000	2,000

주) (C) : 풍력터빈에 적용하는 경우에는 섬광 주기를 터빈 상부의 항공장애 표시등과 동일하게 하여야 함

7. 항공장애 표시등의 설치기준(항공장애 표시등과 항공장애 주간표지의 설치 및 관리기준)

1) 비행장 내 이동지역 내 이동성 물체

(1) 비상용 차량 또는 보안용 차량에는 저광도 C형태의 파란색 섬광표시등을 사용할 것
(2) 일반차량이나 그 밖의 이동물체에는 저광도 C형태의 노란색 섬광표시등을 사용할 것
(3) 지상유도 차량에는 저광도 D형태의 노란색 섬광표시등을 사용할 것
(4) 탑승교와 같이 기동성이 제한된 물체는 저광도 A형태의 표시등을 사용할 것

2) 고정물체

(1) 높이가 45[m] 미만인 물체

① 저광도 B형태의 표시등을 사용할 것
② 물체가 넓은 범위에 걸친 단일 물체인 경우 중광도 A나 B 또는 C형태의 표시등을 사용할 것
③ 저광도 A, B형태의 표시등 사용이 부적절한 경우 중광도 표시등이나 고광도 표시등을 사용할 것
④ 저광도 B형태의 표시등은 단독으로 사용하거나 중광도 B형태 표시등과 혼합하여 사용할 것
⑤ 중광도 B형태 표시등은 단독으로 사용하거나 저광도 B형태 표시등과 혼합하여 사용할 것
⑥ 중광도 A나 C형태의 표시등은 단독으로 사용할 것

(2) 지표 또는 수면으로부터 45[m] 이상 150[m] 미만인 물체

다음 각 호의 중광도 A나 B 또는 C형태의 표시등을 설치해야 함

① 물체에 중광도 A형태 표시등이 사용되는 경우, 물체의 꼭대기가 지상이나 근처 건축물의 최상부들의 높이보다 105[m] 이상 높을 때 물체 중간에 추가로 A형태 표시등을 설치해야 하고 균일한 간격으로 하며 105[m] 간격을 넘지 않을 것
② 야간시간대에만 사용 중인 중광도 A형태 표시등이 조종사나 환경에 영향을 줄 때 중광도 C형태를 단독으로 사용하거나 중광도 B형태 표시등과 저광도 B형태 표시등을 조합하여 사용할 것
③ 물체에 중광도 B형태 표시등이 사용되는 경우 물체의 꼭대기가 지상이나 근처 건물들의 최상부들의 높이보다 45[m] 이상 높을 때 물체 중간에 저광도 B, 중광도 B형태의 표시등을 교대로 하여 가능한 한 균일 간격으로 설치해야 하며 52.5[m] 간격을 넘지 않을 것

(3) 지표 또는 수면으로부터 150[m] 이상인 물체

① 고광도 A형태 표시등을 지상과 물체의 최상부 사이에 105[m] 이내의 균일간격으로 설치함
② 24시간 사용 중인 고광도 A형태 표시등이 조종사나 환경에 영향을 줄 때 이중 등화 시스템을 구성할 것(주간 및 박명시간 → 고광도 A, 야간 → 중광도 B, 저광도 B 또는 중광도 C 단독 사용)

(4) 계류기구

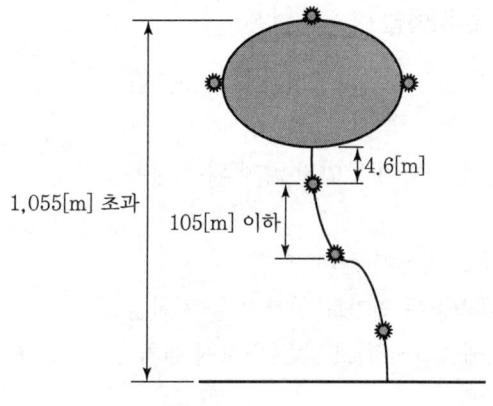

그림 6-80 ▶ 계류기구

① 중광도 A형태 표시등을 기구의 정상, 돌출부 및 꼬리부 및 기구로부터 4.6[m] 하단의 케이블 부분에 설치하여야 함
② 24시간 사용 중인 중광도 A형태 표시등이 야간에 조종사 및 환경에 영향을 주는 경우 이중 등화 시스템으로 함(주간 및 박명시간 → 중광도 A, 야간 → 중광도 B, 저광도 B 사용)
③ 야간시간대용만으로 중광도 A형태 표시등이 조종사 및 환경에 영향을 줄 때 중광도 C형태 표시등 단독 사용 혹은 중광도 B와 저광도 B형태 표시등을 조합하여 사용함
④ 항공장애 표시등 설치가 불가능한 경우 → 평균 160[lx] 이상 밝기로 조명함

(5) 풍력터빈

① 1개 이하의 풍력터빈
　㉠ 전체 높이가 150[m] 미만인 풍력터빈은 조종사가 어느 방향에서나 볼 수 있도록 터빈 상부에 중광노 A나 B 또는 C형태 표시등을 설치할 것
　㉡ 전체 높이가 150[m]에서 315[m]인 풍력터빈은 조종사가 어느 방향에서나 볼 수 있도록 터빈 상부에 2개의 중광도 A나 B 또는 C형태 표시등을 설치
② 2개 이상의 풍력터빈이 있는 풍력발전단지
　㉠ 상기 ㉠에 따라 표시등을 설치함
　㉡ 풍력발전단지 내의 표시등의 설치간격은 900[m] 이내여야 함
　㉢ 집단의 경계가 잘 나타나도록 설치하여야 하며, 섬광등이 설치되는 곳에서는 풍력발전단지 전체에 등이 동시에 섬광되도록 설치하여야 함
　㉣ 풍력발전단지 내에서 상당히 높은 고도에 위치한 모든 풍력터빈은 위치에 관계없이 식별이 가능하도록 하여야 함

8. 항공장애 표시등 설치방법(항공장애 표시등과 항공장애 주간표지의 설치 및 관리기준)

1) 항공장애 표시등 설치방법

(1) 임의의 방향에서 접근하는 조종사가 표시등을 볼 수 있게 함
(2) 인접 장애물 등에 의하여 보이지 않게 되는 경우에는 추가 설치
(3) 가능한 한 장애물 정상에 설치
(4) 그림과 같이 굴뚝등은 연기로 인한 기능 저하를 최소화하기 위해 1.5~3[m] 낮은 위치에 설치

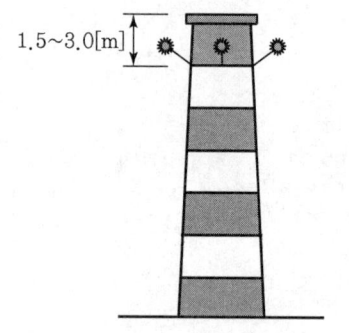

그림 6-81 ▶ 항공장애표시등 설치위치

(5) 굴뚝등의 설치수량

지름	6m 이하	6m 초과 31m 이하	31m 초과 61m 이하	61m 초과
설치수량	3개 이상	4개 이상	6개 이상	8개 이상

(6) 하나의 물체에 설치된 고광도 A형태, 중광도 A와 B형태 표시등은 동시에 섬광되어야 함

2) 항공장애 표시등 종류에 따른 설치방법

(1) 저광도 항공장애 표시등

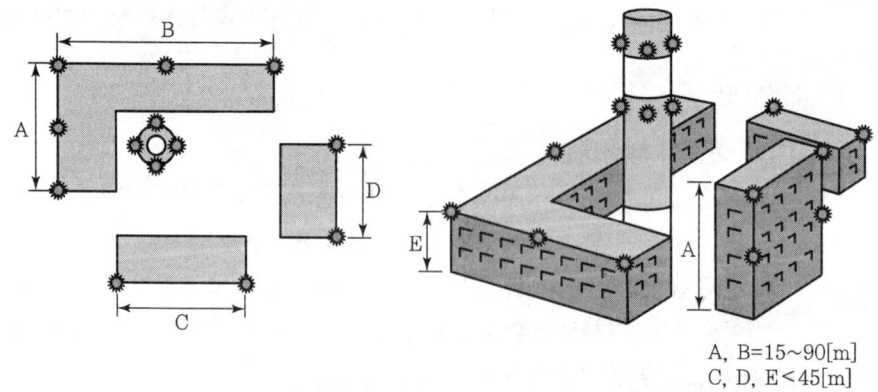

A, B=15~90[m]
C, D, E<45[m]

그림 6-82 ▶ 저광도 항공장애 표시등 설치방법

① 넓은 범위에 걸친 단일 물체나 서로 떨어져 있는 여러 개의 물체들이 밀접하게 모여 형성된 하나의 집단에 대한 전체적인 윤곽을 나타내기 위하여 저광도 표시등을 설치할 경우
② 설치 간격은 수평으로 45[m] 이내여야 함

(2) 중광도 항공장애 표시등

구분	내용
중광도 A형태	① 단독으로만 설치함(타형태 표시등과 조합설치 불가) ② 동일 구조물, 동일 군집물체에 설치 시 동시 섬광함
중광도 B형태	① 단독으로 사용하거나 저광도 B형태와 함께 사용 ② 동일구조물에 설치 시 동시 섬광
중광도 C형태	단독으로만 설치

(3) 고광도 항공장애 표시등

① 고광도 항공장애 표시등은 주·야간 사용될 수 있으나 눈부심을 주지 않도록 설치함
② 단일 물체나 하나의 집단에 설치된 고광도 A형태 표시등은 동시에 섬광되어야 하며, 설치 간격은 수평으로 900[m] 이내
③ 주간에 고광도 표시등으로 식별되어야 하는 탑이나, 12[m] 이상의 피뢰침 같은 부속시설이 설치되어 부속시설의 정상에 고광도 표시등을 설치할 수 없을 때에는 부속시설의 정상에는 중광도 표시등을 설치하고, 고광도 표시등을 식별되어야 하는 물체는 가장 높은 위치에 이중등화시스템을 구성함(고광도 A와 중광도 B형태 또는 고광도 A와 중광도 C형태)
④ 고광도 B형태 항공장애 표시등 설치 위치
  ㉠ 탑의 정상부분(상부 등)
  ㉡ 가공선 또는 케이블의 가장 낮은 부분(하부 등)
  ㉢ 정상과 낮은 부분의 중간위치(중간 등)

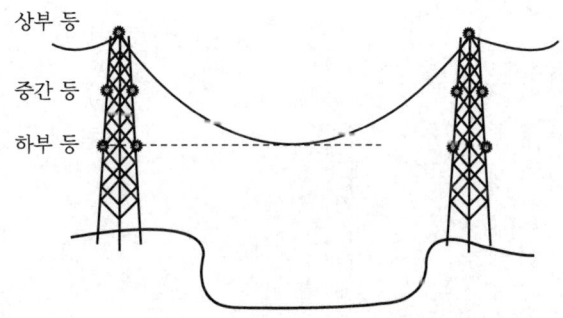

그림 6-83 ▶ 고광도 B형태 설치위치

⑤ 고광도 B형태는 중간 등 → 상부 등 → 하부 등의 순서로 섬광

섬광간격	시간간격 비율
중간 등(燈)과 상부 등(燈) 간	1/13
상부 등(燈)과 하부 등(燈) 간	2/13
하부 등(燈)과 중간 등(燈) 간	10/13

9. 관리기준(항공장애 표시등과 항공장애 주간표지의 설치 및 관리기준)

1) 표시등의 보수 · 청소 등을 하여 항상 완전한 상태로 유지할 것
2) 건축물 · 식물 또는 그 밖의 물체에 의하여 항공장애 표시등의 기능에 지장이 생긴 경우에는 지체 없이 해당 물체를 제거하는 등 필요한 조치를 할 것
3) 천재지변, 그 밖의 사유로 인하여 표시등이 고장난 경우에는 지체 없이 표시등을 복구할 것
4) 표시등의 유지 및 관리를 위한 전구 등 필요한 예비품을 갖출 것
5) 표시등이 별지 1 제2호 각 목의 요건을 모두 충족하도록 유지할 것
6) 항공장애 표시등의 운용을 감시할 수 있는 시각감시기 또는 청각감시기를 설치할 것
7) 표시등에 장애가 발생하여 복구가 7일 이상 소요될 것으로 예상되는 경우에는 지체 없이 그 사실을 지방항공청장에게 별지 제4호 서식으로 통지하고, 복구 예정일자에 복구가 불가능할 경우에는 복구 예정일자를 유선 또는 기타의 방법으로 재통지함

SECTION 08 | 방범설비

1. 개요

1) 방범설비란 도난의 예방과 발견, 통보 또는 해지를 목적으로 하는 설비로 방범의 필요성, 정도, 건물의 용도에 따라 여러 가지 감지장치를 조합하여 설치되고 있음

2) 설치목적
   (1) 도난 예방과 방지
   (2) 침입 방지, 침입 저지, 침입 발견, 방범 연락 및 배제

2. 방범설비의 요건과 시스템의 구성

방범설비의 요건	시스템의 구성
① 침입저지 기능	① 침입방해 기구
② 신속 정확한 검출	② 단말검출장치
③ 검출정보와 확실한 전송	③ 정보전송장치
④ 정보의 적절한 판단	④ 중앙정보처리장치
⑤ 유지관리의 용이	⑤ 증설, 개보수의 대책
⑥ 평상시의 안전확보 및 대책	⑥ 유(무)선 통과장치 및 보험

3. 구성도

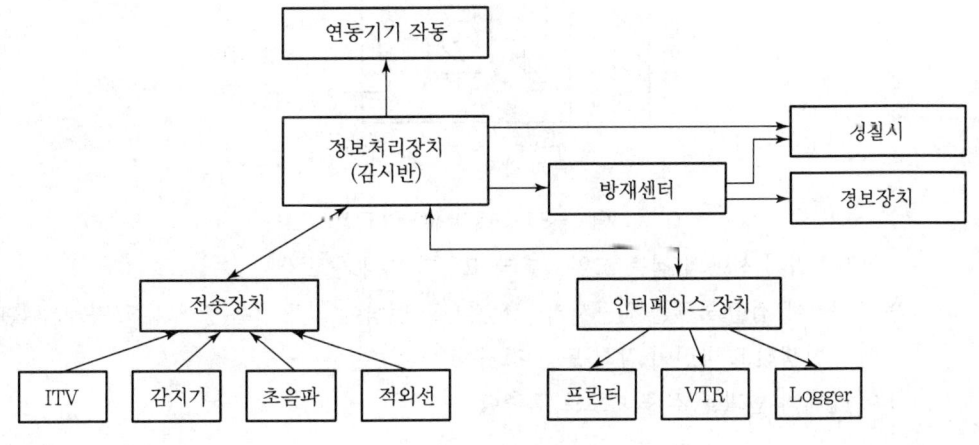

그림 6-84 ▶ 방범설비의 구성도

4. 단말검출장치

감지기 종류	동작원리	특징	주요 용도
자기근접 스위치 도어콘텍트 스위치	접점 On/Off	접점 이탈에 따라 On/Off	창, 출입문
리미트 스위치	접점 On/Off	• 기계적 조작으로 접점동작 On/Off • 자동제어에 널리 사용되는 방식	창, 문, 셔터
매트 스위치	접점 On/Off	매트 중 스위치 밟으면 동작	방범용
진동검출기	진동감지	경계대상물에 직접 설치 → 물체의 진동 검출	귀중품, 금고
초음파식 검출기	음파에 의한 잡음감지	초음파를 발사하여 도플러 효과 이용	실내
전파식 검출기	전파의 흐트림 감지	• 전파발사 도플러효과 이용 • 파장에 따라 단파식 마이크로식 검출기 • 공기 대류 영향 무 • 경계범위 : 10[m]	실외 실내
적외선식 검출기	빛으로 감지	• 적외선의 발광기, 수광기 마주 설치 • 차광한 물체 검출 • 경계범위 100~150[m]	
ITV	영상으로 감지	• 현장상황을 모니터 TV로 볼 수 있음 • 카메라, 조작장치, 모니터 TV로 구성	

1) 고주파 발진형 근접스위치

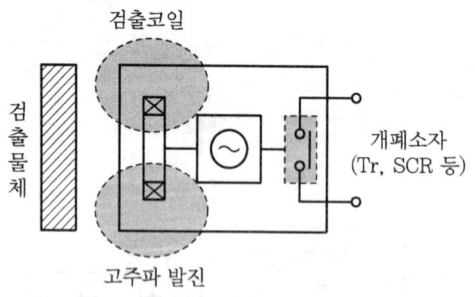

그림 6-85 ▶ 고주파 발진형 근접스위치

(1) 근접스위치 선단의 검출 코일로부터 고주파 자계가 발생
(2) 이 자계에 검출 물체를 접근시키면 전자유도 현상에 의해 금속 중에 유도 자계가 흘러 손실이 발생하고 발진이 감쇠 또는 정지함
(3) 이 상태의 변화를 검출 회로로 검출함

2) 정전용량형 근접스위치

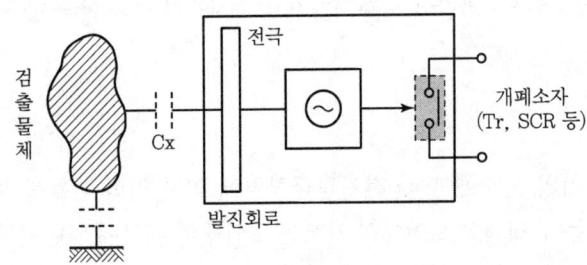

그림 6-86 ▶ 정전용량형 근접스위치

(1) 검출부에 유도 전극을 가지고 있으며 전극에 물체가 접근하였을 때는 검출부의 유도전극과 대지 간의 정전용량이 크게 변화함
(2) 그 변화량을 검출하여 출력신호를 발생함

5. 방범설비의 종류

1) 출입통제설비

(1) 설계 일반

① 출입통제설비는 출입을 통제할 목적으로 설치하며, 단독형인 경우 전기잠금장치, 인식장치, 제어기로 구성됨
② 중앙제어시스템인 경우는 방범설비 제어반과 단독형 설비, 데이터의 관리와 중앙통제가 부가됨

(2) 전기잠금장치

① 인식장치의 신호에 의해 동작됨
② 신호에 따른 제어기의 동작으로 출입문을 개폐힘

(3) 인식장치

① 텐키방식은 누른 번호와 미리 입력된 번호가 일치하는 경우 열림 신호를 보냄
② 카드인식방식은 카드와 카드를 읽는 카드리더로 구성되며, 인식방식은 카드의 신호와 카드리더에 입력된 신호가 일치하는 경우에 동작하는 것으로 카드의 종류에 따라 자기(마그넷)카드, IC카드가 사용되고, 이 카드가 읽히는 방법에 따라 삽입식, 접촉식, 근접식이 있음
③ 생체인식방식은 출입자에 대한 신상을 미리 입력한 데이터와 비교 판별하는 방식으로 출입자의 생체정보(지문 · 장문, 홍체, 음성) 등을 판단

④ 인식장치는 단독 또는 다른 방식과 조합하여 설치함

⑤ 인식장치는 비·바람에 노출되지 않고, 눈에 잘 띄지 않는 장소로, 통제 대상 출입구의 가까이에 설치함

(4) 제어기

① 인식장치의 신호에 따라 전기잠금장치에 의해 열림 신호를 보내는 장치임

② 제어기는 통제대상 도어에서 가까운 보안구역 내부에 일반인이 쉽게 접근하기 어려운 각 층의 전기샤프트(ES) 등에 설치함

(5) 중앙제어반

출입통제설비에 대한 종합관리를 시행하여 데이터의 축적, 분석, 기록의 필요가 있는 경우 설치함

2) 침입감지(발견)설비

(1) 설계 일반

침입발견설비는 보안구역 내로 침입이 발생한 경우, 이것을 검출하여 방범설비 제어반이나 모니터장치(CRT, 확성기)로 전달하는 장치임

(2) 영상정보처리기기(폐쇄회로 텔레비전 : CCTV)

① CCTV 및 네트워크 카메라와 제어실(또는 방재센터)에 설치하는 모니터 및 전원장치, 각종 제어기, 기록(녹화)장치, 네트워크장치, 저장장치 등을 포함함

② 영상정보처리기기 종류 : 컬러형과 흑백형, 고정형과 회전형(수평, 수직), 옥내형과 옥외형, 노출형과 매입형, 은폐형 등이 사용됨

③ 영상정보처리기기 설치 : 전체 경계구역을 효율적인 화각 이내로 함

(3) 청음설비(집음 마이크)

① 경계지역의 소리를 제어실의 모니터 스피커로 청취하고 녹음하는 시스템임

② 금고 내부와 같이 소음이 낮은 장소와 야간 감시요구 장소에 적용함

(4) 점(Point)방어형 감지설비

① 마그넷 스위치 방식 및 리미트 스위치 방식은 문, 창문의 개폐상태를 검출함

② 진동감지기는 유리창이나 금고 등의 표면에 고정하여 진동을 검출함

③ 파손감지기는 유리창 부분의 파손을 검출함

(5) 선(Line)방어형 감지설비

① 테이프스위치 방식은 테이프의 접촉압력에 의해 동작하며, 필요한 길이를 사용할 수 있어 가정, 상가 등에 사용함
② 빔식 감지기는 송신기와 수신기 형태로 빛의 직진 성질을 응용하는 것으로 적외선 감지기가 많이 사용되며, 담장, 창문 등에 사용함
③ 광케이블 감지기는 외곽 울타리 침입 감시에 효과적이며 케이블 진동 또는 절단 시 광파의 변화에 따른 주파수 변화를 감지함

(6) 공간(Space)방어형 감지설비

① 초음파감지기는 초음파방사와 반사파의 도플러 효과로 동작하며 실내의 공간 침입 감지용으로 사용하며, 바람의 영향이 크므로 공조설비 설치장소와 옥외는 회피함
② 전파감지기는 극초단파를 방사하고 반사파를 검출하는 것으로 빛이나 바람의 영향은 작지만 경량벽 등은 통과하는 문제점이 있음
③ 열선감지기는 사람이나 물체가 발산하는 적외선(열선)을 감지하는 것으로 온도의 변화가 심하거나 동물의 움직임이 있는 곳, 태양의 직사 등에 오동작 우려가 있음

3) 침입통보설비

(1) 설계 일반

① 침입통보설비는 침입이 발견된 경우 관리자에게 상태를 알리거나, 경보설비를 작동하고, 경찰관서에 자동으로 연락하는 설비
② 침입통보설비는 침입감지설비, 상태표시 및 모니터 장치, 연락장치, 제어장치 등으로 구성
③ 방범설비 감시제어반 구성요소
  ㉠ 상태표시 및 모니터장치   ㉡ 제어장치
  ㉢ 기록장치   ㉣ 연락장치 등

(2) 상태표시 및 모니터장치

① 상태표시반은 지도식 또는 CRT 방식으로 침입감지설비의 동작에 따라 표시하고 표시와 함께 경보가 발생함
② 모니터장치는 영상정보처리기기의 모니터용 VDT와 청음설비용의 모니터 스피커 등임
③ 모니터는 화면의 크기와 관리자의 위치에 따라 적절한 시야를 확보할 수 있도록 거리와 높이를 선정함
④ 직사광선이나 조명 빛이 모니터에 직접 비치지 않도록 함

(3) 제어장치

① 제어장치는 표시반 및 모니터장치에 조립하는 것과 탁상형으로 조립하며, 대규모인 경우 콘솔형으로 함
② 출입통제설비를 원격으로 해제 및 복구하며, 화재경보 신호에 따라 일괄해제가 가능하도록 함
③ 이상 상태 표시의 자동 및 수동 복구 기능을 갖도록 연동회로를 구성함
④ 그룹별 제어, 시간별 제어, 개별제어 등을 실시함

(4) 기록장치

① 프린터는 출입통제설비와 침입감지설비의 동작시간, 단말기기를 자동으로 기록함
② 영상기록장치를 설치하여 모니터용 VDT 화면을 녹화함
③ 청음설비와 비상용 인터폰 통화 내용은 IC칩 등을 설치하여 녹음함

(5) 연락장치

① 자동전화장치로 미리 녹음된 메시지를 수동 및 자동으로 미리 정해진 장소(경찰서, 보안회사 등)에 연락함
② 직통전화장치는 경찰관서 등과 직접 연결되어 수화기를 들면 즉시 통화되도록 함

(6) 방범설비 감시제어반 설치

① 상시 사람이 근무하는 장소(수위실, 경비실, 숙직실 등)에 설치함
② 방재센터가 설치된 경우는 방재센터에 설치함

6. 방범설비 설계 시 고려사항

1) 정확한 검출과 신속한 경보를 발하는 시스템
2) 보호대상물과 대상장소, 환경여건에 적합한 검출기 선정
3) 전송선로는 Noise를 받지 않도록 구성하고, 파손이나 훼손 시 경보 기능 구비
4) 비상전원 확보하여 무정전 전원이 요구됨
5) BAS와 연계되어 다른 기관에 통보 기능 구비

6) **타 설비와의 연관관계를 고려**

① 주차관제설비와 연계하여 주차장 내의 방범관리
② 확성 설비와 연계하여 비상방송시스템 구축

CHAPTER

07

정보통신설비

SECTION 01 | 정보통신망

1. 개요

최근 급속히 발달하고 있는 일렉트로닉스 기술 적용에 따라 각 System이 다기능, 다양화, 고도화되고 있다. 건축물의 정보설비는 종래의 부속적인 설비 개념을 떠나 고유한 영역을 차지하면서 기능면에서 중요성이 더해가고 있다. 이러한 정보설비의 전반적인 사항을 살펴보기로 한다.

2. 정보통신망의 구성요소

1) 단말기
   (1) 정보전달을 전기적으로 전송하기 쉬운 형태로 변환하여 주는 장치
   (2) 전화기, Data 단말기, 영상표시장치, Modem 등

2) 전송로
   (1) 전기적인 수단을 이용하여 정보전달을 하는 선로
   (2) 동축Cable, 광Cable, Micro-Wave, 변복조장치

3) 교환기 → 단말 간의 경로 선택, 접속 제어, 각종 통신방식 내용을 제어하는 장치

3. 정보통신망의 구성요건

1) 모든 이용자가 자유롭게 접속할 수 있을 것
2) 신속한 접속
3) 접속품질, 전송품질, 기타 서비스 품질이 어디서나 동등하게 유지될 것
4) 신뢰성 유지
5) 설비의 확장성, 융통성이 높을 것
6) 기계적으로 견고하고 경제적인 측면에서 유리할 것

4. 정보통신망의 분류

1) 정보성질에 따라 → 음성부호, 영상, 화상, 종합통신, 종합디지털통신
2) 전송형식에 따라 → 아날로그 방식, 디지털 방식
3) 교환처리방식 → 회선교환방식, 축적교환방식, 기타 이동통신

5. 정보통신의 종류 및 특징

1) 전화통신설비(Voice)

(1) 음성통신을 주체로 구성된 통신망

(2) 분류

① 기능적 분류 → 공중전화망, 지역전화망, 전용전화망, 군용전화망
② 규모별 분류 → 구내, 시내, 시외, 국제전화망

2) 부호통신설비(Data)

(1) 문자, 숫자, 기호 등을 부호화하여 전달하는 통신망

(2) **분류** : 전신망 → 공중정보망, 가입 전신망(텔렉스망)
　　　　　　Data 통신망 → On-Line의 활용

3) 영상통신설비(Image)

(1) 영상정보 전달을 목적으로 하는 통신망
(2) TV 전화망, CATV망, TV 방송중계망

4) 종합통신설비(Video)

(1) 음성부호, 화상, 영상 등의 기능을 하나로 묶어서 통신서비스를 일체화하고 종합적으로 계획된 통신망
(2) 종합서비스 통신망이 있음

5) 종합디지털 통신설비

(1) 정보전달 수단으로 디지털 전용 방식을 이용한 통신망
(2) 종합정보통신망(ISDN)

6) 교환기설비(DPBX가 필수적)

(1) 회선교환방식과 축적교환방식이 있음

(2) **회선교환방식**

① 같은 시간에 정보전달이나 대화통신이 가능한 방식
② 대화형의 전화망, 가입전산망

(3) 축적교환방식

교환기에 축적한 후 전송하고 축적된 정보를 교환서비스가 정보처리 서비스의 형태를 취하는 방식으로 Data 통신이 이에 해당됨

7) 이동통신설비

(1) 이동통신 상호 간, 이동체와 지상의 고정단말기의 통신을 목적으로 하는 통신망
(2) 선박전화형, 열차전화, 자동차전화, 휴대전화, 무선호출방식

6. 건축물에서의 적용

건축물 종류	적용
주택, 아파트	전화, CATV
사무실, 빌딩	DPBX의 필수적, 모든 종합통신망이 구축, Data의 On-Line화
호텔	DPBX의 필수적, CATV, TV설비, Data의 On-Line화
병원	DPBX의 필수적, CATV, TV설비, Data의 On-Line화
IBS빌딩	DRX의 필수적, TV방송중계망, 쌍방향 CATV, CAPTIN
대형전산센터	DPBX의 필수적, ISDN의 구축, 종합디자인통신설비의 구축
공장	DPBX의 필수적, Data의 On-Line 구축, CATV 설치, 전신망 구축

7. 정보통신망의 설계 시 고려사항

1) 건축물 적용 시 고려사항

(1) 천장 높이는 2~4[m] 이상 유지
(2) 바닥 하중내력은 500[kg/m^2] 이상
(3) 장비 형태에 알맞은 바닥 재질 : Free Access Floor 시설
(4) 정전기 방지대책

① Anti Static 바닥 커버 사용
② 바닥면 저항 150[kΩ]~20,000[MΩ] 이상
③ 내습도 50~60[%] 유지
④ 진공청소기 사용 – 청소

(5) 기기 반출입에 충분한 통로 공간 확보
(6) 장비실의 충분한 공간 확보
(7) 동선의 흐름 원활

(8) 부식가스, 전자파 간섭 등의 영향이 적을 것

2) 건축물 환경적 고려사항

(1) 에어컨 용량 산정 시 고려사항

① 실내의 열원 : 기기 발열량, 인체 발열량, 가능한 재열, 외기인입량, 열전도율
② 내부 마감적 측면 : 개구부, 파티션, Glass Wall 부분

(2) 공기 분배 방식의 결정

① Over Head 방식
② Under Floor System

(3) 온습도 조건 결정

① 적정온도 유지(18~20[℃])
② 적정습도 유지(50~60[%]) → 낮은 경우 정전기 발생, 높은 경우 과도누설전류 발생

3) 전기적 고려사항

(1) 조명대책

① 적정조도의 확보(600~800[lx])
② 직사광선을 피할 것
③ 전반 조명은 구간개폐 가능(에너지 절감대책)
④ 전원의 분리(컴퓨터용 전원과 조명기구용 전원 분리)
⑤ 비상 조명 대책 확보 : 20[lx] 이상 유지, 상용적 조명의 약 1/5 이상 사용

(2) 전원대책

① 양질의 전원 확보 : 정지형 UPS를 시설함
② 장비의 종류에 따라 상전압 결정
③ 적정 전압강하의 유지 : 상시 전압강하, 순시 전압강하
④ 주파수 유지
⑤ 선간 불평형률을 고려함
⑥ 고조파분의 함량을 고려함

(3) 배전대책

① Main Panel 설치 : 타 부하와 분리, Noise 발생기기와 분리
② 분기용 Panel 설치 : 개별 회로로 함

③ 접지시설 : System 접지는 분리, 기기의 외함접지는 묶어서 시설, SG와 NG의 접지극은 20[m] 이상 이격
④ 피뢰대책 : 장비 측에 별도의 피뢰대책 강구
⑤ 비상선로 차단 장치 : 비상선로 차단이 필요한 경우 차단
⑥ 상배치
⑦ 일반 콘센트
⑧ 정전대책 : 비상용 전원장치 및 UPS 시설
⑨ 전자유도장해 대책 : 전자유도 발생기기에서 멀리 배치, 필터 설치, 전원선의 피뢰기 설치, 배전선의 차폐대책

4) 안전 및 방재대상 고려사항

(1) 안전대책

① 비상조명등 설치
② 내연, 내화구조
③ 난연, 불연성 재료
④ 주위 위험물질 제거
⑤ 방수시설 및 적당한 배수시설

(2) 방재대책

① 자동화재 탐지설비
② 적당한 소화시설
③ 자동 스프링쿨러의 On/Off 스위치 시설
⑤ 화재 억제용 콘테이너 Door 설치

8. 건축물에서의 적용 예

1) 계통의 구성

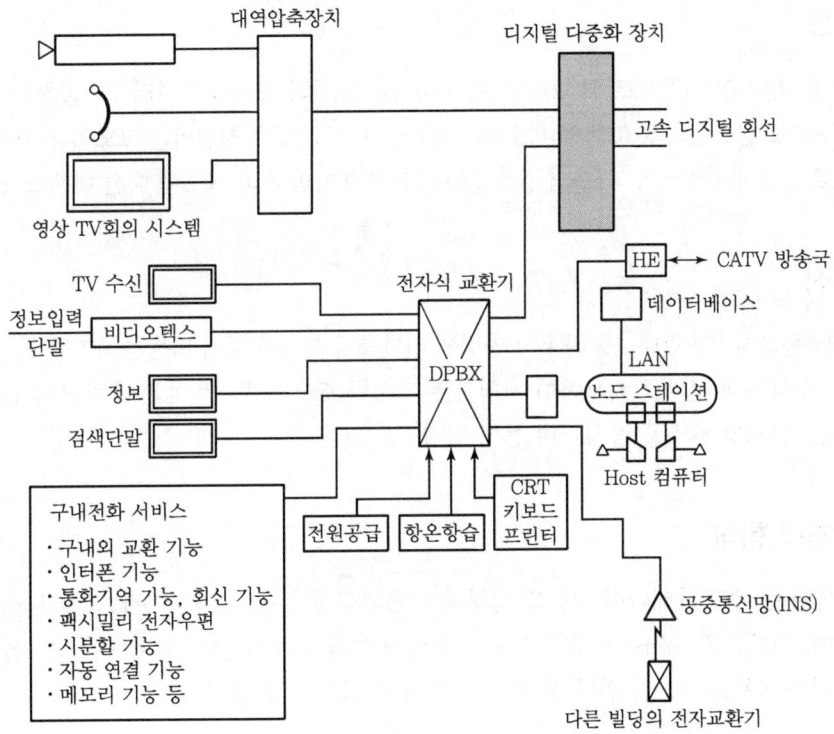

그림 7-1 ▸ 건축물에서의 정보통신설비의 적용

2) 계통의 배치

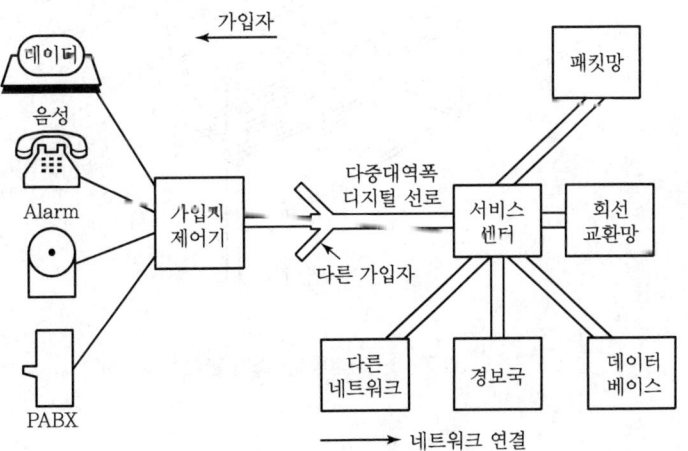

그림 7-2 ▸ 네트워크 구성도

SECTION 02 | TV 공청설비

1. 개요

CATV 방송의 시작으로 위성중계방송이나 위성통신의 필요성에 따라 TV 공청설비의 다양화가 요구되고 건축물의 중요한 설비가 되고 있다. 따라서 TV 공청설비는 고도의 기술을 요구하는 설비로 발전되고 있으며, 아울러 건축물의 고층화에 따라 전파 장해에 대한 대책도 고려해야 한다.

2. 목적

건물 옥상에 1개 안테나를 세우고 양질의 전파를 수신하여 직접 또는 증폭기를 통하여 여러 대의 TV 수상기에 전파를 배분하여 시청하는 것이다. TV 공청설비에는 촌락단위 공청, 빌딩단위 공청, 난시청 해소용 공청설비 등이 있다.

3. 안테나 형식

안테나는 야기 안테나이거나 그 변형이 사용되고 공청용으로는 7~11소자의 것이 널리 사용되며, 안테나의 소자수가 많을수록 지향성과 이득이 좋아진다. 안테나의 성능을 결정하는 요소에는 이득, 지향성, 전압 정재파비, 대역 기계적 성능 등이 있다.

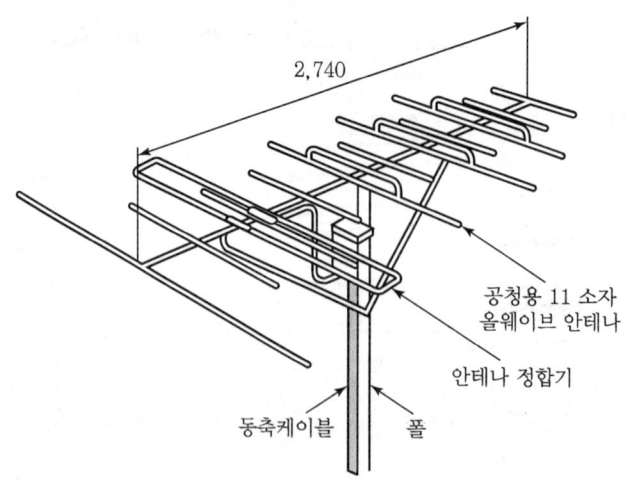

그림 7-3 ▶ 공청용 11 소자 올웨이브 안테나

1) 분류

(1) 전대역 안테나
각 채널의 전계강도가 강하고 강도차가 적으며 전파 도래 방향이 거의 동일할 때 적용

(2) 전대역 + 광대역 안테나
전계강도가 Low 채널과 High 채널 간에 차가 있거나 전파 도래 방향이 다를 때 적용

(3) 전대역 안테나 + 전용 안테나
특정 채널의 전계강도의 차가 있거나 전파 도래 방향이 다를 때 적용

(4) 수직 스틱 안테나
야기 안테나 2개를 수직배열 → 이득을 2배 정도 향상, 수직면 지향성을 첨예하게 함. 지상 또는 상공으로부터의 방해파 제거에 유효하며 지향성 이득 개선 시 적용

(5) 수평 스틱 안테나
야기 안테나 2개를 수평배열 → 수평지향성을 첨예하게 하여 방해파, 반사파를 제어하는 데 사용(건조물, 산악 등)

(6) 위성 안테나

2) 일반적 안테나(VHF, UHF 비교)

구분	VHF 안테나	UHF 안테나
대표적인 안테나 형태	12 소자 광대역 안테나 예	22 소자 안테나 예
사용채널	2~6, 7~13	14~37, 38~60, 61~83
대역	광대역, 전용대역, 광·전용대역	저대역, 중대역, 고대역
소자수	5 이상, 8 이상	20 이상
동작이득[dB]	5, 7, 6.5, 9	8
소자재질	내식 경량 알루미늄	내식 경량 알루미늄

4. 전계강도와 안테나 유기전압

1) 전계강도

안테나에 수신된 전압이 단위 길이당 몇 [V]가 유기되는지 나타내는 강도를 전계강도라 하며 전계강도에 영향을 주는 요소는 송신전력, 방송국과의 거리, 장해물 등이며 종류는 강전계(94[dB] 이상), 중전계(74~94[dB]), 약전계(54~74[dB]), 미전계(40~54[dB])가 있음

2) 안테나 유기전압

$$E_2 = E_0 + G + G_e \text{[dB]}$$

여기서, E_2 : 안테나 유기전압
G : 안테나 이득
E_0 : 전계강도
G_e : 안테나 실효길이

$$E_0 = \frac{7\sqrt{P}}{d}$$

여기서, P : 송신안테나로부터의 실효방사전력[W]
d : 자유공간의 최대방사거리[m])

5. 안테나 설치장소의 결정

1) 좋은 전파를 수신할 수 있는 장소
2) 각국의 전계강도의 차이가 적고 변동이 없는 장소
3) 잡음원에서 떨어진 장소
4) Ghost가 적은 장소
5) 설치가 쉽고 전기적, 기계적 영향이 적은 장소
6) 건축 미관상 보기 싫지 않은 장소

6. 계통 구성

1) 계통도

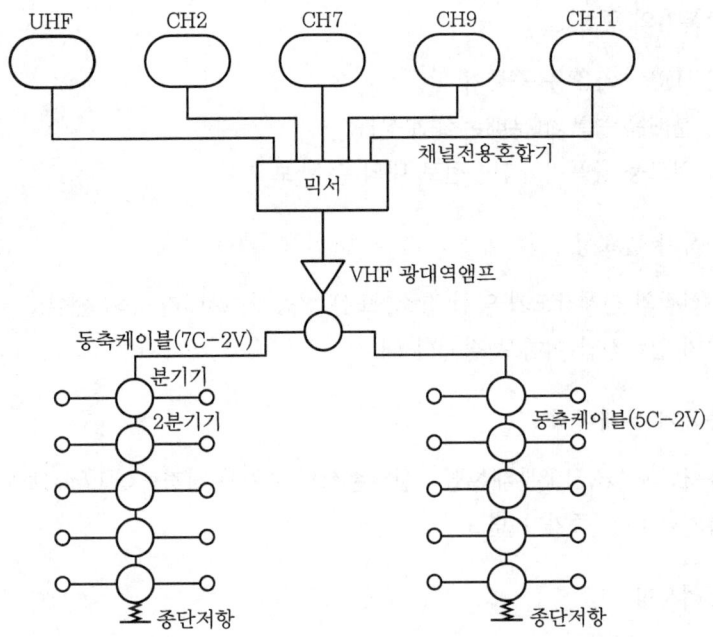

그림 7-4 ▶ 계통도

2) 분배방식의 종류 및 적용

종류	분배·분배방식	분기·분배방식	분기·분기방식	분배·분기방식
구성	VHF UHF	VHF UHF	VHF UHF	VHF UHF
적용	• 수신점이 집중해서 설치될 때 적용 • 분배기에 접속개소가 3개소 이상 시 화질 저하로 분배수를 제한하는 경우도 있음	수신점이 비교적 멀리 떨어져 있고 간선의 길이가 긴 경우	분기기에 직렬 Unit 접속해서 분배하는 방식으로 아파트에 많이 적용	간선에 분배기를 접속하여 각 수신점에 분배하는 방식(장래 증설 예정되는 지역에 적용)

7. 구성기기 특성 및 정격

1) 증폭기

(1) 증폭기의 종류

① UHF, VHF용 증폭기
② 분배용 증폭기(분배손실 보상)
③ 선로용 증폭기 – 전송선로 내의 손실 보상

(2) 증폭기 필요성

수신점의 전계강도가 약한 장소, 또는 전송선, 분배기 등의 손실로 수신전파가 TV 수상기의 입력전압 이하로 감쇄할 때

(3) 증폭기 분배설계

출력단자 Level + 분배손실 + 선로손실의 수치가 정격출력 Level보다 클 때는 대출력 증폭기나 대수 증가가 필요

(4) 고려사항

① 증폭기 선정 시
  증폭대역, 이득, 출력 Level, 분배손실, 출력손실, 합계 고려
② 증폭기 조정 시
  작동레벨이 낮으면 C/N비가 나빠지고 높으면 비트 장해로 변형이 생기는 경우가 있으므로 적정한 Level로 조정

2) 정합기

안테나(300N), 동축 Cable(75N), 동축 Cable과 TV수상기, 동축 Cable과 평행 Feeder 케이블 상호 길이의 접속점에 임피던스 Matching을 취하기 위하여 삽입하는 기기

3) 분파기 혼합기

(1) **분파기** : VHF 저주파 통과 Filter와 UHF 고주파 통과 Filter 통합

(2) **혼합기** : 서로 다른 2종 이상의 주파수대의 전파를 하나로 혼합

4) 분배기

(1) 안테나 출력 또는 전송선로의 중간에 삽입해서 전파를 균등배분

(2) 출력레벨은 입력에 대하여 분배수에 비례하여 감쇄

5) 분기기(방향성 결합기)

(1) 전송선로 도중에 삽입하여 신호 일부를 출력하는 것으로 분기된 지선의 신호 Level은 간선에 비해 감소
(2) 분기점에서 지선으로부터 간선 외의 영향은 분배기에 비해 적음

6) 컨버터

(1) UHF를 VHF로 변환
(2) UHF를 VHF 안테나로 수신한 전파와 혼합하여 VHF만의 System 운용

7) 직렬유니트

(1) 설계의 합리화와 공사의 성력화를 도모하기 위해 개발된 기기
(2) 분기기의 일종으로 분배기, 정합기와 함께 소형 인출 가능 구조

8) 전송선

수신안테나에서 TV까지 전송하는 전송선에는 동축 케이블(75N) 및 광케이블이 주로 사용됨

8. 전파장해 대책

TV용 안테나에서 타 건물이나 자기 건물에 의한 전파방해(장해)로 인한 빌딩 그늘에 의한 난시청 구역이 발생할 경우에 대한 처리방법

1) 송신소 가까운 지역의 Ghost 현상에 대비해 전계강도를 95[dB] 이상일 것
2) 고층 빌딩 인접 건물에서는 공청설비로서 파라볼릭 안테나 구축 또는 고층 빌딩 옥상에 공청안테나를 설치하여 Cable로 연결
3) 타 건물이나 자기 건물에 의한 전파 장해(빌딩 그늘, 빌딩 반사)에 의한 난시청 구역이 발생 시는 보강책으로 자기 건물용 안테나+난청부분용 안테나(빌딩 그늘) 설비를 함
4) 건물로 인한 반사파 장해요인을 선파 흡수형 타일 등의 마감공법 채용
5) 위성통신에 의한 전파방식 채용
6) 케이블TV 방식 채용

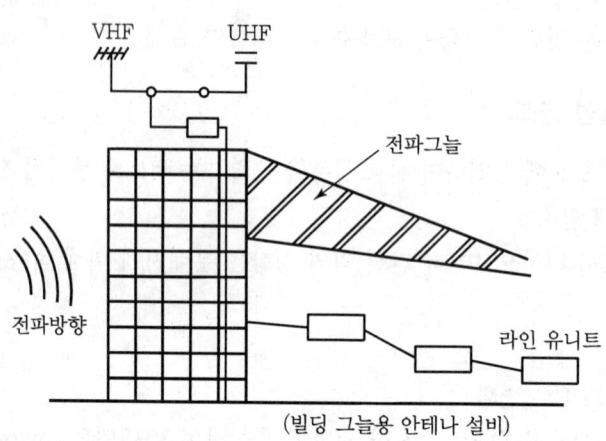

그림 7-5 ▶ 전파장해

9. 설계 시 고려사항

1) 현대의 전파장해에 대한 대책뿐만 아니라 추후 발생할 전파장해에 대한 주위 환경의 검토 필요
2) 공동주택에서 공청설비와 CATV 설비와 연계 시 미가입자의 TV 시청에 지장이 없는 System 설계 필요 → 쌍방향형 설계
3) 낙뢰나 이상전압에 대한 대책으로 전기통신기술에 준한 보호기 및 접지대책 필요
4) 장래 CATV 연계를 고려한 호환성 있는 공청설비 각종 소자의 선택
5) 위성방송 주파수대 검토

SECTION 03 | Data 통신(Data and Communication)

1. 정의
전신회로를 이용하여 중앙의 컴퓨터 자료와 원격지의 단말기 사업에 Data를 주고받는 System을 말한다.

2. 특징
1) 중앙의 전문자료로 다른 지역에서 편리하게 이용
2) 자료의 입·출력 수정 등을 중앙의 컴퓨터에서 정리하여 신속한 전송
3) 자료의 효율적인 이용
4) 방대한 자료의 관리, 수정·보완이 가능

3. 구성방식
1) 구성도

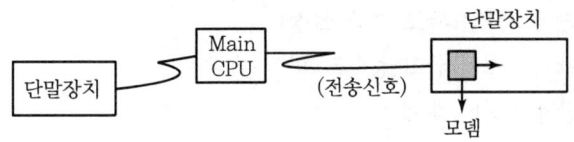

그림 7-6 ▶ Data 통신의 구성

2) 구성기기
(1) **전송매체** : 유선(동축케이블, UTP, 광케이블), 무선

(2) **단말장치** : 전화, PC 등

(3) **Modem**

단말장치의 신호(Digital → Analog)를 전송매체로 변조시켜 주고, 전송매체에서 단말장치(Analog → Digital)로 전송을 위한 중계 역할을 하는 장치임
  ① 특징
     ㉠ 변조 : Digital 또는 Analog → 반송파
     ㉡ 복조 : 반송파 → Digital 또는 Analog
  ② 요건 : DPBX나 Software가 같아야 함

4. 통신방식

1) 개요

(1) Data를 전송하는 방식에는 송·수신 측 간에 전용선을 설치하여 전송하는 방식과 교환회선방식으로 크게 구분됨

(2) 교환회선방식에는 회선 교환방식, 메시지 교환방식, 패킷 교환방식으로 구분됨

2) 교환 회선방식 비교

(1) 회선 교환방식

① 구성도

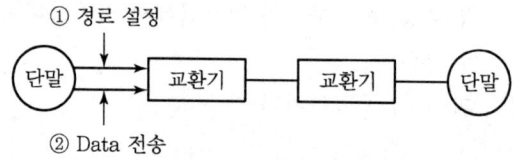

그림 7-7 ▶ 회선 교환방식

데이터를 전송 전 경로를 설정한 후 데이터를 전송하는 방법으로 교환기는 단지 경로 설정만 하고 부가서비스 기능은 적용할 수 없는 방식

㉠ 1단계 : 회선 확보(경로 설정)

㉡ 2단계 : 데이터(아날로그, 디지털) 전송

㉢ 3단계 : 회선 해제

② 특징

항목	내용
장점	• 고속 전송이 가능함 • 실시간 전송이 가능함
단점	• 경로 설정 시 약간의 시간 지연이 발생 • 회선 이용률이 저하됨 • 교환기는 경로만 설정하고 부가서비스 기능 적용이 불가함

③ 적용 : 전화

(2) 메시지 교환방식

① 구성도

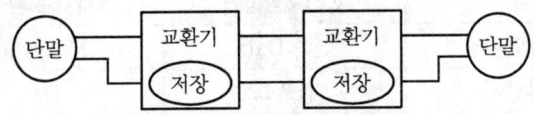

그림 7-8 ▶ 메시지 교환방식

축적 후 전송하는 방식으로 가변 메시지 단위로 데이터를 전송하는 방식으로 교환기는 경로 설정, 프로토콜 변환, 속도 변환 기능 등을 할 수 있음

② 특징

항목	내용
장점	• 부가서비스 적용이 가능함 • 회선이용 효율이 높음 • 부재 중 통신이 가능함 • 비실시간 데이터 통신이 가능함
단점	• 저속 통신(각 노드당 Time-Delay 발생) • 실시간 통신에 부적합 • 대화식 통신에 부적합

③ 적용 : 전보

(3) 패킷 교환방식

① 구성도

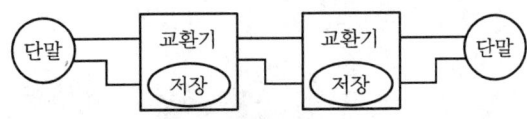

그림 7-9 ▶ 패킷 교환방식

회선 교환방식과 메시지 교환방식의 장점을 결합하고 두 방식의 단점을 최소화한 방식으로, 단말 간에 많은 통신량이 있는 경우에 적합한 방식

② 특징

㉠ 부가서비스 적용이 가능함

㉡ 회선이용 효율이 높음

㉢ 부재 중 통신이 가능함

㉣ 비실시간 데이터 통신이 가능함

㉤ 적은 양의 패킷 전송 시 고속 전송 가능

㉥ 신뢰성이 우수한 방식

③ 적용 : 컴퓨터

3) 교환 회선방식의 특징 비교

구분	회선교환방식	메시지 교환방식	패킷 교환방식
전송단위	연속 Data	Message	Packet
축적장치	불필요	필요	필요
Code 변환	불가능	가능	가능
전송속도	매우 빠름	느림	빠름
통신선로	전용	공용	공용
단점	회선 낭비	대화통신 부적합	고속데이터 처리 불가
적용 예	전화	전보	컴퓨터 통신

SECTION 04 | 종합정보통신망(ISDN : Integrated Service Digital Network)

1. 개념

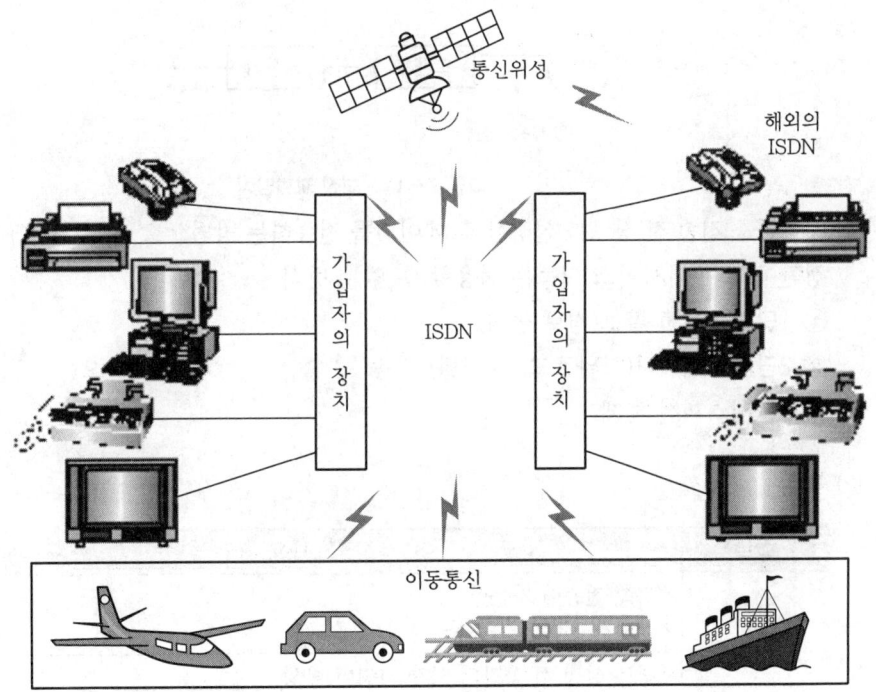

그림 7 - 10 ▶ ISDN망의 개념도

1) 전화, 전신, 텔렉스, 데이터, 비디오텍스 등 성격이 다른 서비스를 종합적으로 취급하는 디지털 통신망
2) ISDN은 망과 단말장치 간의 사용자 – 망 인터페이스를 통일하고 하나의 디지털망으로 모든 통신서비스를 제공함
3) 사용자는 필요에 따라서 자기가 목적하는 통신서비스를 이용할 수 있음
4) ISDN 사용자 – 망 인터페이스에는 기본속도 인터페이스와 1차군 속도 인터페이스가 있음
5) 각각의 인터페이스에는 복수의 채널이 정의되어 있어서 이 채널을 통해 통신서비스가 제공됨

2. 통신방식(교환방식)

1) 회선 교환방식

(1) 구성도

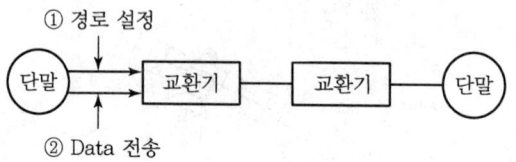

그림 7-11 ▸ 회선 교환방식

데이터를 전송 전 경로를 설정한 후 데이터를 전송하는 방법으로 교환기는 단지 경로 설정만 하고 부가서비스 기능은 적용할 수 없는 방식

① 1단계 : 회선 확보(경로 설정)
② 2단계 : 데이터(아날로그, 디지털) 전송
③ 3단계 : 회선 해제

(2) 특징

항목	내용
장점	• 고속 전송이 가능함 • 실시간 전송이 가능함
단점	• 경로 설정 시 약간의 시간 지연이 발생 • 회선 이용률이 저하됨 • 교환기는 경로만 설정하고 부가서비스 기능 적용이 불가함

(3) 적용 : 전화

2) 패킷 교환방식

(1) 구성도

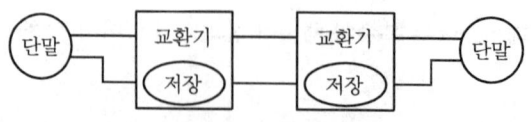

그림 7-12 ▸ 패킷 교환방식

회선 교환방식과 메시지 교환방식의 장점을 결합하고 두 방식의 단점을 최소화한 방식으로, 단말 간에 많은 통신량이 있는 경우에 적합한 방식

(2) 특징

① 부가서비스 적용이 가능함
② 회선이용 효율이 높음
③ 부재 중 통신이 가능함
④ 비실시간 데이터 통신이 가능함
⑤ 적은 양의 패킷 전송시 고속 전송 가능
⑥ 신뢰성이 우수한 방식

(3) 적용 : 컴퓨터

3) 통신방식(교환방식) 비교

구분	회선교환방식	패킷교환방식
전송단위	연속 Data	Packet
축적장치	불필요	필요
Code 변환	불가능	가능
전송속도	매우 빠름	빠름
통신선로	전용	공용
단점	회선 낭비	고속데이터 처리 불가
적용 예	전화	컴퓨터 통신

3. ISDN의 특징

1) 통신방식 및 전송로가 모두 디지털 방식임
2) 단일 통신망으로 음성, 문자, 영상 등의 다양한 서비스를 종합적으로 제공함
3) 고속 통신이 가능하며, 확장성과 재배치성이 좋음
4) 두 개 이상의 단말장치를 제어할 수 있으므로 동시에 복수 통신이 가능함
5) 통신망의 중복 투자 방지로 경제적임
6) 통신망의 교환 접속 기능에는 회선 교환방식과 패킷 교환방식이 있음

SECTION 05 | LAN(근거리 통신망)

근래 건물의 대형화, 첨단화의 가속으로 사무실 내에 퍼스널 컴퓨터, 워드 프로세서, 팩시밀리 등의 정보기기가 급속히 보급되고, Host Computer, 전자 교환기의 성능이 향상되어 사무자동화의 일환으로 정보기기 및 인적 자원을 하나의 통신망으로 결합하는 LAN의 중요성과 필요성이 부각되고 있다.

1. 개요

1) 정의

LAN이란 Local Area Network(근거리 통신망)의 약자로 비교적 제한된 지역 내의 정보처리장치들을 상호 연결하여 신뢰도가 높은 고속의 통신 채널을 제공하는 Network로 LAN의 구성망에 Database가 보완되면 VAN(Value Added Network), 즉 부가가치통신망이 되며, 타 지역과의 상호 통신 및 정보교환이 이루어지면 GAN(Global Area Network), 즉 광역통신망이 됨

2) 거리대별 분류

구분	거리(지역)
HAN(House Area Network)	가정 내
LAN(Local Area Network)	학교, 회사, 공장(0.1~10[km])
MAN(Metropolitan Area Network)	도시(50[km])
WAN(Wide Area Network)	국가 내
GAN(Global Area Network)	국가 간

2. LAN의 적용 목적과 효과

1) 정보자원의 공유
2) 정보의 Real Time 처리
3) 정보처리 System의 Cost 저감
4) 정보처리 System의 유연성 향상
5) 정보처리의 Paperless화
6) 다른 기종과의 통신
7) 임의 간의 통신

3. LAN의 종류

1) 변조방식에 의한 분류

(1) Base Band

① 변조 없이 Pulse를 전송하는 방식
② PCM통신이 대표적임

(2) Broad Band

① 전송신호를 변조기법을 통하여 전송하는 방식
② 주로 무선통신에서 많이 사용되며 최근 구리선을 이용한 초고속 가입자망에서도 많이 사용됨
③ 변조방식에 따라 AM(진폭변조), FM(주파수변조), PM(위상변조) 방식 등이 있음

표 7-1 ▶ 전송별 특징

분류	구성	특징
Base Band 방식 (기저 대역 방식)	디지털 신호	• 반송파를 싣기 위한 아날로그 변조 불필요 • 경제적인 하드웨어 통신 실현 • 동축 Cable, 전송거리 1[km], 10[Mbps]
Broad Band 방식 (광대역 방식)	아날로그 신호 (AM, FM, PM)	• CATV 방식을 전용으로 이용하는 Band • 데이터 이외의 통신 → 복합서비스 Network • 수십 km 이상 전송 가능 • 각 노드에서 변·복조를 위한 고주파 아날로그 기술 필요

2) 전송매체의 의한 분류

(1) Twist Pair Cable

① 정의 : 두 전선을 꼬아 자계에 의한 유도 방지를 한 케이블

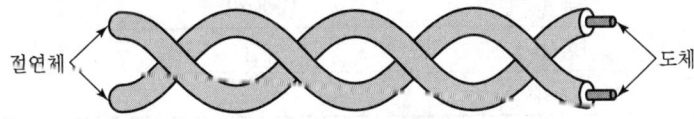

그림 7-13 ▶ UTP 케이블 구조

② 차폐 유무에 따른 구분

구분	내용
UTP(Unshielded Twisted Pair Cable)	• 쉴드 처리 없이 오로지 Twisted Pair로 구성 • 용도 : 일반사무실 배선용
STP(Shielded Twisted Pair Cable)	• STP는 각 Pair에 알루미늄 쉴드 처리됨 • S-STP는 편조쉴드와 알루미늄 쉴드의 2중 차폐됨 • 용도 : 전기실용등
FTP(Foil Screened Twisted Pair Cable)	• Pair 전체가 알루미늄 쉴드로 차폐됨 • 용도 : 공장 배선용

표 7-2 ▶ UTP와 STP 비교

구분	UTP	STP
구조	금속 박막이 없고 꼬임형태	꼬임 회선을 얇은 금속 박막층으로 감싼 구조
최대전송속도	100[Mbps]	100[Mbps]
최대전송길이	100[m]	100[m]
감쇠현상 및 EMI	약함	강함
설치	용이	어렵고 고가

③ UTP의 종류(Category에 따른 분류)

표 7-3 ▶ UTP Cable의 종류

종류	속도[Mbps]	내용
CAT3	10[Mbps]	저속 Data용
CAT4	16[Mbps]	현장에서 잘 사용 안 됨
CAT5	100[Mbps]	Data용(현재 잘 사용 안 됨)
CAT5e(UTP, FTP)	100[Mbps]	Data용(CAT5보다 저저항)
CAT6	250[Mbps]	현재 보급 중

④ 특징
  ㉠ 전송속도는 10/100[Mbps]이고 전송거리는 100[m]임
  ㉡ 고속통신용이나 원거리에 부적합함
  ㉢ 자계의 영향에 잡음내성을 가짐
  ㉣ 가격이 비교적 저렴함
  ㉤ 전송속도가 다양함(10~250[Mbps])
  ㉥ 절연저항이 높고 기계적 강도가 강함
  ㉦ 도전성과 가요성이 우수함

⑤ 적용
  ㉠ Data : 세대 내 적용
  ㉡ Voice : Main용

(2) 동축 Cable

중심도체와 절연체를 이용하여 전파를 전달하는 방식으로 신호를 반송파로 변조하여 사용하는 전송로에 사용됨

① 구조

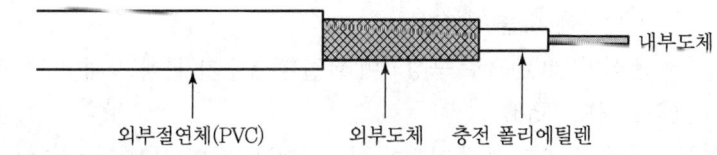

5 - 외부도체 개략내경
C - 임피던스(C : 75[Ω], D : 50[Ω])
2 - 절연방식(2 : 폴리에틸렌 충진, F : 발포폴리에틸렌)
V - 외부도체 및 외부피복(V : 일중편조+PVC, W : 이중편조+PVC)

그림 7-14 ▶ 동축케이블

  ㉠ 내부도체 : 전파 전달
  ㉡ 외부도체 : 차폐 역할
  ㉢ 외부절연 PVC : 케이블 보호

② 종류
    ㉠ RG형 동축케이블(고주파 케이블형 동축케이블)
    ㉡ ECX형 동축케이블(PE[폴리에틸렌]절연 동축케이블)
    ㉢ FB(T)형 동축케이블(발포 폴리에틸렌절연 동축케이블)
③ 일반 특징
    ㉠ 전송손실이 평행2선식 피터선보다 큼
    ㉡ 주위 상태에 따라 전송손실이 증가하지 않음
    ㉢ 주위 환경에 대해 안정적이고 잡음의 영향이 적음
    ㉣ 수명이 길고 안정성, 작업성이 우수함
    ㉤ 특성임피던스에 따라 C : 75[Ω], D : 50[Ω]

(3) 광섬유 Cable

광섬유케이블이란 광파장이 유리나 플라스틱섬유를 따라 움직이며 정보를 전달하는 전송매체로서 기존의 구리선보다 더 많은 정보를 운반하며, 신호를 재전송할 필요가 없고 유리섬유의 경우 일반케이블 외피보다 더 많은 피복재가 필요함

① 구조

코어, 클래드, 아크릴코팅을 포함한 유리선을 광섬유케이블이라 함

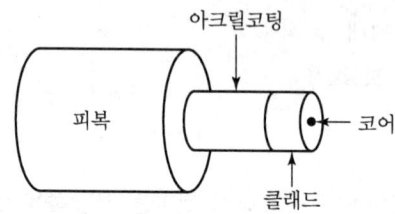

그림 7-15 ▸ 광섬유케이블 구조

㉠ 코어(Core)
  • 내부에 빛을 전파함
  • 석영(SiO_2)으로 구성되며 굴절률 계수가 클래드 대비 약 1[%] 정도 높음

㉡ 클래드(Clad)
  빛을 유리관 속에 가두게 하는 역할을 하며 석영(SiO_2)으로 구성

② 원리
  ㉠ 전반사의 원리(Step Index형)
    굴절률이 높은 Core와 굴절률이 낮은 Clad 사이에 빛을 인가할 때 입사각이 임계각 이상 시 전부 반사되는 현상

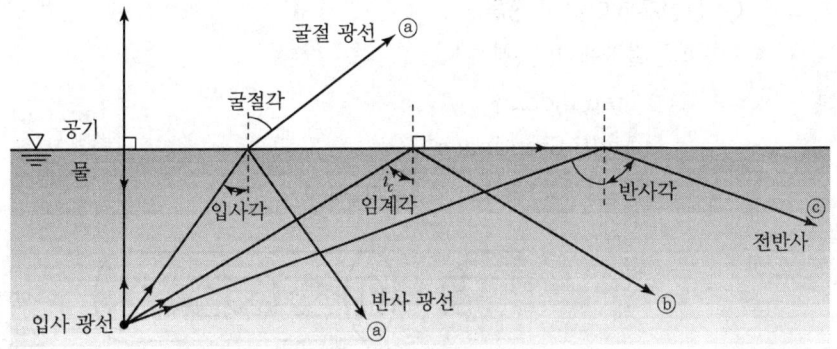

그림 7-16 ▸ 전반사 개념도

ⓐ 빛의 입사각이 임계각보다 작은 경우 : 빛의 일부는 반사하고, 일부는 굴절함
ⓑ 빛의 입사각이 임계각인 경우 : 빛의 일부는 반사하고, 일부는 굴절함. 이때 굴절각은 90°가 됨
ⓒ 입사각이 임계각보다 큰 경우 : 빛은 모두 반사함

ⓒ 굴절의 법칙(Graded Index형)

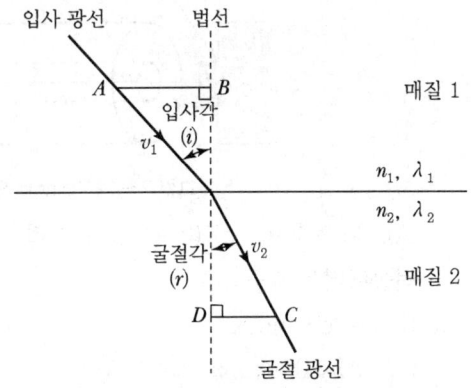

그림 7-17 ▸ 굴절률에 따른 각도 변도

- 굴절이란 매질의 성질이 바뀔 때마다 빛의 진행이 달라지는 현상을 말함
- $\dfrac{\overline{AB}}{\overline{CD}} = \dfrac{\sin i}{\sin r} = \dfrac{v_1}{v_2} = \dfrac{\lambda_1}{\lambda_2} = \dfrac{n_2}{n_1} =$ 일정
- 스넬의 법칙에서 속도(v)와 굴절(n)은 반비례하므로 $v_1 n_1 = v_2 n_2$의 관계로 광파가 전송됨

③ 광섬유케이블의 종류
   ㉠ 굴절률에 따른 분류
      ⓐ Step Index형
         • Multi Step Index형

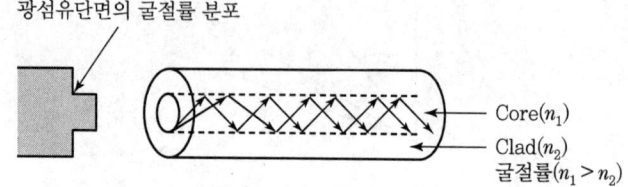

그림 7-18 ▸ Multi Step Index형

      - Core의 지름이 크고(50~150[μm]) 접속이 용이함
      - 전송대역이 좁음
      - 굴절률이 높음
         • Single Step Index형

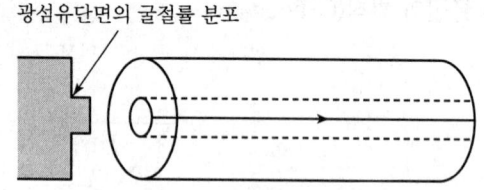

그림 7-19 ▸ Single Step Index형

      - Core의 지름이 작고(3~10[μm]) 접속이 어려움
      - 전송대역은 넓음
      ⓑ Multi Graded Index형

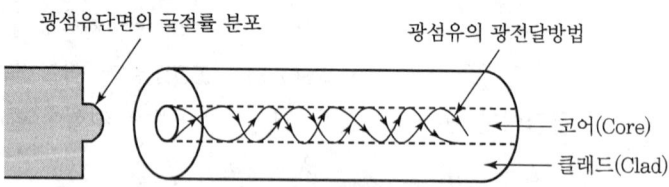

그림 7-20 ▸ Multi Graded Index 형

         • Core의 지름이 크고(50~150[μm]) 접속이 용이함
         • 전송대역이 넓음
         • 굴절률이 낮음
   ㉡ 모드(Mode)수에 따른 분류
      ⓐ 싱글모드(Single Mode)
         1개의 Core에 한 개의 광선을 전송하는 형태로 장거리 신호 전송에 사용되며

직경이 10[μm] 정도로 작음
ⓑ 멀티모드(Multi Mode)
1개의 Core에 다수의 광선을 약간씩 다른 반사각을 이용하여 비추어서 전송하는 형태로 단거리 전송에 사용되며 직경이 50[μm] 정도로 큼

④ 특징
㉠ 굴절률이 높은 유리(직경 25[μm])를 0.1~1[%] 정도 굴절률이 낮은 유리로 둘러 싼 구조(직경 125[μm])
㉡ 전자계의 잡음의 영향을 받지 않음
㉢ 나쁜 환경, 장거리 고속 전송에 적합
㉣ 동축케이블 대비 중량$\left(\frac{1}{130}\right)$ 단면적$\left(\frac{1}{30}\right)$이 적음
㉤ 저손실(전송손실 → 0.2[dB/km])
㉥ 광범위한 신호 전송 및 디지털 신호를 고속 전송할 수 있음
㉦ 제조공정이 어렵고 접속이 어려움
㉧ 항상 광전지 변환기가 첨부되어야 하고 고가임
㉨ 보안성이 뛰어나고 양질의 전송이 가능함

표 7-4 ▶ 전송매체의 비교

전송매체	장점	단점
UTP	① 가격이 저렴 ② 비교적 안정적인 특성 ③ 광케이블 대비 설치 용이성	① 고속 통신에 부적합 ② 높은 비율의 감쇠 특성 ③ 전자기적 간섭 및 도청
동축케이블	① 설치 용이 ② 대역폭이 큼 ③ 고속의 전송속도	① 광대비 높은 감쇠비율 ② 광대비 전자기적 간섭 및 도청이 큼
광케이블	① 약 2[Gbps] 이상의 대역폭 지원 ② 감쇠비율이 적음 ③ 외부 간섭 및 도청에 강함	① 구축비가 고가임 ② 연결 시 정밀작업이 필요 ③ 설치가 복잡함

3) Accccε 방식에 의한 분류

LAN의 전송로에서 각 노드들을 공통으로 통신을 할 때 통신규약을 만들어 통신제어의 혼선을 방지하기 위한 통신제어 절차를 엑세스 방식이라고 함

(1) Token Passing(Token Ring) 방식

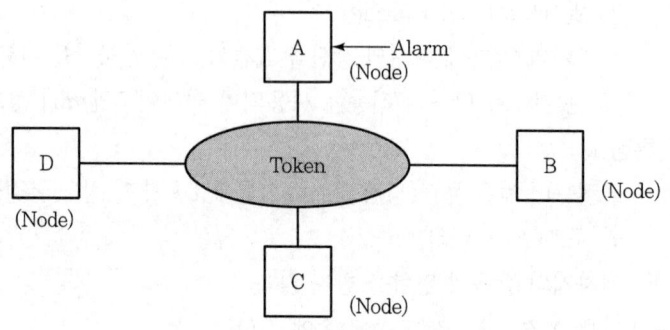

그림 7-21 ▶ Token Passing 방식

① A기기가 경보신호를 가지고 있을 때 Token이 있어야만 이 경보신호를 전송할 수 있는 방식(Token이 없는 경우 Token이 올 때까지 기다려야 함)
② 특징
Network의 크기가 증가함에 따라 System의 작동과 응답시간에 지장이 발생됨
③ 단점
  • 한 노드 고장 시 링 구조가 단절되어 전체 네트워크가 동작하지 않음
  • 노드의 손상이나 네트워크 내에서 잡음 등에 의한 토큰의 손실 등 토큰 관리에 대한 문제가 있음

(2) CSMA/CD 방식(Carrier Sense, Multiple Access/Collision Detection)

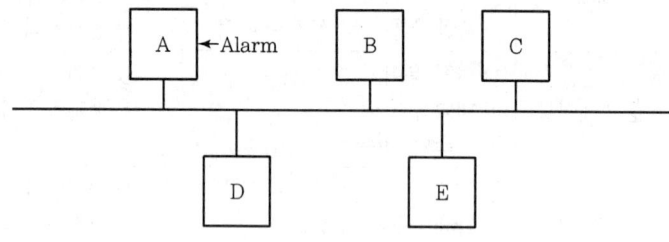

그림 7-22 ▶ CSMA/CD 방식

① Token을 기다릴 필요 없이 프로토콜 메시지를 전달할 기기는 직접적인 경로를 통해 신호를 전송함
② 특징
  • Network의 크기가 증가해도 Network 실행에는 전혀 영향이 없음
  • Computer Network 분야에서 가장 널리 사용되는 Ethernet 프로토콜임

(3) TDMA(Time Division Multiple Access)방식

① 시분할 다중화란 송신 측에서는 연속적인 정보신호를 일정한 시간 간격으로 표본화, 양자화, 부호화하여 전송하며, 수신 측에서는 복호화, 역다중화, 복조, 디지털 신호를 아날로그 신호로 변환시켜 원래의 연속적인 정보신호로 복구시키는 방식

② 장점
  ㉠ 전송로에 의한 신호레벨 변동이 거의 없음
  ㉡ 전송로에 존재하는 잡음, 누화 등에 강해 전송로의 상태가 나빠도 사용이 가능함
  ㉢ FDM 방식에 비해 정보량이 많음

③ 단점
  ㉠ PCM 고유의 잡음이 발생함
  ㉡ 기기, 부품 구성이 복잡함

표 7-5 ▸ Access 방식 비교

구분	CSMA/CD (Base Band 방식)	Token Ring 방식	TDMA(Loop 방식)
전송용량	10[Mbit] 이하	수10[Mbit] 이하	수100[Mbit] 이하
통신거리	단거리	중거리	장거리
망 내 지연	Traffic이 증가할수록 지연시간이 증가함	비교적 짧음	거의 없음
확장성(단말 증가)	간단	비교적 어려움	비교적 어려움
경제성	저가	중간	고가

4) 형태(네트워크 구조)에 따른 분류

구분	구성도	내용 설명
스타형		• 중앙의 컨트롤러에서 방사성 연결 • 제어가 간단 • 중앙의 컨트롤러 고장시 전체 중단
버스형		• 1개의 통신회선에 장치등을 연결 • 토큰 버스방식 이용 • 수신장치에서 자신에게 보내진 주소정보를 확인 후 데이터 수신
링형		• 원형 체인방식으로 연결 • 토큰 링(Token-Ring)을 이용 전송 • 토큰을 획득해야 데이터를 전송할 수 있음

4. LAN 도입 시 고려사항

구분	검토사항
LAN측	① 전자유도를 받지 않도록 선택할 것 ② 유연성이 높은 Network의 구성 ③ 케이블이 외부에 돌출되지 않을 것 ④ 표준규격에 맞출 것
OA계측	① 기기의 호환성을 검토 ② 변경 및 증설의 유연성 검토 ③ 운용 효과에 대한 검토 ④ 경제적 측면 검토 ⑤ 운용자의 훈련
소프트웨어	① LAN 기능을 수용할 수 있는 Softwafe의 구비 ② 자료의 효율 극대화를 위한 이용률 검토 ③ Software의 수정, 삽입 등을 검토

5. 배선 System의 구성도(예 Loop형 LAN)

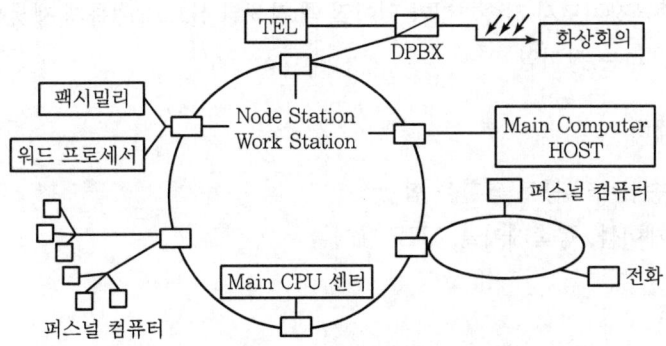

그림 7-23 ▶ Loop형 LAN의 계통 구성

1) Hardware

(1) 랜 카드(LAN Card 또는 NIC)

컴퓨터와 LAN망 간의 접속장치로 인터페이스 기능을 하는 장치임

(2) 허브(HUB)

구내 정보 통신망(LAN) 전송로의 중심에 위치하여, 여러 대의 PC 및 주변장비를 연결하는 기능을 함(단순한 중계기 역할을 함)

(3) 스위치(Switch)

전송 프레임의 주소를 읽고 데이터 프레임을 목적지로 전달하는 경로 및 회선을 선택하는 기능을 함(MAC 주소가 있는 것이 허브와의 차이임)

(4) 게이트웨이(Gateway)

① 서로 다른 구조의 네트워크 간를 연결시켜 주는 기능을 하는 장비임
② 프로토콜이 다른 네트워크상의 컴퓨터와 통신하기 위해 두 프로토콜을 적절히 변환해 주는 역할을 하는 장비임(고속도로 톨게이트와 유사 개념)

(5) 라우터(Router)

① 네트워크와 네트워크 간의 경로를 설정하고 가장 빠른 길로 트래픽을 이끌어 주는 네트워크 장비임
② 목적지까지 데이터를 전달하는 기능을 하는 네트워크 중계장비임(전화국의 교환기와 비슷한 개념)

(6) 리피터(Repeater)

재생중계장치로서 전송거리가 멀어질 때 감쇄된 신호를 새롭게 재생하여 다시 전달하는 역할을 하는 장비임

(7) 전송매체

① 전송신호의 통로 역할을 함
② 광케이블, 동축케이블, UTP 케이블

2) Software

(1) 망운영 체계(Network Operating System)

① 컴퓨터와 LAN 카드, 케이블 등의 장비들을 운영하고 제어하기 위한 네트워킹 운영체제를 NOS라고 함
② 네트워크 환경에서 서버와 클라이언트 간의 원활한 통신을 보장하기 위하여 자원 공유 서비스 및 각 클라이언트의 관리 기능을 제공하는 네트워크 운영체제를 말함

(2) NMS(Network Management System)

네트워크상의 전 장비들의 모니터링, Planning 및 분석을 위한 핵심 소프트웨어로서 모든 기기, 장비의 기능적인 이상 유무를 파악하고 대처할 수 있는 기능을 함

6. 설치 적용 시 고려사항

1) Media의 적용에 따른 경제성 고려
2) LAN에 접속되는 OA기기의 Software 공유 검토
3) OA Closet와 EPS는 확실히 분리하여 Noise 대책 검토
4) 고장 및 방재대책 수립
5) LAN의 주변 환경(통신망 등) 고려

SECTION 06 | 확성설비

1. 개요

1) 정의

건축물이 고층화, 대형화, 첨단화되면서 확성설비의 용도도 다양해지고 있다. 확성설비는 전관방송 System, Paging 설비, 비상 경보 System 등의 설비들과도 중요한 연관을 가지고 건축물의 고급화에 맞추어 AV System과도 관련을 가지는 중요한 설비이다.

2) 목적

① 음을 크게 할 목적
② 각종 음성정보의 창조
③ 음성정보를 원거리로 전송
④ 음향조건의 보정
⑤ 비상방송 목적(방재설비 적용)

2. 확성설비의 구성

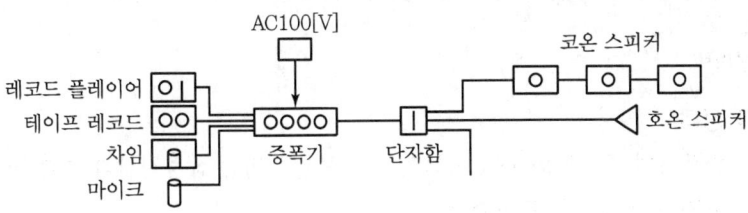

그림 7-24 ▶ 확성설비의 계통 구성

3. 증폭기

1) 증폭기 성능을 규정하는 요소(증폭기 특성)

(1) 정격출력[W]

전력 증폭 역량을 의미하며, 증폭기의 지정된 출력 임피던스와 동일한 부하저항을 접속하고 규정의 왜형률을 구할 수 있는 1[kHz]의 정현파출력[W]을 말함. 규정된 조건하에서 운전이 보장된 최대의 출력, 1시간 동안 연속하여 낼 수 있는 최대의 출력을 1시간 정격출력, 장시간 연속하여 낼 수 있는 최대의 출력을 연속 정격출력이라 함

① 정격출력과 Speaker출력과의 관계

증폭기 정격출력 ≥ Speaker 전체 출력[W] 수

② 증폭도

$$10\log\frac{P_0}{P_i}\,[\text{dB}]$$

여기서, P_0 : 출력전력, P_i : 입력전력

(2) 주파수 특성

주파수에 따라 증폭도가 변화하는 비율(50~15,000[Hz] : 양호)

(3) 왜형률

순수한 정현파형을 역상으로 가했을 때의 출력과 정격출력과의 비

① 정의

증폭기를 통한 출력파형과 동일하고 순수한 정현파형을 역상으로 가하면 증폭기의 출력파형의 변화만큼 출력되는데 이것과 출력파형과의 비

② 한계

왜형률이 적을수록 우수(확성설비의 한도는 각 주파수에서 3[%] 이하)

③ 무왜최대출력

증폭기에서 파형의 찌그러짐 없이 빼낼 수 있는 최대출력

(4) S/N비

① 정의

증폭기의 증폭도를 규정 이득까지 올려 발생하는 잡음전압과 정격출력전압과의 비를 [dB]의 절대치로 표시한 것

$$\text{S/N비} = \frac{\text{정격출력전압}}{\text{잡음전압}}\,[\text{dB}]$$

② 크기

S/N비는 그 값이 클수록 증폭기 성능 우수, 마이크로폰 회로 S/N비 → 50[dB] 이상, 잔유잡음(음향조절기를 모두 "0"으로 했을 때) → 65[dB] 이상

2) 증폭기의 종류

① 전력 증폭기 : 스피커나 안테나에 전력 공급하는 증폭기
② 전압 증폭기 : 전력 증폭기 전단에 높으며, 입력 장치에 따라 달라짐

4. 스피커

1) 정의 : 전기에너지를 음의 에너지로 변환하는 장치

2) 특성 : 스피커의 특성은 임피던스, 정격입력, 출력음압 레벨, 음압 주파수 특성, 지향성 등의 특성이 정해짐

(1) 임피던스

① Low Impedance
몇 개의 스피커를 증폭기에 연결하여 사용하며 증폭기와 스피커 사이가 가까워야 함

② High Impedance
다수의 스피커를 증폭기에 연결하여 사용하며 증폭기와 스피커 사이가 먼 경우 사용

(2) 정격입력

스피커에 연속적으로 신호를 가하여도 파손 및 음의 변형 등이 생기지 않는 규정된 시험 조건에 만족하는 최대의 입력을 말함

(3) 음압주파수 특성

스피커에 일정 레벨의 저음에서 고음까지 가했을 때의 응답 편차로서 스피커 캐비닛의 역할은 매우 중요함. 견고하고 해로운 공진을 발생시키지 않아야 함

(4) 출력음압 레벨

① 스피커의 출력음 크기를 나타내는 것으로 단위는 [dB]이며 출력음압 레벨이 높을수록 능률이 높음

② 음압 레벨의 측정
스피커에 1[W]([kHz])의 입력을 주었을 때 스피커에서 1[m] 떨어진 곳에서 얻을 수 있는 음압을 말함

(5) 지향성

① 스피커 정면과 수음점 각도에 대한 음압 레벨이 변화를 나타내는 것으로 일반사무실 등에서는 그다지 문제되지 않으나 체육관, 강당 등에서 스피커와 마이크를 동일실 내 사용하는 경우 하울링(Howling)을 회피하려면 중요한 요소가 됨

② 스피커 정면축상이 음압 레벨이 가장 높으며 주파수가 높을수록 지향성이 좋아짐

3) 종류

(1) 구조에 따른 분류

① 콘형 스피커
- ㉠ 진동판이 직접 진동하여 음을 반사시키는 형태
- ㉡ 종류
  - 단일형 컬럼형
  - 프로시니엄형
- ㉢ 특징
  - 주파수 특성이 좋음
  - 음질이 좋음
  - 습기가 높은 장소나 옥외는 잘 사용되지 않음
- ㉣ 적용 : 주로 옥내용으로 사용(음악용 등에 적용)

② 혼형 스피커
- ㉠ 진동판의 진동이 공간 매개 기구인 혼을 통하여 음을 방사시키는 형태
- ㉡ 특징
  - 능률이 콘형보다 높음
  - 지향성이 강함
- ㉢ 적용 : 주로 옥외 체육관 등 대출력 장소에 사용됨

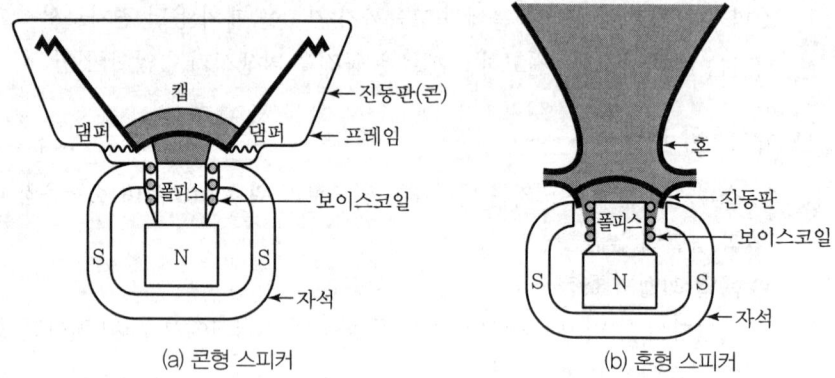

(a) 콘형 스피커 (b) 혼형 스피커

그림 7-25 ▶ 스피커 구조

(2) 형상에 따른 분류

① 천장매입형 스피커
② 다종(多種) 스피커
③ 천장노출형 스피커
④ 반사형 혼스피커
⑤ 벽걸이형 스피커
⑥ 양면형 스피커
⑦ 플로어(스테이지) 스피커

4) 스피커 선정 및 배치방법

(1) 스피커의 선정

① 일반사무실 : 천장매입 또는 벽걸이형, 입력은 주로 1~3[W] 사용
② 강당, 홀, 체육관 전체를 균일한 음장(音場)으로 컬럼스피커 또는 Proscenium(프로시니엄) 스피커를 설치 및 보조스피커 사용

(2) 스피커의 배치방법

① 스피커가 뒤쪽에 있으면 방향감각을 잃고, SP가 분산되면 명료도가 저하되므로 스피커 위치는 스테이지 근처의 천장이나 좌우의 벽에 설치함
② 스피커와 마이크가 가까우면 Howling(하울링)이 생기므로 주의하고 지향성을 고려하여 배치함

(3) 사무실에 스피커 배치(BGM 수신 기준)

① 평면도

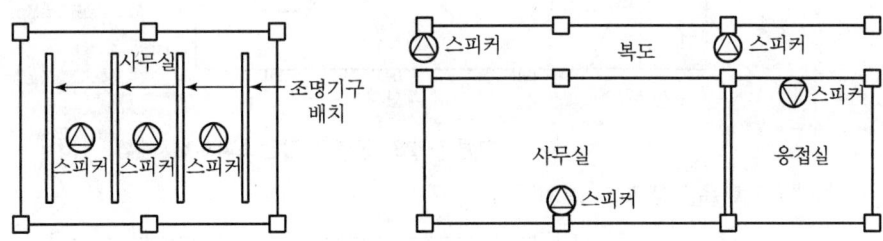

그림 7-26 ▶ 사무실 스피커 배치 평면도

② 입면도

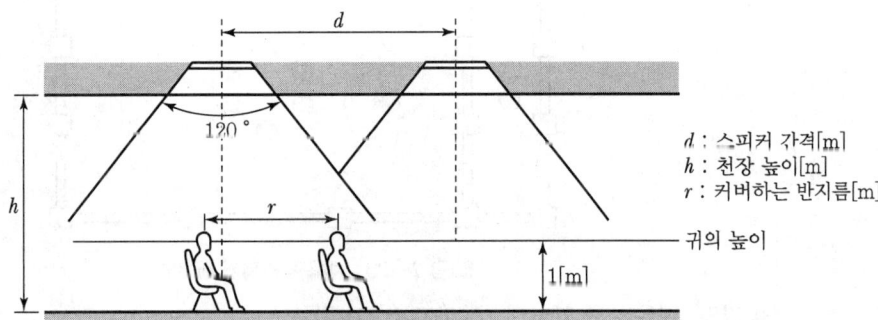

그림 7-27 ▶ 사무실 스피커 배치 입면도

③ 사무실 스피커 1개가 담당하는 면적과 간격

용도	천장의 높이(h)	스피커의 간격(d)	1개의 스피커가 커버하는 면적
BGM	2.5[m] 이하	5[m]	약 25[m^2]
	2.5~4.5[m]	9[m]	약 36[m^2]
	4.5~15[m]	5[m]	약 81[m^2]
전달방송	(-)	9~12[m]	약 81~144[m^2]

(4) 공연장, 강당, 체육관 스피커 배치방법

① 공연장, 강당 스피커 배치방법

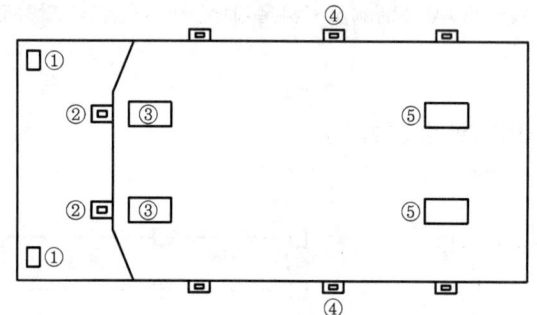

그림 7-28 ▶ 공연장, 강당 스피커 배치방법

② 체육관 스피커 배치방법

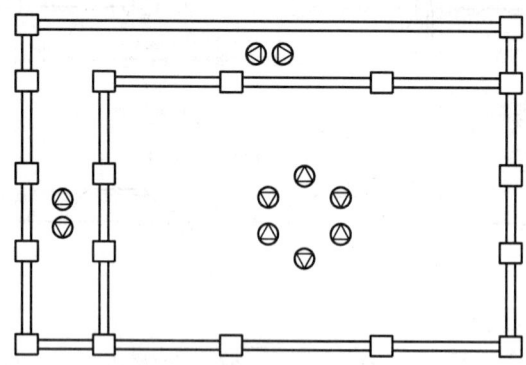

그림 7-29 ▶ 체육관 스피커 배치방법

③ 강당, 체육관 스피커의 개수(70[W] 기준)
  • 집회실 강당 : 70[W] 2개
  • 옥외운동장 : 70[W] 1개

(5) 스피커의 배선

HFIX(저독성 난연 가교 폴리올레핀 절연전선), 통신용 PVC 옥내선 사용(ϕ1.2[mm] 이상의 것) 마이크로폰 배선은 저레벨 배선이며 외부로부터 유도장해가 쉬워 금속관 배선과 동시에 스피커 회로, 전등, 동력회로 등과 간격을 두어 배선함

SECTION 07 | 주차관제 표시 설비

1. 목적

주차장을 이용하는 차량을 안전하고 효율적으로 유도함과 동시에 주차장 운영에 필요한 설비를 자동화로 성력화하려고 하는 것이다.

계획은 기기의 능력, 주차장 구조, 장내유도방향, 주차대수, 주차회전율, 주차장 출입구 부근의 도로상황, 각종 관리형태 등을 종합적으로 판단하여 주차장을 이용하는 차량을 정확한 유도와 관리효율이 높은 System으로 구성해야 한다.

2. 구성

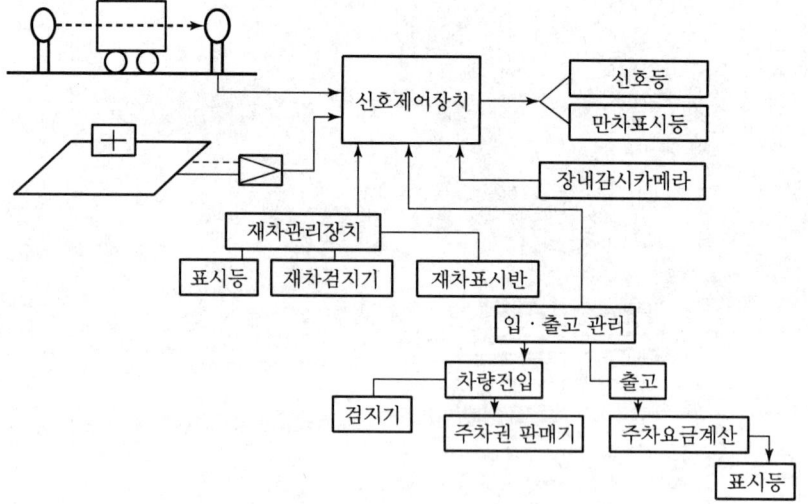

그림 7-30 ▶ 주차설비의 계통도

3. 신호제어 System

1) 구성도

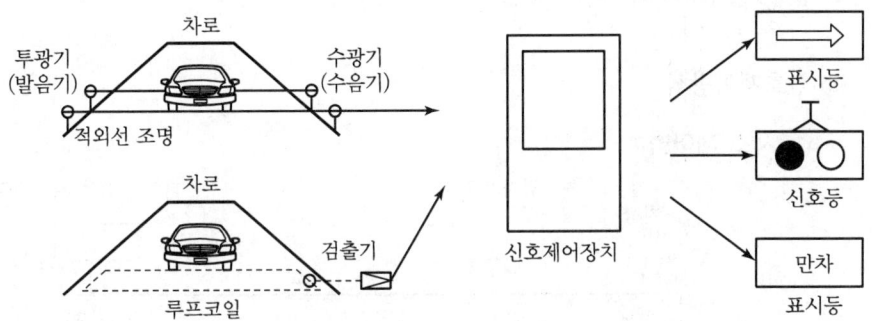

그림 7-31 ▶ 신호제어 System 구성도

2) 검지장치

(1) 디딤판식

차고의 출입구에 디딤판을 설치하여 차량이 위에 올라오면 스위치가 작동

(2) 광전관식

광전관을 이용한 수광기와 투광기를 설치하여 신호를 보내는 방식

(3) 광전자식

검출기로서 광전자를 응용하고 주차장 내의 조명시설을 이용하여 차량 출입 시 광선의 차광에 의해 신호를 검출하여 보내는 방식

(4) 초음파식

자동차용 통로의 **벽 또는** 천장에 발음기와 수음기를 설치하여 자동차 출입 시 음파를 반사시켜 그 반사에 의한 신호를 관제장치에 보내는 방식

(5) 인덕턴스식(Loop Coil형)

브리지 회로를 응용한 것으로서 차로에 Coil을 매설하고 자동차 출입 시에 고유 주파수의 발생을 검출하여 그 신호를 관제장치에 보내는 방식이며, 고유 주파수의 검출에 의한 차량의 식별도 가능함

3) 신호제어장치

(1) 주차장 내의 교차로 및 일반도로의 출입구 부근을 차량이 통행할 때 경보 신호에 따라 부근 보행자 및 차량에 대해 주의를 시키는 장치

(2) 신호제어방식

① 시소 제어법

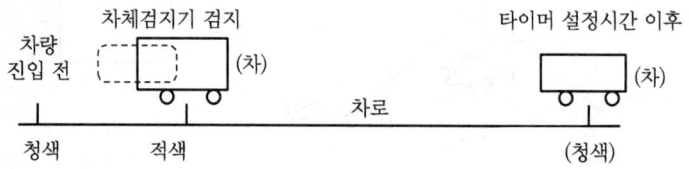

그림 7-32 ▶ 시소 제어법

- 차의 차로 통과 예정시간 설정에 타이머를 이용하는 방식으로 실용성이 높음
- 차체검지기가 차를 검지해서 신호가 "적"으로 전환한 다음 타이머 설정시간 후 "청"으로 복귀함
- 타이머 설정시간은 차가 차로 통과에 요하는 평균시간 + 여유시간을 설정함(설정치 평균 : 5~10초)
- 고속 주행 장소에는 부적합함

② 폐색 제어법

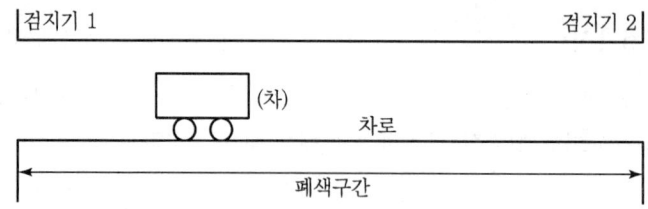

그림 7-33 ▶ 폐색 제어식

- 차로 내 차가 "0"대가 되었을 때 신호를 복귀시키는 방법
- 차체검지기 1을 통과 시 적색점등, 차체검지기 2를 통과하여 폐색구간 내 차가 없을 때 청색점등으로 복귀함
- 고속 주행하거나 예측할 수 없는 급구배 경사로 등 위험한 차로에 사용함

③ 방향선별 제어방식

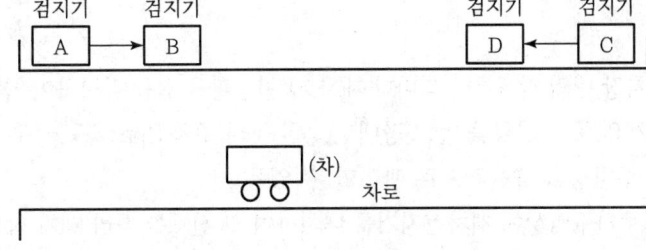

그림 7-34 ▶ 방향선별 제어방식

- 차로가 양방향일 때 사용하며, 차량의 진행방향 감시 및 표시가 필요함
- A, B 검지기의 어느 쪽이 먼저 동작했는지 또는 두 검지기가 동시에 동작했는지의 조건으로 방향을 판별함
- 검지지 2개를 한 조로 하여 A, B 동시 동작으로 사람과 차를 구별함

4) 표시장치

(1) 표시등

① 2위 신호등 : 양방향 통행차로에 양단에 설치, 적색 시 상대 차량 진입금지

② 1위 신호등 : 유의 신호로 상시 점멸시킴

(2) 만차 표시등

① 전조식
② 자막필름 전환식
③ 문자판 회전식

4. 재차관리장치

1) 개요

(1) 주차장 내의 각 주차구역마다 재차, 공차상황을 집중 감시하여 차량을 적절히 유도하는 것
(2) 실제의 주차 상황을 알고 장내 깊숙한 곳의 주차 Space 등 국부 감시가 가능하도록 하므로 주차장을 효율적으로 관리할 수 있음
(3) 각 주차구역상에 재차검지기를 배치하여 그 신호를 따라 재차 상황 표시판에 집중 표시함
(4) 주차 상황 표시등, 만차등, 진행방향 표시등을 사용하여 입차 차량을 공차구역으로 유도함

2) 재차검지기의 종류

(1) 광전식 검지기

① 발광부와 수광부로 구성
② 검지방식
수광 상태에 있는 Beam을 차가 차광하면 재차 신호를 보내며 오동작을 방지하기 위하여 3초 이상 계속 차광 시 차량검지 사항을 출력

(2) 초음파식 검지기

25~40[kHz]의 초음파를 발생시켜 차량의 반사를 받아 차량의 상황을 파악하는 검지방식으로 다른 초음파 발생원이나 공기 이동이 심한 장소를 피하여 설치

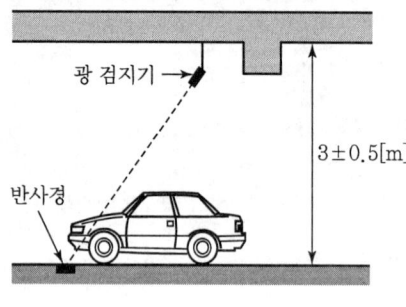

그림 7-35 ▶ 광전식 검지기

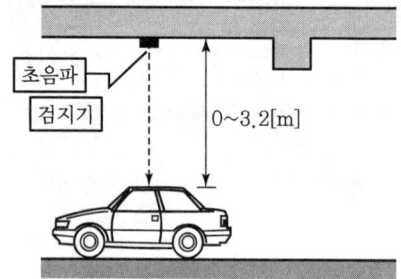

그림 7-36 ▶ 초음파 검지기

5. 요금계산장치

1) 정의

유료 주차장에서 주차권 발행, 주차비 계산, 집계 등의 업무를 자동화해서 신속 정확하게 처리하는 것

2) System의 구성

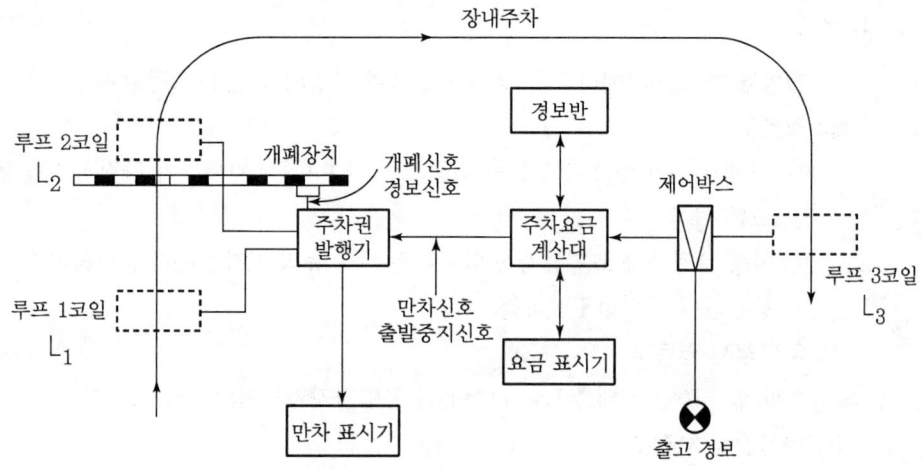

그림 7-37 ▶ 주차요금 계산장치

3) 주차권 발행기

(1) 주차장 입구의 전단 Loop 1 검지기가 작동하면 입차시간이 자기 또는 펀치로 기록된 주차권의 발행

(2) 안내 방송과 동시에 카 게이트를 상승시키고 차가 입장하면 후단 Loop 2에 의해 카 게이트를 내림

4) 주차요금 계산기

주차권을 주차요금 계산기에 삽입하면 주차권을 판독하여 입차시각과 출고시각 등 주차시각을 표시하고 주차요금이 계산되어 표시됨

6. 차량번호 인식장치

1) 개요

차량번호 인식장치는 인식기가 차량번호를 인식하여 확인된 차량만 차단기가 자동으로 작동하게 하는 시스템으로 R/F방식과 영상센서방식으로 구분되며 R/F방식은 초음파를 이용하며 영상센서방식은 최첨단의 반도체 기술을 이용한 Image Processer(고속 화상 처리기)를 이용하여 문자의 식별을 영상화하여 차량의 번호를 추출하는 장치임

2) 영상센서방식(LPR : Licence Plate Recognition)

(1) 구성

① **촬영부** : CCD 카메라로 구성되어 있으며 차량의 접근을 자동감지

② **조명부**
  ㉠ 차량의 전면 번호판 부분을 집중 조명하여 CCD 카메라가 양질의 화상을 유지하도록 설치
  ㉡ 차량 운전자가 조명상황에 의하여 눈부심 등의 시각장애가 발생하지 않도록 조명등전면에 적외선 Filter를 부착

③ **차량검지 연동부**
  차량 입·출입 상태를 Loop Coil 및 차량검지기와 광 Sensor로 검지

④ **화상인식 처리부**
  CCD 카메라에 포착한 영상신호를 화상 Memory에 입력 후 Image Processer(고속화상 처리부)와 Program에 의하여 차량번호를 추출하여 주 Computer나 요금계산소에 전송

(2) System 구성도

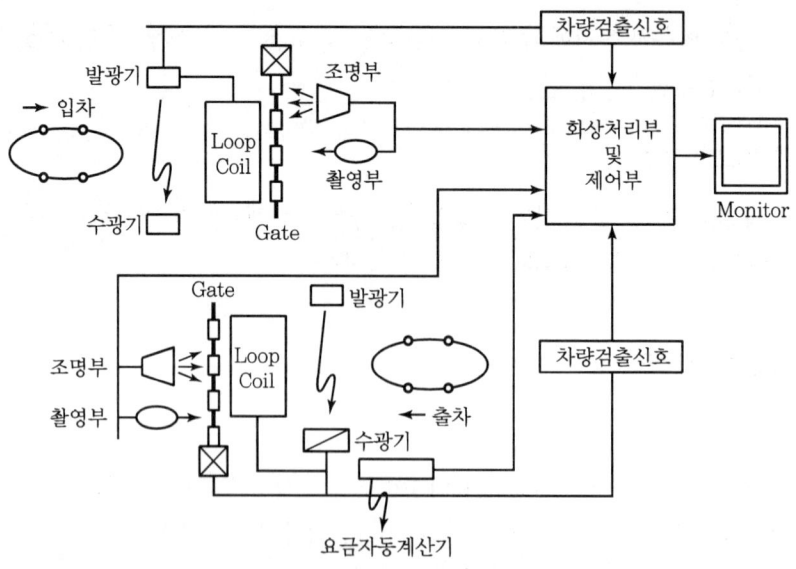

그림 7-38 ▶ 영상센서의 차량번호인식 시스템

(3) 초음파 센서방식(R/F : Radio Frequency)

R/F Reader에서 차량에 약 900[MHz]대의 초음파를 가하여 차량에 부착된 Card Reader를 읽음으로써 지정된 차량을 인식하여 Gate를 열어주는 방식임

(4) 장단점 비교

항목	LPR 방식	R/F 방식
장점	• 카드리드기가 불필요 • 유지관리비가 불필요 • 미관이 좋음 • 카드 불법 사용, 분실, 범죄예방 가능 • 사고 분쟁 시 해결 가능 • 요금 횡령 방지	• 설치비가 저렴 • 높은 인식률
단점	• 설치비가 고가 • 낮은 인식률	• 카드리드기 관리 불편 • 카드 불법 사용 가능성 • 차량 사고 시 분쟁 해결 불가
수명	영구적	5~7년

7. 설계 시 고려사항

1) 주차장 내 감시 System을 설치하여 장내상황을 감시하고 범죄나 도난의 예방을 함
2) 주차권 발매기 및 Car Gate는 경사로 부근에의 설치를 피할 것
3) 주차권 발행소 및 요금계산소는 차가 안전하고 용이하게 접근할 수 있는 위치에 설정
4) 지하주차장의 경우 감시카메라 설치
5) 실내의 조도를 50~80[lx] 이상 확보
6) 경제성 고려

SECTION 08 | 중앙감시제어 System

건축물의 대형화, 고층화, 첨단화 등이 IBS화됨에 따라 건축물을 효과적으로 관리하고 합리적으로 운영하고자 하는 방안이 검토되면서 중앙감시제어가 도입되었다. 이에 대한 중앙감시제어는 조명, 전력, 빌딩관리, 에너지관리(에너지절약), 시큐리티 관리 측면에서 건축물을 각종 단말장치 및 Interface 장치로서 감시하고 관리하고 제어하게 되었다. 이에 따라 중앙감시제어 서버의 목적, 구성, 기능, 적용 효과, 종류, BAS의 적용, IBS의 적용, 경제성 평가, 향후 전망 설계 시 고려사항을 설명하였다.

1. 목적

1) 건축물 내의 쾌적한 환경조성 및 안정성 추구
2) 전력의 안정적인 공급 및 신뢰도 향상
3) 성에너지화 목적 달성
4) 연관된 기타 설비의 기능 강화

2. 구성 및 구성기기

1) 구성

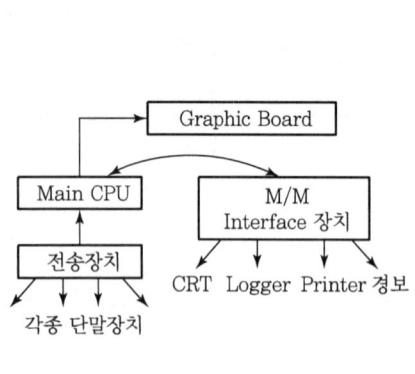

그림 7-39 ▶ 중앙감시제어 System의 구성

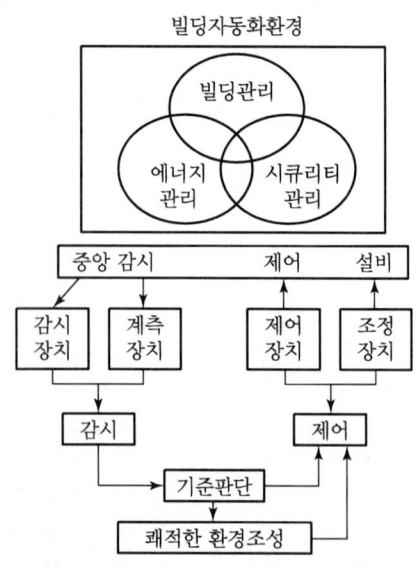

그림 7-40 ▶ 중앙감시제어 System의 계통

2) 구성기기

(1) Main CPU

① 중앙에서 원방에 있는 각종 단말장치의 감시제어 기능
② 집중 원방 감시제어 기능을 Real Time으로 처리하기 위한 각종 Program을 수행하여 필요한 모든 정보와 결과를 출력시킴

(2) Man/Machine Interface 장치

① System과 운전원, 관리인 사이의 정보 전송을 위한 기반 장치
② CRT, Data Logger, Printer, 전력계통반, 기록계 등으로 구성

(3) 전송장치

자료 취득 및 제어 Signal 전송장치로 필요한 정보를 중앙제어실에서 받고 보냄으로써 정보 전송을 함

(4) 원격 단말 장치(RTU : Remote Terminal Unit)

3. 기능

1) 자동기록, 자동측정

모든 자료를 일정주기로 하여 측정 기록함

2) 원방 감시 제어

전력계통 및 간선의 각종 차단기, 보호계전기의 동작상태 및 사고 등을 감시하는 기능을 말함

3) 원격 제어 기능

(1) 변전실의 부인 운전이 가능하노톡 원격 세어하는 기능(엘리베이디 무인 운전)
(2) 차단기의 개폐 조작, Demand Control, 변압기 운전 대수제어, 역률개선 제어, 발전기 부하 제어, 조명 스케줄 제어 등을 하여 성에너지화함

4) 자동 경보 기능

(1) 변전실의 화재, 보안상태, 전력계통의 이상 상태 등을 분석하여 경보를 발함
(2) 집중감시 제어를 함

4. 효과

표 7-6 ▶ 기존 설비와의 비교

기존 설비 문제점	중앙감시 제어 설비 적용 시
• 인간 능력의 한계가 있음 • 송수신 정보의 부정확 + 부정확 Data 취득 • 사고 발생의 지연 • 합리적 계통 운영 불가, 사고 확대 • 수작업에 의한 기록 • 많은 인력 소모	• 컴퓨터에 의한 정보처리로 많은 데이터 이용 • 정확한 Data 취득, 정보의 정확도 증진 • 사고 발생 조기 감지 및 신속 조치 가능 • 계통의 합리적 운용 및 전력공급의 신뢰도 확보 • 주기적 정확한 자동기록 가능 • 운영비 저감 및 에너지절약의 목적이 달성됨

5. 빌딩 감시제어 System의 종류

1) 빌딩관리 System

① 설비기기 제어 System : 공조기기의 중앙감시제어 System
② 엘리베이터 군관리 System : 사람의 원활한 이동과 적정한 운전동력으로 성에너지 추구
③ 설비기기 상태 감시 System : 가동상황 및 이상상태 감시
④ 주차장관리 System : 안전관리 및 효율적인 관리, 원활한 요금 부과

2) 에너지관리(에너지 절약) System

(1) 조명 제어 System

조명환경을 효율적으로 관리 제어

(2) 전력설비 제어 System

요금을 낮추고 효율적인 전력 사용을 가능하게 하는 System

(3) 에너지 절약 공조 제어 System

에너지 절약 및 폐열을 가능한 한 회수할 수 있도록 구성한 System

3) Security 관리 System

정보의 기밀성과 안전성의 확보를 위해 방화, 방재, 방범 기능을 종합적으로 통제하는 Security System이 구성되고 종류는 방범 System, 화재, 소화, 방화제어 System, 방재 감시제어 System

6. 전력 제어 시스템 제어방식

1) BAS 건물에서의 적용

(1) 대형화, 기능의 복잡화가 추진되어 기능분산 제어 System인 DCS(Distributed Control System)의 채용

(2) 중앙집중방식(DDC), 분산처리방식(DCS) 구성도 비교

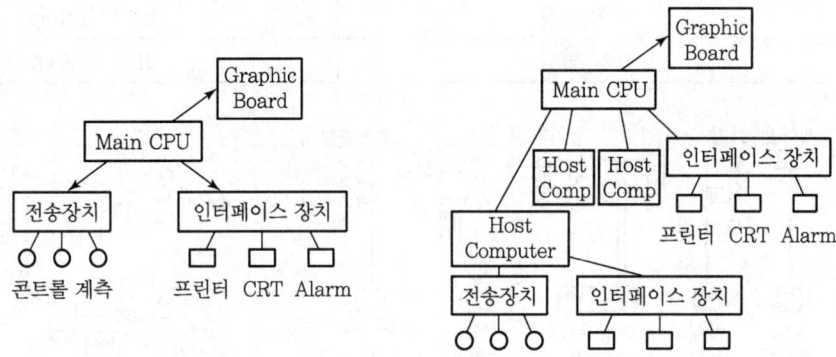

그림 7-41 ▶ 중앙집중방식의 구성도   그림 7-42 ▶ 분산처리방식의 구성도

표 7-7 ▶ 중앙집중방식과 분산처리방식 비교

구분	중앙집중방식	분산처리방식
개념	중앙의 컴퓨터에서 모든 단말의 입출력 제어, 감시, 계측, 제어가 이루어짐	각 Local 시스템에서 제어장치가 설치되어 각 Local에서 개별, 감시, 제어, 계측이 이루어짐
특징	• 확장성이 어려움 • 초기 투자비가 저렴함 • Main Computer 고장 시 전체 System 고장 발생 • 신뢰성과 유연성이 낮음	• 확장성이 용이함 • 설치비가 고가임 • 신뢰성이 높음 • 사고 시 파급 효과가 적음 • 제어의 유연성이 높음
적용	소규모 System	대규모 System

2) IBS 건물에서의 적용

BAS, OA, TC로 구분되던 구조와 기능을 통합하기 위하여 하나의 System으로 구성함

7. 경제성 평가

시설투자비에 대한 회수비를 비교 검토하면 아래 표의 방식이 유리하며 사용목적 용도에 따라 구축하는 것이 경제적으로 유리하다.

표 7-8 ▶ 건물별 기능

건물별	능력별
소형 빌딩	자동제어 System
중형 빌딩	BAS System
대형 빌딩	IBS System

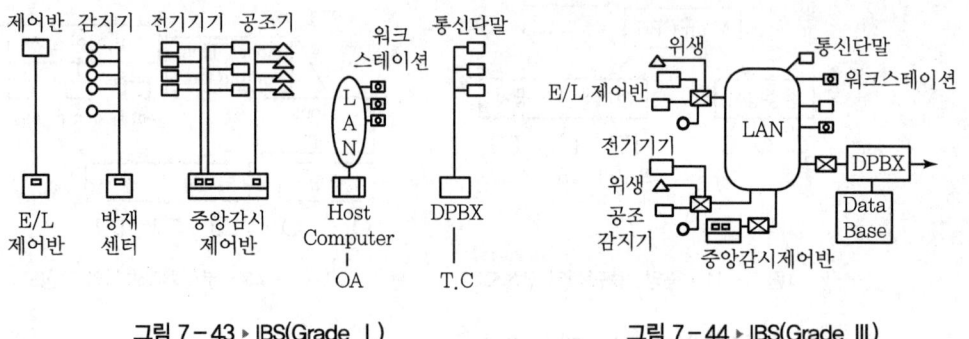

그림 7-43 ▶ IBS(Grade Ⅰ) 그림 7-44 ▶ IBS(Grade Ⅲ)

8. 설계 시 고려사항

1) 중앙감시 제어 설비의 시설이 건축물에서 건축적 환경, 전기적 환경, 공급설비 및 안전방재 상의 환경 등에 적합해야 함
2) 초고층 빌딩 적용 시에 빌딩을 효율적으로 관리하기 위한 기능분산형, 중앙감시제어를 적용
3) 빌딩 내의 중앙감시제어 설비의 적용을 위한 통신망 구성이 요구됨
4) 경제성을 검토하여 적정하게 적용함

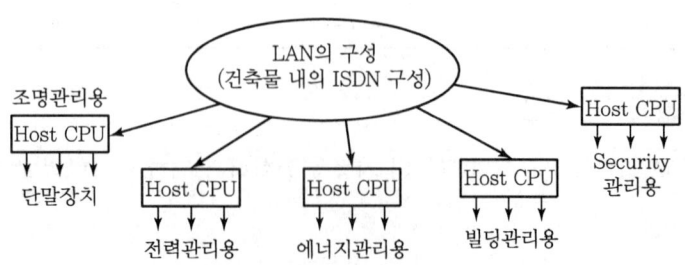

그림 7-45 ▶ 건축물의 ISDN 구축

SECTION 09 | 원방감시제어(SCADA : Supervisory Control and Data Acquisition) System

1. 개요

1) SCADA는 감시제어 및 Data 취득장치로 통신을 통해 산업설비(전력설비, Pipe Line 설비 등)가 복잡·대형화됨에 따라 이들 설비와 계통들을 한 곳에서 효과적으로 감시·제어하는 설비임
2) 설비계통의 합리적 운영 및 효과적인 에너지 관리가 가능하며, SCADA에 대한 보안성 확보 및 표준화 기구의 구성이 필요함
3) SCADA 시스템의 구성도, 기능, 네트워크 특징, 통신규약 적용 시 효과를 중심으로 설명함

2. SCADA의 구성도

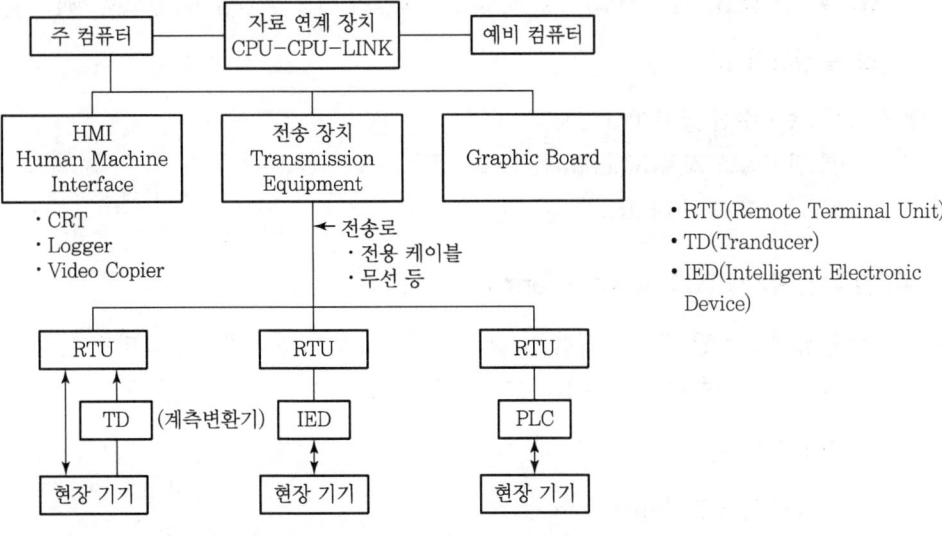

그림 7-46 ▶ SCADA 시스템 구성도

1) 감시 (주 컴퓨터) 시스템

(1) 프로세스와 관련된 자료를 수집하고, 하드웨어 제어를 위한 실실적인 명령을 내림
(2) 보조 컴퓨터는 주 컴퓨터 고장 대비 및 평상시 기술 계산 등의 오프라인(Off-line) 업무를 담당함

2) 인간-기계 인터페이스(HMI : Human-Machine Interface)

(1) 기계 제어에 사용되는 데이터를 인간에게 친숙한 형태로 변환하여 보여 주는 장치로, 이 것을 통해 관리자가 해당 공정을 감시하고 제어하게 됨

(2) 주요 장치

① 운전원 제어대(Operator's Control-Console)
② 표시장치(CRT Display)
③ 기록기(Logger)
④ 영상복사기(Video Copier)
⑤ 계통반(Graphic Board)
⑥ 경보 및 기록계(Pen Recorder) 등

3) 전송장치

(1) 제어 시스템, 원격 단말기 등 원격의 요소들이 서로 통신할 수 있도록 해줌

(2) 구성장치

① 송·수신 장치(Transceiver)
② 변·복조 장치(Modem)
③ 다중화 장치(Multiplexer) 등

4) 원격 단말기(RTU : Remote Terminal Unit)

(1) 공정에 설치된 센서와 직접 연결되며, 여기서 나오는 신호를 컴퓨터가 인식할 수 있는 디지털 데이터로 상호 변환하고, 그 데이터를 감시 시스템에 전달함

(2) 구성장치

① 신호변환부(Tranduer)
② 통신부
③ 공통제어부

5) 프로그래머블 로직컨트롤러(PLC : Programmable Logic Controller)

(1) 기본적인 시퀀스 제어 기능에 수치연산 기능을 추가하여 프로그램 제어가 가능한 제어장치
(2) 실제 현장에 배치되는 기기로서, 특정 용도를 위해 설계된 원격 단말기(RTU)보다 경제적이고 다목적으로 사용이 가능함

3. 구성방식별 구분

1) 1 : 1 방식

(1) 1개의 제어소에서 1개의 피제어소를 감시·제어하는 방식

(2) 초기 방식

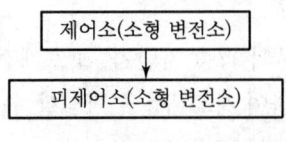

그림 7-47 ▶ 1 : 1 방식

2) 1 : N 방식

1개의 제어소에서 다수(N개)의 피제어소를 감시·제어하는 방식

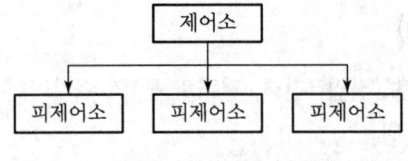

그림 7-48 ▶ 1 : N 방식

3) 계층 제어 방식

(1) 1개의 제어소(지역급전소)에 여러 개의 소제어소(급전분소)를 두고 그 아래에 다시 피제어소(소형변전소)를 다수 배치하여 감시·제어하는 방식

(2) 현재 적용되고 있는 방식

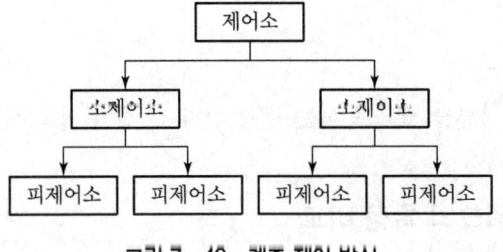

그림 7-49 ▶ 계층 제어 방식

4. SCADA 시스템의 기능

1) 원격측정(Telemetering)

(1) 원격소 운전에 필요한 모든 계측 자료가 자동적으로 일정주기를 두고 측정됨

(2) 측정대상

① 전압[kV]　　　　　　　② 부하[mW, A]
③ 무효전력[Var]　　　　　④ 역률($\cos\theta$)
⑤ 전력량[wH]　　　　　　⑥ 주파수(Hz) 등

2) 원방감시(Supervision)

전력계통 및 송배전선로의 각종 차단기, 보호계전기, 주변압기 TAP 위치, 소내 전원 및 출입문 상태 등을 감시하여 사고내용을 파악할 수 있음

3) 원격제어(Remote Control)

원격소의 무인 운전이 가능토록 차단기의 조작과 변압기의 전압 조정 등의 기능을 갖추고 오조작 방지를 위한 대책이 다각적으로 보완되고 있음

4) 자동기록(Logging)

원격소 설비 운전일보(전압, 전력, 전력량 등)의 주기적인 기록과 각종 사고나 이상상태 및 조작내용 등이 기록됨

5) 자동경보(Alarming)

원격설비의 화재, 보안상태, 전력계통의 이상상태 발생 시 이를 분석하여 경보를 발생시켜 다수의 원격소 설비를 동시에 집중 감시 제어가 가능함

6) 보고서 생성

일보, 월보, 운전실적 보고서 등 자동출력

7) 자료 연계

변전소 운전 정보를 필요로 하는 관련 설비 간 전력 정보 제공 및 공유

5. SCADA 네트워크의 특징 비교

구분	SCADA	정보통신
신호처리	실시간 처리	고속 처리
제어방식	분산제어	중앙집중 제어
규약 및 표준	다양한 규약 및 이(異)기종 수용	전체 구조가 표준화된 규약
운용	주기적 · 연속적 운용	비주기적 운용

구분	SCADA	정보통신
용도	계측 · 제어	정보 전송
대상	전력, 교통 제어, 상하수도, 철도 등	전산업무, 금융, 전자결제 등

6. SCADA 통신규약

1) 통신규약 결정

시스템의 구조와 제어등급, 계측 · 제어대상에 따라 결정

2) 종류

(1) DNP(Distributed Network Protocol)

(2) Modbus Harris

(3) TCP/IP(Transmission Control Protocol/Internet Protocol)

(4) ICCP(Intercontrol Center Communication Protocol)

7. 설치 효과

1) 인건비 절감
2) 고품질 · 고효율 운용이 가능함
3) 정확한 Data 취득으로 정보의 정확도 증진
4) 사고 발생의 조기 감지 및 신속한 조치 가능
5) 전력공급의 신뢰도 향상

8. 결론

1) SCADA 시스템은 원격지 설비에 대한 합리적인 운용 및 효율적인 에너지 관리가 가능함
2) SCDA 시스템이 폐쇄형에서 개방형으로 전환됨에 따라 보안상의 취약 문제가 증가되고 있으며 국내에도 이와 관련된 다양한 침해 사고가 발생되고 피해가 발생되는 것으로 평가되고 있음
3) 따라서 국내에도 외국과 같이 SCADA에 대한 암호화 기술, 보안성 향상을 위한 기술 개발이 필요할 것으로 판단됨

SECTION 10 | IBS(인텔리전트 빌딩)

1. 개요

1) 미국에서 임대빌딩의 임차인 확보를 위한 영업전략상의 용어로 처음 등장

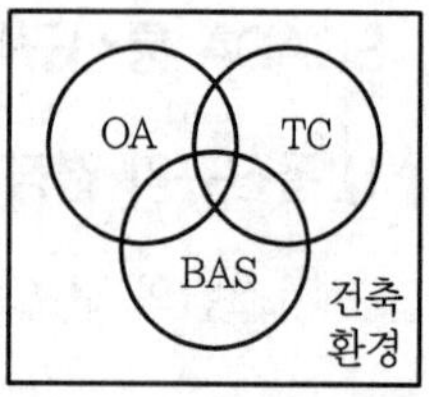

2) IBS의 정의

최적의 건축계획으로 건축한 건물에 OA, TC, BAS 시스템을 효율적으로 구성하여 건물의 부가가치 및 사무 효율을 극대화한 빌딩

그림 7 – 50 ▶ IBS 구성도

3) IBS의 3대 기능(OA, TC, BAS 기능)이 유기적으로 융합·제어되어야 그 효능을 발휘함

2. 추구목표

1) 고도의 정보처리 기능의 구비
2) 정보통신을 위한 Network의 구축
3) 기기 설치 공간과 배선 공간의 확보
4) 빌딩의 종합 제어 System의 구축
5) 쾌적한 집무환경의 구축

3. 필요성

1) 건축물의 대형화, 고층화

감시, 제어 등의 기능이 우수한 건축물이 필요함

2) 업무의 효율화

업무의 복잡화 등에 대한 생산성, 효율성 확대를 위해 필요함

3) 사무조직의 확대

사무조직이 방대해짐에 따라 관리의 효율성 등이 필요함

4) 향후 장래성, 확장성

향후 고도 통신 시스템에 능동적인 대응이 필요함

4. IBS의 등급 및 구조

1) D등급(1세대 빌딩)

각종 OA기기를 사용자 단독으로 사용할 수 있게 설계된 빌딩

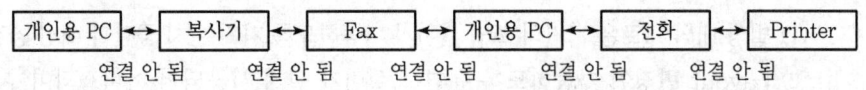

그림 7-51 ▸ 1세대 빌딩의 정보통신 설비

2) C등급(2세대 빌딩)

각종 OA기기 및 개인용 PC 등의 온라인화에 대응하여 LAN의 구축(통신망 구축) 사무 자동화가 가능하게 설계된 빌딩

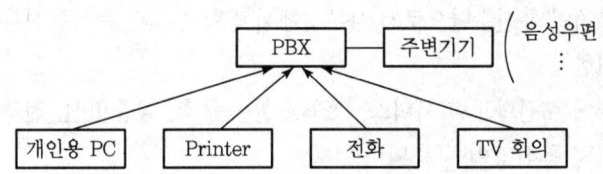

그림 7-52 ▸ 2세대 빌딩의 정보통신설비

3) B등급(3세대 빌딩)

각종 빌딩관리 System을 일괄 감시 제어하고 Interface 장치를 설치하며 상호 정보를 주고받을 수 있게 설계된 빌딩

그림 7-53 ▸ 3세대 빌딩의 정보통신설비

4) A등급(차세대 빌딩)

각종 빌딩관리 및 통신 OA 설비 System이 하나의 유기체로 늘어져 일괄관리하면서 서로 다른 기능의 자료를 호출, 수정 · 보완이 가능함

5. 기능

1) 정보통신 기능

(1) 정보통신 기반 서비스 기능

① 빌딩 내의 새로운 기기의 도입 설치가 가능하도록 기기 설치 공간과 배선 공간을 확보함
② Layout 변경이 가능하도록 유연한 설비가 설계 시공되어 서비스되어야 함
③ 종류로는 Floor Duct, Free Access Floor, 비상지원 설비
④ UPS 등이 구축되어야 함(정보통신 구축을 위한 건축적 환경임)

(2) 기본 통신 서비스 기능

① DPBX의 설치로 기본 통신 서비스의 제공
② 기본적인 통신수단으로서 사무실에서 전화에 의한 음성통신은 필수적이므로 DPBX를 설치함
③ 종류에는 전화교환 서비스, DPBX 설비 구축, 공중회선, 전용회선 등의 통신망, 고속 디지털 통신망이 구축되어야 함

(3) 고도 통신 서비스 기능

① 고속 Digtal 전용 Network의 구축으로 정보량에 따라 유연하게 대처
　음성, Data, 화상용의 전송으로서 데이터 다중화 장치, 멀티미디어 다중화, 음성부호화, 장치 등을 상호 연결하는 Network
② 전자메일 서비스
　Voice, Fax, 퍼스컴, 메일 등이 있음
③ TC 서비스
　전화 회선을 이용하여 사내 각종 행사 및 영상회의, 전화회의, TV회의, 사내교육, 훈련, 강연회, 문화교실 등에 이용함

2) OA 서비스 기능

(1) OA용 단말기기가 증가하더라도 집단으로 유연성 있게 처리하고 공용할 수 있는 System
(2) 단말기 상호 간을 연결하는 서비스
(3) Software의 공유화
(4) 빌딩 내 LAN을 구성하여 빌딩 전체 입주자가 상호 정보 교환이 원활

3) BAS 기능

(1) 빌딩관리 : 쾌적한 Office 환경 확보

(2) 에너지 관리(에너지 절약 관리) : 에너지의 효율적 이용
(3) Security 관리 : 방재센터를 구축하여 관리

6. 특징

1) 경제성 측면

(1) 초기 투자비는 증가
(2) 에너지 절감 효과가 큼(약 20[%] 정도 비용 절감)
(3) 사무생산성이 증가함(약 20~30[%] 정도 증가)

2) 생산성 측면

통신과 사무자동화의 결합으로 생산성 향상

3) 신뢰성(안전성) 측면

화재, 정전 등 재난사고를 미연에 방지함

4) 편리성

전자결재, 화상회의 등을 통한 편리성 및 비용 절감이 가능함

5) 유연성 측면

급변하는 통신기술 등의 변화에 적극 대응할 수 있음

6) 쾌적성 측면

쾌적한 공조, 전력 통신을 제공하여 쾌적한 환경을 조성함

7. 적용 효과

1) TC 및 OA에 대한 Office 업무의 효율화, 고부가가치화
2) BAS에 의한 성에너지화, 성력화
3) 쾌적한 환경에 의한 사무능률의 향상
4) 건축 System의 유지보수 비용 절감
5) TC 및 OA 공용화에 의한 비용 절감

8. 인텔리전트 빌딩 통합화의 문제점

1) 표준화 기반 조성

통신프로토콜, 응용소프트웨어 및 빌딩 관련기기의 외국 의존, 이종기기와 시스템 간의 통합화를 위한 빌딩자동화의 표준화 기반 조성이 취약함

2) 설계기술 취약

인텔리전트 빌딩 기술의 미성숙, 시스템 엔지니어링 또는 인티그레이션 기술의 부재로 설계기술이 취약하고 인텔리전트화에 소요되는 관련 시스템 기기의 기술개발이 지연되고 있음

3) 홍보정책의 미비

적극적인 진흥정책의 미비로 새로운 산업분야에서의 기능, 형태, 범위 등이 미비하여 세제, 금융상의 직접적인 우대조치가 없어 활성화 측면에서 불리

4) 통합엔지니어링 부족

통합설계, 시공 관리하는 토탈엔지니어링의 안목 및 통찰력 부족으로 기술적인 변화의 대응력이 부족하고 이를 통합적으로 관리할 수 있는 전문인력도 부족한 실정임

5) 인식의 차이

설계자와 관리자와의 의식, 의도, 운영상에서의 인식 차이도 큼

9. 설계 시 고려사항

1) 계획 시 고려사항

(1) IBS의 지적인 집무환경
(2) 정보통신기기의 신뢰도 향상
(3) 고품질, 고신뢰도인 전기에너지의 안정적인 공급
(4) 에너지 절약 및 경제성
(5) 최신 기술의 적극적인 활용 및 종합대책

2) 계획 설계 시 고려사항

(1) 사업주의 IBS화에 대한 개념 이해
(2) 부하밀도에 따른 적정 부하용량의 선정
(3) 각종 기술계산방식 및 적용방식의 재검토

(4) 전기설비 기능 이해의 기존 개념의 탈피
(5) 건축평면의 이해와 전기실 면적 산정
(6) 타 공정의 인텔리전트 개념을 적용
(7) 에너지 절약 System의 적극적인 적용

SECTION 11 | 국제표준화기구(ISO)에 등록된 전력선 통신방식

1. 개요

1) 전력선 통신(PLC : Power Line Communication)은 상용주파수의 전력선을 통신선으로 사용하여 전원과 동시에 정보를 전송하는 통신방식으로 고주파를 전송하는 과정에서 타 무선기와의 혼선 방지를 위해 법적으로 1.8~30[MHz] 고속 전력선 통신 대역을 허용하고 있음
2) 스마트 그리드에도 응용이 가능함
3) PLC와 관련한 구성, 특성, 응용분야를 구분하여 설명함

2. 법적 기준 및 분류

1) 법적 기준(「전파법 시행령」 제75조)

(1) 전력선 발사 주파수 : 9[kHz] 이상 30[MHz] 이하
(2) 송신설비의 고주파 출력 : 10[W] 이하

2) 전송속도에 따른 분류

구분	저속 PLC	중속 PLC	고속 PLC
전송속도	9.6[kbps] 미만	1[Mbps] 미만	10[Mbps] 이상
주파수 대역	10~450[kHz]	10~450[kHz]	0.5~30[MHz]
활용분야	전기기기 제어	전기기기 제어, 통신	멀티미디어, 통신, 제어

3. 구성도 및 기능

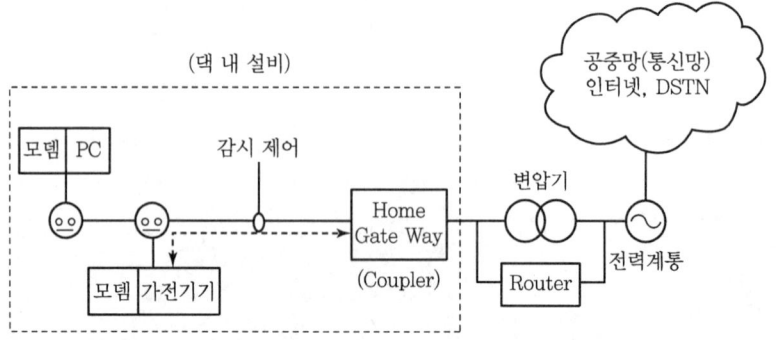

그림 7-54 ▶ PLC 구성도

1) 가전기기 감시 제어(전력선 감시 모뎀)

  (1) Gateway에서 가전기기의 전력감시 기능
  (2) 전력공급 및 차단 기능
  (3) 이상전력 통보 기능
  (4) 누전방지 및 화재예방 기능을 수행함

2) Demand Control 기능

  (1) 예상 전력량이 Peak치 이하가 되도록 Control함
  (2) 예측전력량 > 목표전력량 → 경보, 부하 차단
  (3) 예측전력량 < 목표전력량 → 경보 해제, 부하 투입

4. 특징

1) 경제적인 통신망 구축
2) 전력계통에는 다양한 잡음요소가 상존함
3) 선로정수가 일정하지 않음
4) 전력선 모뎀까지 임피던스 정합이 어려움
5) 부하 변동에 의한 Spike성 잡음이 존재함
6) 선로의 길이 및 부하 특성에 영향을 받음
7) 공중 전력선의 경우 각종 고주파 성분의 잡음 유기 가능성이 있음
8) 고속통신의 한계

5. 응용분야

표 7-9 ▶ PLC 응용 가능 분야

구분	응용분야
전력공급망	• 자동 및 원격 검침 • 타 전력공급자를 위한 서비스 대행 • 전력 Network Control(감시 및 제어) • 정전관리 • 부하관리 및 요금관리
댁내망	• Home Automation(Home-Network) • 방범, 방재관리
통신 가입자망	고속 인터넷 접속

6. 결론

1) 미국 등의 경우 주파수 대역 규제완화가 가시화되면서 차별화된 전송기술로 각광받고 있으며 가입자망이나 Home-Network 시장에서도 충분한 기회가 있다고 인식하고 있음
2) PLC 기술은 대기전력 저감기술을 통한 에너지 절감, 스마트 그리드, 119시스템과 연계된 긴급 호출 및 진찰 등에 적용되고 있음
3) 기술의 상용화, 제도개선이 정착되면 PLC는 빠르게 발전해 나갈 수 있을 것으로 판단함

SECTION 12 | PCM(Pulse Code Modulation)의 표본화 정리

1. PCM의 개념

정보기기의 정현파 신호를 Digital로 그 신호 형태를 변경시켜 주는 과정을 말한다.

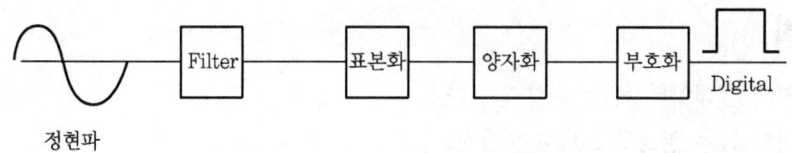

그림 7-55 ▸ PCM 과정도

2. 표본화

1) PAM(Pulse Amplitude Modulation) 과정

2) 아날로그 파형을 시간적으로 이산화시킴

  (1) 전력 절감
  (2) 간섭 영향의 최소화(엘리어싱)

3) 샤논의 표본화 정리가 적용됨

  (1) Sampling 주기(T_S)

  $$T_S = \frac{1}{f_S}$$

  (2) Sampling 주파수(f_S) = $2f_m$ (최대주파수)

  Voice의 경우 최대주파수의 2배로 함

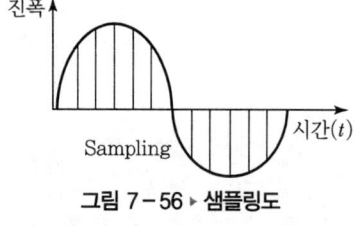

그림 7-56 ▸ 샘플링도

4) 적용

  (1) Digital 계전기에서 12 Sampling(전기각 30°)
  (2) 전화(음성통화)에서 8,000 Sampling

3. 양자화

1) 진폭을 이산화하는 과정임
2) 일정한 주기마다 Sampling된 진폭에 대한 정수화 과정
3) 데이터 전송량의 증가 방지

4. 부호화

1) 양자화된 데이터를 2진화시키는 과정
2) 양자화 값은 일정한 Bit 수를 가짐
3) 데이터 전송량에 따라 Bit 수가 결정됨

SECTION 13 | 통합배선 시스템

1. 개요

1) 통합배선 시스템이란 전화, Data, 영상 등의 배선이 독립적으로 설치되던 것을 통합한 배선 시스템을 말함
2) 이는 모든 정보신호가 Digital 방식으로 바뀌면서 가능하게 되었으며 최근 대부분의 IB(Intelligent Building)에서 통합배선이 적용되고 있음
3) 통합배선 시스템 구축 시 검토사항을 구성도, 필요성, 계획단계별로 구분 설명함

2. 시스템 구성도

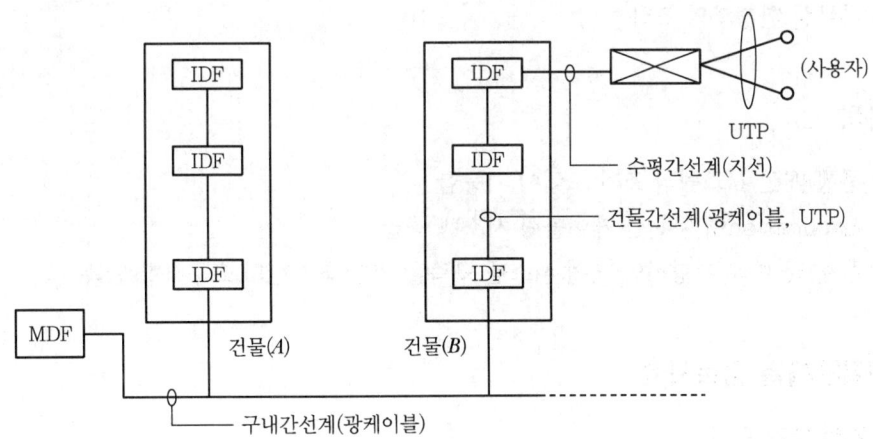

그림 7-57 ▶ 통합배선 시스템 구성도

1) **간선계(Backborn 부)**

   (1) MDF-IDF 구간으로 통상 3[km] 이내 구간으로 구성됨
   (2) 건물간선계와 구내간선계로 구분됨
   (3) 이 구간에서 증설과 보수가 용이한 STAR 방식을 적용함
   (4) **전송매체**
      ① Data용 : 광케이블
      ② Voice용 : UTP 케이블

2) 지선계(Branch 부)

(1) IDF~사용자 OUTLET 구간으로 구성됨
(2) 광케이블 및 UTP 케이블로 구성됨
(3) 100[m] 이내의 구간으로 구성됨

3. 필요성

1) 향후 지속 발전 중인 통신기술과 표준화에 대응하기 위함
2) 정보의 통합화가 실현됨
3) 유지보수 및 관리의 용이성
4) 변경, 확장에 편리한 대처가 필요함
5) 설치 및 시공상의 경제적인 이점
6) 사무실 환경과의 조화

4. 목적

1) 선행 배선 시스템의 조기 도입이 가능함
2) Application에 무관한 케이블링 시스템 공급
3) 현재 및 미래 지향적인 배선 시스템 구축을 위한 최소한의 요구사항 만족

5. 계획단계별 검토사항

1) 건축설계 단계

(1) **배선소요량 분석** : 급속도로 발전하는 외부 정보서비스에 대응하고 정보화 시대에 대응하는 미래 지향적 설계 검토가 필요함

(2) **안전성 검토**

① 전기적 문제와 화재로부터 사람과 기기 보호
② 시스템 설계 전 제반 법규 및 국제 표준 규격 참고

(3) 인입 경로 검토
(4) **통신실 여건 검토** : 넓이, 높이, 위치 등 검토
(5) 배선반(IDF)의 공간 여건 검토

2) 배선설계 단계

(1) 어떠한 배선 시스템도 쉽게 설치되어야 함
(2) 케이블 규모, 종류, 위치, 구매 등이 검토되는 단계임
(3) 입주자의 요구사항과 각 빌딩의 특성에 맞게 설계에 적용됨

3) 설치 단계

(1) 가능한 한 동일한 제작사 케이블을 적용함
(2) 여러 제조업체의 케이블 및 통신장비 혼합 설치 시 Impedance Matching 문제로 신호 감쇄, 통신장애의 발생 가능성이 있음

4) 관리 및 유지보수 단계

(1) 회선관리 등이 필요한 단계
(2) 케이블에 대한 Labeling 단계

6. 결론

1) 최근 초고속 인터넷 환경과 같이 급변하는 정보화 시대의 정보전달 시스템으로 통합배선 시스템은 건축물의 대규모화, IBS화에 현재 대부분 적용이 되고 있음
2) 그 적용범위는 경제성, 유지보수, 향후 확장성 등의 측면에서 확대될 것으로 판단함

SECTION 14 | 공동주택 특등급

1. 개요

1) 정의

특등급이란 기존의 공동주택 1등급에 비해서 한 차원 높은 수준의 구내 통신선로 설비를 설치한 공동주택에 부여하는 인증등급임

2) 목적

특등급 인증등급은 FTTH 기반의 차세대 구내 통신선로 설비를 공동주택에 구축하도록 유도함으로써 디지털홈 및 홈네트워킹 수용 기반을 마련하고 음성, 데이터 및 영상서비스 통합환경에 대비하기 위하여 신설함

3) 시설기준

(1) **기존** : 광케이블 → 공동주택의 인입구간 및 구내간선계까지만 설치

(2) **현재** : 각 세대 단자함까지 광케이블 4코어가 설치됨

4) 초고속 정보통신건물 대상

(1) **공동주택** : 20세대 이상 공동주택

(2) **업무용** : 연면적 $3,300[m^2]$ 이상의 업무용 시설

5) 초고속 정보통신건물 인증등급

(1) 초고속 정보통신건물이란 초고속 정보통신서비스를 편리하게 이용할 수 있도록 일정 기준 이상의 구내 정보통신설비를 갖춘 건축물을 말함

(2) **구분** : 특등급, 1등급, 2등급

6) 기대 효과 : 광대역 통신 서비스 효과 및 향후 서비스(U-city 연계 등) 도입을 대비한 인프라 구축

2. 특등급과 1등급의 차이점

1) 특등급의 배선기자재는 구내간선계뿐만 아니라 건물간선계와 세대단자함까지 광케이블이 설치되고, 1등급에는 없는 광선로종단장치(FDF)와 광전변환장치가 세대단자함 내에 설치

2) 인출구는 각 실별로 1등급의 2배인 4구를 설치토록 함으로써 다양한 여러 단말기기를 동시에 네트워크에 접속할 수 있게 하였으며, 거실에 광인출구 1구 이상을 설치하도록 함

3) 배관시설은 다수 사업자들이 공정경쟁을 할 수 있는 여건을 마련하고 건물 내에 다양한 네트워크 장비를 용이하게 설치, 유지·보수할 수 있도록 1등급에 비하여 약 20[%] 증가된 집중구내통신실 공간을 확보하도록 하였으며, 특등급은 TPS(통신용 파이프 샤프트) 또는 동별 통신실을 확보

4) 차이점

구분			특등급	1등급
	배선방식		성형배선	성형배선
케이블	구내간선		광케이블 8Core 이상 + 세대당 Cat3 4Pair 이상	광케이블 8Core 이상 + 세대당 Cat3 4Pair 이상
	건물간선		광케이블 4Core 이상 + 세대당 Cat5e 4Pair 이상	세대당 Cat5e 8Pair 이상 + Cat5e 4Pair 이상
	수평배선	세대인입	광케이블 4Core 이상 + 세대당 Cat5e 4Pair 이상	세대당 Cat5e 4Pair × 2이상
		댁내배선	인출구당 Cat5e 4Pair 이상 + 세대단자함에서 거실 인출구까지 광1구 이상	인출구당 Cat5e 4Pair 이상
세대단자함			① 광선로 종단장치(FDF) ② 접지형 전원장치 세대단자함 ③ 디지털 방송용 광송수신기	접지형 전원시설 세대단자함

(2017. 07. 01 기준)

5) 특등급과 1등급 계통 구성 비교

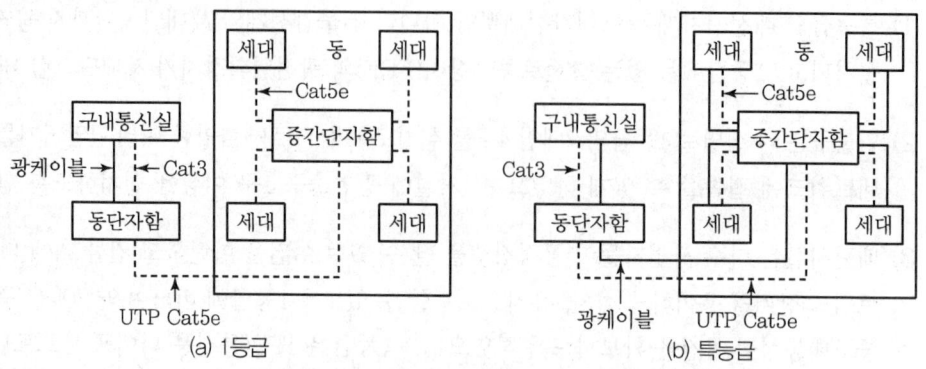

그림 7-58 ▶ 집중구 내 통신실 – 세대 내 인출구

6) 특등급 기준 MDF – 세대 내 인출구까지의 배선 구성

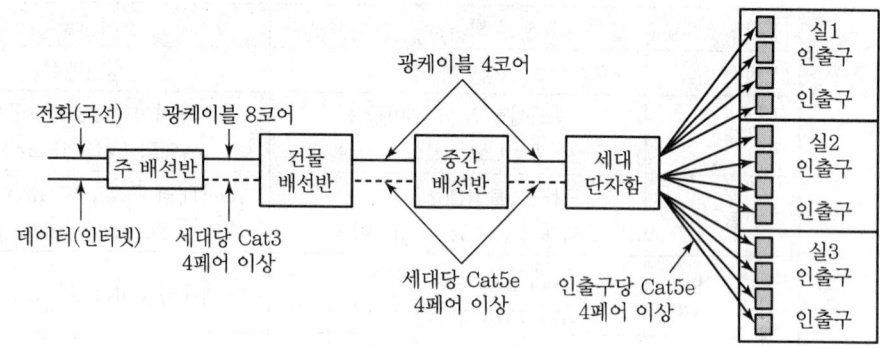

그림 7-59 ▶ 배선시스템 구성도

3. 특등급 설계 시 고려사항

1) 특등급은 공동주택의 각 세대까지 광케이블이 직접 설치되므로 배선시스템을 설계함에 있어서 향후 제공할 서비스에 대한 깊이 있는 고려가 요망됨
2) 세대단자함 내에 설치하도록 되어 있는 광전변환장치의 동작 파장대를 결정하기에 앞서 각 세대까지 제공할 서비스의 종류와 이를 위해 구내에 설치할 광네트워크시스템의 기술방식(Aon, Pon) 등에 대한 검토가 이루어져야 함
3) 네트워크 장비에 대한 부분은 심사기준에서 제외(AP 및 홈 네트워크 인증 예외)되어 있으나 특등급을 설계함에 있어서는 심사기준으로 제시된 배선시스템 및 배관시스템의 요건을 충족시키면서 공동주택 입주자들에게 최적의 서비스를 제공할 수 있도록 공동주택의 네트워킹에 대한 고려가 선행되는 것이 바람직함

4) 기존의 공동주택 1등급과 비교할 때 특등급은 구내에 설치되는 광케이블의 수량이 크게 증대되므로, 이에 따라 광케이블의 접속점이 크게 늘어나게 되어 접속에 따른 비용이 크게 증가됨

SECTION 15 | 원격검침 설비

1. 개요

1) 원격검침 설비란 전기 및 수도와 같이 검침이 필요한 설비의 사용량을 전기와 통신선로를 이용하여 자동검침하여 요금정산 및 청구서 발행 업무 등을 자동으로 전산처리하는 설비임
2) 최근 원격검침설비는 디지털 미터를 이용한 디지털 방식을 많이 적용하고 있는 추세임

2. 설계순서

1) 원격검침 대상과 범위 선정
2) 시스템과 전송방식 결정
3) 원격검침장치 위치와 설치방법 결정
4) 중앙관제장치 조작 장소 및 정보서비스 연계성 결정
5) 기기 배치 및 배선설계

3. System 구성도 및 기능

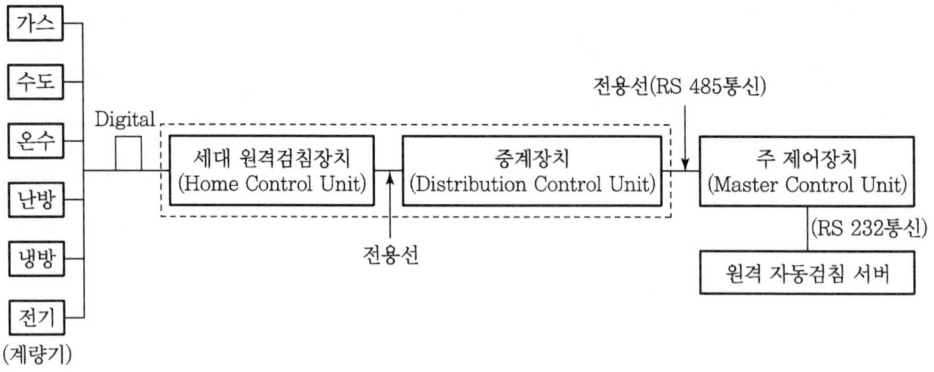

그림 7-60 ▶ 전용선 원격검침 구성도

1) 원격식 계량기

전기, 수도, 가스, 열량, 온수 등의 사용량을 표시하고, 사용량에 비례하는 펄스 신호를 발생하여 세대 원격장치로 송출함

2) 세대 원격검침장치(Home Control Unit)

각 계량기(전기, 가스, 수도 등)의 모든 데이터 값을 디지털 또는 펄스 신호로 받아 적산하여 사용량을 표시하고, 사용량 데이터를 저장하여 중앙관제장치에 전송하며, 정전 시 데이터 보존이 가능함

(1) 단독형 구성기기
① 원격검침장치 단독으로 구성되어 원격검침장치의 기능을 수행함
② 분전반, 전기 계량기함, 통신 단자함 등에 설치함

(2) 전력량계와 일체형 구성기기
① 전자식 계량계와 일체로 구성되어 원격검침장치의 기능을 수행함
② 전력량계함에 설치함

(3) 비디오폰 겸용기기
홈 오토메이션 설비, 비디오폰 등과 일체로 구성되어 원격검침장치의 기능을 수행함

3) 중계장치(Distribution Control Unit)
각 세대 원격장치로부터 중앙관제장치에 송출되는 사용량 데이터 신호를 받아서 중계함

4) 주 제어장치(Master Control Unit)
세대 각 유닛으로부터 전송된 데이터 신호를 종합처리하여 중앙관제장치로 송출함

5) 원격자동검침서버

(1) 세대 각 유닛으로부터 전송된 데이터를 분석 연산하여 사용량의 적산, 청구서 발행 등의 업무를 자동 전산처리함
(2) 데이터를 분석하여 검침 오류, 계통 이상 유무를 확인함
(3) 시설물 관리에 필요한 각종 데이터를 기록·보관하는 역할의 수행을 위한 장치
① 중앙처리장치(CPU)
② 모니터(VDT, 예 CRT, LCD, PDP 등)
③ 프린터(Printer)
④ 소프트웨어(Software)
⑤ 무정전 전원장치(UPS)

4. 전송선로 구성 및 배선

1) 전송선로 구성

구분	시스템 개요	비고
통신망 이용방식	건축물 내 근거리 통신망(LAN)을 이용하여 세대 원격장치로 부터 중앙관제장치까지 신호를 전송함	LAN의 일부로 구성
전기선 이용방식 (PLC 방식)	기존 전기선을 이용하여 신호전송의 일부 구간 또는 전부를 담당	전력선 정합장치 등을 사용하여 전송
전용선 사용방식	원격검침 전용 전송선로를 구성	전용회로 구성

2) 배선

(1) 전기배선과는 가능한 한 이격하고 별도의 루트로 함

(2) 사용전선은 전자유도장해 발생을 억제하기 위해 트위스트페어 케이블이나 광케이블을 사용함

5. 적용대상

1) 오피스텔
2) 주상복합 건물
3) 아파트 단지
4) 아파트형 공장

6. 도입 효과

1) 인건비 절감

입주자 부재 시에도 원격으로 에너지 사용량을 검침하고, 자동으로 고지서가 발행됨

2) 신뢰성 확보

컴퓨터로 에너지 사용량을 정확하게 검출함으로써 검침원의 검침 오류 방지

3) 안전관리

검침원을 가장한 범죄로부터 입주자 보호

4) 경제적 시공

세대용 분전함 내 설치, 홈오토 일체형으로 별도 매립공간의 불필요

5) 관리의 효율성

검침데이터를 효과적으로 관리함으로써 납입통지서 영수증 발행이 용이하며, 입주자가 세대 내에서 직접 검침이 가능함

7. 결론

최근 전력 IT 기술 발전과 지능형 전력망(Smart Grid)을 구축하여 원격 검침기로 정해진 시간 단위로 전력 사용을 전력서버에 전송함으로써 하나의 건축물 내 분전반별 전력 사용을 효과적으로 관리할 수 있다.

SECTION 16 | 사물인터넷(IoT : Internet of Things)

1. 개념

정보통신기술(ICT)을 기반으로 모든 사물을 인터넷으로 연결해 사람과 사물, 사물과 사물 간의 정보를 교환하고 상호 소통하는 인프라를 말한다.

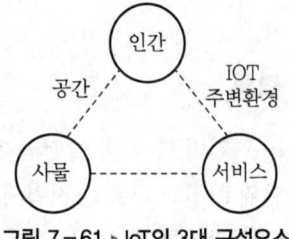

그림 7-61 ▸ IoT의 3대 구성요소

2. 등장배경

1) ICT 산업 발전과 사업자들 간의 인식 변화
2) 통신인프라 고도화와 근거리 무선통신 기술 발전 및 무선 인터넷과 연결되는 단말의 증가
3) 인터넷 환경의 진화
4) ICT 업계가 신성장 동력 확보 차원에서 IoT 기술에 주목

3. IoT 인프라

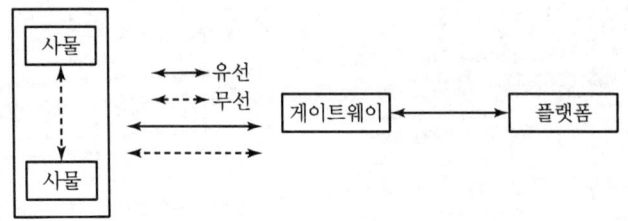

그림 7-62 ▸ IoT 인프라 구성도

1) 사물

   (1) 수동형 사물

   ① 외부 정보 요청 시 자기 정보를 송출하는 사물
   ② 적용 : RFID 부착 도서, DVD

   (2) 능동형 사물

   ① 온도, 습도, 소음 등 주변 상황 및 환경을 센서를 통해 Data를 자동으로 수집, 저장, 송출하는 사물
   ② 적용 : 도로, 빌딩, 가축, 산림

(3) 인지형 사물

① 센서를 통해 Data를 수집하고 분석한 뒤 특정 이벤트에 대해서 스스로 대응할 수 있는 사물
② 적용 : 조명, 가전제품

(4) 자율형 사물

① 상황이나 환경을 판단하여 미리 정해진 규칙에 따라 의사결정이 가능한 사물
② 적용 : 무인 차량, 스마트 그리드

2) 네트워크

(1) 구성방식과 용도에 따른 구분

① 유선 상용망
② 무선 상용망
③ 유선 전용망
④ 무선 전용망

* IoT 기술의 고도화 및 보급활성화에 따라 자율형 사물, 인지형 사물 비중 확대

(2) 경제성, 효율성, 활용도 측면의 연결

① 사물 ↔ 사물 간 연결망 : 무선망
② 게이트웨이 ↔ IoT 플랫폼 : 유선망

* 사물 간 ↔ 게이트웨이 간 연결은 필요에 따라 유선망과 무선망 혼용

4. IoT 3대 주요 기술

구분	주요 기술
센싱 기술	① 사물과 주위 환경으로부터 정보를 수집 ② 종류 : 온·습도, 조도, 위치, 영상센서 등 ③ 다중 센서기술을 사용하여 고지능적, 고차원적 정보 추출
유·무선 통신 및 네트워크 인프라 기술	① 사람, 사물, 서비스를 연결시키는 모든 유·무선 네트워크 ② 종류 : WiFi, 3G/4G/LTE, 블루투스 등 ③ LTE보다 1,000배 빠른 5세대(G) 이동통신 기술 접목
IoT 서비스 인터페이스 기술	① 특정 기능을 수행하는 응용서비스와 연동하는 기술 ② 서비스 제공을 위한 정보의 저장, 처리 변환 등의 역할 수행

5. IoT의 전력설비에서의 활용방안

적용현황(활용분야)	내용
한국전력 e-IOT 플랫폼	• 변압기 등 전력설비에 센서등을 설치하여 지능형 전력망을 구성 • 과부하, 이상온도 등의 이상 증상 발생 전에 수리 교체하여 효율적인 전력망 운영 및 운영비용 절감
전기안전공사의 미리몬 시스템	• 주택상가, 분전반 등에 센서 부착 및 통신모듈을 통해 누전, 과부하, 과전압 검출 • 원격으로 수용가 전기설비 상태 파악 • 업무의 효율성 향상, 전기안전사고, 화재예방
배전케이블 상태 감시용 IoT	전력구에서 다양한 센서로 전력케이블 상태 및 내부 환경 감시
배전케이블 PD 검출용 IoT	Power CT(일종의 센서 역할 : 부분방전 검출)를 이용하여 전력케이블의 조기 이상상태를 검출
배전선로 공사 감시용 IoT	초음파 센서등으로 무단 공사 공동 가설을 감시
조명제어용 IoT	센서, 통신 기능, 제어장치를 통한 조명 제어
전력구 감시 IoT	접근이 어려운 전력구 내부를 원격 감시
수목관리 IoT	수목 성장에 따른 전력계통 고장 발생을 차단
유지보수 및 정보 제공 IoT	기자재 수명 예측 및 고장별 맞춤 정보 제공
전주상태 감시 IoT	진동센서등을 차량 충돌 등에 의한 전주 이상을 알림

6. 배전설비 감시진단용 IoT

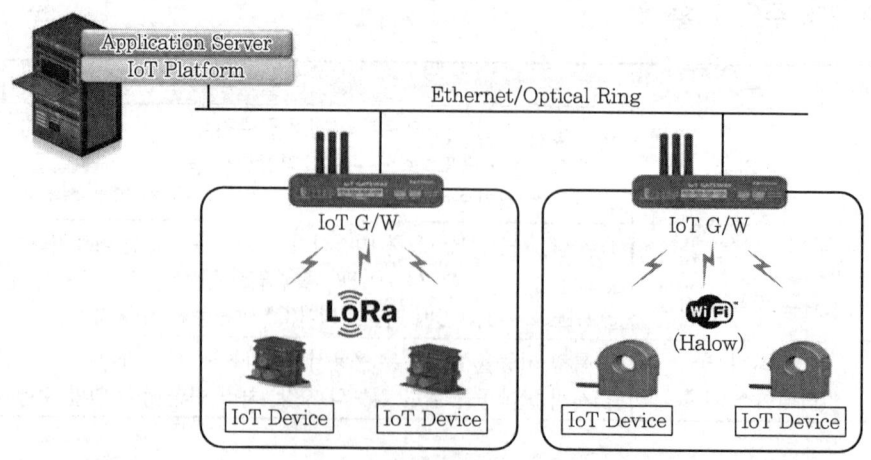

그림 7-63 ▶ IoT 인프라 구성도

1) IoT Device는 전력설비에 부착되어 센서를 이용하여 전력설비의 상태 감시·진단에 필요한 데이터 생성을 담당함
2) IoT Gateway는 생성된 데이터를 유·무선 통신으로 수집하여 상위 시스템으로 전송함
3) IoT Device는 저전력 무선통신 기술인 LoRa(Long Range : 저전력 장거리) 통신과 HaLow(저전력 Wi-Fi 통신기술) 통신을 모두 수용함

CHAPTER
08

반송설비

SECTION 01 | 반송설비의 개요

1. 반송설비란 동력을 이용하는 엘리베이터 등으로 사람이나 화물을 운송하는 장치이다.

2. 최근 건축물이 고층화, 대형화 및 첨단화됨에 따라 건축물 내에서의 교통 및 운송수단으로서 반송설비의 중요성이 증대되고 있다.

3. 반송설비로서는 에스컬레이터, 엘리베이터, 덤웨이터, 무빙사이드워크, 호이스트 등이 있다.

4. 특히 안전성을 고려해야 하며 안전장치, 유지보수, 동력용 전동기, 속도제어 방식, 에너지 절감 대책 등을 함께 연구해야 한다.

SECTION 02 | 엘리베이터

1. 개요

엘리베이터는 승강로 내에 설치된 레일에 따라 활차에 매달려 있는 카를 동력으로 승강시키는 장치로서 사람을 운반하게 되므로 특히 안전성에 유의해야 한다. 최근에 경비 절감, 수송효율 향상을 위해 자동화되는 경향이 있다.

1) 구조

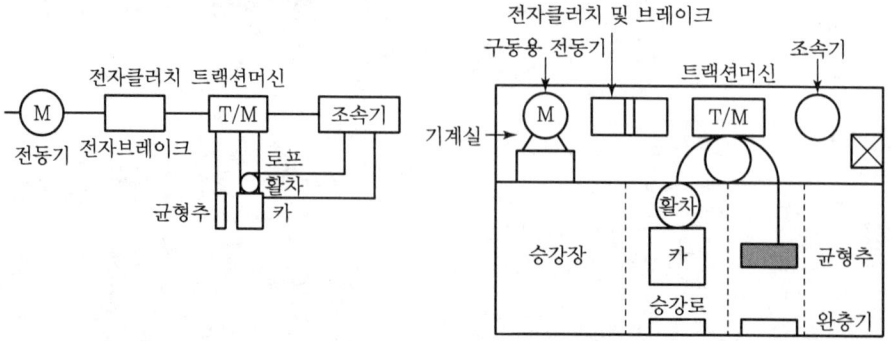

그림 8-1 ▶ 엘리베이터의 구성

2) 주요 기기

(1) 권상용 전동기 : 카를 구동시키기 위한 동력원

전동기 용량 $P_1 = \dfrac{L \times V \times F}{6120\eta} + P_0 \,[\text{kW}]$

여기서, L : 적재하중[kg]
　　　　V : 정격속도[m/분]
　　　　F : 균형추의 계수(승용 : 0.6, 화물용 : 0.5)
　　　　η : 엘리베이터 전 계수
　　　　P_0 : 무부하 운전동력으로 2~4[kW], 기어드형에만 적용함

(2) 전자브레이크

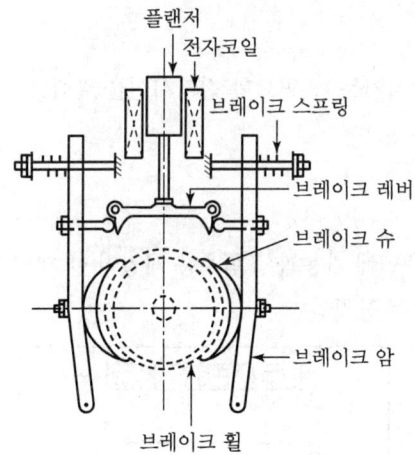

그림 8-2 ▶ 전자브레이크

제동 $\text{Torque} = \dfrac{720 \times HP \times k}{N} \,[\text{Kg} \cdot \text{m}]$

여기서, HP : 전동기 용량
　　　　k : 브레이크 정수
　　　　N : 전부하 시 전동기 회전수[rpm]

① **카 운행 시** : 제동기 코일의 전원에 의해 전자력으로 스프링이 압축되어 드럼에서 슈가 개방됨
② **카가 정격속도의 115% 이상을 초과 시** : 전자브레이크 코일 전원 차단으로 전자력이 상실되며, 동시에 기계적인 스프링 힘에 의해 드럼을 양쪽에 있는 브레이크 슈가 꽉 잡아 주어 카를 멈추게 함
③ **종류** : 직류식, 교류식(성능이 우수)

(3) 트랙션머신(Traction Machine : 권상기)

전동기축의 회전력을 로프차에 전달하는 기구로 기어드형과 기어드레스형이 있음

(4) 자동 문닫힘 장치

카가 정지신호에 의해서 승강장에 정지한 후 카와 승강장의 문이 열린 후에 수초 지나면 타이머에 의해 자동으로 문이 닫힘. 직류분권 전동기로 구동시킴

(5) 자동 착상 장치

승강로 내의 각 층마다 유도판(전자석)이 설치되어 있고 카에는 릴레이가 설치되어 카 신호에 의해 목적층의 유도판이 릴레이를 작동시켜 카를 정지시키는 장치임

(6) 전기제어장치

카를 구동 정지시키는 데 필요한 전기시설을 말함. 수전반, 제어반, 신호반, 플로어 콘트롤로 구성함

(7) 가이드레일

승강조 내 양 측면에 카용과 균형추용 레일이 한 개씩 설치되어 카를 안전하게 운전할 수 있도록 설치하는 장치임

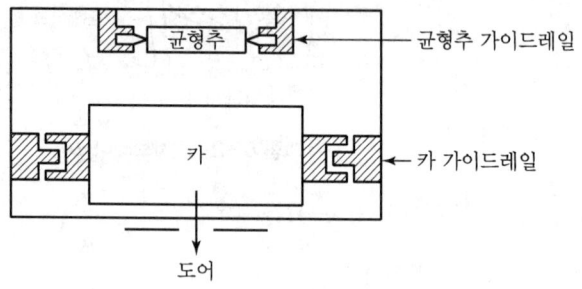

그림 8-3 ▶ 가이드레일 설치 평면도

(8) 균형추

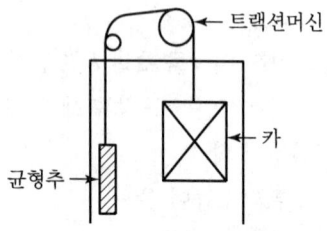

그림 8-4 ▶ 균형추 배치도

① 카가 안전한 운전을 할 수 있도록 설치함
② 중량은 전동기의 용량을 최소로 하기 위한 조건으로 설치됨
③ 균형추 중량=카의 중량+최대적재량×(0.6~0.4)

(9) 로프

① 카와 트랙션머신과 균형추 사이를 연결시킴
② 로프에 카를 매달아 구동시키는 매개체로서 강도가 크고 유연성이 풍부한 것이 요구됨

(10) 안전장치

① 조속기, 비상정지장치, 종점 스위치, 완충기, 최종 리미트스위치 등이 있음
② 조속기를 설치하여 정격속도의 130~140[%]를 넘을 때 전원을 자동적으로 차단하여 권상기의 브레이크를 움직여 정지시킴

2. E/L의 분류

엘리베이터는 건축물의 용도 및 가동 특성 등에 따라 다음과 같이 분류한다.

표 8-1 ▶ 각 특성에 따른 E/V 분류

구분	내용
용도별	승객용, 화물용, 침대용, 자동차용, 화물승객 겸용
속도별	초고속도, 고속도, 중속도, 저속도
용량별	일반용, 주택용, 침대용, 비상용
구동방식별	와이어로프식, 유압식
전원별	교류식, 직류식
권상기별	기어드식, 기어드레스식
운전방식별	운전원, 무운전원, 병용운전
출입문 개폐방식	가로개폐식, 세로개폐식

3. E/L의 구동방식에 따른 분류

E/L의 운전방식에 따른 분류 중 구동방식은 크게 직류식과 교류식으로 나눌 수 있으며, 최근에는 Thyristor를 이용한 VVVF 운전방식의 적용으로 교류식이 많이 사용되고 있다.

1) 교류방식에 의한 운전방식

구분 특성	1단 속도 제어	2단 속도 제어	궤환제어 (Feedback conool)
전동기	특수 농형 유도전동기 (단속도 유지) Worm 기어식 권상기 구동	• 1단 변속 유도전동기 사용 • 2중 권선 2단 속도형 (속도비 4 : 1) • 단권선 극수 변환형 (속도비 2 : 1)	특수 농형 유도전동기
속도 조정	불가	2단·3단 가능(극수변환에 따른 2단 속도 조정)	• Thyristor 이용 • 1차 전압제어 연속 조정
경제성	구조 단순, 가격 저렴	비교적 저렴	• 보통(시설 가격 면에서 직류식 E/L보다 유리) • 고층 빌딩에 많이 적용
운전 특성	착상 오차가 크고, 승차감 불량, 잡음 발생	교류 1단에 비해 착상 오차 승차감 개선	착상 오차가 적고 승차감이 우수
용도	저속형·저층용	병원	용도 다양

2) 직류방식에 의한 운전방식

구분 특성	직류 기어식	직류 무기어식	Thyristor 레오나드 방식
전동기	구동 전동기 타 여자 직류 전동기	좌동	• 워드 레오나드 방식에서 M-G Set 대신에 Thyristor 채용함 • 회로로 제작 M-G Set에 비해 저잡음, 에너지 Saving 등 여러 이점이 있음
운전 제어	• 시동 및 속도 조정 • 전동발전기(M-G Set) 이용한 전압 제어 • 워드 레오나드 방식	좌동	
경제성	설비비가 큼	설비비 가장 고가	
운전 특징	• 매우 우수 • 속도 조정이 용이	(부하보상제어) 승차감 우수 (저진동, 저소음)	

3) 교류방식과 직류방식 E/L의 비교

표 8-2 ▶ 교류, 직류 엘리베이터의 비교

구분 특성	교류 E/L	직류 E/L
기동토크	작음	임의 조정 가능(큼)
운전 제어	• 속도 임의 제어나 선택의 어려움 • 부하에 의한 속도 변동이 발생	• 속도 임의 제어 및 선택 가능 • 부하에 의한 속도 변동이 없음
승차감	다소 부족	양호(원활한 가감속[속도 조정])
착상 오차	수[mm] 오차 발생	1[mm] 이내의 오차
전효율	40~60[%]	60~80[%]
경제성	설치 시설비 염가	설치 시설비 고가(최고 1.5~2배)
속도[m/분]	30, 45, 60	90, 105, 120, 150, 180, 210, 240, 360, 540
용도	• 교류 1단 : 화물용, 저층용 • 궤환방식 : 실용적인 건축물(일반사무실, Business Hotel, 학교, 병원)	고급 건축물 (고급 Hotel, 고급 사무실, VIP용)

4. 운전방식

수요 증가에 따라 경비 절감상 수송효율 향상을 위해 운전원이 없는 추세이다. E/L의 대수나 이용목적 등을 고려하여 각 건물에 적합한 운전방식을 선택해야 한다.

1) 운전원 운전방식

(1) 카 스위치 운전방식

① 시동·정지는 운전원이 스타트 핸들(버튼)을 조작하여야 함
② 수동식과 자동식이 있음

(2) 레코드 컨트롤 방식

① 시동은 운전원의 스타트 핸들을 소작하여야 함
② 운전원이 승객의 목적층과 승강장 호출 신호를 받고 목적층 단추를 누르면, 목적층 순서대로 자동 정지하는 방식
③ 중간층에서의 반전은 불가능하여 종단층에서 자동으로 이루어짐

(3) 시그널 컨트롤 방식

① 시동은 스타트 핸들 조작으로 함
② 정지는 목적층 신호와 승강장 호출 신호에 의해 층 순서대로 자동으로 정지함
③ 반전은 호출 신호에 의해 어느 층에서나 할 수 있음

2) 무운전원 방식

(1) 단식 자동 방식

① 승객 자신이 운전하는 방식으로 목적층 신호와 승강장 호출 신호에 의해서 자동적으로 시동 정지하는 방식
② 운행 중에는 다른 호출 신호에 응하지 않음

(2) 승합 전자동 방식

① 승객 자신이 운전을 하여 목적층 신호와 승강장 호출 신호에 의해 자동으로 시동 정지함
② 호출 순서에 관계없이 각 호출에 자동으로 정지함

(3) 하강 승합 자동 방식

① 층 상호 간의 교통량이 적은 주택의 승용엘리베이터에 사용
② 상승 중에는 호출 신호가 있어도 정지하지 않고 최고 호출에 정지하여 자동 반전함
③ 하강 중에는 승강장 호출 신호에 의해 운전됨

3) 병용방식

구분	평상시	한산시
카 스위치 단식 자동운전	운전원 운전 → 카 스위치 자동 착상	승객이 운전 → 단식자동방식
카 스위치 승합 전자동운전	운전원 운전 → 카 스위치 자동 착상 방식	승객이 운전 → 승합전자동방식
시그널 승합 전자동운전	운전원 운전 → 시그널 컨트롤 방식	승객이 운전 → 승합전자동방식

4) 군관리 방식

이용상황이 1일 중 가장 크게 변화하는 사무실, 빌딩 등에서 여러 대의 E/L를 설치하여 운전효율에 중점을 두는 엘리베이터를 운전하는 방식

(1) 종류

① 시그널 군승합 전자동방식
② 출발 신호 붙은 시그널 군승합 전자동방식
③ 군승합 전자동방식(2~3대의 E/V를 사용하는 빌딩)
④ 전자동 군관리방식(3~8대의 E/V를 사용하는 대규모 빌딩)

(2) 군관리방식의 효과

① 관리자, 운전원에 요하는 인건비 절약
② 승객의 대기시간을 대폭 단축함
③ 러시아워가 자동적으로 해소되고 도중층의 승객 대기시간이 짧음
④ 부하율의 균등화와 수명이 연장됨
⑤ 에너지 절감 효과가 큼
* 군관리방식의 운전상황 구분(퇴근 시, 평상시, 점심시간, 한산 시)

(3) 군관리방식의 E/V 이용 상황별 운전상태

구분	운전상태
출근 시	• 기준층에서 올라가는 승객이 많고 상층 승객이 적을 때 • 전 엘리베이터를 상·하층행으로 나누고, 각각 서비스하는 층을 분담함 • 신속 급행 운전하고 바빠지면 출발 간격, 반전 간격을 단축시킴
퇴근 시	• 거의 모두 내려오는 승객이 많을 때 • 전 엘리베이터를 상·하층행으로 나누고, 각각 서비스하는 층을 분담함 • 어떤 곳의 호출이 편중되면 상호 협조하고 동시각에 운전이 종료되도록 함 • 출발시각을 한층 짧게 함
평상시	• 승객이 거의 같은 수이고 교통량이 평균인 경우 • 기준층에는 1대만 선발 준비하고, 다른 것은 도어를 닫고 있고 선발 E/V가 출발하면 2대, 3대 다음 다음으로 선발 준비를 하고 출발함 • 출발 간격은 약간 길어짐
한산 시	• 야간, 휴일과 같이 교통량이 적은 경우 • 전부가 기준층에 대기하고 출발은 호출이 있을 때까지 연장함 • 3분 이상 호출이 없으면 선풍기를 끄고 쉼

5. 안전장치

엘리베이터는 불특정 다수인이 이용되고 기동 정지가 빈번하여 승객 자신이 운전하게 되므로 각종 안전장치가 의무화되고 있다.

1) 전자브레이크

(1) 케이지를 목적층에 도착시켜 정지를 지지하거나 안전장치 작동 시에 고장, 기타 필요한 때에 케이지를 정지시키기 위해 설치하는 안전장치임

(2) 평상시에 코일에 전류를 흘려 브레이크 슈를 흡인하여 운전하며, 고장 시에 코일에 전류를 끊어주면 스프링 힘에 의해 슈가 드럼에 일단 제동하게 됨

2) 조속기

케이지가 일정 이상의 속도일 때 브레이크나 기타 안전장치를 작동시켜 정지시키는 장치임

(1) 카가 정격속도의 130[%]인 경우

권상용 전동기의 동력을 차단하고 전자브레이크를 작동시킴

(2) 카가 정격속도의 140[%]인 경우

비상 제동장치를 작동시켜 카를 정지시킴

3) 비상 제동장치 (비상 정지장치)

(1) 순간 안전장치

카와 레일 간에 쐐기를 삽입하여 제동하게 됨

(2) 점차 제동장치

카와 레일 간에 일정한 압력을 가하여 카를 정지시킴

4) 종단층 감속 정지장치

카가 최상층 또는 최하층에 근접했을 때 감속을 개시해서 너무 지나치지 않게 정지시키는 장치

5) 최종 리미트 스위치

카가 최종 층의 정지 위치를 지나쳤을 경우 바로 작동해서 제동회로를 개방하고 전동기전원을 차단하여 전자브레이크를 작동시켜 정지시키는 스위치

6) 완충기

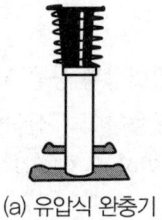
(a) 유압식 완충기

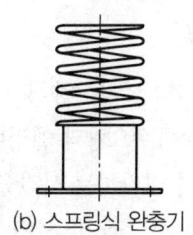
(b) 스프링식 완충기

그림 8-5 ▶ 완충기

카 또는 균형추가 최종 리미트 스위치를 작동시켜도 정지하지 않고 비상제동도 되지 않는 상태에서 최하층을 지나쳤을 경우 충돌을 완화, 안전하게 정지시키기 위해 카의 균형추 직하에 승강장 하부에 설치하는 안전장치임

7) 문의 인터록 스위치

(1) 승강장 도어가 완전히 닫혀 있지 않을 때는 승강할 수 없고, 그 층에 카가 정지하고 있지 않을 때는 도어를 열 수 없도록 한 장치
(2) E/L가 운전 중에 승강장에서 문을 열 수 없게 된 경우 기계적인 쇄정과 전기적인 스위치를 겸용한 장치

8) 끼임 방지장치

문의 개폐 시 물체가 문에 끼일 때 Sensor 동작에 의해 끼임이 방지됨

9) 역결상 검출장치

E/V의 3상 전원이 역상 또는 결상 시 E/V 운행을 중지시킴

10) 과부하 개폐기

과부하 시 Motor의 소손을 방지함

11) 통화장치

정전 등 긴급상황 발생 시 외부와 연락하는 장치

6. 엘리베이터(승강기) 설계와 수량 계산

1) 일반사항

엘리베이터 설치수량계산 산정은 빌딩의 종류, 규모, 임대상황 등을 고려하여 집중률에 의한 5분간 교통수요량과 엘리베이터의 5분간 수송능력을 대응하여 계산하여야 하며, 엘리베이터 이용자가 대기하는 시간을 평균운전간격 이하로 하기 위한 운전간격이 되도록 하여야 한다. 건축물에서 용도별 서비스기준은 다음을 참조함

표 8-3 ▶ 건물의 용도별 집중률과 운전간격

건물의 용도		집중률(기준)		평균 운전간격
사무용 빌딩	전용건물	20~25[%]	• 보통 20[%] 범위 • 역사(지하철 포함)와 가까운 경우는 25[%] 범위	30초 이하
	공공건물	14~18[%]		
	임대건물	11~15[%]	보통 11[%] 이상	40초 이하
공동주택(아파트)		3.5~5[%]	• 고급아파트는 5[%] 범위 • 일반아파트는 3.5[%] 범위	• 1대 설치 시 120초 이하 • 2대 설치 시 80초 이하
호텔		8~10[%]	• 대규모는 10[%] 범위 • 소규모는 8[%] 범위	40초 이하

[비고] 1. 호텔에서 대규모 연회장, 고급식당 등이 있는 경우는 이에 대한 교통수요를 고려함
   2. 엘리베이터 서비스 대상 수요와 집중시간 분석 시에는 다음 건축물의 용도별 이용자 수와 집중시간 비교표를 참조함

2) 교통계획

(1) 설치대수의 계획

① 속도 결정 ② 대수의 결정(교통량 시뮬레이션) ③ 정원 선정

(2) 운영계획

① 서비스층 결정 ② 배치 결정 ③ 운전방식 결정

3) 정원·결정

피크(Peak) 시의 집중도와 건물의 성격을 고려하여 계획

(1) 중·소규모 건물은 13인승(900[kg]) 이상, 호텔과 대형 건물은 17인승(1,1500[kg]) 이상
(2) 출입구는 Center Open 방식으로 하고, 출입구 폭은 900[mm](13인승), 1,000[mm](17인승) 이상
(3) 카(Car)의 깊이보다 폭이 넓을 것

4) 수량 계산

(1) 일반적으로 일정규모(6층 이상이며 연면적 2,000[m²]) 이상 건축물에 설치되는 인승용 엘리베이터 수량은 다음 표에 의한 수량 이상으로 함

표 8-4 ▶ 엘리베이터 수량 산출

구분	6층 이상 거실면적[m²]에 따른 수량	
	3,000[m²] 이하	3,000[m²] 초과
• 문화, 집회시설(공연, 집회, 관람장) • 판매, 영업시설(도매, 소매시장, 상점) • 의료시설(병원, 격리병원)	2대	$\dfrac{6층 \ 이상 \ 거실면적[m^2] - 3,000[m^2]}{2,000[m^2]} + 2$
• 문화, 집회시설(전시장, 동물원·식물원) • 업무시설, 숙박시설, 위락시설	1대	$\dfrac{6층 \ 이상 \ 거실면적[m^2] - 3,000[m^2]}{2,000[m^2]} + 1$
공동주택, 교육, 연구 및 복지시설, 기타	1대	$\dfrac{6층 \ 이상 \ 거실면적[m^2] - 3,000[m^2]}{2,000[m^2]} + 1$

(2) 일반적으로 일정 높이(31[m] 초과) 이상 건축물에 설치되는 비상용 엘리베이터는 다음 계산에 의한 수량 이상으로 함

$$N_E = \frac{(31[m] \ 초과층 \ 중 \ 최대바닥면적) - 1,500[m^2]}{3,000m^2}$$

여기서, N_E : 비상용 승강기설치 수량[대]이며 소수점 이하인 경우 올림
2대 이상인 경우 화재 소화에 지장이 없는 일정 간격으로 설치

(3) 엘리베이터 수량 산정

전체 엘리베이터의 5분간 수송능력 합계가 대상 건물의 5분간 교통수요량 이상이 되도록 함

$$N = \frac{Q}{P_1}$$

여기서, N : 엘리베이터 수량[대]
Q : 아침, 저녁 러시아워 5분간 이용하는 인원수(Elev. 이용대상자 수×집중률)
P_1 : 1대당 5분간 수송능력[인/5분]

① 1대당 5분간 수송능력은 엘리베이터 수량 계산을 위한 것으로 다음을 참조함

$$P_1 = \frac{5[분] \times 60[초] \times r}{RTT}$$

여기서, P_1 : 1대당 5분간 수송능력[인/5분]
r : 승객수(사무용 → 보통 정원의 80[%])
RTT : 평균 일주시간[초]

② 평균일주시간(RTT : Round Trip Time)

일주시간은 엘리베이터가 출발 기준층에서 승객을 싣고 출발하여 각 층에 서비스한 후 출발 기준층으로 돌아와 다음 서비스를 대기하는 데까지의 총시간임

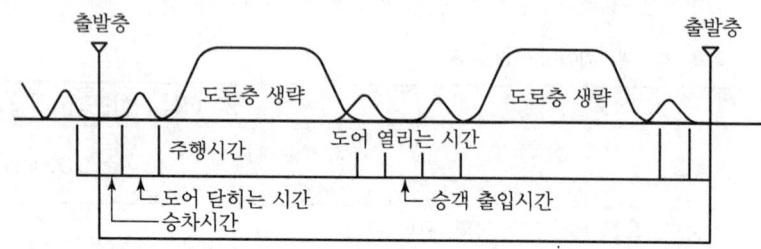

그림 8-6 ▶ 엘리베이터 일주시간

> **참고** ⊙ 평균일주시간 계산식
>
> $RTT = \sum (T_r + T_d + T_P + T_l)$
> 여기서, RTT : 평균일주시간(초)
> T_r : 주행시간(초)
> T_d : 일주 중 도어 개폐시간(초)
> T_P : 일주 중 승객 출입시간(초)
> T_l : 일주 중 손실시간(초 : T_P와 T_d 합계의 10[%])

③ 아침, 저녁 러시아워의 5분간에 이용하는 인원수 Q는 건물인구 M과 건물의 이용목적에 따라 정해짐
  ㉠ 러시아워 5분간에 이용하는 인원수 : $Q = \phi \times M$
  ㉡ 계수 ϕ는 건물의 이용목적에 따라서 정해짐

④ 설비대수(N)

$$N = \frac{Q}{P_1} = \frac{\phi \times M}{60 \times 5 \times \dfrac{r}{RTT}} = \frac{\phi \times M}{60 \times 5 \times \dfrac{0.8C}{RTT}}$$

여기서, r : 승객수 → 사무용 : 보통 정원의 80[%]

⑤ ϕ의 값

사무실의 종류	ϕ의 값
전용사무실이나 동시 출근이 많은 임대사무실	$\dfrac{1}{3} \sim \dfrac{1}{4}$
임대주가 적은 임대사무실	$\dfrac{1}{7} \sim \dfrac{1}{8}$
임대주, 회사수가 많은 임대사무실	$\dfrac{1}{9} \sim \dfrac{1}{10}$

7. 엘리베이터 전원용량 산정방법

1) 일반사항

(1) 엘리베이터 가속 시 허용전압강하는 [표 8-5]를 참조함

표 8-5 ▶ 허용전압강하

구분	허용전압강하[%]			비고
	변압기	간선	합계	
직류 엘리베이터	4	3	7	기준전압은 전동기 정격전압임
교류 엘리베이터	5	5	10	

엘리베이터 기계실의 온도조건은 40[℃], 간선포설 시 주위 온도 조건은 30[℃], 간선의 허용온도는 50[℃]로 설계함

(2) 엘리베이터 기동수량에 의한 수용률은 [표 8-6]을 참조함

표 8-6 ▶ 엘리베이터의 수용률

엘리베이터 수량	수용률	
	사용빈도가 큰 경우	사용빈도가 보통인 경우
2	0.91	0.85
3	0.85	0.78
4	0.80	0.72
5	0.76	0.67
6	0.72	0.63
7	0.69	0.59
8	0.67	0.56
9	0.64	0.54
10	0.62	0.51

주) 수용률은 (부등률/수량)로 구한 값임

2) 용량 산정

(1) 전원 변압기

$$P_{TR} \geq (\sqrt{3} \cdot V \cdot Ir \cdot N \cdot D_{fE} \cdot 10^{-3}) + (P_C \cdot N)$$

여기서, P_{TR} : 변압기 용량[kVA], V : 정격전압[V]
Ir : 정격전류[A](전부하 상승 시 전류), N : 엘리베이터 수량[대]
D_{fE} : 엘리베이터 수용률(부등률/수량), P_C : 제어용 전력[kVA]

표 8-7 ▶ 부하의 용량

구분	용량[kW]
제어 및 표시전원	1.0~1.5
콘센트(카 내부)	0.5
외장조명(전망용)	2.0~3.5

(2) 전력간선

엘리베이터 전력간선 계산 시에는 전선의 허용전류가 엘리베이터의 정격속도에서 전류(정격전류)보다 크게 선정하여야 하며 간선에서의 허용전압강하 이내가 되도록 하여야 함

① 전류용량의 계산식

$$It = (K_m \cdot Ir \cdot N \cdot D_{fE}) + (Ic \cdot N)$$

여기서, It : 간선 산출 시 고려되는 전류[A]
K_m : 1.25($Ir \cdot N \cdot D_{fE} \leq$ 50A인 경우), 1.10($Ir \cdot N \cdot D_{fE} >$ 50A인 경우)
Ir : 정격전류[A](전부하 상승 시 전류)
N : 엘리베이터 수량[대]
D_{fE} : 엘리베이터 수용률(부등률/수량)
I_C : 제어용 부하 정격전류

② 간선의 전압강하

$$e = \frac{34.1 \cdot I_a \cdot N \cdot D_{fE} \cdot L \cdot K}{1,000 \cdot A}$$

여기서, 34.1 : 도체온도 50[℃]일 때 저항계수(동도체 전선)
I_a : 엘리베이터 가속전류[A](최대전류)
N : 엘리베이터 수량[대]
D_{fE} : 엘리베이터 수용률(부등률/수량)
L : 전선의 길이[m]
K : 전압강하계수
A : 전선의 단면적[mm²]

(3) 간선보호용 차단기

아래의 계산식을 참조하며, 제조자가 설치하는 엘리베이터 전원반의 차단기 용량보다 크게 함

$$I \geq K_{m2} \cdot (Ir \cdot N \cdot D_{fE}) + (I_C \cdot N)$$

여기서, I : 차단기 전류용량[A]
K_{m2} : 22[kW]급 이하 전동기 사용 및 인버터 제어 시 1.25(기어드식), 1.5(기어드레스식)

8. 비상용 엘리베이터

1) 개요

최근 건축물은 대형화, 고층화, 첨단화의 경향이 계속되고 있으며, 비상용 엘리베이터는 일정규모 이상의 건축물에 화재 시 소방용으로 사용하기 위해 설치하는 승강기로 특히 고층건물에는 필수요건으로 많이 적용되는 중요한 상하 수송 설비임

엘리베이터는 건축구조물의 주요 부문을 점유하므로 설계 초기에서부터 건축주 및 건축설계측과의 협조가 필수적이며 비상 엘리베이터로서의 구조 및 설치조건을 고려해야 함

2) 설치목적

일정규모(높이 31[m]) 이상의 건축물에 화재 시 소방관의 소방활동을 위해 설치하는데 화재중 소방 운전 시에는 탑승한 소방관의 조작으로 작동함. 일반 이용자의 고층부 대피는 피난 계단을 이용하는 것이 원칙임

3) 설치대상 건축물(설치기준)

높이 31[m] 이상 또는 11층 이상 고층 건축물(예외 : 높이 31[m] 이상 부분이 아래 조건이면 설치 예외)

(1) 계단실, 기계실, 장식탑, 전망대, 기타 유사 용도
(2) 바닥면적 합계가 500[m^2] 이하
(3) 31[m] 넘는 층수가 4개층 이하이고 각 층 바닥면적이 200[m^2] 이하로 방화구획된 건축물(불연재료로 마감 : 500[m^2])

4) 일반구조(기본 구비사항)

(1) 예비전원 확보

상용전원 차단 시 예비전원으로 전환
① 60초 이내 자동전환, 수동전환 가능
② 2시간 이상 작동 가능
③ 비상상황 대비 : 1차 소방스위치와 2차 소방스위치가 설치되어야 함

(2) 전원 주간선

내화 전선 이상의 내화 조치를 하여 비상변압기 2차에 직결

(3) 전화장치 구비

방재센터와 카 내부 연결

(4) 정격속도 : 60[m/분] 이상

(5) 카 문 : 개방상태로 카 승강 가능 장치

(6) 강제 호출장치

　피난층, 직상·직하층으로(피난층, 직상·직하층 승강로비 중앙감시실에서 작동)

(7) 외부 버튼

　누름버튼(Push Button)일 것. Touch Button 불가

(8) 비상통화장치(2013.9.15. 시행)

　외부와 연락 가능한 비상통화장치 설치

(9) 예비조명

　정전 시 2[m] 떨어진 수직면상 조도가 2[lx] 이상

5) 「건축법」상의 승강로비 구조

(1) 노대, 외부로 열리는 창, 배연설비 중 하나를 설치할 것
(2) 출입구는 갑종 방화문을 설치할 것
(3) 내화구조의 바닥 및 벽으로 구획할 것
(4) 반자 및 천장 마감을 불연재료로 처리할 것
(5) 채광이 있는 창 또는 예비전원이 있는 조명설비를 설치할 것
(6) 바닥면적은 비상용 엘리베이터 1대당 6[m^2] 이상
(7) 소화설비(옥내소화전, 연결송수관의 방수구, 비상콘센트설비 등) 설치 가능한 것
(8) 보행거리는 피난층의 승강장 출입문으로부터 도로 또는 공지에 이르는 거리가 30[m] 이하일 것
(9) 비상용 승강기 표지를 설치할 것

6) 승강로 구조

(1) 당해 건축물의 다른 부분과 내화구조로 구획할 것
(2) 승강로는 피난층까지 단일구조로 연결할 것

7) 비상 E/L 설치 위치도

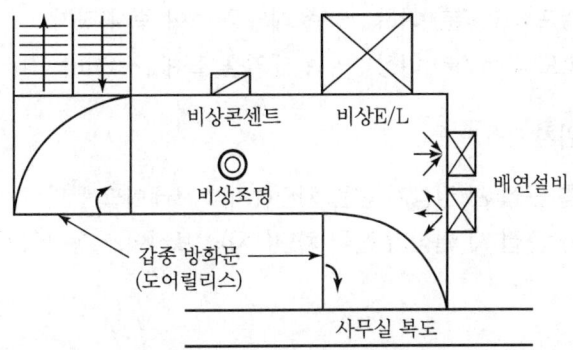

그림 8-7 ▶ 비상용 엘리베이터 설치도

8) 설치대수 산정 및 배치법

(1) 설치대수 산정

높이 31[m] 넘는 최대층 바닥면적	비상 E/L 대수
1,500[m²] 이하	1대
1,500[m²] 초과	$\dfrac{\text{최대바닥면적}[m^2] - 1,500[m^2]}{3,000[m^2]} + 1$

(2) 보행거리

30[m] 이내(비상 E/L 승강로 출입구 ↔ 외부와의 출구)

(3) 비상 E/L 승강로

비상 E/L 2대 이하마다(승강로비로 통하는 출입구 및 기계실로 통하는 강재, 전선, 기타의 것의 주위를 제외) 내화구조의 바닥 및 벽으로 구획해야 함

(4) 분산배치할 것 : 피난상, 소방상 유효

9) 안전장치(일반 E/L와 동일)

(1) 조속기

E/L 속도 일정 이상 상승 시 → 별개의 조속기용 로프 → 브레이크 또는 안전장치 가동 → 정지 기능

- 고속기는 정격속도의 1~20[%](중속기는 140[%]) 초과 시

(2) 비상정지장치

① E/L 속도 45(m/분) 이하 : 양측 레일을 조여 즉시 정지
② E/L 속도 45(m/분) 이상 : 양측 레일을 조여 1~2[m] 이내 정지

(3) 종점 스위치

① 최상층 근접 시 권상기 전원 차단(1차) : 브레이크 동작(2차)
② 최하층 근접 시 권상기 전원 차단(1차) : 브레이크 동작(2차)

(4) 완충기

이상의 안전장치 부동작 대비 바닥 충격 완충기
① E/L 정격속도 60[m/분] 이하 : 스프링식
② E/L 정격속도 60[m/분] 이상 : 유입식

(5) 그 외

① 리타이어링 캠(카 문, 승강장 문 동시 개폐)
② 가이드레일(카 및 균형추 흔들림 및 이탈 방지) 등

9. E/V 설계 및 시공 시 고려사항

1) 시공 시 고려사항

(1) 엘리베이터가 한 곳에 여러 대 동시에 시공될 경우

① 기계실 바닥의 하중을 고려할 것
② 기계실의 발열량이 커서 여름철 냉방을 하지 않을 경우 가동이 불가능한 상태가 되므로 기계실의 발열량을 산정하여 냉방장치를 시공할 것

(2) 기계실의 바닥 콘크리트 타설 시

기기반입 작업 등을 위해 임시 개구부를 시공하기 위하여 건축가와 협의할 것

(3) 마감공사나 공사 진행 시

건축시공자와 전기시공자, 엘리베이터 설치 납품자 간에 공사한계의 불분명으로 이견이 생길 수 있으므로 설계 시 명확한 내용을 공사 시방서 특기 시방서에 주기할 것

2) 설계 시 고려사항

(1) 안전대책에 대한 공사비 내역서 반영

엘리베이터 승강로 작업 시 발생빈도가 높은 안전사고(추락 등) 반영

(2) 엘리베이터 기계실 상부 천장의 훅 공사

① 2[ton] 이상의 하중을 견딜 수 있는 규격일 것
② 건축물의 보 등에 설치되도록 설계함

(3) 스위치류 침수대책

소방활동 중의 침수 고려 LS(리미트 스위치), Joint Box 카 상부 각 스위치는 방수형 또는 커버를 사용하여 보호할 것

(4) 초고층용 비상 E/L

① 진동대책 : 이동식 로프 가이드 사용
② 굴뚝현상 대책 : 현관 이중문 또는 회전문
③ 바람충격 대책 : 공기 충격 흡수 공간 확보

(5) 소화활동이 용이하고 방재센터에서 제어할 수 있도록 할 것

10. 초고층 빌딩 엘리베이터(E/V) 설계 시 건축적 고려사항

1) 진동의 영향(Sway Effect)

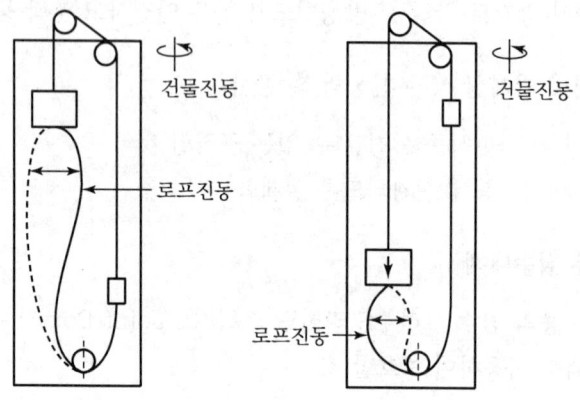

그림 8-8 ▶ 로프의 진동과 건물의 진동

(1) 현상 및 문제점
① E/V 로프는 빌딩의 진동에 의해 영향을 받아 진동하기 때문에 항상 빌딩 진동수와 공진되거나 그 근처값을 가짐
② 고층부로 갈수록 로프의 진동수가 커지고 주파수도 증가하게 되므로 심한 경우 로프가 호이스트웨이를 치게 되어 로프의 손상이 심해져 안전에 큰 영향을 줌

(2) 대책 : 이동식 로프 가이드 설치

2) 바람의 영향(Wind Effect)

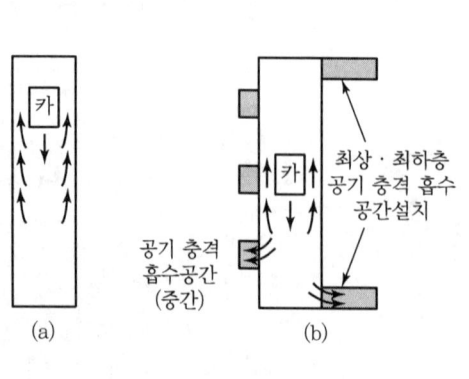

그림 8-9 ▶ 바람의 영향과 공기 충격 흡수공간

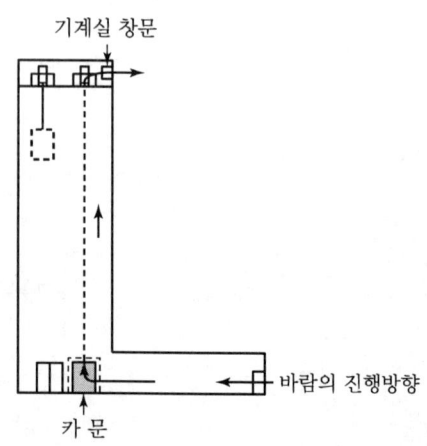

그림 8-10 ▶ 승강로 굴뚝현상

(1) 현상 및 문제점
① 초고층 빌딩에서 E/V 속도는 대개 240[m/min] 이상으로 초고속으로 운행됨
② 운행거리가 길어 승강로 내 바람의 이동이나 충격이 발생됨

(2) 대책 : 승강로 내 바람의 영향과 공기 충격 흡수공간을 상·중·하층에 설치

3) 굴뚝의 영향(Stack Effect)

(1) 현상 및 문제점
① E/V 기계실 창문과 1층 로비의 현관이 열리면 공기는 즉시 E/V의 열린 문을 통하여 승강로를 통해 1층부터 최상층까지 도달하게 됨
② 심한 경우 승강기의 문이 닫히지 않거나 저층에서 화재가 발생 시 고층에 거주하는 사람이 질식사하는 경우가 발생됨

(2) 대책
① 기준층의 현관문을 2중문과 회전문 등으로 설치
② 기계실문은 항상 닫아 둠

11. 초고층 빌딩에서의 엘리베이터(E/V) 설비 계획

초고층 빌딩에서는 엘리베이터 설비 계획의 우열이 그 빌딩의 가치를 좌우하는 중요한 요소가 되기 때문에 설비 계획에 임해서는 설비 대수, 서비스층, 배치에 특히 주의하여야 한다.

1) 서비스층의 분류

(1) 초고층 빌딩에서의 엘리베이터 설비 계획에서는 서비스층을 저층과 고층 또는 저·중·고로 2~4개로 분할하는 것이 일반적임. 분할의 특징은 다음과 같음
① 서비스층이 줄기 때문에 일주시간이 짧아지고 수송능력은 증대함
② 고층부분을 서비스하는 고속도 엘리베이터에 있어서는 급행구간이 생겨서 고속성능을 충분히 살릴 수 있음

(2) 또 분할할 때의 주의점은 다음과 같음
① 동일 테넌트가 각기 다른 층에 걸쳐 있으면 층 간 교통이 불편해지고 불합리함
② 건물 입구 분포에 큰 변동이 있는 경우 간단히 분할점을 바꿀 수 없음. 이와 같이 분할에 임해서는 미리 충분한 검토를 해보고 결정하여야 함

2) 엘리베이터의 배치

초고층 빌딩에서는 엘리베이터의 설치 대수가 많으므로 그 배치에 대해서는 특히 주의하여야 함. 유럽의 초고층 빌딩에서는 주 도로와 엘리베이터 홀을 분리한 예가 압도적으로 많음. 이것은 주 도로가 엘리베이터홀을 겸용하고 있는 종래의 빌딩 설계에서는 아침 출근시각인 정오경의 런치타임 등에서 엘리베이터 이용자와 주 도로의 통행자가 서로 간섭해서 혼잡하기 때문임. 그 밖의 주의점으로서 다음의 것들을 들 수 있음

(1) 건물 내에 엘리베이터를 분산시키기보다 한 군데로 모으는 편이 좋은 것은 운전능률, 대기시간의 단축, 경제성 면에서 효율적임
(2) 일반 엘리베이터에도 적용되는 것이지만 엘리베이터 몸체의 안길이가 깊은 것보다 정면 폭이 넓은 편이 출입시간이 단축됨

엘리베이터 홀을 주 도로에서 벗어나게 하여 알코브(Alcove) 배치로 하여, 건물 중심에 집중하는 방식은 설치 대수가 많은 초고층 빌딩 계획에서는 없어서는 안 되는 개념임
아래 그림은 배치가 좋은 예와 나쁜 예를 나타냄

표 8-8 ▶ 엘리베이터 배치의 좋은 예와 나쁜 예

엘리베이터의 바람직한 배치 예	나쁜 배치 예
• 뱅크 4대 이하의 직선배치	
• 뱅크 4~6대의 알코브 배치. 대면거리 3.5~4.5[m]로 함	• 뱅크 5대 이상의 직선배치. 보행거리가 길어서 좋지 않음
• 뱅크 4~8대의 대면 배치. 대면거리는 3.5~4.5[m]로 하고 홀로 빠져 나가는 교통이 거의 생기지 않도록 동선을 계획함	• 대면거리가 6[m] 이상의 알코브 배치. 대면 배치
• 뱅크의 경우는 각 뱅크의 간격을 충분히 잡음	• 뱅크의 경계가 확실하지 않으므로 타기 어려움

3) 설비 규모

초고층 빌딩에서의 설비 규모 개요는 아래 그림에 의해서도 개략의 산정은 할 수 있으나 상세한 점에 관해서는 컴퓨터에 의한 시뮬레이션을 반복 실시하고 충분한 검토를 해야 함

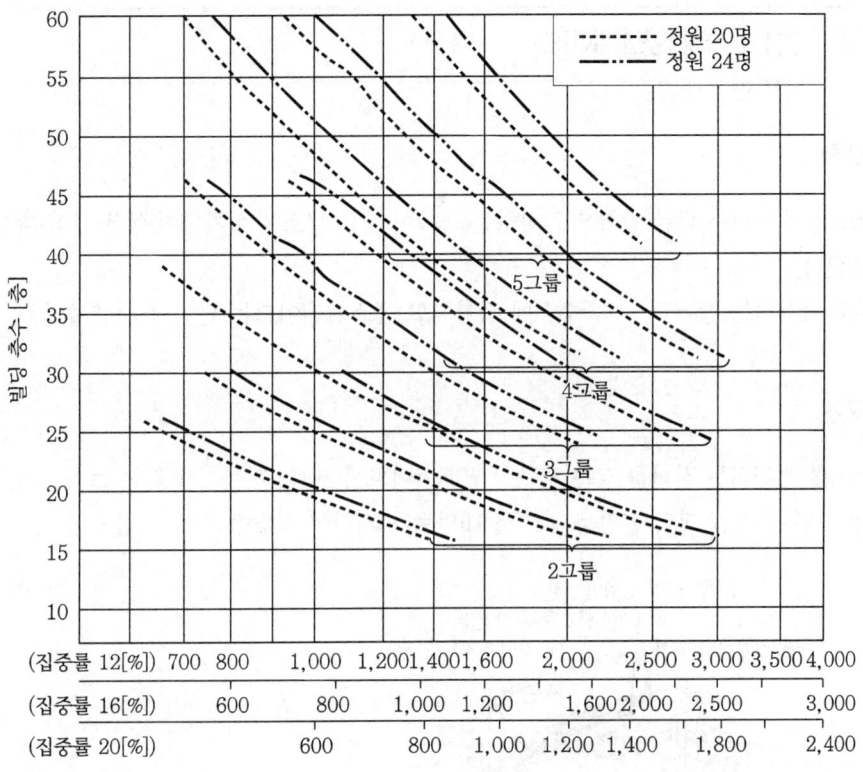

그림 8-11 ▸ 초고층 빌딩에서의 엘리베이터 설비 규모 산정

4) 2층 구조 엘리베이터

초고층 빌딩에서의 승강기 설비는 서비스층이 분할되어 2~5개의 그룹으로 나뉘어 설치되기 때문에 수많은 엘리베이터가 설치됨. 따라서 건물에 대한 승강로의 면적이 많아져 렌터블비(比)를 압축하는 결과가 됨

이 점을 개선하는 것으로서 출근 시, 점심 시, 퇴근 시 등과 같은 혼잡 시에는 2층 구조(더블테크)의 엘리베이터를 운행시켜 홀수층 행, 짝수층 행으로 나누어서 수송능력의 향상을 꾀하고, 평상시에는 한쪽 엘리베이터 몸체를 폐쇄하고 싱글 엘리베이터로 운행, 빌딩의 층간 교통 역할을 하도록 배려되어 있는 2층 구조 엘리베이터가 있음

SECTION 03 | 에스컬레이터

1. 목적

에스컬레이터는 같은 방향으로 향하는 사람이 많은 장소에 설치하여 짧은 거리 대량 수송에 이용된다.
엘리베이터는 장거리 고속 수송에 적합하고 에스컬레이터는 단거리 대량 수송에 적합하다.

2. 구조

에스컬레이터는 경사를 갖는 계단식 컨베이어로서 30°의 기울기를 갖는 트러스에 끝없이 연결된 체인에 수십 개의 발판을 붙여서 레일로 지지하여 사람을 나르는 장치이다.

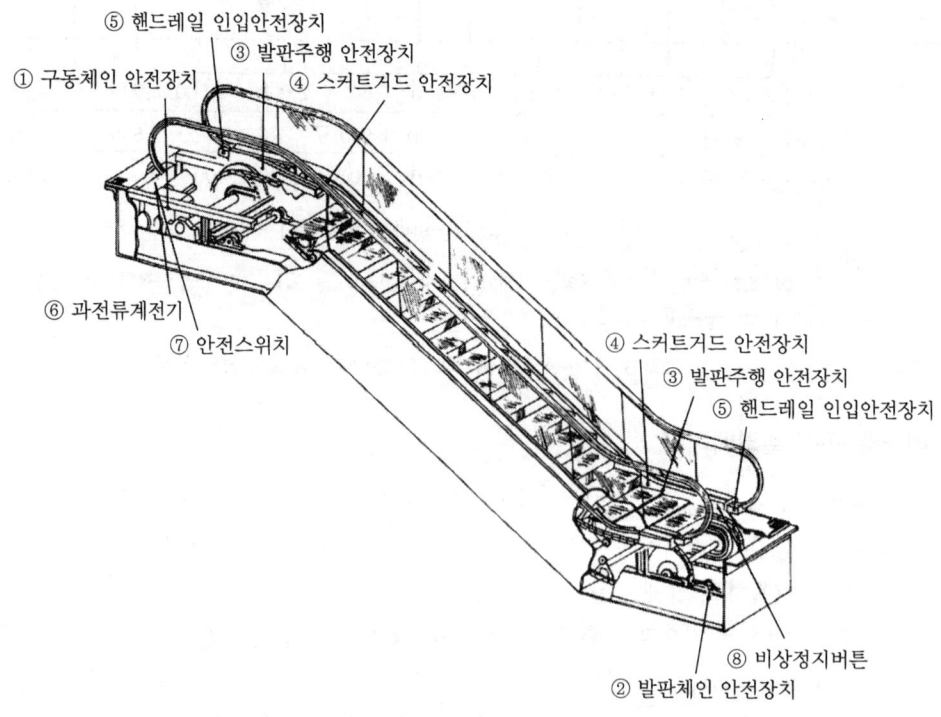

그림 8-12 ▶ 에스컬레이터의 구조

3. 종류

1) **수송능력** : 800형, 1,200형

2) **난간 의장** : 터널형, 조명형, 전투명형

표 8-9 ▶ 에스컬레이터 종류별 치수

폭	난간넓이	경사각도	속도	수송능력	전동기 용량
800형	0.8[m]	30°	27[m/분]	5,000[명/h]	7.5[kW] 이하
1,200형	1.2[m]	30°	27[m/분]	8,000[명/h]	7.5~11[kW]

4. 배열방식

표 8-10 ▶ 배열방식의 특성

종류	단열중복형	교차형	복열형
구성			
장점	• 설치면적이 좁고 전망이 좋다. • 존재 파악이 쉽다.	• 설치면적이 좁다. • 교통이 연속, 승객의 혼잡이 없다.	• 외관이 호화롭고 전망이 좋다. • 교통이 연속, 존재 파악이 쉽다.
단점	• 교통이 불연속하다. • 승객이 혼잡하다.	• 승객 시야가 좁고 전망이 나쁘다. • 위치 표시가 힘들다.	설치면적이 넓다.

5. 설비대수

사람의 흐름이나 혼잡비율에 중점을 두고 설비대수를 결정한다. 이때 밀도율을 고려한다.

1) 밀도율$(R) = \dfrac{10 \times 2층\ 2상의\ 유효바닥면적}{1시간\ 수송능력}$

2) 설비대수 $= \dfrac{피크\ 시\ 입장객수}{수송능력}$

6. 전원용량

1) Escalator 전원용량

변압기 용량 $\geq 1.25 \times V \times I_N \times N \times 10^{-3}$[kVA]

여기서, 전원전압[V]
I_N : 전동기의 정격전류[A]
N : Escalator 대수

2) 동력용 전동기 용량 산정 : 연속 정격을 사용함

$$Q = \frac{270\sqrt{3} \times H \times S \times 0.5\,V}{6,120\eta}$$

여기서, Q : 에스컬레이터용 전동기 출력[kW]
H : 계단높이[m]
η : 에스컬레이터 효율(0.6~0.9)
S : 에스컬레이터 폭(800형, 1,200형)
V : 에스컬레이터 운행속도[30m/분]

3) 전원선의 전선 굵기

$$A(단면적) \geq \frac{30.8 \times (I_S + I_L) \times l}{1,000 \times E\left(\frac{20 - \Delta V}{100}\right) \times N \times Y}$$

여기서, A : 전원인입선의 전선단면적[mm²]
E : 정격전압[V], l : 인입거리[m]
I_S : 전동기 기동전류[A] (정격의 약 3~5배)
I_L : 조명전류[A], N : 병렬대수
ΔV : 전압강하, Y : 부등률

7. 에스컬레이터의 안전장치

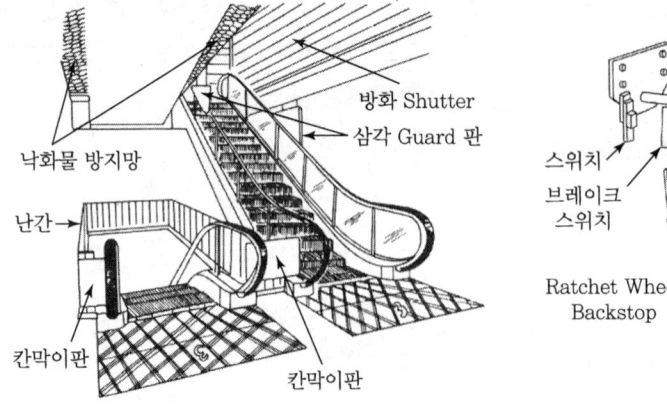

그림 8-13 ▶ 건축물 안전장치

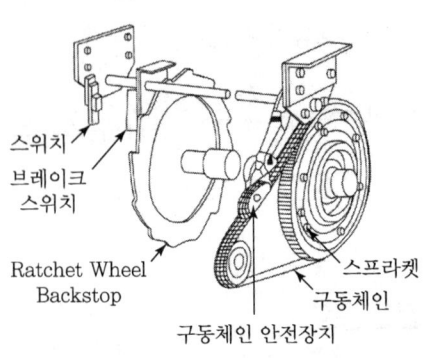

그림 8-14 ▶ 구동체인 안전장치

1) 본체의 안전장치

(1) 핸드레일 부분

상하 곡선부에서 가이드 롤러(Guide Roller)를 설치하여 곡선부의 마찰을 최대로 감소

시켜 핸드레일의 구동을 부드럽게 하고 데크보드(Deck Board)와의 마찰을 적게 함

(2) 역전 방지

구분	내용 설명
구동체인(Driving Chain) 안전장치	구동체인이 끊어지면 상승 중이라도 승객의 하중에 의해 하강 운전을 일으켜 사고 발생 위험을 방지하기 위해 설치
기계브레이크 (Machine Brake)	전원이 끊어지면 스프링의 힘에 의해 에스컬레이터의 작동을 안전하게 정지시킴
조속기	에스컬레이터가 과부하운전, 전동기 전원의 결상 발생 시 전동기의 토크 부족으로 상승 운전 중에 하강으로 속도가 증가되지 않도록 전원을 차단하고 전동기를 정지시킴

(3) 스텝체인 안전장치

스텝체인이 늘어나는 경우 구동기의 전동기를 정지시키고 브레이크를 작동시킴

(4) 스텝 이상 검출장치

스텝과 스텝 사이에 이물질이 낄 때, 스텝후륜이 4[mm] 이상 떠올라 있으면 검출스위치가 작동하여 운행을 정지시킴

(5) 스커트가드 판넬 안전장치

스커트가드 판넬과 스텝 사이에 이물질 끼임을 방지하기 위해 스커트가드 판넬에 일정 압력 이상의 힘이 가해지면 스프링의 힘에 의해 스위치를 작동시켜 에스컬레이터 작동을 정지시킴

(6) 비상정지버튼

비상시에 즉시 정지시킬 수 있는 장치

(7) 과부하보호계전기 및 안전스위치

전동기에 과전류 유입 시 정지 및 보수, 점검 시 안전 유지

2) 건축물 안전장치

(1) 삼각부 안내판

건축물 천장부에 생기는 삼각부에 사람의 머리 등 신체 일부가 끼이는 것을 방지

(2) 칸막이판

에스컬레이터와 바닥판 측면에 간격이 있을 때 설치하여 진입 방지

(3) 낙하물 위해 방지

에스컬레이트 사이 공간의 낙하물 방지

(4) 셔터운전 안전장치

방화셔터가 닫히기 시작할 때 자동적으로 에스컬레이터가 연동하여 정지하여야 함

(5) 난간 설치

보행자의 안전이동을 통한 사고예방

8. 에스컬레이터 설치 시 고려사항

1) 배치, 배열에 따른 고려사항

(1) 지지보, 기둥 등에 균등하게 하중이 걸리도록 배치함
(2) 사람의 흐름 중심에 배치함
(3) 바닥면적을 좁게 설치함
(4) 승객 시야를 넓게 배치함
(5) 주행거리를 짧게 배치함

2) 설계 시 고려사항

(1) 경사각이 30° 이하가 되도록 설계
(2) 디딤바닥의 정격속도를 30[m/분] 이하
(3) 디딤바닥의 양측에 난간을 설치하고 디딤바닥과 같은 방향 같은 속도로 이동함

3) 전원용량의 추가

(1) $MCCB$ 용량 $= 2 \times IN \times N [\text{A}]$
(2) 전원 변압기용량 $\geq 1.25 \times \sqrt{3} \cdot V \cdot T \cdot N \cdot 10^{-3} [\text{kVA}]$

CHAPTER 09

전기설비설계

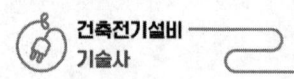

SECTION 01 | 전기설비설계

1. 개요

최근 건축물이 대형화, 고층화, 첨단화됨에 따라 건축전기설비의 중요성이 크게 증대되고 있다. 따라서 설계 초기 단계에서부터 건축, 기계, 소방설비 분야와 충분히 협의하면 기능적으로 우수한 설계를 얻을 수 있다. 이를 위해서는 전기설비의 전문지식은 물론 타 설비에 대한 기술력도 축적해야 한다.

2. 계획 순서

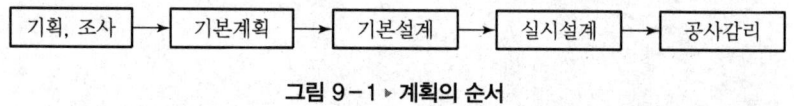

그림 9-1 ▶ 계획의 순서

1) 기획, 조사

건축주의 기획에 대해 제조건을 검토하고 그 실현 가능성에 대해 조사·검토하는 단계

2) 기본계획

전기설비의 구상을 수립하고 그중에서 가장 적당하다고 생각되는 안을 건축주에게 제시, 설명하는 단계로서 기본설계의 바탕이 되는 것임

3) 기본설계

기본계획을 바탕으로 상세히 검토하여 전기설비 전체에 대한 설계 방침을 결정하여 기본설계도, 공사계산서를 작성하여 건축주에게 제출한 후 승인을 받는 단계임

4) 실시설계

기본계획에 의해 상세한 설계를 하는 단계로 견적, 시공, 공사계산서를 작성하여 건축주에게 제출한 후 승인을 받는 단계임

3. 기획조사

1) 기본조사

전기설비설계를 위한 조사는 건물의 종류, 용도, 규모, 부지조건 등에 따라서 각각 다르므로

면밀한 조사계획을 수립하여 조사결과 및 문제점을 정리해서 계획, 설계, 시공에 도움이 되는 것으로 하여야 하며 항목으로 법규적 제약, 입지조건, 전력사정, 전화사정 등을 조사함

2) 설계목표의 선정

(1) 통계, 실적에 의한 개략적인 수전용량 및 변전실 면적의 추정 및 확보
(2) 전화 회선수 및 교환실 추정 및 확보
(3) 전력 및 전화의 인입루트 추정
(4) 설비의 항목과 정도를 확인 → 예산범위 내 여부 확인

3) 계획입안의 평가

전기설비의 개요를 만들고 이를 기준으로 개략적인 수전용량, 수전방식, 빌딩 제어 및 IBS 도입단계 등을 선정하여 건물의 사용 및 경영채산을 검토할 수 있도록 건축주에게 제시하고 이 계획의 평가는 Merit, Demerit 조건 및 계획상의 문제점을 합하여 건축주와 함께 검토함

4. 기본계획

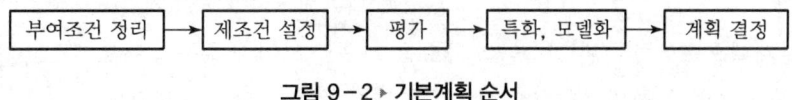

그림 9-2 ▶ 기본계획 순서

1) 부여조건의 정리

(1) 설계공정을 검토하여 종합공정표를 작성함
(2) 기획서의 전체 내용을 검토하여 문제점을 조사함
(3) 사업주의 요구사항 등을 확인함
(4) 법규적인 제약사항, 지도사항 등의 재검토
(5) 설비의 기능 및 신뢰성 등을 검토한 예산의 배분

2) 설계조건의 설정

항목	검도시항
수전용량	설비의 내용, 정도, 장래의 적응성 및 유연성, 확장성을 고려함
수전방식	• 전력회사와 협의하여 수전전압, 수전방식의 선정 • 인입방법 및 수변전실의 크기로 추정
예비전원	법적 요구 및 사업자의 요구에 따른 부하를 충족할 수 있는 용량
조명설비	• 건축담당자와 조명방식을 협의하여 작업능률, 경제성, 쾌적성 등을 검토 • 조명방식, 조명기구, 광원 선정 등을 검토함

항목	검토사항
방재감시설비	법적 요건을 충족하고 사업주의 요구에 적합한 설계방향을 수립하여 시스템을 선정함
전화설비	건물의 목적, 용도 등에 적합한 국선수의 산정 및 국선인입 조건의 제설정
간선설비	간선방식을 선정하여 간선의 샤프트 면적 산정

3) 계획의 입안

(1) 기본계획도

각 기기실, 장비 반입 경로, 코어 등의 크기, 위치 명시

(2) 설비 설명서

개략 계통도, 기기, 배치방안 등의 비교 후 경제성, 기능성에 입각한 계획

5. 기본설계

1) 정의

기본계획으로서 정돈된 건축물의 개요를 기초로 하여 건축물의 규모, 구조, 형상, 치수, 사용 재료 등을 건축의 기능면에서 검토하면서 결정해 나가는 단계임

2) 고려사항

(1) 안전성과 보수방법
(2) 설비전체의 종합적인 신뢰도
(3) 타 설비와의 경제적 밸런스
(4) 장래에 대한 대응성, 융통성, 확장성
(5) **전체적인 기능** : 안전성, 쾌적성, 편리성 반영
(6) **경제성** : 건설 Cost, 유지 Cost, 러닝 Cost 등의 평가

3) 기본 설계도서 내용

(1) 기본계획서   (2) 기본설계도면
(3) 공사비내역서(개략)   (4) 계산서(개략)
(5) 설명서   (6) 협의기록서
(7) 시스템 선정 검토서

표 9-1 ▶ 기본설계서의 검토사항

항목	검토사항	관계실의 설정
전원설비	수전설비용량, 계약용량, 수전방식, 배전방식, 기종용량 선정	수변전실, 자가발전실 축전지실
동력설비	공조·위생설비의 방식 검토, 감시제어방식을 고려	중앙감시반실
방재계획	각종 방재설비를 검토, 법규제 측면으로 하여 관리운영체제에 배치한 종합적인 방재계획을 수립함	방재센터
조명계획	작업능률의 향상, 경제성·확장성을 고려하여 각 부·각 실을 계획함	건축모듈 천장설치의 결정
전화설비	국선·내선수의 설정, 교환기종의 선정, 배치계획, 간선분기방식	MDF실
약전설비	각종 약전설비에 대해 각 실마다 검토, 실별의 기기설비표, 통제도를 작성	
간선설비	강·약전 간선방식을 검토, 분전반의 위치 선정, 간선샤프트, 분전반실의 종합적인 개요를 파악함	분전반실, 전기용 샤프트

6. 실시설계

1) 정의

법규에 정해진 내용을 준수하고 안전성, 경제성, 시공성, 보수성을 고려하여 기능적으로 균형 잡힌 건축물의 시공에 필요한 모든 설계도서를 만드는 단계임

2) 작성도서

(1) **설계 설명서**

설계목표, 계획의 기본방향, 설계 개요 등이 작성됨

(2) **설계도면**

표지, 목록, 계통도, 단선결선도, 건축물 단면도, 배치도 등이 작성됨

(3) **시방서**

공통시방서, 표준시방서, 특기시방서 등이 작성됨

(4) **내역서**

공정별 물량 및 수량 작성(일위대가, 단가조사표, 견적서, 물량산출조서 및 집계표)

(5) 계산서

변압기 용량계산서, 조도계산서, 간선 전압강하 계산서 등이 작성됨

7. 시방서

1) 목적
(1) 설계 및 시공에 대하여 도면에 표현하기 부적당한 사항을 규정함
(2) 시공자가 하여야 할 사항을 규정함
(3) 시공에 대한 모든 지시사항의 규정

2) 내용
(1) 공사 개요 (2) 공통 주의사항
(3) 사용자재에 관한 사항 (4) 시공에 관한 사항
(5) 공사별 시방

3) 공통시방서
사용자재 및 시공방법 등의 공통적인 성질을 지닌 사항을 규정함

4) 표준시방서
(1) 건축물의 설계 시공의 표준적인 기준을 정하여 건축물의 질적 향상을 꾀할 것
(2) 각 관·공청의 법규 및 정규회사의 규정 등에 준하여 작성
(3) 기술적으로 당연히 필요하다고 생각되는 것을 표시
(4) 표준시방서의 내용

5) 공사시방서

(1) 목적

공통시방서나 표준시방서에서 정하기 어려운 특수한 공사의 내용 등에 대한 시방서로 특수한 공법 등을 수행하기 위한 시방서로 건축물의 개념론 표시, 공사내용을 파악할 것

(2) 내용

① 표준시방서의 적응, 추가, 정정을 표시
② 사용기기의 상세 시방을 기재

(3) 기재 시 주의사항

① 자구는 되도록 간단, 명료하고 기재 누설이나 오기가 없도록 함
② 중복적인 문장은 피함
③ 도면에 모순, 차이가 없도록 함
④ 2개 이상의 의미로 해석될 만한 애매한 표현은 피할 것
⑤ 적산에 관계되는 사항은 되도록 명확하게 규정함
⑥ 실시할 수 없는 사항은 기재하지 않도록 함
⑦ 재료는 한국공업규격(KS)이 있는 것 또는 형식승인 필인 것을 사용함
⑧ 재료, 기기의 지정은 되도록 다수의 Maker를 지정하고 회사명은 가나다순으로 기재함

8. 설계 시 고려사항

1) 장래를 고려한 설계
2) 건축물의 특성에 알맞은 전기설비설계
3) 예상 예산범위 내에서의 적정 설계
4) 건축주의 의도를 충분히 발휘할 수 있는 설계
5) 신기술의 적용 및 에너지 절약 대책을 적극 검토
6) 주변 환경에 대처할 수 있는 설계

SECTION 02 | 설계 완료 시 납품 도서

1. 개요

설계 완료 후 제출되어야 할 도서는 크게 기본설계도서와 실시설계도서로 구분되며 특히 실시공과 관련한 실시설계도서를 중심으로 설명하였다.

2. 기본설계도서

1) 기본계획서
2) 기본설계도면
3) 공사비내역서(개략)
4) 계산서(개략)
5) 설명서
6) 협의기록서
7) 시스템 선정 검토서

3. 실시설계도서

1) 설계도면

(1) 공통도면

전기도면 전체에서 공통으로 사용되는 심벌을 표기한 도면

(2) 평면도

각 전기설비 분야의 Lay-out 평면도

(3) 계통도

전원인입 계통도, 전력간선 계통도, TV 간선 계통도, 전화간선 계통도 등 주요 설비의 Flow를 나타내는 도면

(4) 상세도

주요 부분의 설치에 대해 상세히 나타낸 도면

2) 각종 계산서

도서목록 중 가장 중요한 항목으로 해당 책임기술자의 기술능력이 함축된 내용이고 대상 건축물의 특징과 상황을 정확히 파악하여 계산서를 작성함

(1) 부하계산서

부하 전체의 규모를 나타내는 계산서로 기획 시 단위면적당 부하밀도를 선정하여 대략 계산하고 실시설계 시 확정된 부하기기를 근거로 구체적인 부하계산서를 제출함

(2) 간선계산서

① 주요 간선 굵기 및 차단기 용량 계산이 주임
② 전기적, 기계적 안전성과 경계성을 고려함

(3) 변압기 용량계산서

부하계산서에 부하율, 수용률, 부등률, 여유율, 장래의 증설 예상을 고려하여 경제적이며 합리적인 용량으로 계산함

(4) 발전기 용량계산서

발전기 운용방식에 따라 선정하며 용량 선정은 GP 방식으로 함

(5) 조도계산서

각 실별 조도는 KS 조도기준에 의해 설계되며 유지율, 반사율, 조명률을 고려하여 계산함

(6) 축전지 용량계산

비상조명용, 차단기조작용, 무정전 전원장치 등의 용도에 따라 각종 적용 Factor가 적용됨

(7) 전화설비계산서

전화의 국선회선수, 전용선로수 등의 용량계산서가 적용됨

(8) 공청TV 전계강도 계산서

안테나에서 분배기함, 선로의 손실계산을 구하고 최말단 TV Unit에서 UHF, VHF의 전계강도가 기준 강도 이상일 것

3) 시방서

(1) 일반시방서

표준시방서를 말하며 국토해양부 표준시방서를 모델로 하여 현장에 맞게 작성됨

(2) 공사시방서

일반시방서에 담을 수 없는 특수설비, 특수공법, 특수제작에 관련되는 전기설비 공사내용이 작성됨

(3) 자재시방서

자재의 제작기준 및 제작 시 기술적인 요구사항을 구체적으로 설명함

4) 내역서

(1) 견적서
(2) 수량산출조서 및 집계표
(3) 일위대가표
(4) 단가조사표

4. 결론

1) 전기설비 설계 시 건축부분과 설비부분의 협조사항을 Check하여 반영하여야 함
2) 수변전설비의 크기와 위치 등을 건축적인 사항과 협의하여야 함
3) 설비의 부하용량 Data를 정확히 파악하여 간선 및 차단기 설계 시 주의해야 함
4) 설계과정에서 건축도면 변경사항, 설비용량 변경 및 추가 변동사항을 수시로 Check하여야 함

SECTION 03 | 감리, 감독의 업무

1. 감리의 목적

승인된 도면과 시방서에 일치하게 해당 Project의 건설관리를 위한 기술 및 행정적인 Service를 제공하므로 원하고 목적하는 공사를 가능하게 한다.

2. 감리대상

1) 설계감리대상(「전력기술관리법 시행령」 제18조)

산업통상자원부령에 의한 표준설계도서를 제외한 다음의 각 항목에 대해 적용

(1) 용량 80만[kW] 이상의 발전설비
(2) 전압 30만[V] 이상의 송전·변전설비
(3) 전압 10만[V] 이상의 수전설비·구내배전설비·전력사용설비
(4) 전기철도의 수전설비·구내배전설비·전차선설비·전력사용설비
(5) 국제공항의 수전설비·구내배전설비·전력사용설비
(6) 층수가 21층 이상인 건축물의 전력시설물 및 공동주택 외의 건축물로서 연면적이 5만[m^2] 이상의 건축물의 전력시설물
(7) 기타 산업통상자원부령이 정하는 전력시설물

2) 일반감리대상(법 제12조, 시행령 제20조)

(1) 대통령령이 정하는 전력시설물의 설치·보수공사를 제외한 시설물에 대해서는 전력시설물의 품질확보 및 향상을 위하여 그 공사항목을 감리대상으로 함

(2) 대통령령이 정하는 공사항목

① 「전기사업법」에 의한 일반용 전기설비의 전력시설물 공사
② 「전기사업법」 제17조의 규정에 의한 공급규정에서 정한 임시전력을 공급받기 위한 전력시설물 공사
③ 보안을 요하는 군 특수 전력시설물공사
④ 「소방법」에 의한 비상전원·비상조명등 및 비상콘센트 공사
⑤ 「전기사업법」에 의한 전기사업용 전기설비 중 인입선 및 저압배선설비공사
⑥ 전력시설물 중 토목·건축 및 기계부분의 설비공사 등

3. 감리의 역할

1) 사업주의 기업이념의 반영
2) 설계자의 설계의도의 반영
3) 사업주 및 시공자에게 각종 기술 및 자재에 대한 자문
4) 사업주와 시공자 간의 이해관계 조정

4. 감리의 기본방향

1) 감리는 발주자의 공사 감독 임무를 대행하며 발주자에게 예속되지 않고 독립적으로 그 업무를 성실히 수행하며 전력시설물 공사의 품질 및 기술 향상에 노력해야 함
2) 사업주에게 해당 Project가 정해진 공기와 예산 내에서 가장 바람직한 품질로 완성된다는 확신을 제공함

5. 감리원의 임무

1) 감리원은 감리업무를 성실히 수행하고 전력시설물의 설치, 보수공사의 품질 향상에 노력하며 품위를 손상시켜서는 안 됨
2) 감리원은 자기의 성명을 사용하며 타인에게 감리업무를 수행하거나 감리원 수첩을 대여하여서는 안 됨
3) 시공계획 검토, 시공도면 검토 및 시공이 설계도서 및 시방서의 내용에 적합하게 행해지는 것을 확인, 재해예방대책, 안전관리지도, 공정관리, 예산관리, 품질관리, 행정관리, 완공 및 준공업무 수행

6. 감리업무내용

1) 설계감리

(1) 개념

전력시설물의 설치·보수공사의 계획·조사 및 설계가 전력기술기준과 관계법령에 따라 적정하게 시행되도록 관리하는 것

(2) 업무범위

① 전력시설물 공사의 관련 법령, 기술기준, 설계기준 및 시공기준에의 적합성 검토
② 사용자재의 적정성 검토
③ 설계내용의 시공 가능성에 대한 사전 검토

④ 설계공정의 관리에 관한 검토
⑤ 공사기간 및 공사비 적정성 검토
⑥ 설계의 경제성 검토
⑦ 설계도면 및 설계 설명서 작성의 적정성 검토

(3) 설계감리의 설계도서 보관의무

① 전력시설물의 소유자 및 관리주체
전력시설물에 대한 실시설계도서 및 준공설계도서를 시설물이 폐지될 때까지 보관할 것
② 설계업자
해당 전력시설물이 준공된 후 5년간 보관할 것
③ 감리업자
공사감리한 준공설계도서를 하자담보책임기간이 끝날 때까지 보관할 것

2) 공정감리
정해진 공기 내에 준공할 수 있도록 적극적으로 실시공정표의 검토

3) 시공감리

(1) 개념
전력시설물의 설치·보수공사에 대하여 발주자의 위탁을 받은 공사감리업체가 설계도서나 그 밖의 관계서류의 내용대로 시공되는지 여부를 확인하고 품질관리, 공사관리, 안전관리 등의 기술지도를 하며, 관계법령에 따라 발주자의 권한을 대행하는 것

(2) 주요 업무내용

① 공정관리
㉠ 공기 내 공사관리를 위한 공사량 확인 및 점검
㉡ 공사 지연에 따른 개선방안 및 보완책을 시공자에게 제출 지시
② 예산관리
㉠ 공사량 진척에 따른 기성고 및 청구서를 검토하여 사업주에게 기성고의 지출 건의
㉡ 기성고 추정 및 사업주에게 Cash Flow 예측 보고
㉢ 설계 변경에 따른 비용 추가 검토 및 사업주에게 승인 건의
③ 품질관리
㉠ 도면의 재점검, 중요 자재의 승인 및 Sample 요구
㉡ 전문협력업체의 능력 평가 및 승인
㉢ 설계 변경에 따른 변경사항, 도면, 시방서 등의 검토

ⓔ 공급된 기자재의 품질검사 → 시험성적서 기록 유지
　　　ⓜ 시공 및 반입된 기자재의 결함 기록 및 시정 지시 → 시정작업의 확인
　④ 검사 및 검토관리
　　　㉠ 주요 자재 승인 및 현장반입검사
　　　㉡ 매몰부분의 주요 배관작업 등이 설계도서와 적합한지 여부 검사
　　　㉢ 시공상세도의 적합성 여부
　⑤ 안전관리
　　　㉠ 작업자들의 안전작업을 위한 관리
　　　㉡ 현장 내 위해 작업상황 및 시설물에 대한 관리
　　　㉢ 계절적, 환경적인 위해 요소의 사전 파악 및 철저한 대비
　⑥ 행정관리
　　　㉠ 계약자 및 도급자(시공자)에 대한 완전한 기록 유지
　　　㉡ 공사의 공정, 계획 및 문제해결을 위한 계약자와의 주기적인 회의 개최
　　　㉢ 현재 진행사항의 기록 유지 및 사진첩 작성
　　　ⓔ 보고업무 : 일일보고, 주간보고, 월간보고, 분기보고, 반기보고 등
　⑦ 완공 및 준공업무
　　　㉠ 각종 결함에 대한 List 작성
　　　㉡ 운전·유지보수 절차서 작성
　　　㉢ 계통도의 Check Out 및 Test Program을 위한 계획
　　　ⓔ 장비나 System에 대한 Operating 협의 조정, 시운전 협의
　　　ⓜ 준공도 및 사업주의 인수인계 건의
　　　ⓗ 하자기간의 보증 및 하자업무처리보고서
　　　ⓢ 준공보고서 작성

표 9-2 ▶ 감리업무 시 고려사항

구분	내용
감리자 측	• 설계도서에 준하는 시공 Check • 신기술의 도입 및 기술의 축적 • 적극적인 자기개발
발주자 측	• 설계의 과정에 선임하여 설계도면까지 감리 → 설계감리의 시행 • 적정기간의 보장 및 감리비의 보장
시공사 측	• 감리업무에 대한 이해 • 원활한 감리업무가 되도록 적극 협조
설계자 측	시공자와 감리자 간의 업무 협조 지원
대외관청	• 감리자의 법적 지위 향상 • 감리업무에 적극 협조

SECTION 04 | CM(Construction Management : 건설사업관리)

1. 개요

1) CM의 정의

(1) 건설산업기본법(제2조제8호)

건설사업관리란 건설공사에 관한 기획 · 타당성 조사 · 분석 · 설계 · 조달 · 계약 · 시공관리 · 감리 · 평가 · 사후관리 등에 관한 관리를 수행하는 것을 말함

(2) CMAA(Construction Management Association of Agency : 미국건설사업관리협회)

건설사업의 공사비 절감(Cost), 품질 향상(Quality), 공기 단축(Time)을 목적으로 발주자가 전문지식과 경험을 지닌 건설사업관리자에게 발주자가 필요로 하는 건설사업관리 업무의 전부 또는 일부를 위탁하여 관리하게 하는 새로운 계약발주방식 또는 전문관리기법을 말함

2) 관련법 근거

(1) 건설산업기본법(법 제2조, 법 제23조)
(2) 건설기술관리법(법 제22조)
(3) 국가계약법(시행령 제91조)

2. CM제도의 국내 도입 배경

1) 건설 프로젝트의 대형화, 복잡화, 전문화 추세에 따라 품질, 비용, 공기 등의 목표를 효과적으로 달성하기 위한 체계적이고 전문적인 관리능력의 필요
2) 건설사업 전 단계에 걸쳐 품질, 안전뿐만 아니라 비용, 기간 등을 종합적으로 관리할 수 있는 체계의 필요
3) 건설사업수행체계를 도입하여 종합적인 건설사업관리 능력 제고의 기틀을 마련하고, 건설시장 개방에 대비한 건설사업수행 체계의 다양화, 국제화의 필요

3. CM의 필요성

1) 기획 · 설계 · 시공 등 각각의 건설사업 참여자 간의 Communication 및 조정의 어려움
2) 초기 단계의 계획수립 미비로 인한 공기 지연, 사업비 증대, 품질부실 우려 등

3) 계약관리의 미비로 인한 건설사업 참여자들로부터의 클레임 발생 우려
4) 인·허가 관련 법규의 분산 및 복잡화로 인한 행정적 처리 미흡
5) 설계 검토의 미흡으로 인한 VE 및 시공성 검토 미흡

4. CM의 계약방식에 따른 분류

1) CM for Fee 또는 Agency CM(용역형 CM)

Construction Manager는 설계 및 시공에 직접 관여하지 않으며, 건설사업 수행에 관한 발주자에 대한 조언자로서의 역할만을 함

2) CM at Risk(시공책임형 CM)

(1) 종합공사를 시공하는 업종을 등록한 건설업자가 건설공사에 대하여 시공 이전 단계에서 건설사업관리 업무를 수행함

(2) 시공단계에서 발주자와 시공 및 건설사업관리에 대한 별도의 계약을 통하여 종합적인 계획, 관리 및 조정을 하면서 미리 정한 공사금액과 공사기간 내에 시설물을 시공하는 것을 말함

(3) CM for Fee와 CM at Risk 비교

구분	CM for Fee	CM at Risk
개념도	Owner — A/E — CM / Prime Contractor / SUB 1, SUB 2, SUB 3	Owner — A/E — CM / Prime Contractor / SUB 1, SUB 2, SUB 3
장점	• 설계사, CM사 발주자의 대립이 없음 • 발주자가 적극 참여함	• CM이 사업계획에서 시공까지 전 단계 조정이 가능함 • 발주자의 Risk가 감소함 • 대형 공사에 적합
단점	• 발주자의 Risk가 큼 • 관리 기능의 중첩	• 발주자와 CM사의 대립 우려 • 자격 미달 CM 선정 시 건설사업 실패 가능성

5. CM 대상 공사(「건설기술관리법」제22조)

1) 공항·철도·발전소·댐 또는 플랜트 등 대규모 복합 공종(복합공사)의 건설공사
2) 설계·시공관리의 난이도가 높아 특별한 관리가 필요한 건설공사
3) 발주청의 기술인력이 부족하여 원활한 공사관리가 어려운 건설공사
4) 상기 외의 공사로서 당해 공사의 원활한 수행을 위하여 발주청이 필요하다고 인정하는 공사

6. CM 업무단계 및 기능별 업무내용(CMAA 기준)

1) 업무단계

(1) 공사기획단계(Pre-design Phase)
(2) 설계단계(Design Phase)
(3) 입찰 및 계약단계(Procurement Phase)
(4) 시공단계(Construction Phase)
(5) 완공 후 단계(Post Construction Phase)

2) 업무내용

(1) 프로젝트 관리(Project Management)
(2) 비용관리(Cost Management)
(3) 일정관리(Time Management)
(4) 품질관리(Quality Management)
(5) 프로젝트 및 계약 조정업무(Project/Contract Administration)
(6) 안전관리(Project Safety Programs)

7. 건설사업관리와 감리와의 차이

구분	CM 제도	감리제도
관련 근거	발주자와 CM 계약에 의함 → 임의조항	관계법령(건설기술 진흥법, 전력기술관리법 등)에 의함 → 강제조항
시행주체	CM사	책임감리원
업무범위	시공 전~시공 후 전 단계	시공단계
주요 업무	공사 전반에 걸쳐 발주자를 대신하여 모든 공사단계를 컨설팅, Advice하는 업무를 수행	시공부분에 국한하여 건설의 관리감독 및 검사(Inspection) 기능 강조
중점사항	공기, 사업비 관리, 품질 확보 등	품질 확보
중심분야	계획 중심	결과 중심

8. CM 적용 효과

1) 건설사업 초기 단계에서 CM 적용을 통한 예상되는 문제점 및 낭비요소의 최소화
2) 설계 이전 단계의 각종 인·허가 등 행정업무대행 및 금융조달 등으로 성공적 사업수행 도모
3) 설계단계에서의 VE와 시공성 검토를 통한 사업비의 절감
4) Fast Track을 통한 공사기간의 단축 효과
5) 단계별 전문분야별 관리를 통한 부실시공 방지 및 품질 확보
6) 건설사업 참여자 간의 원활한 Communication 및 조정으로 발주자의 목표 달성
7) 전문 단일조직이 사업의 전 단계를 종합 관리함으로써 일관성 있는 사업 진행이 가능
8) 전문가 조직의 과학적 분석 및 평가를 통해 발주자에게 최선의 의사결정안 제공
9) 건설사업 참여자들로부터 발생 가능한 클레임의 최소화 및 분쟁 발생 시 주도권 확보
10) 사업 진행에 관한 정보를 발주자 및 참여자 간에 실시간으로 제공

SECTION 05 | BIM(Building Information Modeling) 기법

1. 개요

1) BIM(Building Information Modeling)이란 3차원 가상 공간에서 이루어지는 설계, 시공 및 유지관리 기법
2) 현재 설계도면을 2D나 단순 3D 모델링으로 복잡 다양해진 전력시설물을 기획하고 관리하는 데 한계가 있어 BIM을 활용하고 있음
3) 프로젝트의 모든 정보를 담은 3D 모델 위에 각 공종별 전문분야의 엔지니어링 요소를 결합한 통합정보 시스템으로 건설 전 생애주기를 효율적이고 생산적으로 관리하는 시스템

2. BIM 도입배경 및 개념

1) 도입배경

3차원의 입체적 건축물을 2차원 기반의 설계도면을 바탕으로 한 시공으로 인한 공기 지연, 공사비 증가, 품질 저하 문제 발생

2) 개념

BIM은 건물에 대한 정보를 Data화하여 효율적으로 활용하는 개념으로 3D 입체모델은 기본이며 빌딩을 구성하는 각종 요소(문, 벽, 창) 등의 속성 및 공정(4D), 견적(5D) 등의 정보를 포함하여 건물 정보를 설계단계에서부터 입력하기 때문에 설계 오류를 시공단계 전에 예측하고 수정하여 공사기간이 지연되는 것을 막고 이로부터 발생하는 공사비 증가 및 품질저하를 예방할 수 있음

3. BIM의 특징

1) 디지털(Digital)임
2) 3차원적 공간임
3) 측정 가능함(정량화, 치수화, 질의가 가능)
4) 포괄적임(설계의도, 건물성능, 시공성, 절차적 측면, 재무적 측면의 정보교환이 가능)
5) 접근이 가능하여야 함(정보 호환성과 인터페이스를 통해 설계, 엔지니어링, 건설, 건축주 전체 팀이 접근 가능하여야 함)
6) 지속성(시설물 전체 수명주기 동안 사용 가능하여야 함)

4. BIM의 장점

1) 건축주 측면

3D 투시도를 활용하여 공기 및 계산, 견적을 통한 공사비 정보, 준공 후 유지관리 정보를 미리 제공받아 효율적인 판단자료로 활용됨

2) 설계자 측면

(1) 초기부터 3D화되어 건축주와의 협의, 마감 선택 및 견적 등 업무의 편리성이 제공됨
(2) 설계 변경 발생 시 한 곳 도면만 수정 시 관련된 모든 도면이 자동개선됨

3) 시공사 측면

설계 시공 분리발주 형태의 제도에서 정확하고 체계화된 자료를 제공함으로써 비용 증가, 공기 지연 등의 문제점을 최소화함

4) 유지관리자의 측면

BIM이 제공하는 3D의 그래픽과 시방서 정보, 수정된 설계도면의 정보 등을 건축물의 운영관리에 제공할 수 있음

5) 전력시설물 사업비 절감

전력시설물 프로젝트 정보의 체계적인 관리는 자원 및 인력 절감을 통해 전 생애주기에 걸쳐 비용 및 업무의 효율성을 증대시킴

6) 전력시설물 프로젝트 사업기간 단축

전력시설물 전 생애주기 관리의 투명화로 사업기간 지연요인을 사전에 방지함

7) 사업비 산정 및 도급과정 투명성 확보

전력분야 BIM 적용을 통한 전 생애주기(기획, 설계, 공사, 유지관리단계)의 업무수행으로 효율성을 극대화하고, 책임소재의 명확화로 건설산업의 투명성이 향상됨

8) 전력산업의 고부가가치 창출

BIM 기반의 DB 구축은 전력산업의 품질을 향상시키고, 전력산업의 고부가가치를 창출함

9) 건설산업의 고급 인력 양성

5. 건축전기설비분야에서 활용방안

1) 조도계산, 분석 및 시뮬레이션(각 실별 조도 설계 및 분석)
2) 전기부하의 자동집계(회로별, 분전반별, 계통별 부하표 자동 추출)
3) 전기부하 밀도의 분석(각 실별 전등부하, 전열부하, 동력부하 단위 전기부하 분석)
4) 관련 법규 적합성 체크(각종 인증제도 적합 검토)
5) 수량 산출 및 공사비 분석(실별, 층별 자재 산출과 단계별, 공종별 개략 공사비 산출 및 분석)
6) 실내·외 디자인 검토
7) 공종 간 간섭 체크(건축 및 기계 등 타 공종과 간섭 체크)
8) 각 분야별 내부 공종별 협업(각 공종별 연계 협업 설계 및 동시작업과 간섭 확인)
9) 각종 일람표 추출(도면목록, 조명기구 등 각종 기기·기구류 일람표 자동 추출)
10) 전력간선의 자동 선정 및 Cable 스케줄 자동 추출(차단기정격전류, 전압강하를 고려한 케이블 자동 추출)
11) 각종 시공상세도 자동 추출(부위별, 필요부분의 시공상세도 자동 추출)

6. 기존 2D와 BIM의 비교

구분	2D 설계	BIM 설계
계통도 작성	단순 형태의 계통도 작성	3D 형태의 계통도 작성
간선 검토	평면상으로 검토 가능	3D를 이용한 간선 검토 가능
수량 산출 및 일람표	설계 후 추가작업	모든 모델링된 Library는 자동 산출
협업	2인 이상 동시작업 불가능	2인 이상 동시작업 가능
계산 작업	직접 작성	부하 계산, 조도 계산, 간선 계산의 자동 계산
Library 제작	심볼 사용	Library 제작에 많은 시간 소요

7. 건축전기설비분야 도입 장해 요인

1) 설계자의 BIM에 대한 오해

설계자는 BIM 설계를 할 때 기존에 해오던 방식대로 2D로 기본설계나 스케치를 한 후 필요에 따라 3D로 전환하여 작업하기 때문에 2D 설계보다 BIM 설계가 설계자에게 다중작업이라는 고정관념을 갖게 함

2) BIM System 구축을 위한 부담

BIM System 구축 시 소프트웨어 구입 및 소프트웨어 UP-Grade 비용·발생으로 경제적 부담이 발생됨

3) 오피니언 리더(Oipnion Leader)의 부재

BIM의 주체는 공정개념, 엔지니어링, 원가계산을 포함한 시스템을 아는 전기분야의 오랜 기술력이 축적된 최고의 기술자가 참여하여야 시스템을 올바르게 정착시켜 나갈 수 있음

8. 건축전기설비분야 BIM 활성화 방안

1) BIM의 적용 가이드

BIM 정착을 위해서는 구체적인 기술가이드, 업무가이드, 관리가이드가 제시되어야 국가나 공공발주기관, 시공사, 설계사, CM 및 유지관리사 등의 BIM 역할 분담이 명확해질 수 있음

(1) **기술가이드** : SW 및 Data 가이드, BIM 정보가이드

(2) **업무가이드** : BIM 업무 절차 가이드, BIM 작성 및 표현에 대한 가이드

(3) **관리가이드** : BIM 적용 정책 가이드, BIM 사업관리 가이드

2) 표준 BIM 구축

전기분야 BIM 설계 Library 구축 방안

(1) **표준화 작업** : 동일한 조건에서 동일한 결과가 얻어질 수 있도록 함

(2) **Library 분류체계를 구축**

① 대분류 → 중분류 → 소분류로 분류되어야 함
② 리스트별로 구성된 Library의 속성값을 Data화하는 일이 가장 중요함
③ Library 상세 수준을 결정 : 형상에 대한 표현의 수준을 결정함
④ 소프트웨어의 선택과 호환 : 국제 표준 Data 호환 포맷인 IFC(Industry Foundation Classes)를 통한 호환 가능한 구조일 것

3) 표준 BIM Process 개발

(1) BIM 도입의 성공 요소는 BIM Process의 개발과 접목임
(2) 프로젝트의 성패는 설계에서부터 시공까지 각 공종별(건축, 전기, 설비 등) 협업에 의해 좌우됨

4) BIM 활용 교육

BIM을 효과적으로 활용하기 위해서는 설계사, 시공사, CM, 발주처 등의 각 분야에 맞는 교육이 이루어져야 함

9. 결론

1) 해외 각국은 건설산업에 BIM을 활용함으로써 공기 단축, 시공비용, 안전 확보 및 에너지 절약 등의 효과를 얻기 위해 BIM을 의무화하였음
2) 국내에서는 BIM을 활성화하기 위해 2016년부터 모든 공공부문 공사에 BIM 적용을 의무화하기로 하였음

SECTION 06 | 가치공학(VE : Value Engineering)

1. 개념

제품 또는 서비스에 포함된 불필요한 기능 또는 비용을 제거하여 원가를 절감하는 것을 말한다.

2. 설계 VE 검토 실시대상

구분	실시대상
100억 원 이상인 건설공사	기본설계, 실시설계 시(일괄·대안 입찰공사, 기술제안 입찰공사, 민간투자사업 및 설계공모사업을 포함)
	실시설계 완료 후 3년 이상 지난 뒤 발주하는 건설공사(단, 발주청이 여건 변동이 경미하다고 판단하는 공사는 제외)
	공사시행 중 총공사비 또는 공종별 공사비 증가가 10[%] 이상 조정하여 설계변경 시
100억 원 미만인 건설공사	발주청이 필요하다고 인정하는 건설공사
건설공사의 시공 단계	건설공사의 여건 변동 등으로 인하여 발주청이 설계의 경제성 등의 검토가 필요하다고 인정 시

3. 설계 VE 실시시기 및 횟수

1) 기술자문회의나 설계심의회의를 하기 전에 발주청이 적기로 판단하는 시점으로 하되 기본설계, 실시설계에 대하여 각각 1회 이상 실시함

구분	횟수	
	기본설계단계	실시설계단계
일괄입찰공사	(−)	1회 이상
민간투자사업	1회 이상	1회 이상
기본설계 기술 제안 입찰공사	(−)	1회 이상

2) 실시설계 완료 후 3년 이상 경과한 뒤 발주하는 건설공사의 경우 공사 발주 전에 설계 VE를 실시하고, 그 결과를 반영한 수정 설계로 발주하여야 함
3) 시공단계에서의 설계의 경제성 등 검토는 발주청이나 시공자가 필요하다고 인정하는 시점에 실시함

4. 단계별 업무 절차 및 내용

설계 VE는 준비단계, 분석단계, 실행단계로 나누어 실시하며 각 단계의 구체적인 내용에 대하여는 국토교통부장관이 따로 정할 수 있다.

1) 준비단계

    (1) 설계 VE 대상 선정   (2) 설계 VE 기간 결정
    (3) 현장답사 수행   (4) 워크숍 계획수립
    (5) 사전정보분석   (6) 관련 자료의 수집 등

2) 분석단계

    (1) 설계자로부터 원안 설계 내용에 대한 의견을 청취함
    (2) 대안의 구체화 및 제안서 작성은 안전성, 내구성 및 기능을 손상하지 않는 범위에서 유지관리비 등을 포함시킨 생애주기비용의 관점에서 행함
    (3) 비용배분 및 기능분석을 명확히 할 수 있는 자료를 작성해야 함
    (4) 분석단계는 발주청, 설계자와 검토조직이 한 장소에 모여 워크숍 형태로 수행됨

3) 실행단계

    (1) 비용절감액과 검토과정에서 도출된 모든 관련 자료를 발주청에 제출함
    (2) 발주청은 기술적 곤란사항이나 비용 증가의 특별한 사유가 없는 한 설계에 반영함

5. VE(Value Engineering) Flow

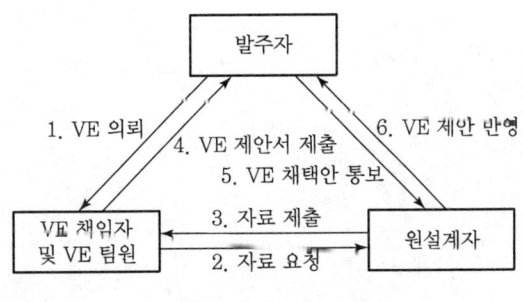

그림 9-3 ▶ VE Flow도

6. VE 5가지 형태

종류	형태	내용
원가 절감형	$V = \dfrac{F \rightarrow}{C \downarrow}$	기능 : 유지, 원가 : 일부 절감
기능 향상형	$V = \dfrac{F \uparrow}{C \rightarrow}$	기능 : 향상, 원가 : 유지
혁신형	$V = \dfrac{F \uparrow}{C \downarrow}$	기능 : 향상, 원가 : 절감
기능 강조형	$V = \dfrac{F \Uparrow}{C \downarrow}$	기능 : 현저히 향상, 원가 : 약간 절감
원가 강조형	$V = \dfrac{F \rightarrow}{C \Downarrow}$	기능 : 유지, 원가 : 현저히 절감

7. VE 기대 효과

1) 신기술·신공법 적용으로 공사비 절감
2) 시설물 가치 향상
3) 기업이익 창출 및 Know-how 축적
4) 개선된 VE를 유사 현장에 적용 가능

SECTION 07 | 그린데이터센터 전기설비계획

1. 개요

1) 그린데이터센터란 기존의 데이터센터에 그린 IT 기술을 적용하여 저비용, 고효율의 데이터센터로 진화된 데이터센터를 의미함
2) 기존 데이터센터의 운영방식을 개선하거나 전면적으로 재설계함으로써 에너지 비용 증가의 문제점 및 환경문제에 기여할 수 있는 특징이 있음

2. 계획 시 고려사항(참고)

1) 고신뢰성 및 무정전 전원 공급이 가능할 것

구분	데이터센터 특징	설계 적용
전원설비 이중화	365일 무정전 전원공급	• 특고모선 및 UPS 서버용 TR 이중화 • 발전기 절체 : CTTS 적용
무정전 유지보수	전원설비 고장에 대한 대책 수립	비상전원용 발전기 실부하 100[%] 공급
장애대책	각종 장애대책 강구	고조파 장애 최소화를 위한 기기 및 시스템 구성

2) 증설과 확장이 용이할 것
3) IDC 센터의 티어(Tier) Ⅲ등급 이상 고려(Tier Ⅰ[최저]~Tier Ⅳ[최고])

3. 수변전설비 계획(참고)

1) 전원인입

(1) 2회선 수전방식 채용

① 同계통 상용예비 수전방식
② 異계통 상용예비 수전방식

(2) FR-CNCO-W(향후 증설 대비 2배 정도의 굵기 검토)

2) 변전설비

(1) **변전방식** : 22.9[kV]/6,600/380-220[V]의 2단 강압방식

(2) **변전설비 용량**

① 서버실, 지원공용시설(항온항습기)을 만족하는 용량 확보
② 변압기 구성 : 주변압기 및 예비변압기 구성

(3) **변압기 종류** : 표준소비효율제 변압기 선정

3) 발전기

(1) **용량** : 실부하 100[%] 공급(Tier Ⅲ 기준 : 서버, 통신장비부하, 공조부하 공급)

(2) **발전기대수(Tier Ⅲ)** : N+1대

(3) **발전기 종류**

① 티어(Tier) 인증 필요시 : 프라임 출력 정격(Prime Power Rating)
② 티어 인증 불필요시 : 비상용 출력 정격(Standby Power Rating)

(4) **엔진 종류 검토**

① 디젤엔진(경제성 측면)　　　② 가스터빈(전력품질 측면)

4) UPS

(1) **정지형 UPS**

① ALL IGBT 타입 사용으로 고조파를 억제시킴
② Back-UP 시간 : 10~20분 정도(향후 교체비용 고려)
③ 모듈형 UPS 도입을 통한 낮은 부하에서 고효율 운전

(2) **Dynamic UPS** : 고조파 억제 효과가 큼

(3) **UPS 요구용량** : IT 필요용량×1.1(Fan 전원 IT 전원의 10[%])

(4) **UPS 대수(Tier Ⅲ)** : N+1대

5) 간선 구성(Tier Ⅲ) : N+1(Loop 방식)

4. One-Line 구성도(참고)

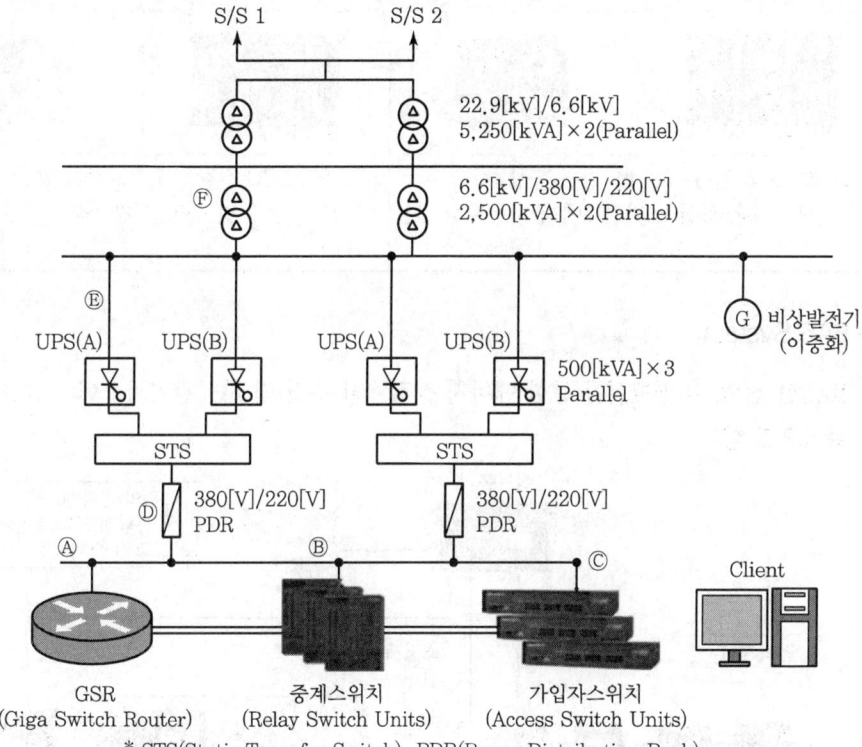

그림 9-4 ▶ 수변전설비의 구성도

[조명전기설비학회 : IDC 전원기기 고조파 분석 및 다상화 효과 고찰 인용]

5. 전기설비의 효율을 높이기 위한 구축방안

1) 에너지 진단 및 예측을 통한 계통설계
2) 표준소비효율제 변압기 설치(몰드형 또는 아몰퍼스형)
3) 모듈형 UPS 도입(낮은 부하에서 고효율 운전)
4) 주요 장소 LED 조명 설치
5) 에너지 절감 및 유지보수 향상을 위한 주요 장비 VE 및 LCC 분석

K-Factor 변압기	저소음 고효율 몰드 변압기	하이브리드 변압기	저소음 고효율 몰드 변압기
• 30.2% LCC 절감, 78.4% 가치 향상 • 중성선 도체의 과열 및 과전류에 대한 문제점 개선		• 38.9% LCC 절감, 97.1% 가치 향상 • 고조파 감쇄 및 불평형 개선 기능으로 전력품질 개선	

6) BAS System

BAS란 전력, 조명제어를 통한 에너지 절감계획 수립 및 시설관리시스템의 효율적 관리를 목적으로 함

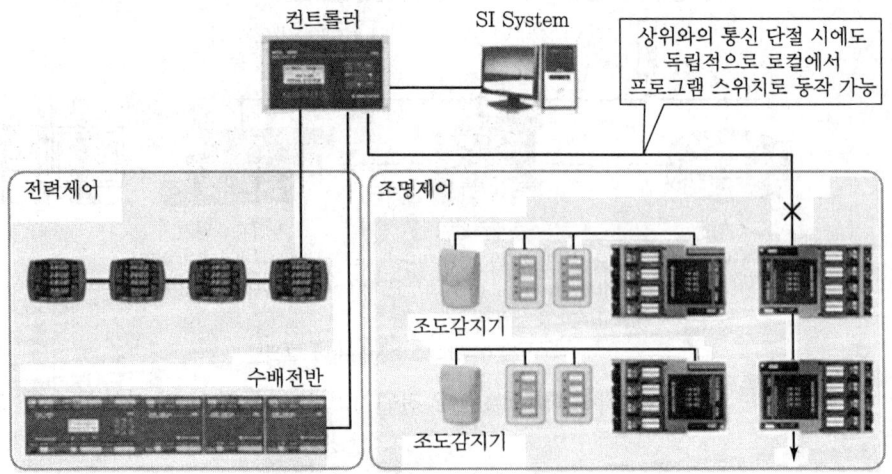

그림 9-5 ▶ BAS System 구성도

7) 에너지 관리시스템(EMS : Energy Management System) 도입

전력량의 Demand 제어, 전력수요 예측 분석 및 사용시간을 분석하여 에너지 사용관리를 목적으로 함

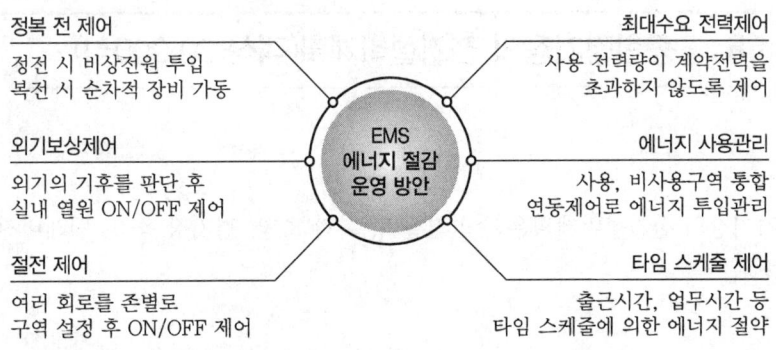

그림 9-6 ▶ EMS 운영방안

8) 고조파 방지를 위한 전력 손실 감소

9) PEAK 전력관리를 통한 에너지 절감

6. 결론

전기설비의 효율을 높이기 위한 구축방안 외에도 신뢰성 측면에서 아래와 같은 내용이 설계 시 고려되어야 한다.

1) 전산센터 수변전 설계 시 전력공급의 신뢰성, 안전성, 고조파 억제
2) 기본 및 실시설계 시 전산센터에 대한 설계의 Tier-1, 2, 3급의 정리와 전력계통 이중화 등으로 전력공급에 대한 백업 기능이 설계단계에서 반드시 검토 적용되어야 함

SECTION 08 | 종합경기장의 전기설비계획(객석 30,000석)

1. 개요

대형 경기장의 전기설비계획은 수변전설비, 야간 조명, 경기장 음향, 텔레비전 중계 시스템을 고려한다.

2. 수변전설비 기본계획

1) 수전설비 : 2회선 예비전원 방식

경기장에서의 수전설비는 각종 경기 및 문화행사를 효율적으로 수행할 수 있는 성능과 신뢰성, 기능성, 운용성, 경제성을 고려한 전기 수전방식으로 설계 고려

2) 변전설비

(1) 변전방식

① 고압사용기기 예견, 전압강하 저감 등을 고려하여 2Step 방식 고려

② 2Step 방식 : 22.9[kV]/고압/저압

(2) 변압기 : 저손실 고효율 Mold형 2중화 구성(유지보수 용이)

(3) 변압기 Bank

① 특고압/고압 변압기(22.9/6.6[kV])

경부하 시 운전과 사고 시 조절 운전에 대비하여 2Bank로 구성, 고압 냉동기나 부변전실(조명 타워용, 전광판용)으로 공급

② 고압/저압 변압기(6.6[kV]/사용전압 380/220[V])

일반조명/동력용 Bank, 경기장 조명용/전광판 전원 Bank, 중계방송용 Bank

(4) 수전용량(P) 산정 예

① 경기장 조명 : 1,200[kVA] 예상(1,500[lx] 이상 설계 시)

② 전광판 : 300[kVA]

③ 동력 : 20[VA/m^2]×30,000(좌석수량)=600[kVA]

④ 조명 : 25[VA/m^2]×30,000(좌석수량)=750[kVA]

⑤ 중계방송용 : 300[kVA]

⑥ 계(수용부하) : 3,150[kVA]

⑦ 수전용량

$P = 3,150[kVA] \div 1.15 = 2,739[kVA]$

Tr(변압기), 22.9/6.6[kV], 1,500[kVA]×2대=3,000[kVA]로 계획

(5) 발전기

① **적용부하** : 경기장(조명타워) 비상조명, 소방전력, 통신전력, 비상조명, 방송전원
② 사용성, 경제성을 고려하여 디젤 발전기를 사용하고 50[%] 용량 2대를 사용하여 병렬운전이 되도록 계획
③ 최근에는 전원의 신뢰도를 감안하여 가스터빈 발전기도 적용되고 있음

(6) UPS

전압 및 주파수 변동과 정전 시를 대비하여 전산부하, 메모리 유지부하(전광판 등), 방송설비(전관안내) 등에 지속적으로 안정된 전력을 공급하기 위해 설치 계획

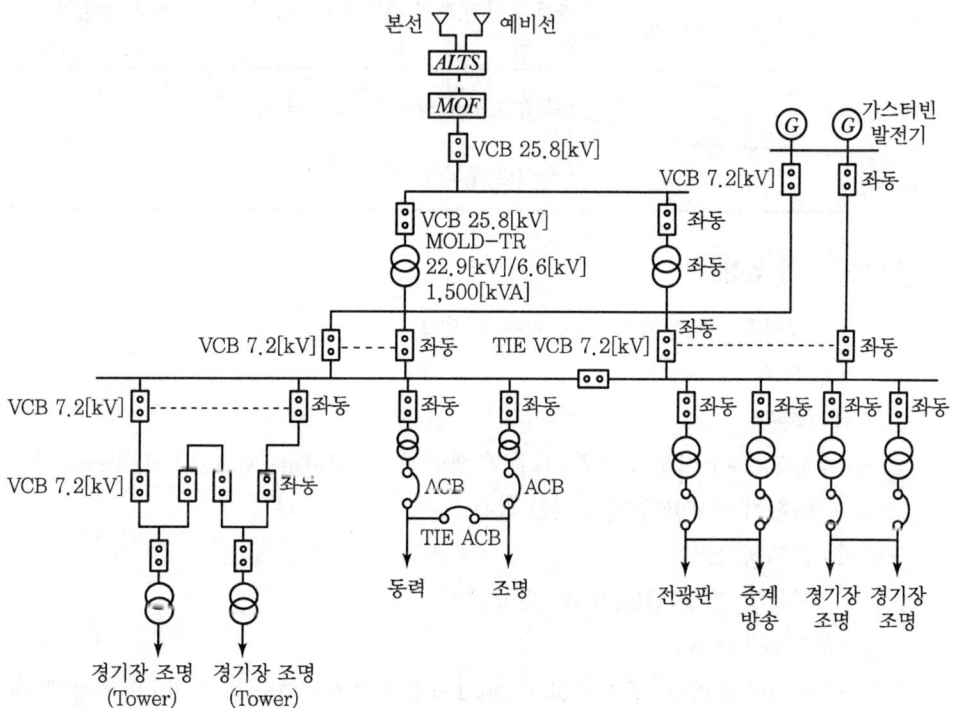

그림 9-7 ▶ 수변전설비 Diagram

3. 경기장 조명설비

1) 개요

스포츠 조명 특성상 대상물(볼)이 경기자와 관중에 잘 보이도록 대상물의 배경이 되는 색상과의 휘도를 적절히 해야 함

2) 조명설계 Flow

(1) 조도 결정

구분	내용
공식경기, 국제경기장	FIFA 기준 및 Color TV 중계를 위한 1,500[lx] 정도의 조도 유지 (바닥 1.5[m] 기준)
관람석	경기장 수직면 조도의 25[%] 정도가 적정
주차장	가능한 한 밝게(150[lx])
비상시, 정전 시	관객의 안전 확보 측면에서 최소 25[lx] 이상의 수평면 조도 유지가 요구됨
조도 균제도	• 수평면 조도 균제도(최소/최대) $\geq \dfrac{1}{2}$ • 수직면 조도 균제도(최소/최대) $\geq \dfrac{1}{3}$

(2) 광원의 선정

- 선정방향 : 목적에 맞는 광원을 선정함
- 선정 시 검토사항

① 색온도

4,000[K] 이상 유지하기 위해 백열전구+Metal, Metal+Halogen 등의 적절한 배합이 필요함(현재 : LED 적용)

② 연색성(Ra)

연색성 평가수(Ra)가 90 이상일 것

③ Color Balance

주간에서 야간으로의 Color Balance를 고려하여 Metal Halllide 적용. 5,600[K] 정도의 색온도를 확보함(현재 : LED 적용)

④ 순간정전대비 : 10~20[%]의 할로겐 광원 검토(현재 : LED 적용)

⑤ 광원의 과전압 점등 특성

연속사용시간[H]	과전압	광속	수명
200	10	135	25
200~500	5	118	50
500 이상	정격점등	110	100

사용시간이 200시간 이하의 짧은 경우에 한해 과전압 점등을 실시하였으나 최근 경기장 사용시간의 증가에 따라 정격점등을 많이 실시함

⑥ 플리커 감소대책
㉠ TV 수상기의 플리커 감소를 위해 3상 전원에 접속
㉡ 램프 전압은 380V(선간전압) 사용으로 플리커 현상 및 전압강하 최소화

(3) 등기구 선정

① 선정 시 검토
㉠ 설계조도 및 조명하는 면의 형상
㉡ Pole의 높이 및 위치(고강도 고압 알루미늄 다이케스팅)

② 등기구의 종류
㉠ 광각에 따라 협각반사경, 광각반사경 검토
㉡ 형태에 따라 밀폐형, 개방형 검토
㉢ 개방형 투광기 : 광각형 근거리용
㉣ 밀폐형 투광기 : 협각형 원거리용

③ 조명기구의 최근 동향
기구 효율, 조명률 향상 : 알루미늄 증착 반사판 혹은 유리피복 거울의 재료 사용

④ 보수율 향상 : 광촉매를 이용한 부착 유기물의 고온에서의 분리방식 적용

⑤ 안정기 내장형 투광기 사용

⑥ 전동 승강장치 부착 투광기 사용

⑦ 스텐인리스 투광기 사용

⑧ 건축물과 미관이 어울리는 구조

⑨ 대규모 운동장의 경우 2[kW]급 HID 등기구 적용(현재 : LED 적용)

(4) 기구의 배치

① 기구의 각도를 크게 하여 눈부심 방지 : 시선 중심에서 30° 범위 내에 강한 빛이 없도록 함

② 경기장 밖으로 빛의 누설 방지

③ 지향성 : 상대 관람석에 빔 유입 방지

(5) 투광기 대수 계산

$$N = \frac{EAD}{FU}$$

여기서, N : 투광기 대수, D : 감광보상률
　　　　E : 조도[lx], F : 광속[lm]
　　　　A : 피조면면적[mm²]
　　　　U : 이용률(개방 → 1.8, 밀폐 → 1.5)

(6) 광속발산도 및 조도 검토

① 목적 : 설계 완료 후 조도 분포 및 광속 분포의 적정 여부 검토
② 검토기준

　㉠ $A_0 N \geq A$ → 적합
　㉡ $A_0 N < A$ → 부적합

　여기서, A_0 : 투광기 1대 유효면적[m²]
　　　　　A : 전피조면 면적[m²]
　　　　　N : 대수

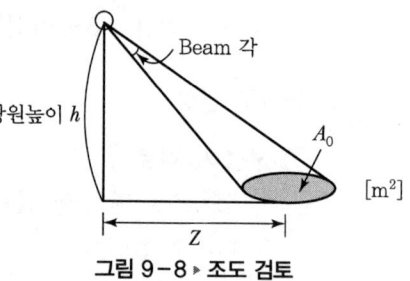

그림 9-8 ▶ 조도 검토

3) 정전 시 대책

(1) 광원의 대책(현재 : LED 적용)

① 백열전등 혹은 할로겐전등을 전체 광원의 10~20[%] 시설
② 메탈등의 경우 Re-Ignition 시설

(2) 전원의 대책

① 한전＋비상발전기 병렬운전방법 채용
② 대용량 UPS 설치
③ 이동용 발전차량 임대방법 검토

4) 조명 제어

경기장의 경기수준(공식경기, 일반경기, 연습경기, 국제경기 등)에 대비하여 25[%], 50[%], 75[%], 100[%]의 일괄제어가 가능하도록 구성함

4. 결론

종합경기장의 전원설비계획은 경기는 물론 각종 문화행사를 효율적으로 운용할 수 있도록 기획해야 하며 중점사항으로 안전성, 신뢰성, 경제성, 기능성, 운용성, 환경친화성 신기술 및 에너지를 고려해야 한다.

SECTION 09 | 500세대 APT 전기설비기획(전용면적 : 85[m²])

1. 개요

ATP 주거생활과 관련하여 전력의 안정적 공급과 경제성, 공용부의 원활한 운영에 중점을 두고 기획하여야 한다.

2. 수전설비계획

1) 관련 법규 및 규정 검토

(1) 주거시설 : 지중인입인 경우, 관로 및 배선이 2조 이상(1조 예비)으로 구성

(2) 특고압 최소 인입선 규격 : 22.9[kV] CNCV 60[mm²](개정 규격 : 70[mm²]) 이상

2) 인입방법 및 케이블

(1) 지중인입 : 22.9[kV] CNCV-W 또는 TR-CNCV-W

(2) 공동구(Cable Tray 시공) : 22.9[kV-Y] FR-CNCO-W

(3) 수전방식 : 정식 수전방식 채용(1,000[kVA] 이상)

(4) 강압방식 : One-Step 강압방식 채용

3. 변전설비계획

기본계획 시 표준 부하산정에 의해 변압기 용량을 산정한다.

1) 전등, 전열용 변압기 용량

$85[m^2] \times 40[VA/m^2] + 1,000[VA] = 4.4[kVA]$
→ $4.4 \times 500(세대) \times 0.42(수용률) ≒ 1,000[kVA]$

2) 동력용 변압기 용량

$1 \sim 1.15[kVA/세대] \times 500[세대] ≒ 575[kVA]$
→ 표준용량 750[kVA] 선정

3) One-Line 단선결선도

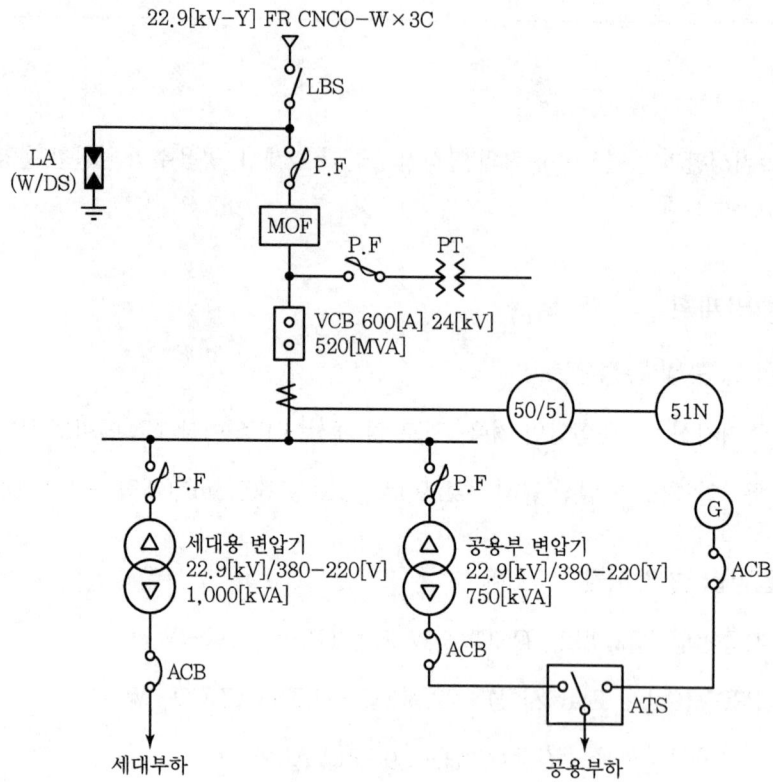

그림 9-9 ▶ 단선결선도

4) 주요 자재 선정

(1) 변압기

① 22.9[kV-Y]/380-220[V] Mold형
② 저손실, 내화특성의 B종 선정

(2) 인입개폐기(LBS)

① 24[kV] 630[A] Fuse 및 전동식 선정
② 부하개폐 및 단락보호 기능

(3) 특고차단기

① VCB 24[kV] 520[MVA]
② Anti-Pumping 방지회로 설치

(4) TR 1차 보호기

　　① 한류형 PF 선정
　　② COS 또는 VCB 적용 가능

(5) 피뢰기

　　① Disconnector 부착형 Gapless형
　　② 18[kV] 2.5[kA]

4. 예비전원 계획

1) 축전지설비

(1) **축전지** : 무보수 밀폐형 연축전지

(2) **정류기** : 3상 전파 정류방식

(3) **충전방식** : 부동충전방식

(4) **연결부하**

　　① 수변전설비 감시제어용
　　② 전기실, 기계실 DC 등

2) 발전기설비

(1) **발전기 용량**

　　① 일반적으로 공용부 부하용량×0.8로 적용
　　② GP 방식 채용(국토부고시 KDS 32 20 20)에 의함

(2) **냉각방식** : 공랭식

(3) **종류** : Disel 방식, 1,800[rpm] 고속형

(4) **절체방식** : 자동기동 및 복전 시 정지방식

5. 설계 시 고려사항

1) 수용률 검토

(1) 아파트의 지역적 특성, 입주자의 성향을 고려

(2) Room Aircon 유무에 따른 수용률 적용

2) 저압수전

　　심야 부하 활성화에 따른 별도 수전 및 계량

3) 간선내량 검토

　　(1) 고조파 부하 증가로 간선 Size 증가 고려
　　(2) 간선의 전압강하 및 불평형 고려

6. 결론

APT 전기설비 구현 시 제시되는 목표가 실현되어야 한다.

1) 편리성 : 조작의 단순
2) 쾌적성 : 주거에 최적의 환경 제공을 위한 전기설비 제공
3) 에너지 절약 : 변전설비의 직강압방식, VVVF 시스템 적용
4) 환경친화성 : LED 형광램프, 태양광 등 신재생 발전 적용

SECTION 10 | 고령화 사회를 위한 전기설비설계

1. 개요

1) 목적

사회구조상 고령자 인구의 증가와 함께 이들에 적합한 설비를 제공하기 위함

2) 고려사항

(1) 사용상의 안전성, 쾌적성, 편리성 기능을 부여
(2) 향후 System 변경 등에 유연하게 대응할 수 있을 것

2. 전기설계 시 고려사항

1) 고령자 신체 특성 측면

(1) 고령자 근력 저하
(2) 시력, 청력, 후각 저하
(3) 기억력, 판단력 저하
(4) 동시조작 애로 및 새로운 환경 적응의 저하

2) 전기설비적 측면

(1) 전전화 설비
(2) H/A System
(3) 심야전력설비

3. 세부 설계 계획

1) 부하설비용량 검토

부하설비용량 = $60[VA/m^2] \times$ 바닥면적$[m^2] + 4,000[VA]$
(7[kVA] 미만 시 7[kVA]로 산정)

2) 전등설비 및 스위치 설비의 설비계획

(1) 조명설비
  ① 조도 : 실내 조도를 약간 높게 설계(60세의 경우 3배의 밝기 필요)

② 광원

　Foot L/T, Sensor L/T, Remote Control L/T, 배터리 내장형 비상등 설치

③ 등기구 : 수명이 길고 간단한 등기구, 눈부심 억제 가능한 구조

④ 유지보수 : 램프의 교환 등이 쉬울 것

⑤ 계단조명 : 가능한 한 고르게 밝게 할 수 있도록 채광창을 이용하거나 인공조명을 사용

(2) 스위치 설비

① 조명부착 Wide Type 선정

② 주 침실에는 리모컨 혹은 자동 On/Off 스위치

③ 팔꿈치에 의한 조작이 가능할 것

④ 휠체어 앉은키를 고려한 높이 90[cm]

⑤ 스위치는 어둠 속에서도 인지 가능한 램프스위치

(3) 콘센트 설비

① 높이 : 40~50[cm]

② 현관의 휠체어 승강용 전원

③ 계단의 승강용 전원

④ 미니 키친용 콘센트 : 1시간 단위로 전원절체

(4) 승강기설비

① 승강기 내부에 핸드레일(안전손잡이)를 설치함

② 승강기 도어의 자동개폐시간을 일반승강기보다 길게 설정함

(5) 정보통신설비

① 비상연락장치

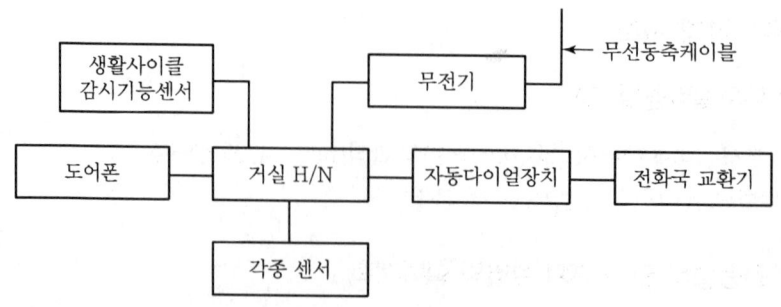

그림 9-10 ▶ 비상연락장치

㉠ 목적 : 신체의 불편 등을 간호사, 관리인에 전달

ⓒ 설치장소 : 세대 거실 및 욕실(거실은 H/N 월패드에 비상연락장치 기능을 포함함)
ⓒ 기능 : 국선착신통화, 비상호출, 무인경비기능
ⓔ 세대비상 호출 시(비상연락장치 외부 통보시스템 구축)
- 경비실에 통보 및 경보음
- 경비원 및 관리사무소로 문자메시지(SMS) 통보

② 시각경보기
ⓐ 장애인 편의증진 시설로 청각장애인 세대에 한해서 필요시 시설함
ⓑ 녹색 램프 : 세대 내 H/N(홈네트워크) 시스템과 연동하여 외부 방문 호출 시 점등
ⓒ 적색 램프
- 비상연락장치의 비상호출과 연동
- 가스 누출 시
- 방범방치(현관개폐기, 동체감지기) 작동 시

③ 시각장애인용 음성유도기
상가, 관리사무소, 주 동입구에 설치

(6) Security 설비

모든 System을 자동화하여 긴급구조 연락 계통을 구축해야 함

(7) 공조 및 환기설비

① 전기실, 열교환기식의 환기팬이 바람직함
② 균일한 온도 유지가 중요함

(8) 장래 증설에 대한 대책

① 간선 용량의 여유율 고려
② 장래 의료 진단 등을 위한 동축케이블
③ Spare 관로 확보

4. 결론

1) 고령자 시설에 대한 관련 법규 정비 및 개선
2) 민간 기업 참여유도를 통한 수익성을 통해 보다 나은 설비 및 서비스 도입
3) 재정, 금융, 세제면에서의 지원 확충
4) 선진국의 설비 검토
5) 한국의 실정에 맞는 설비 검토

SECTION 11 | 연구소(20,000[m²]) 전기기획 설계 시 고려사항

1. 전원용량 추정

1) 부하설비 용량 산출

구분	부하밀도[VA/m²]	부하용량[kVA]
전등	60	1,200
일반동력	108	2,160
냉방동력	53	1,060
계	221[VA/m²]	4,420

2) 변압기 용량 산정

부하설비 용량에 수용률을 적용하여 각 부하군별로 변압기 용량 산정

구분	수용률[%]	수용률 감안용량[kVA]	표준 변압기 선정
전등	70	840	1,000[kVA]
일반동력	50	1,080	1,250[kVA]
냉방동력	80	848	1,000[kVA]
계		2,768	3,250[kVA]

3) 주 변압기 용량 산정 : 부등률 적용 여부 판단

(1) One Step 변압방식 : 부등률 미적용

(2) Two Step 변압방식 : 주 변압기에 부등률 적용

(3) 부하군별 변압기에는 수용률만 적용

(4) 변압방식을 Two Step 변압방식으로 선택하여 부등률 1.2를 적용하면

3,250[kVA] ÷ 1.2 ≒ 2,700[kVA] → 장래 증설 고려 3,000[kVA] 선정

4) 수변전 단선결선도

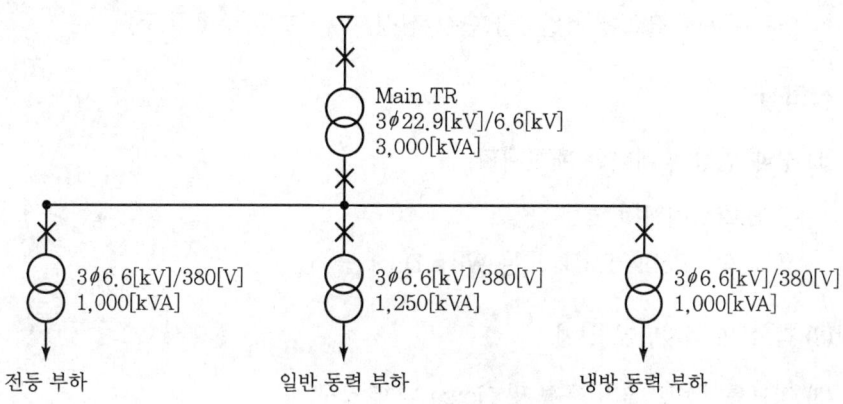

그림 9-11 ▶ 수변전설비 단선결선도

2. 전기설비 기획 시 고려사항

1) 연구소에 대한 특징 사항

(1) 실험과 연구를 위한 각종 장비, 기계, 기구, 저장실 및 배관, 배선공간으로 구성

(2) 실험, 연구시설에 대한 전력, 가스공급시설, 급배수관 설비의 확충

(3) 화학실험실에는 약품 취급에 의한 배수, 배기의 기능 확보 요구

(4) 환경 실험실, 저온실에 대한 방의 벽, 문의 구조 계획 검토

2) 연구소 전기설비 기획 시 고려사항

(1) 신뢰성이 높은 수변전설비 구축

　① 수전방식 : 2회선 또는 예비회선 수전방식 채택

　② 변압기 2차 모선방식 : 2중 모선방식 고려

(2) 정전에 대비한 자가발전 설비 및 무정전 전원장치 설치

　무정전 전원장치는 가급적 연구동별로 각각 설치

(3) 고조파에 대한 대책 수립

　① 발전기 용량 산정 시 고조파 전류를 감안하여 용량 산정

　② Filter 설치

　③ 부하 측에 전류 상수를 많게 설계

　④ 고조파 발생 부하와 일반부하와의 계통 분리

(4) 실험실의 전기 공급방식

연구내용에 필요한 전원공급(단상/삼상/직류/교류/주파수 등)

3) 실험실

(1) 장래 변경에 대비한 배선계획

① 바닥 : 배선 피트
② 천장 : Cable Rack 또는 Wire Duct

(2) 각 실에 접지단자 설치

(3) 정보통신선로 설비 구성 및 Noise 대책 강구

(4) 방범설비 설치

중요한 실의 경우 CCTV 및 Card Key와 Micro Computer를 조합한 입실 관리 시스템 채택

(5) 조명설비

실의 용도에 따라 방폭형, 내산, 내알카리성 조명기구 설치

(6) 저온실의 전기설비 계획

① 광원 : 백열구 채택
② 조명기구, 콘센트 : 방수형
③ 배관 관통부위 Sealing 처리
④ 출입구 부위에 열선 및 Floor Heating 설치
⑤ 외부와 통화가 가능한 부저 경보 또는 인터폰 설치

(7) 화학실험실

① 법적인 방재설비 이외에 가스검지기, 누전차단기, 긴급 배기장치 설치
② 방폭형 조명기구 채택

(8) Clean Room

① 조명기구 : 매입형 사용, 광원 교체 시 먼지가 실내에 떨어지지 않는 구조
② 배관방법 : 매입배관(노출배관의 경우 수직배관 방법 채택)
③ 정전기 방지용 접지, 가스탐지기 설치
④ 실내에 설치하는 기계 기구의 내식성 검토
⑤ 컴퓨터 단말기 사용에 따른 Noise 대책 및 정전 대책 수립
⑥ 분전반, 제어반은 Clean Room 밖에 설치

CHAPTER
10

KSC - IEC

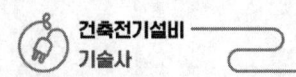

SECTION 01 | KSC-IEC 60364

10.1.1 적용시설

이 규격은 다음의 전기설비에 적용한다.

① 거주지 구내　　　　　　　　② 상업지 구내
③ 공공시설 구내　　　　　　　④ 산업시설 구내
⑤ 농업 및 원예시설 구내　　　⑥ 조립식 건축물
⑦ 이동식 숙박차량, 이동식 숙박차량 정박장 및 이와 유사한 장소
⑧ 건축현장, 박람회장, 전시장 및 기타 임시 시설
⑨ 마리나　　　　　　　　　　　⑩ 외부 조명 및 그와 유사한 설비
⑪ 의료용 장소　　　　　　　　⑫ 이동 또는 수송 가능한 설비
⑬ 광전지 계통　　　　　　　　⑭ 저압 발전 설비

[비고] 구내는 토지와 그에 속하는 건물을 포함하는 모든 시설을 포함한다.

10.1.2 적용범위

이 규격의 적용범위는 다음과 같다.

① 교류 1,000[V] 또는 직류 1,500[V] 이하의 공칭전압에서 공급되는 회로이며 권장 주파수는 50[Hz], 60[Hz], 400[Hz]이며 특별용도로 다른 주파수를 사용할 수 있음
② 1,000[V]를 초과하는 전압에서 동작하고 전압이 교류 1,000[V]를 초과하는 장비에서 유도된, 기기의 내부 배선을 제외한 회로(예 : 방전등, 전기 집진기)
③ 전기제품의 표준에서 세부적으로 규정하지 않는 모든 배선계통과 케이블
④ 건축물 외부의 모든 수용가 시설
⑤ 정보 및 통신기술, 신호, 제어 및 이와 유사한 용도의 고정배선(기기 내부 배선은 제외)
⑥ 시설물의 증축 또는 개축 그리고 증축 또는 개축에 의해 영향을 받는 기존 시설물의 일부분

10.1.3 적용 제외

이 규격에서 적용되지 않는 설비는 다음과 같다.

① 철도 및 신호기기를 포함한 전기 철도용 설비

② 자동차의 전기설비
③ 선박, 자동차, 고정해상 플랫폼의 전기설비
④ 항공기의 전기설비
⑤ 공공 전력계통의 일부인 공공도로의 가로등 설비
⑥ 광산 및 채석장 내 설비
⑦ 전파장애 방지기기(단, 시설물의 안전에 영향을 미치는 경우는 제외)
⑧ 전기울타리
⑨ 건축물의 외부 피뢰설비 계통(LPS)
⑩ 승강설비의 특수한 형태
⑪ 기계설비의 전기기기
⑫ 공중시설에 대한 배전계통
⑬ 공중시설에 대한 배전을 위한 발전과 송전

10.1.4 안전을 위한 보호

1) 감전보호

(1) 기본보호(직접접촉에 대한 보호)

① 설비의 충전부에 직접접촉함으로써 발생할 수 있는 위험으로부터 인축을 보호함
② 직접접촉에 대한 보호방법
  ㉠ 인축의 몸을 통해 전류가 흐르는 것을 방지함
  ㉡ 인축의 몸에 흐르는 고장전류를 위험하지 않는 값 이하로 제한함

(2) 고장보호(간접접촉에 대한 보호)

① 고장 시 노출 도전부에 직접접촉함으로써 발생할 수 있는 위험으로부터 인축을 보호해야 함
② 간접접촉에 대한 보호방법
  ㉠ 인축의 몸을 통해 고장전류가 흐르는 것을 방지함
  ㉡ 인축의 몸에 흐르는 고장전류를 위험하지 않는 값 이하로 제한함
  ㉢ 인축의 몸에 흐르는 고장전류의 지속시간을 위험하지 않는 시간까지 제한함

2) 열적 영향에 대한 보호

고온 또는 전기 아크로 인해 가연물이 발화 또는 손상되지 않도록 전기설비를 설치해야 하며, 전기기기가 작동 시 인축이 화상을 입지 않도록 함

3) 과전류에 대한 보호

(1) 도체에서 발생할 수 있는 과전류에 의한 과열 또는 전기·기계적 응력에 의한 위험으로부터 인축의 상해를 방지하고 재산을 보호함

(2) 과전류에 대한 보호방법

① 과전류가 흐르는 것을 방지
② 과전류의 지속시간을 위험하지 않는 시간까지 제한함

4) 고장전류에 대한 보호

(1) 고장전류가 흐르는 도체 및 다른 부분은 고장전류로 인해 허용 온도상승 한계에 도달하지 않도록 해야 함
(2) 도체를 포함한 전기설비는 인축의 상해 또는 재산의 손실을 방지하기 위하여 보호장치가 구비되어야 함
(3) 도체는 과전류에 대해 보호되어야 함

5) 과전압 및 전자기 장애에 대한 보호

(1) 전압에 의한 고장으로 인축의 상해가 없도록 보호하여야 하며, 유해한 영향으로부터 재산을 보호할 것
(2) 저전압과 뒤이은 전압 회복의 영향으로 발생하는 상해로부터 인축을 보호하여야 하며, 손상에 대해 재산을 보호해야 함
(3) 설비는 전자기 장애로부터 적절한 수준의 내성을 가져야 하며, 설비 설계 시 설비 등에서 발생되는 방사량이 상호 연결 기기들이 함께 사용되는 데 적합한지 고려함

6) 전원공급 중단에 대한 보호

전원공급 중단으로 인해 위험과 피해가 예상되면 설비 또는 설치기기에 적절한 장치를 구비하여야 함

10.1.5 접지, 감전, 전압 용어

1) 접지계통의 문자의 의미

(1) 제1문자 : 전력계통과 대지의 관계

① T(Terre : 프랑스어 → 대지의 의미) : 한 점을 대지에 직접 접속함

② I(Insulation : 절연)

모든 충전부를 대지와 절연시키거나, 높은 임피던스를 통하여 한 점을 대지에 직접 접속함

(2) 제2문자 : 전기설비의 노출도전부와 대지의 관계

① T(Terre 프랑스어 → 대지의 의미)

노출도전부를 대지로 직접 접속하며, 전원계통의 접지와는 무관함

② N(Neutral : 중성점)

노출도전부를 전원계통의 접지점(교류 계통에서는 통상 중성점 또는 중성점이 없는 경우 선도체)에 직접 접속함

③ 제3문자 : 중성선과 보호선(도체)의 조치

㉠ S(Seperate : 분리) : 중성선 또는 접지된 선도체 외에 별도의 도체에 의해 제공되는 보호 기능

㉡ C(Combined : 공통 사용) : 중성선과 보호 기능을 한 개의 도체로 겸용(PEN 도체)

2) 감전 용어의 의미

(1) PEN, PEM, PEL 도체

① 충전부(Live Part)와 PEN, PEM, PEL 도체

충전부는 중성선을 포함하여 정상 작동 시에 통전되는(전격이 있는) 도체 또는 도전성 부위를 말하며 PEN 도체나, PEM 도체 또는 PEL 도체는 충전도체에 포함하지 않음

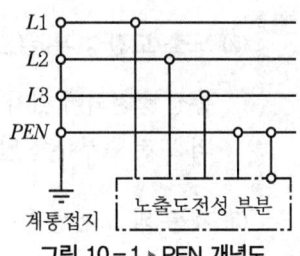

그림 10-1 ▶ PEN 개념도

② PEN 도체 요건

㉠ 교류회로에서 중성선 겸용 보호도체

(보호도체와 중성선의 기능을 겸한 도체)로서 충전도체는 아니지만 운전전류를 흘리는 도체임

㉡ PEN 도체 적용 및 굵기

• 고정 전기설비에서만 사용할 수 있음
• 단면적
  - 구리(Cu) : 10[mm^2] 이상
  - 알루미늄(Al) : 16[mm^2] 이상

㉢ PEN 도체는 가능한 최고전압에 대해 절연되어야 함

② 설비의 한 지점에서 중성 및 보호 기능이 별도의 보호도체에 의해 제공된다면 중성도체를 설비의 다른 접지부분에 접속하는 것은 허용되지 않음
⑩ 외부 도전부를 PEN 도체로 사용해서는 안 됨

③ PEM 도체 요건
㉠ 직류회로에서 중점선(중간도체) 겸용 : 보호도체로서 충전도체는 아니지만 운전전류를 흘리는 도체임
㉡ 외부 도전부로 PEM을 사용할 수 없음
㉢ 정보기술 전원공급용 직류복귀도체 : PEM은 기능성 접지와 보호도체로서의 기능도 해야 함

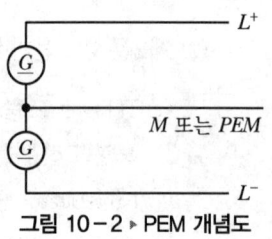

그림 10-2 ▶ PEM 개념도

④ PEL 도체 요건
㉠ 직류회로에서 선도체 겸용 보호도체 : 보호도체와 전압선의 기능을 겸한 도체로서 충전도체는 아니지만 운전전류를 흘리는 도체임
㉡ 외부 도전부로 PEL을 사용할 수 없음
㉢ 정보기술 전원공급용 직류복귀도체 : PEL은 기능성 접지와 보호도체로서의 기능도 해야 함

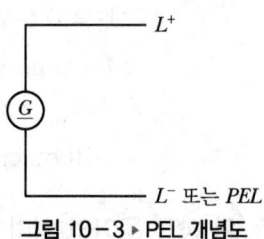

그림 10-3 ▶ PEL 개념도

(2) 노출 도전성 부분(Exposed Conductive Part)

통상 충전되어 있지 않지만 기본(기초)절연에 고장이 발생한 경우 충전될 수 있는 기기의 도전성 부분을 말함

(3) 계통 외 도전성 부분(Extraneous Conductive Part)

전기설비의 일부가 아니지만 일반적으로 대지전위를 띨 가능성이 있는 도전성 부분을 말함

(4) 손의 한계(Arm's Reach)

① 개념
사람이 통상 서 있는 면의 임의의 시점에서 보조기구 없이 손에 미칠 수 있는 한계를 말함
② 범위
전위가 다른 동시에 접근 가능한 부분은 촉수 가능범위에 있으면 안 되며, 두 부분의 거리가 2.5[m] 이하인 경우 동시 접근이 가능한 것으로 봄

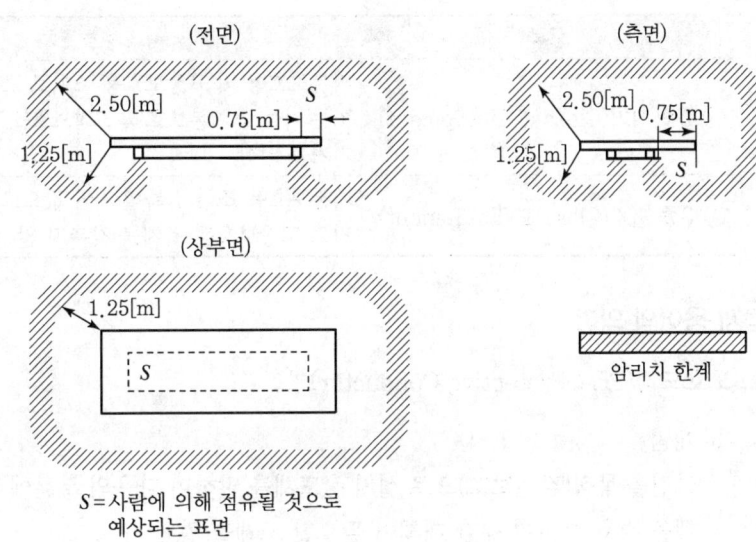

그림 10-4 ▶ Arm's Reach

(5) 절연의 종류

① 기본(기초)절연(Basic Insulation)
  감전보호에 대한 기본적 보호가 이루어진 위험 충전부의 절연을 말함

② 보완(보조)절연(Supplement Insulation)
  고장보호용으로 기본(기초)절연에 추가하여 적용하는 독립된 절연을 말함

③ 이중절연(Double Insulation)
  기본(기초)절연과 보조절연을 모두 포함하는 절연을 말함

④ 강화절연(Reinforced Insulation)
  감전에 대한 이중 절연과 동등의 보호를 하는 위험 충전부의 절연을 말함
  * 강화절연은 기초절연 또는 보조절연을 단독으로 시험할 수 없는 몇 개의 층으로 구성하는 것이 좋음

(6) 보호등급(Class)

표 10-1 ▶ Class의 종류별 보호

종류	보호조치
① 0종 기기(Class 0 Equipment)	기본보호용 조치로 기본(기초)절연과 고장보호용 조치가 없는 기기를 말함
② 1종 기기(Class I Equipment)	기본보호용 조치로 기본(기초)절연 및 고장보호용 조치로 보호본딩을 갖춘 기기를 말함

종류	보호조치
③ 2종 기기(Class Ⅱ Equipment)	기본보호용 및 고장보호용 조치로 보완(보조)절연을 구비 또는 이들 중 기본보호 및 고장보호를 강화한 절연으로 갖춘 기기를 말함
④ 3종 기기(Class Ⅲ Equipment)	기본보호용 조치가 특별 저압 값으로 전압 제한이 이루어 지고 고장보호용 조치를 갖추지 않는 기기를 말함

3) 접지 용어의 의미

(1) 보호도체(PE : Protective Conductor)

① 개념

안전을 목적(감전보호)으로 설치된 도체를 말하며 다음의 부분에서 전기적으로 접촉했을 경우 감전에 대한 대책이 필요한 도체를 말함

㉠ 노출도전성 부분　　　　　　㉡ 주접지 단자
㉢ 접지극　　　　　　　　　　㉣ 전원 또는 중성점의 접지점
㉤ 계통 외 도전성 부분

② 보호도체 최소단면적

㉠ 선도체 굵기에 따른 보호도체의 최소단면적

표 10-2 ▶ 보호도체의 최소단면적

선도체 단면적 $S[mm^2, 구리]$	보호도체 최소단면적[mm^2, 구리]	
	보호도체의 재질	
	선도체와 같은 경우	선도체와 다른 경우
$S \leq 16$	S	$\dfrac{K_1}{K_2} \times S$
$16 < S \leq 35$	$16^{a)}$	$\dfrac{K_1}{K_2} \times 16$
$S > 35$	$\dfrac{S^a}{2}$	$\dfrac{K_1}{K_2} \times \dfrac{S}{2}$

[비고]
K_1 : 전선 및 절연의 재질에 따라 표.A54.1 또는 KSC IEC 60364-4-4의 표에서 선정된 상전선에 대한 K값
K_2 : 표.A54.2 또는 A54.6에서 선정된 보호선에 대한 K값
주 a) PEN선의 경우 그 단면적의 축소는 중성 도체의 크기 결정에 대한 규칙에 의해서만 허용된다(KSC IEC 60364-5-52 참고).

ⓛ 보호도체의 단면적 계산

차단시간이 5초를 넘지 않는 경우(5초 이하)에만 적용 가능한 식으로

$$S = \frac{\sqrt{I^2 t}}{K}$$

여기서, S : 단면적[mm²]
 I : 예상 고장전류(실효치)[A]
 t : 자동차단을 위한 보호장치의 동작시간[s]
 K : 보호도체, 절연, 기타 부위의 재질 및 초기 온도와 최종 온도에 따라 정해지는 계수

ⓒ 보호도체가 케이블의 일부가 아니거나 선도체와 동일 외함에 설치되지 않으면 단면적은 다음의 굵기 이상으로 할 것
- 기계적 보호가 된 것 : 2.5[mm²] Cu/16[mm²] Al
- 기계적 보호가 되어 있지 않은 것 : 4.0[mm²] Cu/16[mm²] Al
- 케이블의 일부가 아니라도 전선관 및 트렁킹 내부에 설치되거나, 이와 유사한 방법으로 보호되는 경우 기계적으로 보호되는 것으로 간주함

(2) PEN 도체(PEN Conductor)

PEN 도체란 보호도체(PE)와 중성선(N) 모두의 기능을 겸비한 도체를 말함

(3) 주접지 단자

주접지 단자 및 접지 모선이란 접지하는 것을 목적으로 보호도체의 접속에 사용되는 단자 또는 모선을 말함

(4) 등전위 본딩(Equipotential Bonding)

① 등전위성을 얻기 위해 도체 간을 전기적으로 접속하는 조치를 말함
② 서로 다른 노출도전성 부분 상호 간, 노출도전성 부분과 계통 외 도전성 부분 간 및 다른 계통 외 도전성 부분 간을 실질적으로 등전위로 하는 전기적 접속을 말함

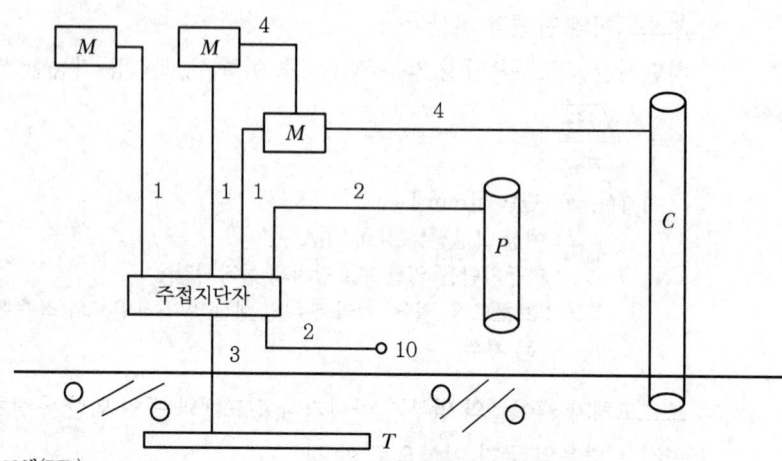

1. 보호도체(PE) 2. 보호 등전위 본딩용 도체
3. 접지선 4. 보조 보호 등전위 본딩용 도체
10. 기타 기기(예 : 정보통신 시스템 낙뢰보호 시스템)
M : 전기기기의 노출 도전성 부분 P : 수도관, 가스관 등 금속배관
C : 철골, 금속덕트 등의 계통 외 도전성 부분 T : 접지극

그림 10-5 ▶ 등전위 본딩 구성 예

4) 전압 용어

(1) 공칭전압(Norminal Voltage)

그 선로를 대표하는 선간전압을 말함(설비의 전체 또는 그 일부에서 규정되고 있는 전압)

(2) 접촉전압(Touch Voltage)

사람 또는 동물이 동시에 접촉할 때 도전부들 간의 전압을 말하며 간접접촉에 대한 보호와 관련하여 주로 사용됨

(3) 예상접촉전압(Prospective Touch Voltage)

전기설비에 대해 접촉임피던스를 0으로 한 고장의 경우에 나타나는 최고접촉전압을 말함

(4) 규약접촉전압 한계(Conventional Touch Voltage Limit)

특정한 외적 영향의 조건하에서 무한히 계속되는 것이 허용되는 접촉전압의 최댓값을 말함

(5) 전압밴드(Voltage Band)

① 종류와 적용범위

전압밴드란 KS C IEC 60449(건축전기설비의 전압밴드)에 다음과 같이 규정됨

표 10-3 ▶ 전압밴드의 종류와 적용범위

종류	적용범위
밴드 Ⅰ	① 전압값의 특정조건에 따라 감전 보호를 하는 경우의 설비 ② 전기통신, 신호, 벨, 제어 및 경보설비 등의 기능상의 이유로 전압을 제한하는 설비
밴드 Ⅱ	가정용, 상업용, 공업용 설비에 공급하는 전압을 포함하며 공공배전계통의 전압을 포함함

② 교류 및 직류 전압밴드

표 10-4 ▶ 교류 전압밴드

밴드	접지계통		비접지계통[1]
	대지	선간	선간
Ⅰ	$U \leq 50$	$U \leq 50$	$U \leq 50$
Ⅱ	$50 < U \leq 600$	$50 < U \leq 1,000$	$50 < U \leq 1,000$

U : 설비의 공칭전압(V)
주 1) 중성선이 있는 경우 1상과 중성선에서 공급되는 전기기기는 그 절연이 선간전압에 적합하도록 선정할 것

표 10-5 ▶ 직류 전압밴드

밴드	접지계통		비접지계통[2]
	대지	선간	선간
Ⅰ	$U \leq 120$	$U \leq 120$	$U \leq 120$
Ⅱ	$120 < U \leq 900$	$120 < U \leq 1,500$	$120 < U \leq 1,500$

U : 설비의 공칭전압(V)
주 2) 중성선이 있는 경우 1상과 중성선에서 공급되는 전기기기는 그 절연이 선간전압에 적합하도록 선정할 것
[비고] 1. 이 표의 값은 Ripple Free 직류를 대상으로 함
2. 이 전압의 밴드의 분류는 개개의 규정에 중간전압 값의 적용도 포함됨

> **참고**
> ① IEC 규격의 전압밴드는 상기 교류, 직류 전압밴드 표에서 AC 1,000[V], DC 1,500[V]까지 되어 있음
> ② Ripple Free란 리플성분이 10[%](실횻값) 이하의 정현파 리플전압으로 정의함

10.1.6 접지방식 구분

1. 개요

1) 변압기 2차 저압계통의 접지유형과 변압기로부터 전력을 공급받는 저압설비의 노출도전성 부분을 접지하는 방식에 따라 TN 방식, TT 방식, IT 방식으로 구분됨
2) 지역의 배전계통, 대규모 시설(공장, 건물)의 배전계통에 의해 접지방식이 구별 적용됨
3) 유럽의 경우 도심에서는 TN 방식이, 인구밀도가 낮은 지역(시골)에서는 TT 방식이 채용되고 있음

2. 접지방식의 구분

1) TN 접지방식

전력계통은 한 점에 직접 접지하고 설비의 노출도전성 부분을 보호도체(PE)를 이용하여 전원의 한 점에 접속하는 접지계통을 말하며 TN-C, TN-S, TN-C-S 방식의 3종류가 있으며 자가용배전계통, 빌딩설비, 공장설비에 주로 사용함

(1) TN-C 방식

① 접지형태

전원부는 접지되어 있으며 간선은 중성선과 보호도체를 겸용하는 PEN 도체를 이용하며 기기의 노출도전성 부분의 접지는 보호도체(PE)를 경유하여 전원부의 접지점에 접속하는 방식

② 특징

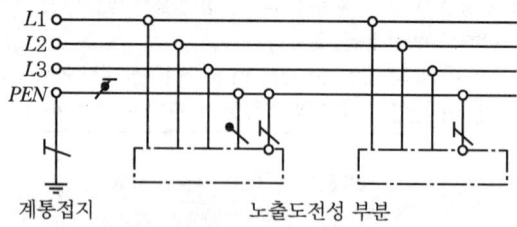

그림 10-6 ▶ TN-C 접지방식

㉠ 부하 불평형 시 불평형 전류나 제3 고조파 전류가 PEN에 흘러 잡음 등의 형태를 발생시킴
㉡ PEN 도체 단선 시 인명손상 발생
㉢ 누전 시 누전차단기 동작이 불가능함

(2) TN-S 방식

① 접지형태

전원부는 접지되어 있으며 간선은 중성선과 보호도체를 분리한 방식

② 특징

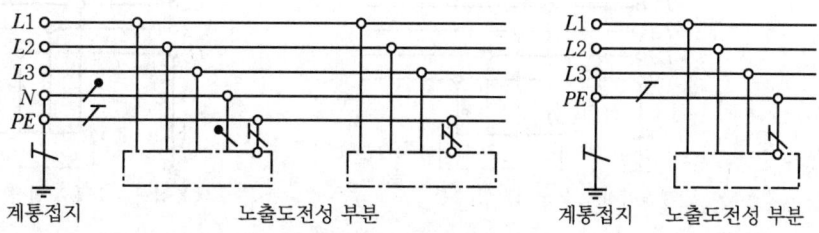

그림 10-7 ▶ TN-S 접지방식

㉠ 중성선(N)과 보호도체(PE)가 완전히 분리되어 있어 PE 도체에 부하전류가 흐르지 않아 잡음에 강함
㉡ 누전 시 누전차단기가 정상 동작됨

(3) TN-C-S 방식

① 접지형태

전원부는 접지되어 있으며 간선계통의 일부에서 중성선(N)과 보호도체(PE)를 조합시킨 단일도체(PEN)를 이용한다. 단 PEN 도체는 빌딩의 수전단 또는 배전반의 장소에서 중성선(N)과 보호도체(PE)를 분리하는 경우임

② 특징

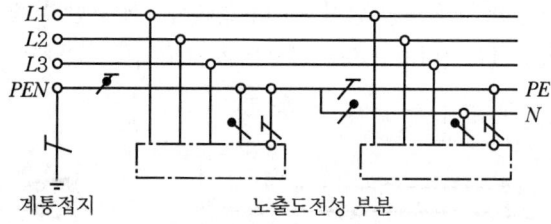

그림 10-8 ▶ TN-C-S 접지방식

㉠ TN-C 접지를 TN-S 접지의 상위단에 설치함
㉡ 하단 TN-S에 누전차단기를 설치함

2) TT 접지방식

(1) 접지형태

전원부의 접지와 노출도전성 부분의 접지를 전기적으로 완전히 분리하는 방식으로

계통접지는 대지에 직접 접속하고 노출도전성 부분의 접지는 보호도체(PE)에 의해 접지하는 방식으로 국내에서 적용하는 접지방식임

(2) 특징

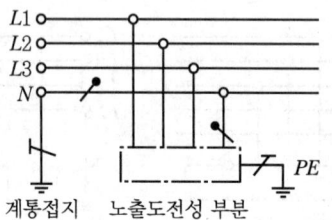 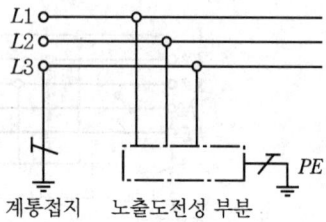

그림 10-9 ▶ TT 접지방식

① 지락보호는 과전류차단기, 누전차단기로 보호
② 기기 외함의 대지전위상승을 억제하기 위한 조건이 필요함

(3) 적용

① 지하구조물이 없는 공장, 학교
② 저압수전설비의 소규모 설비
③ 농장 전기설비

3) IT 접지방식

(1) 접지형태

전원부(충전부) 전체를 접지로부터 절연시키거나 한 점을 임피던스를 삽입해 대지에 접속시키고 전기설비의 노출도전부는 보호도체를 이용하여 접지극에 접속하는 접지방식

(2) 특징

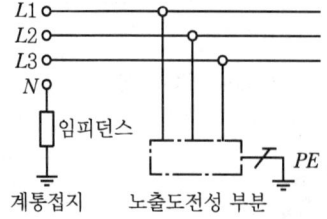 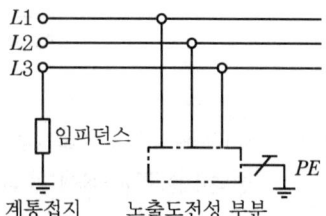

그림 10-10 ▶ IT 접지방식

① 1선 지락 시는 기기접지 저항을 낮게 하여 보호
② 2선 지락 시 별도 대책이 필요함

(3) 적용

① 병원 전기설비(수술실)
② 화학, 반도체공장, 섬유공장에 적용함

10.1.7 감전보호

1. 개요

전기설비로부터의 감전보호는 사람의 생명과 관련된 가장 중요한 보호로서 특별저압보호, 직접접촉보호, 간접접촉보호가 있다. 2개의 보호수단을 조합하여 시행할 수 있도록 규정하고 2개의 보호수단이 실시되었을 때 감전보호가 시행되고 있다고 규정하고 있으며, 특별저압에 의한 보호는 직접접촉보호와 간접접촉보호를 1개의 수단으로 실현하는 것이다.

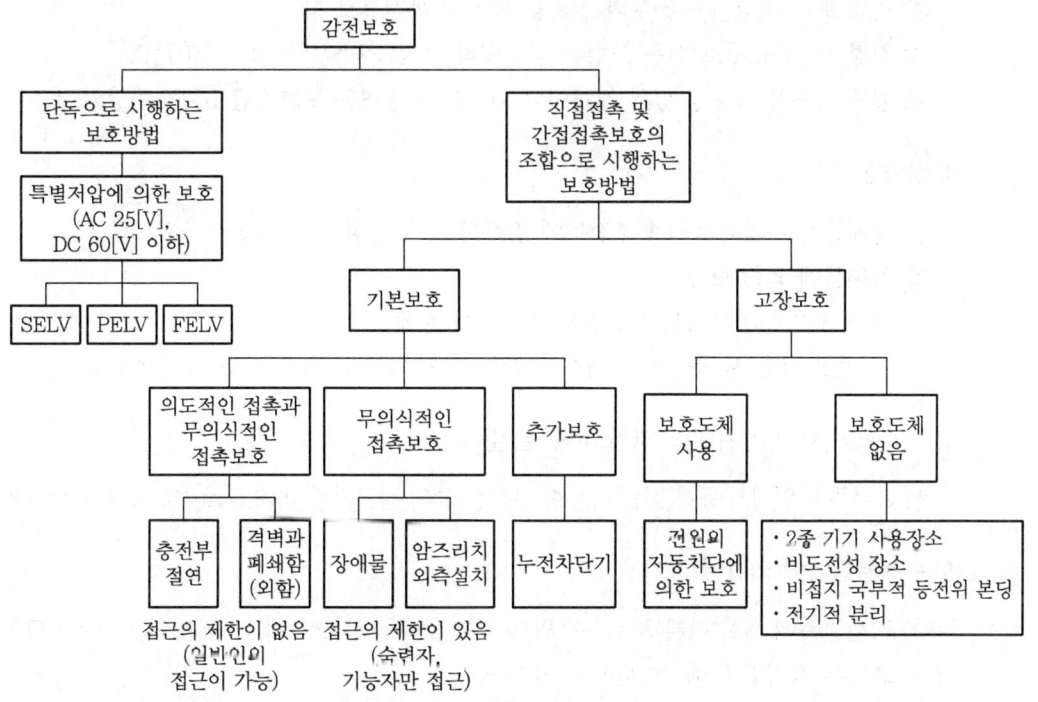

그림 10-11 ▶ KSC-IEC 감전보호체계

2. 감전보호의 종류

1) 기본보호(직접접촉에 대한 보호)

정상운전상태의 전기설비의 충전부에 인체의 일부가 직접접촉되는 것을 방지하는 보호방법을 말함

(1) 충전부 절연

① 절연은 충전부와 접촉을 방지할 목적으로 함
② 충전부를 절연재료로 완전히 피복하며 이 피복은 파괴되어야만 제거할 수 있음
③ 기기 절연은 사용기간 중 가해질 수 있는 기계적, 화학적, 전기적 및 열적 응력에 충분히 견뎌야 함

(2) 격벽 또는 외함

① 격벽 또는 외함은 충전부와 접촉을 방지할 목적으로 함
② 직경 12.5[mm]보다 큰 고형물이 침입하는 것을 막을 수 있을 것(IP2X)
③ 쉽게 접근할 가능성 있는 격벽이나 외함의 수평면은 보호등급 IP4X 이상일 것

(3) 장애물

① 장애물은 무의식적으로 충전부에 접촉하는 것을 방지하는 것을 목적으로 함
② 장애물에 의한 보호
　㉠ 신체가 무의식적으로 충전부에 접근하는 것
　㉡ 정상 사용 시 충전된 기기를 조작할 때 충전부에 무의식적으로 접촉하는 것

(4) 접근거리 밖의 설치(암즈리치 외측 설치)

서로 다른 전위에서 동시 접근 가능한 부분은 팔의 접근거리 내(2.5[m])에 있지 않아야 함

(5) 누전차단기에 의한 추가보호

① 직접접촉에 대한 다른 보호수단의 효과를 증대시킬 경우에 사용함(누전차단기 단독으로는 직접접촉 예방수단으로 사용 불가)
② 정격감도 전류가 30[mA] 이하인 누전차단기를 추가 보호수단으로 사용할 수 있음

2) 고장보호(간접접촉에 대한 보호)

전기설비의 절연파괴, 지락고장 등의 이유로 누전 발생 시 감전되는 것으로부터 보호하는 방법을 말하며 자동 전원 차단에 의한 보호를 중심으로 설명함

(1) 전원차단

회로 또는 기기의 충전부와 노출도전부 또는 보호선 사이에 고장이 발생 시 교류 50[V] 또는 직류 120[V]를 초과하는 예상접촉전압이 일정시간 이상 지속 시 회로 또는 기기의 전원을 자동차단해야 함

① TN 계통

⊙ 자동차단 조건

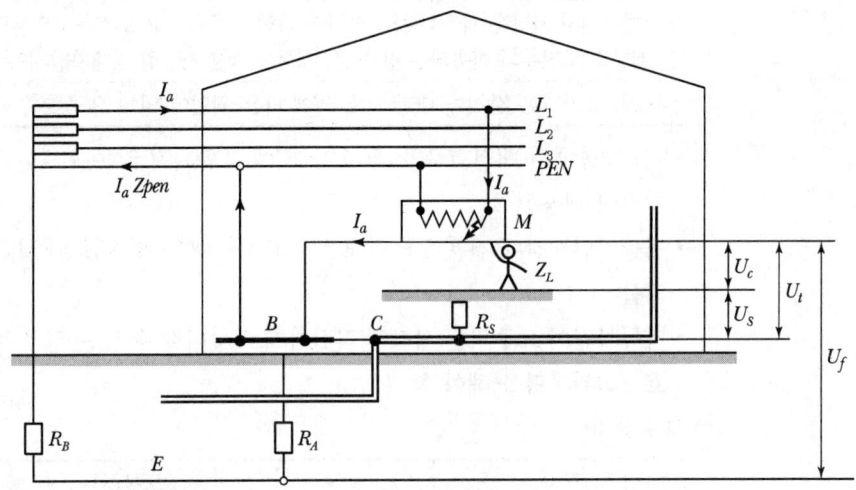

L_1, L_2, L_3 : 선도체
M : 노출도전성 부분
R_A : 설비의 노출도전성 부분 접지저항[Ω]
R_B : 전원 중성점 접지저항[Ω]
Z_L : 인체임피던스
U_S : R_S를 뛰어 넘는 전압강하
Uf : 고장전압[V]
R_S : 사람이 접촉하는 표면 또는 설비의 기준점 B(주요 등전위 본딩점)에 연결된 계통외 도전성 부분 간의 저항
C : 보호도체 및 주 접지단자와 연결된 계통 외 도전성 부분
B : 기준점(예 : 주요 등전위 본딩)

PEN : PEN 도체
I_a : 고장전류

U_c : 접촉전압[V]
Ut : 추정 접촉전압[V]

E : 대지

그림 10-12 ▶ TN 방식에 의한 보호도

$$Z_s \times I_a \leq U_0$$

여기서, Z_s : 고장루프임피던스(구성 : 전원-고장점까지의 선도체-노출 도전부의 보호도체-접지도체-설비의 접지극-전원의 접지극)

I_a : [표 10-6]에서 제시된 시간 내에 차단(보호)장치를 동작시키는 전류[A]

U_0 : 교류 또는 직류 공칭대지전압[V](실횻값)

ⓒ 최대차단시간 : 32[A]의 분기회로에 적용

표 10-6 ▶ 32[A] 이하의 분기회로의 최대차단시간

계통	50V< U_0 ≤ 120V s(초)		120V< U_0 ≤ 230V s(초)		230V< U_0 ≤ 400V s(초)		U_0 > 400V s(초)	
	교류	직류	교류	직류	교류	직류	교류	직류
TN	0.8	비고1	0.4	5	0.2	0.4	0.1	0.1
TT	0.3	비고1	0.2	0.4	0.07	0.2	0.04	0.1

TT 계통에서 차단은 과전류 보호장치에 의해 이루어지고 보호등전위본딩은 설비 안의 모든 계통외 도전부와 접속되는 경우 TN 계통에 적용 가능한 최대차단시간이 사용될 수 있음

[비고] 1. 차단은 감전에 대한 보호 외에 다른 원인에 의해 요구될 수도 있음

- TN 계통에서 배전회로와 [표 10-6]에 포함되지 않은 회로는 5초 이하의 차단시간이 허용됨
- 자동차단시간 요건은 5초 이내 AC 50[V], DC 120[V]보다 낮을 경우 요구되지 않음
- 자동차단이 요구되는 시간에 적절하게 이루어질 수 없는 경우 추가적인 보조 보호등전위본딩을 해야 함

ⓒ 보호장치

구분	보호장치
TN-S 계통	과전류차단기, 누전차단기
TN-C 계통	과전류차단기
TN-C-S 계통	누전차단기 설치 시 PEN 도체는 ELB 전원 측에 설치

② TT 계통

㉠ 자동차단 조건

TT 계통은 누전차단기를 사용하여 고장보호를 해야 하나, 고장루프임피던스가 충분히 낮을 경우 과전류보호장치로 고장 보호함

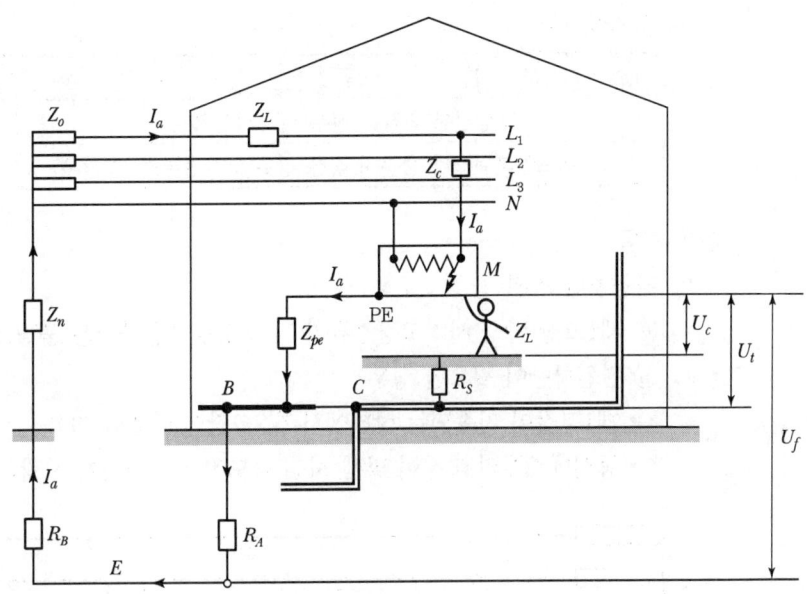

L_1, L_2, L_3 : 선도체
M : 노출도전성 부분
R_a : Z_{Pe}(기기 노출도전성 부분 M과 기준점 B 간의 보호도체 저항) + R_A (설비의 노출도전성 부분 접지 저항[Ω])
Z_{Pe} : 보호접지선 저항[Ω]
U_f : 고장전압[V]
R_S : 인체와 대지와의 접촉면에서 대지까지 저항[Ω]
B : 등전위 접속 기준점
PE : 보호접지선
R_B : 계통접지저항[Ω]
U_S : R_S 전압강하[V]
N : 중성선
R_A : 설비의 노출도전성 부분 접지저항[Ω]

U_t : 규약 접촉전압 $U_t = U_f - (R_A \times I_a)$
Z_L : 인체저항[Ω]

C : 보호도체와 주 접지단자에 접속하는 외부 도전부
T : 건물접지극
U_c : 접촉전압[V]
I_a : 누설전류[A]

그림 10-13 ▶ TT 방식에 의한 보호도

ⓛ 보호방법

• 누전차단기로 고장보호

$R_A \times I_{\Delta n} \leq 50 \,[V]$ (고장 발생 시 만족 조건)

여기서, R_A : 노출도전부에 접속된 보호도체와 접지극 저항의 합(Ω)
$I_{\Delta n}$: 누전차단기 정격감도전류[A]

• 과전류보호장치로 고장보호

$Z_s \times I_a \leq U_0$

여기서, Z_s : 고장루프임피던스
I_a : [표 10-6]에서 제시된 시간 내에 차단(보호)장치를 동작시키는 전류[A]
※ 적용조건 : 지락고장회로의 임피던스가 충분히 낮고 영구적이며, 신뢰성이 보장되는 경우 적용할 수 있음[대지저항률이 매우 낮아 기기접지 저항값(R_A)과 전원측 접지 저항값(R_B)의 합이 매우 낮은 경우에 해당함]

ⓒ 보호장치

구분	보호장치
고장전류가 작은 경우(일반적인 경우)	누전차단기
고장루프임피던스가 충분히 작은 경우(고장전류가 큰 경우)	과전류보호장치

③ IT 계통
  ㉠ 자동차단 조건
    ⓐ 제1고장 발생 시 : 고장전류가 작아 전원자동차단은 불필요함
    ⓑ 전원차단이 필요한 경우
      • 제1고장이 지속되는 상태에서 제2고장이 발생한 경우
      • 동시에 2개의 고장이 발생 시 노출도전부에 접촉한 사람의 감전 위험 시

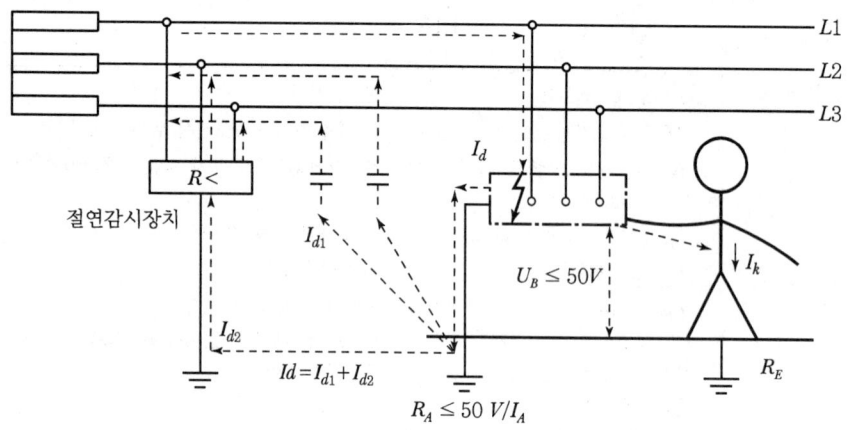

그림 10-14 ▶ IT 계통에서의 고장전류

  ㉡ 노출도전부는 개별 또는 집합적으로 접지하며, 다음 조건을 충족할 것
    • 교류계통 : $R_A \times I_d \leq 50[V]$
    • 직류계통 : $R_A \times I_d \leq 120[V]$

      여기서, R_A : 접지극과 노출도전부에 접속된 보호도체 저항의 합(Ω)
      I_d : 1차 고장이 발생 시 고장전류[A]
    ⓓ 1차 고장 시 작동되어야 하는 감시장치와 보호장치
      • 절연감시장치(음향 및 시각신호를 갖출 것)
      • 누설전류감시장치
      • 절연고장점검출장치
      • 과전류보호장치
      • 누전차단기

ⓔ 전원자동차단조건
- 노출도전부가 그룹별 또는 개별 접지 시(TT 계통과 유사한 조건 적용)

    $R_A \times I_d \leq 50[V]$

    여기서, R_A : 접지극과 노출도전부에 접속된 보호도체와 접지극 저항의 합(Ω)
    I_d : [표 10-6]에서 제시된 시간 내에 차단(보호)장치를 동작시키는 전류[A]

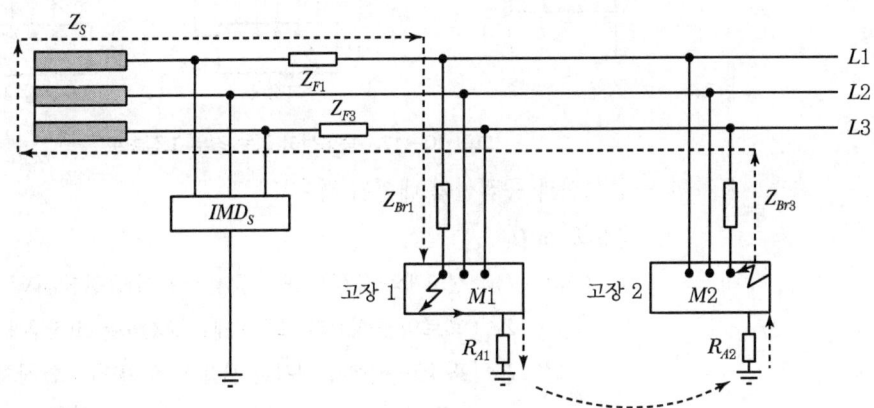

그림 10-15 ▶ 중성선이 없는 경우 고장회로

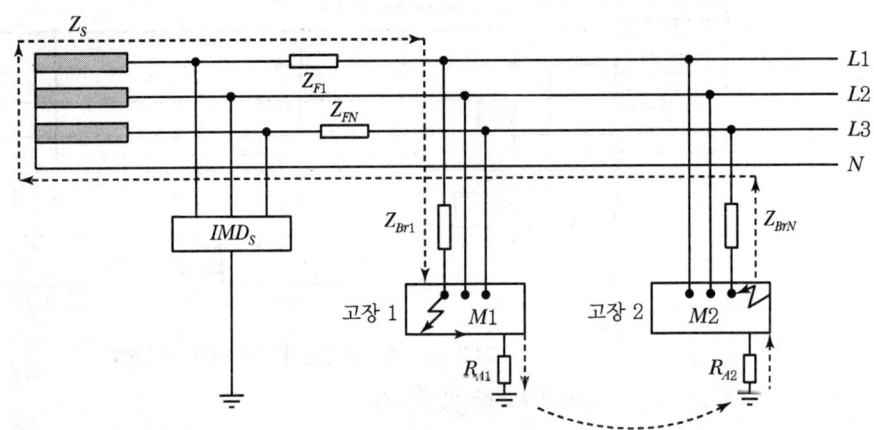

그림 10-16 ▶ 중성선이 있는 경우 고장회로

- 노출도전부가 집합적 섭시된 경우(TN 계통과 유사한 조건 적용)
    - 중성선과 중점선이 배선되지 않은 경우

    $2I_a Z_s \leq U$

    여기서, U : 선간 공칭전압[V]
    Z_s : 회로의 선도체와 보호도체를 포함하는 고장루프임피던스[Ω]
    I_a : [표 10-6]에서 제시된 시간 내에 차단(보호)장치를 동작시키는 전류[A]

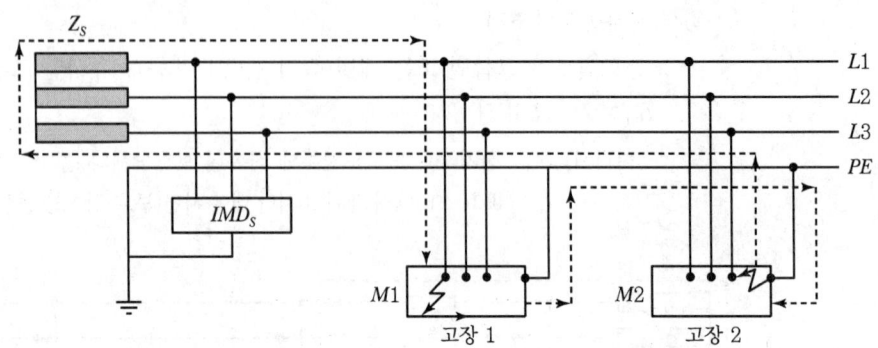

그림 10-17 ▶ 중성선이 없는 경우 고장회로

- 중성선과 중점선이 배선된 경우

$2I_a Z_s' \leq U_0$

여기서, U_0 : 선도체와 중성선 또는 중점선 사이 공칭전압[V]

Z_s' : 회로의 중성선과 보호도체를 포함하는 고장루프임피던스[Ω]

I_a : [표 10-6]에서 제시된 시간 내에 차단(보호)장치를 동작시키는 전류[A]

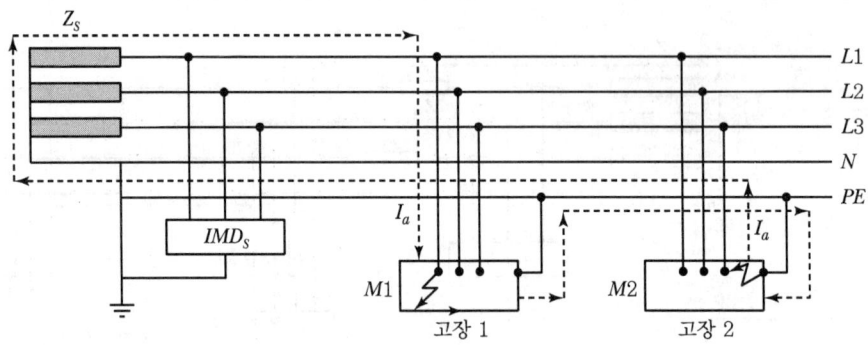

그림 10-18 ▶ 중성선이 있는 경우 고장회로

ⓒ 최대차단시간(제2고장 발생 시)

표 10-7 ▶ IT 계통의 최대 차단시간

설비의 공칭전압 U_0/U[V]	차단시간(S)	
	중성선이 없는 경우	중성선이 있는 경우
120~240	0.8	5
(230/380)	(-)	(-)
230/400	0.4	0.8
400/690	0.2	0.4
580/1,000	0.1	0.2

여기서, U_0 : 대지전압(상전압), U : 선간전압

ⓒ 보호장치
　　ⓐ 누전차단기
　　ⓑ 과전류차단기
　　ⓒ 절연감시장치

3) 특별저압에 의한 보호(SELV, PELV, FELV)

특별저압에 의한 보호는 교류 50[V] 이하, 직류120[V] 이하의 공칭전압(전압밴드 Ⅰ), 또는 다음의 (1), (2)의 하나의 조건에 의해 기본보호(직접보호), 고장보호(간접보호) 양쪽을 모두 만족하는 보호수단임

(1) SELV(Safety Extra Low Voltage : 안전 특별저압) 설계조건

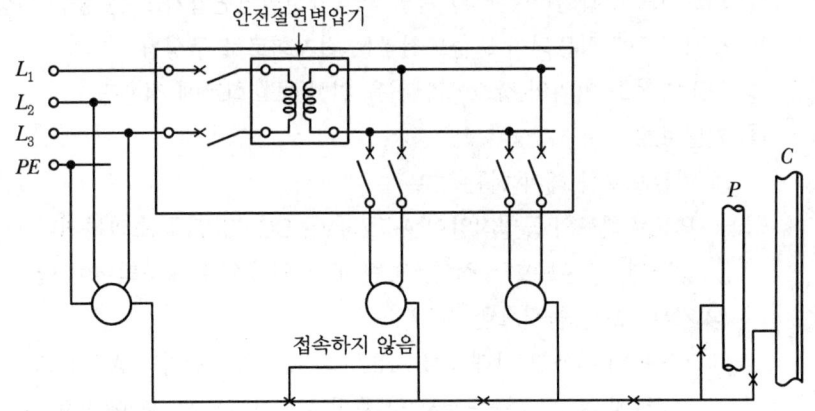

$L_2 - N$: 다른 회로,　C : 철골, 금속 덕트 등의 계통 외 도전성 부분,　P : 수도관 등 금속배관

그림 10-19 ▶ SELV 회로

① 회로적으로 확실히 분리된 특별저압(안전절연변압기 또는 동등 이상 전원) 회로로 구성됨
② 비접지 회로에 적용되며 노출도전부는 접지 하지 않음
③ 수영장 등 인체 안전과 관련된 장소의 전기회로에 적용함
④ 기본보호
　㉠ 기본보호를 해야 하는 경우
　　SELV 회로의 공칭전압이 AC 25[V], DC 60[V]를 초과하거나 기기가 물에 잠겨 있다면, 기본보호는 절연, 격벽 또는 외함으로 제공되어야 함
　㉡ 기본보호가 불필요한 경우
　　• 보통의 건조한 상태에서 SELV 회로의 공칭전압이 AC 25[V], DC 60[V]를 초과하지 않는 경우
　　• SELV 회로계통의 공칭전압이 교류 12[V], 직류 30[V]를 초과하지 않는 경우

(2) PELV(Protective Extra Low Voltage : 보호 특별저압) 설계조건

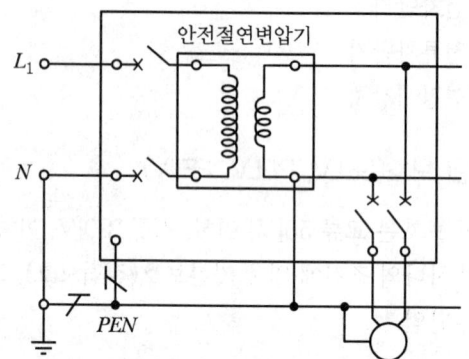

그림 10-20 ▶ PELV 회로

① 회로적으로 확실히 분리된 특별저압(안전절연변압기 또는 동등 이상 전원)
② 접지회로에 적용되며 노출도전부는 접지회로로 구성됨
③ SELV 장소 이외의 장소에 안전을 위한 보호회로에 적용됨
④ 기본보호
  ㉠ 기본보호를 해야 하는 경우
    PELV 회로의 공칭전압이 AC 25[V], DC 60[V]를 초과하거나, 기기가 물에 잠겨 있다면, 기본보호는 절연, 격벽 또는 외함으로 제공되어야 함
  ㉡ 기본보호가 불필요한 경우
    • 보통의 건조한 상태에서 PELV 회로의 공칭전압이 AC 25[V], DC 60[V]를 초과하지 않고, 노출도전부 및 충전부가 보호도체(PE)에 의해 주 접지단자에 접속된 경우
    • PELV 회로계통의 공칭전압이 교류 12[V], 직류 30[V]를 초과하지 않는 경우

(3) FELV(Functional Extra Low Voltage : 기능 특별저압)에 대한 보호

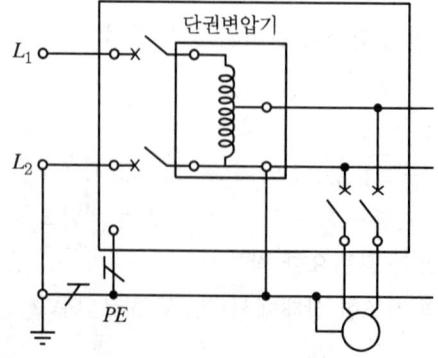

그림 10-21 ▶ FELV 회로

① 회로적으로 확실히 분리되지 않은 특별저압(단권변압기 등 적용)
② 접지회로에 적용되며 노출도전부는 접지하는 회로로 구성됨
③ 기능적인 이유로 전압밴드Ⅰ(교류 50[V], 직류120[V] 이하의 전압)을 사용하나 SELV, PELV가 적용되지 않을 때 적절한 보조적 방법을 통해 감전보호를 하는 회로에 적용됨

표 10-8 ▶ SELV, PELV, FELV의 비교

항목	전원	회로	대지와의 관계
SELV	• 안전절연변압기 • 동등한 전원	구조적 분리 있음	• 비접지회로 구성 • 노출도전성 부분 비접지
PELV			• 회로를 접지함 • 노출도전성 부분 접지
FELV	• 안전절연변압기가 미적용 • 단권변압기 등이 적용됨	구조적 분리 없음	• 접지회로를 허용함 • 노출도전성 부분은 1차 측 회로의 보호도체에 접속함

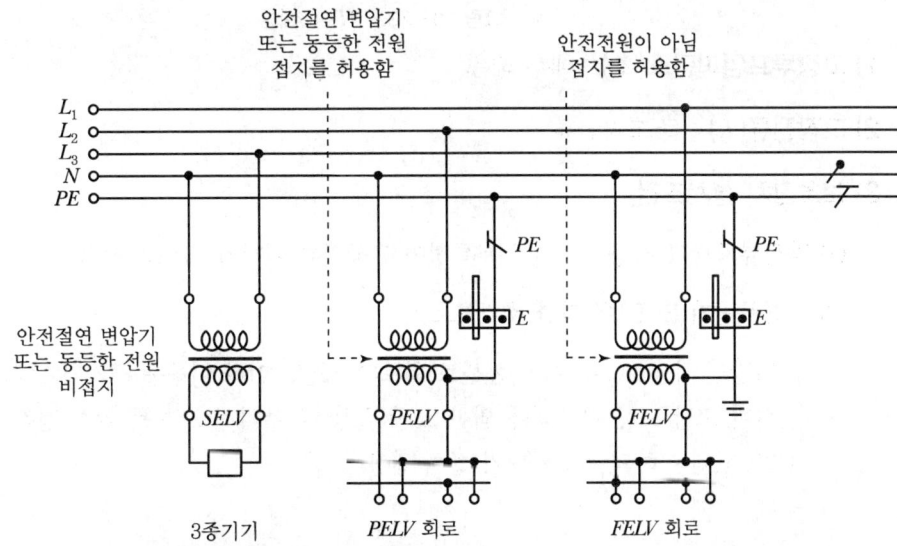

[비고] 1. 특별저압을 위한 전압 제한
  • 교류 50[V]
  • 직류 120[V]
2. • E : 외부도체의 접지 예를 들어 금속배관의 건물의 철근
  • PE : 보호도체

그림 10-22 ▶ SELV, PELV, FELV

10.1.8 TN, TT 계통의 전원 자동차단에 의한 보호

1. TN-S 계통의 고장임피던스(Z_s), 고장전류(I_s) 및 보호장치 설치조건

TN-S 계통의 회로와 고장임피던스(Z_s) 고장전류(I_s) 및 보호장치의 설치조건은 아래 [그림 10-23]과 같다.

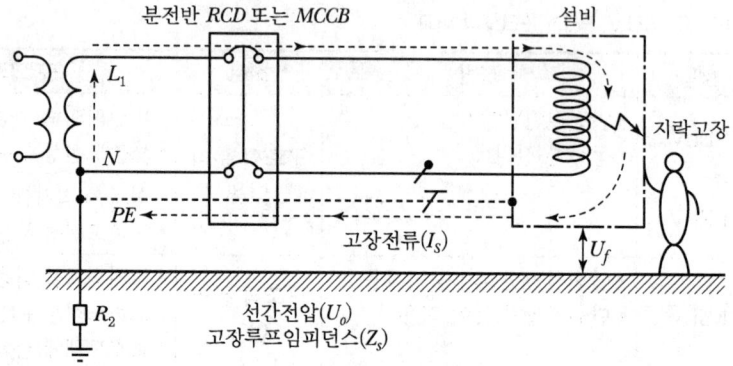

그림 10-23 ▶ TN-S 계통

1) 고장루프임피던스(Z_s) : 매우 작음

2) 고장전류(I_s) : 큰 고장전류

3) 보호장치 설치조건

   (1) **과전류차단기 사용** : 순시차단 특성이 고장전류 이하가 되도록 선정

   (2) **누전차단기(RCD)에 의한 추가보호**

      ① 일반인 사용 20[A] 이하 콘센트 회로와 32[A] 이하 이동용 전기기기에 적용 가능
      ② 설비 고장 또는 부주의에 의한 고장 발생 시 추가적 보호를 위해 정격 감도전류가 30[mA] 이하의 누전차단기 설치 권장

2. TT 계통의 고장임피던스(Z_s) 고장전류(I_s) 및 보호장치 설치조건

TT 계통의 회로와 고장임피던스(Z_s), 고장전류(I_s) 및 보호장치의 설치조건은 아래 [그림 10-24]와 같다.

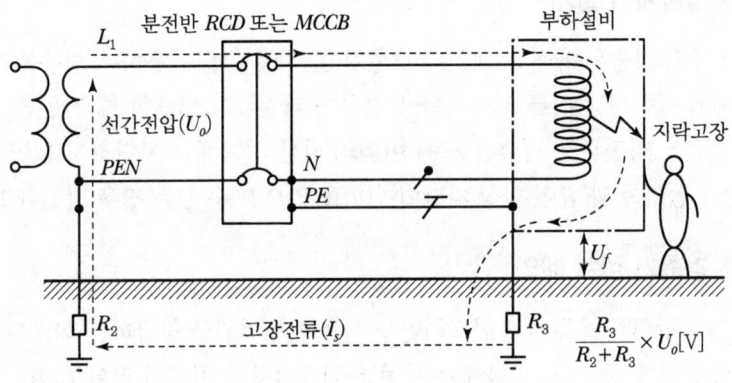

그림 10-24 ▶ TT 계통

1) **고장루프임피던스(Z_s)** : 매우 큼

2) **고장전류(I_s)** : 매우 작음

3) **보호장치 설치조건**

   (1) 누전차단기 사용 : 정격 감도전류 30[mA] 이하인 경우

   $$I_{\Delta n} \leq \frac{50[\text{V}]}{R_3}, \quad R_3 = \frac{50[\text{V}]}{0.03[\text{A}]} = 1.6[\text{k}\Omega] \text{ 이하}$$

   (2) 과전류차단 시 사용

   고장루프임피던스가 충분히 낮고, 영구적이며 신뢰성이 보장되는 경우에 한함

10.1.9 도체 및 중성선 보호

1. **선도체의 보호**

    1) 과전류 검출기의 설치

    (1) 과전류의 검출은 아래 2)(과전류 검출기 설치 예외)를 적용하는 경우를 제외하고 모든 선도체에 대하여 과전류 검출기를 설치하여 과전류가 발생할 때 전원을 안전하게 차단해야 함(단, 과전류가 검출된 도체 이외의 다른 선도체는 차단하지 않아도 됨)
    (2) 3상 전동기 등과 같이 단상 차단이 위험을 일으킬 수 있는 경우 적절한 보호조치를 할 것

    2) 과전류 검출기 설치 예외

    TT 계통 또는 TN 계통에서 선도체만을 이용하여 전원을 공급하는 회로의 경우, 아래 조건 충족 시 선도체 중 어느 하나에는 과전류 검출기를 설치하지 않아도 됨

    (1) 동일 회로 또는 전원 측에서 부하 불평형을 감지하고 모든 선도체를 차단하기 위한 보호장치를 갖춘 경우
    (2) (1)에서 규정한 보호장치의 부하 측에 위치한 회로의 인위적 중성점으로부터 중성선을 배선하지 않는 경우 선도체의 보호

2. **중성선의 보호**

    1) TT 계통 또는 TN 계통

    (1) 중성선의 단면적이 선도체의 단면적과 동등 이상의 크기이고, 그 중성선의 전류가 선도체의 전류보다 크지 않을 것으로 예상될 경우, 중성선에는 과전류 검출기 또는 차단장치를 설치하지 않아도 됨
    중성선의 단면적이 선도체의 단면적보다 작은 경우 과전류 검출기를 설치할 필요가 있음. 검출된 과전류가 설계전류를 초과하면 선도체를 차단하고, 중성선을 차단할 필요까지는 없음
    (2) (1)의 2가지 경우 모두 단락전류로부터 중성선을 보호해야 함

3. **IT 계통**

    중성선을 배선하는 경우 중성선에 과전류 검출기를 설치해야 하며, 과전류가 검출되면 중성선을 포함한 해당 회로의 모든 충전도체를 차단해야 한다. 다음의 경우에는 과전류 검출기를 설치하지 않아도 된다.

1) 설비의 전력공급점과 같은 전원 측에 설치된 보호장치에 의해 그 중성선이 과전류에 대해 효과적으로 보호되는 경우
2) 정격감도전류가 해당 중성선 허용전류의 0.2배 이하인 누전차단기로 그 회로를 보호하는 경우

10.1.10 병렬도체의 과전류보호

1. 병렬도체의 과부하보호(KEC 212.4.4)

1) 하나의 보호장치가 여러 개의 병렬도체를 보호할 경우, 병렬도체는 분기회로, 분리, 개폐장치를 사용할 수 없음

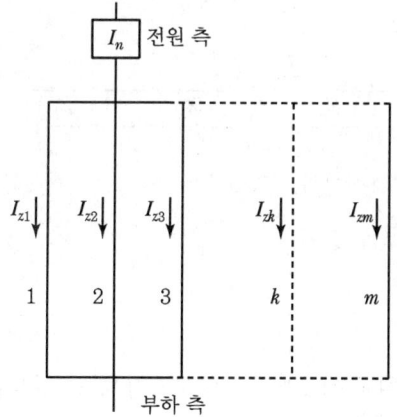

$$I_B \leq I_n \leq \sum I_{zk}$$
$$\sum I_{zk} = I_{z1} + I_{z2} + \cdots I_{zm}$$

그림 10-25 ▶ 1개의 과부하보호장치가 m개의 병렬도체를 보호하는 경우

$$I_B \leq I_n \leq \sum I_{ZK}$$

여기서, I_B : 회로의 설계전류

I_n : 보호장치의 정격전류

$\sum I_{ZK}$: $I_{Z1} + I_{Z2} + \cdots + I_{Zm}$ (m개의 병렬도체의 연속 허용전류의 합)

2) 병렬도체 구성 시 유의사항

(1) 병렬도체를 구성하는 각 도체는 전류가 균등하게 분담되도록 할 것
(2) 병렬도체는 같은 재질, 같은 단면적, 길이가 거의 같고, 그 전체 구간에서 회로의 분기가 없으며, 다심케이블, 꼬인 단심케이블, 절연전선을 사용할 것
(3) 병렬도체의 전류는 전류차가 각 도체의 설계전류값의 10[%] 이하가 될 것
(4) 병렬도체의 전류차가 10[%]를 초과하는 불균등한 경우 각 도체의 설계전류와 과부하에 관한 요건을 개별적으로 고려하여야 하며 이 같은 경우 각 도체별로 보호장치를 설치하는 것이 바람직함

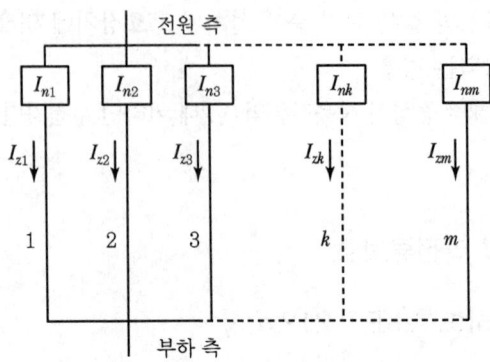

그림 10-26 ▶ 과부하보호장치가 m개의 병렬도체에 각각에 설치되는 경우

$I_{BK} \leq I_{nK} \leq I_{ZK}$

여기서, I_{BK} : K번째 도체의 설계전류

$$I_{BK} = \frac{I_B}{\left(\dfrac{Z_K}{Z_1} + \dfrac{Z_K}{Z_2} + \cdots + \dfrac{Z_K}{Z_{K-1}} + \dfrac{Z_K}{Z_K} + \dfrac{Z_K}{Z_{K+1}} + \cdots + \dfrac{Z_K}{Z_m} \right)}$$

I_{nK} : K번째 도체의 과부하보호장치의 정격전류

I_{ZK} : K번째 도체의 허용전류

2. 병렬도체의 단락보호(KEC 212.5.4)

1) 여러 개의 병렬도체를 사용하는 회로의 전원 측에 1개의 단락보호장치가 설치되어 있는 조건에서, 어느 하나의 도체에서 발생한 단락고장이라도 효과적인 동작이 보증되는 경우, 해당 보호장치 1개를 이용하여 그 병렬도체 전체의 단락보호장치로 사용할 수 있음

2) 1개의 보호장치에 의한 단락보호가 효과적이지 못하면, 다음 중 1가지 이상의 조치를 취함
   (1) 배선은 단락위험을 최소화할 수 있는 방법으로 설치하고, 화재 또는 인체에 대한 위험을 최소화할 수 있는 방법으로 설치할 것
   (2) **병렬도체가 2가닥인 경우** : 단락보호장치를 각 병렬도체의 전원 측에 설치할 것
   (3) **병렬도체가 3가닥 이상인 경우** : 단락보호장치는 각 병렬도체의 전원 측과 부하 측에 설치할 것

10.1.11 순시 과전압 및 고장에 대한 저압설비의 보호

1. 목적

1) 고압계통과 저압계통에 전원을 공급하는 변전설비의 고압 부분 사이에서 발생하는 고압계통 지락사고 시 사람과 저압계통 기기의 안전을 도모하는 것을 목적으로 함
2) 과전압에 대한 보호대상은 인체 및 저압기기임

2. 고장전압 및 스트레스전압

1) 고장전압

(1) 정의

저압계통으로 공급하는 변전설비의 고압계통 1선 지락사고로 인하여 저압계통 설비의 노출도전성 부분과 대지 간에 발생하는 전압(U_f)

(2) 기준

고압계통의 지락고장으로 인한 고장전압 및 접촉전압의 크기 및 지속시간은 아래 그림의 곡선 F와 T의 값 이하여야 함

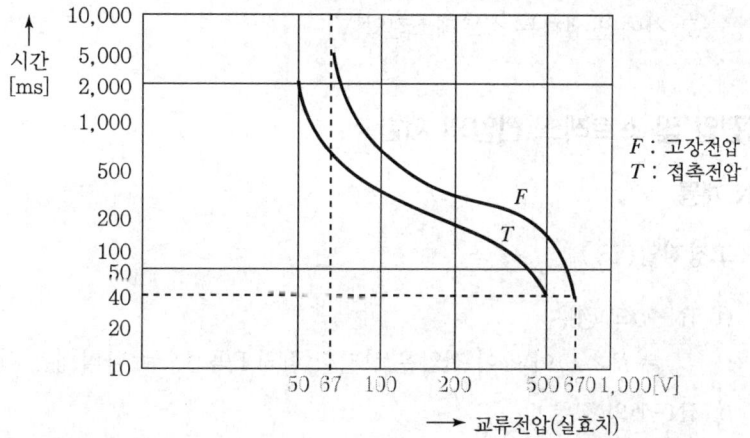

그림 10-27 ▶ 고압계통의 지락사고 시 고장전압 F와 접촉전압 T의 최대지속시간

2) 스트레스전압

(1) 정의

저압계통으로 공급하는 변전설비의 고압계통 1선 지락사고 시에 기인하는 설비의 노출도전성 부분과 저압전로에 발생하는 전압

(2) 기준

고압계통의 지락사고로 인하여 수용가 설비의 저압기기에 가해지는 상용주파수 스트레스전압의 크기와 지속시간은 아래의 값을 초과해서는 안 됨

(3) 구분

① 허용 교류 스트레스전압

표 10-9 ▸ 저압기기의 허용 교류 스트레스전압

저압설비의 기기 허용 교류 스트레스전압[V]	차단시간[S]
$U_0 + 250$	> 5
$U_0 + 1,200$	≤ 5

여기서, U_0 : 저압계통의 상전압[V]

② 스트레스전압(U_1)

변전설비의 고압계통에서 1선 지락사고의 경우 변전설비(변압기)의 노출도전성 부분과 저압전로 간에 발생하는 스트레스전압[V]

③ 스트레스전압(U_2)

변전설비의 고압계통에서 1선 지락사고의 경우 저압기기 노출도전성 부분과 저압전로 간에 발생하는 스트레스전압[V]

3. 고장전압 및 스트레스 전압의 제한

1) TN 계통

(1) 고장전압(U_f)

① TN-a의 경우

$U_f = R \times I_m$ 이며 이 전압은 상기 그림의 F곡선으로 나타내는 시간 내에 차단될 것

② TN-b의 경우

$U_f = 0$

(2) 스트레스전압(U_1, U_2)

① TN-a의 경우 : $U_1 = U_0$,　　$U_2 = U_1 = U_0$

② TN-b의 경우 : $U_1 = R \times I_m + U_0$,　　$U_2 = U_0$

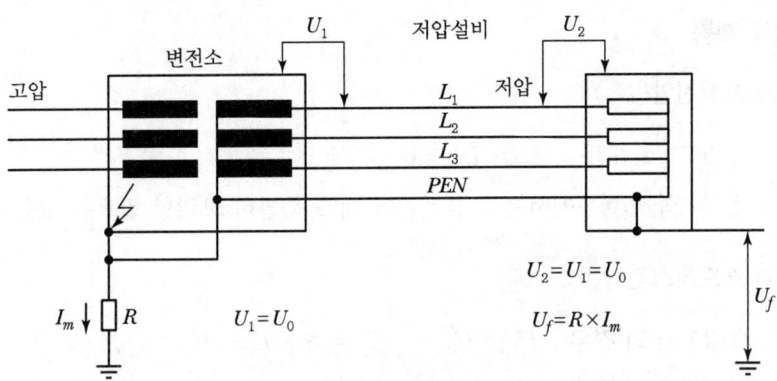

그림 10-28 ▶ TN-a

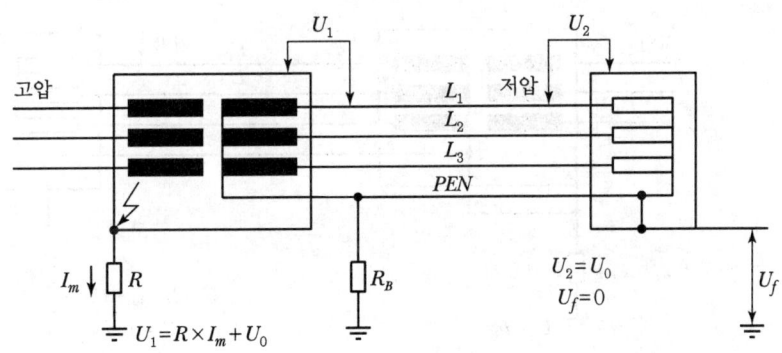

여기서, I_m : 변전소에 노출도전성 부분의 접지극을 통해 흘러 보내는 고압계통의 지락
전류 부분
R : 변전소의 노출도전성 부분의 접지극 접지저항
U_0 : 저압계통의 상전압[V]
U : 저압계통의 선간전압[V]
U_f : 저압계통의 노출도전성 부분과 대지 간의 고장전압[V]
U_1 : 변전소 저압기기의 스트레스 전압[V]
U_2 : 부하설비 저압기기의 스트레스 전압[V]

그림 10-29 ▶ TN-b

2) TT 계통

(1) 고장전압(U_f)

① TT-a, TT-b 모두 $U_f = 0$
② 이 접지 계통에서는 고장전압에 대해 특별히 고려할 필요는 없음

(2) 스트레스전압(U_1, U_2)

① TT-a의 경우 : $U_1 = U_0$, $U_2 = R \times I_m + U_0$
② TT-b의 경우 : $U_1 = R \times I_m + U_0$, $U_2 = U_0$

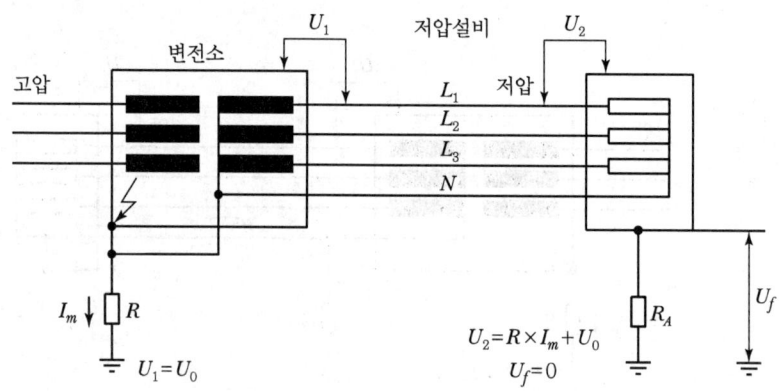

그림 10-30 ▶ TT-a

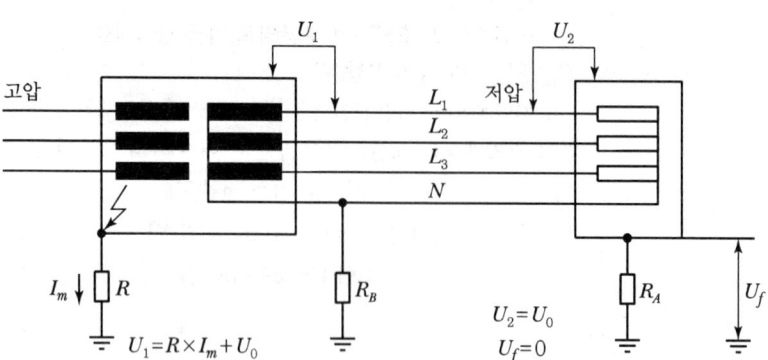

그림 10-31 ▶ TT-b

> **참고**
>
> 1. 고장전압
>   고압계통 지락사고에 기인하는 고장전압 및 접촉전압의 크기와 지속시간은 각각 [그림 10-27]의 F와 T로 나타낸 값 이하이어야 함
>
> 2. 스트레스전압
>   고압계통의 지락사고 시 수용가 설비의 저압장비에 가해지는 상용주파 스트레스 전압의 크기와 지속시간은 [표 10-9]의 값을 초과해서는 안 됨
>
> 3. * TN 및 TT 계통 변전소 변압기의 저압기기에서 스트레스전압의 제한
>   TN 및 TT계통에서 중성선이 변전소 노출도전부의 접지전극과 전기적으로 독립한 접지전극을 통해 접지될 경우(TN-b, TT-b) 변전소 변압기의 저압기기의 절연 수준에 부합하는 시간 이내에 스트레스전압($R \times I_m + U_o$)을 차단하여야 함
>
> 4. TN 및 TT 계통에서 중성선의 단선 시 스트레스전압
>   3상 TN 계통 또는 TT 계통의 중성선이 단선된 경우에는 선간전압으로 인해 구성품뿐만 아니라 선도체와 중성선 간 전압에 맞춰진 기초절연, 이중절연 및 강화절연의 일시적으로 스트레스를 받을 수 있음을 고려해야 하며 이 스트레스전압은 $U = \sqrt{3}\, U_o$까지 상승할 수 있음
>
> 5. 선도체와 중성선 간 단락사고 시 스트레스전압
>   선도체와 중성선 간 단락 시 스트레스전압은 5초간 $1.45\, U_o$까지 상승할 수 있음을 고려해야 함

10.1.12 서지보호장치(SPD : Surge protective Device)

1. 개요

1) SPD란 서지전압을 제한하고 서지전류를 분류하기 위해 1개 이상의 비선형 소자를 내장한 장치를 말함
2) 서지란 낙뢰나 스위치 개폐 조작, 지락, 단락 등의 현상에 의해 발생되는 일시적인 과전압이나 과전류를 말함
3) 최근 건축물의 피뢰설비설계의 방향은 구조물이나 인체의 상해 방지보다는 서지내성이 약한 통신설비의 보호가 주 이슈가 됨
4) SPD와 관련한 관련법 규정, 종류, 선정 시 검토사항, 설치 등에 대해 설명함

2. 피뢰설비 관련법 규정

개정된 피뢰설비 관련 한국산업규격(KS)들은 낙뢰로부터 건축구조체를 보호하기 위한 피뢰설비뿐만 아니라 전자설비 보호를 위한 서지보호장치까지 규정하고 있다.

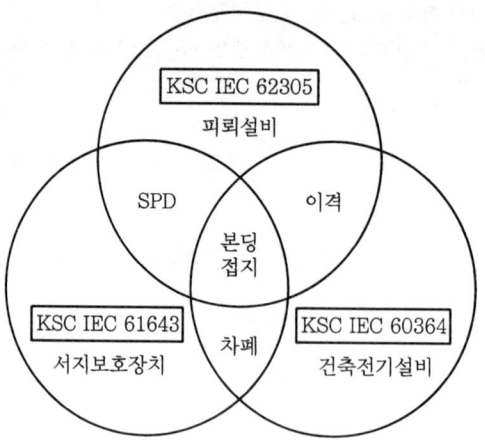

그림 10-32 ▶ 피뢰설비 관련 KS 규격

3. 서지의 종류 및 영향

1) 서지의 종류

(1) 외부서지

① 낙뢰   ② 유도뢰

(2) 내부서지

① 개폐서지   ② 기동서지(대용량 부하기동)

2) 서지의 침입

(1) 전원선   (2) 통신선
(3) 접지선   (4) 피뢰시스템

3) 영향

(1) 전원장치 및 전자기판의 절연파괴   (2) 시스템 정지
(3) 컴퓨터 Data 소손

4. 서지보호장치(SPD) 동작원리

SPD의 MOV(비선형소자)는 정상상태에서 매우 큰 임피던스를 가지나, 전압서지가 MOV에 인가되면 MOV의 임피던스가 급격히 낮아지면서 서지를 부하가 아닌 SPD의 저임피던스 통로를 통해 흘려 보내 부하에서 발생하는 큰 전압강하 발생을 억제한다.

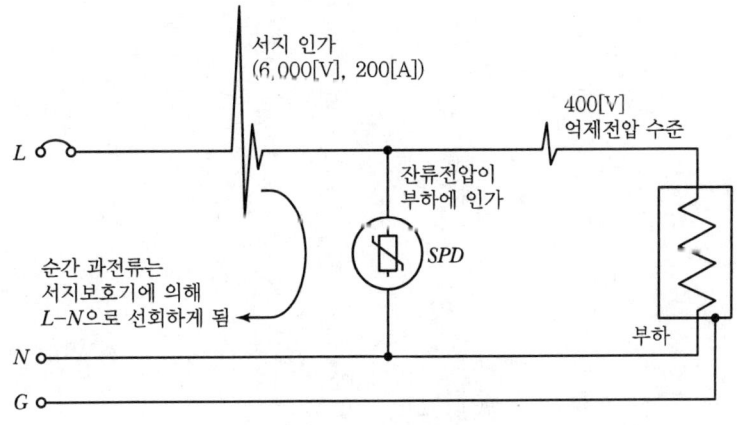

그림 10-33 ▶ SPD 동작원리

5. 과전압보호의 기준

기기에 요구되는 정격 임펄스 내전압 > SPD 통과 임펄스 전압

1) 기기에 필요한 정격 임펄스 내전압

건축물에 설치되는 기기에 필요한 정격 임펄스 전압은 아래 표의 임펄스 전압보다 높아야 함

표 10-10 ▸ 기기에 요구되는 정격 임펄스 내전압

설비의 공칭전압[a] [V]		요구되는 임펄스 내전압[c][KV]			
3상계통[b]	단상계통	설비 인입점에 있는 기기 (과전압범주 Ⅳ)	배전 및 분기 회로의 기기 (과전압범주 Ⅲ)	전기제품 및 전기기기 (과전압범주 Ⅱ)	특별히 보호된 기기 (과전압범주 Ⅰ)
(-)	120~240	4	2.5	1.5	0.8
(220/380)[d] 230/400[b] 277/480[b]	(-)	6	4	2.5	1.5
400/690	(-)	8	6	4	2.5
1,000	(-)	12	8	6	4

주 a) : IEC 60038(IEC표준전압)에 따름
 b) : 캐나다와 미국에서 대지전압이 300[V]를 초과하는 경우 한 단 높은 범주의 전압에 해당하는 임펄스 내전압을 적용함
 c) : 이 임펄스 내전압은 충전도체와 PE 사이에 적용됨
 d) : (   ) 안은 현재 국내에서 사용하는 전압으로 장래에 IEC 60038 표 1의 전압을 사용할 것을 권장함

2) SPD 설치에 의한 뇌 임펄스 전압 억제

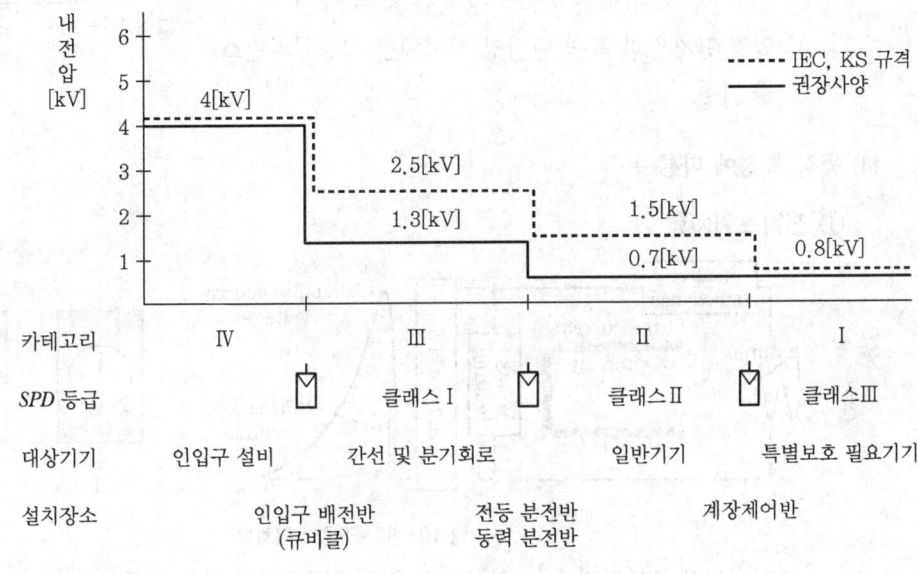

그림 10-34 ▶ 과전압 카테고리 관련 SPD 사양

6. SPD의 적용범위 및 종류

1) 적용범위

전원용(AC 및 DC) 신호, 통신 및 데이터용으로 교류 1,000[V] 또는 직류 1,500[V] 이하의 전압에서 규정의 시험항목에 합격한 SPD를 시설함

2) 종류

(1) 대상설비에 따른 분류

① 전원용 SPD

　폭발이나 화재 등이 발생되지 않도록 대전류에 대한 충분한 내구성을 가져야 함

② 통신용 SPD

　통신선로나 데이터 신호선로 등에 적용되며 회로의 전송특성을 저하시키지 않아야 함

(2) 구조상 분류

① 1-포트 SPD

　㉠ 1개의 단자대(또는 2개의 단자)를 갖는 SPD

　㉡ 피보호기에 대해 뇌서지가 분류되도록 접속함

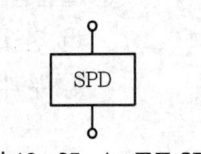

그림 10-35 ▶ 1-포트 SPD

② 2-포트 SPD
　㉠ 2개의 단자대(또는 4개의 단자)를 갖는 SPD
　㉡ 입력 단자쌍과 출력 단자쌍 사이에는 직렬임피던스를 가짐

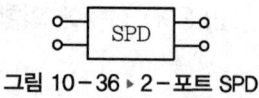

그림 10-36 ▶ 2-포트 SPD

(3) 동작 특성에 따른 분류

① 전압스위치형

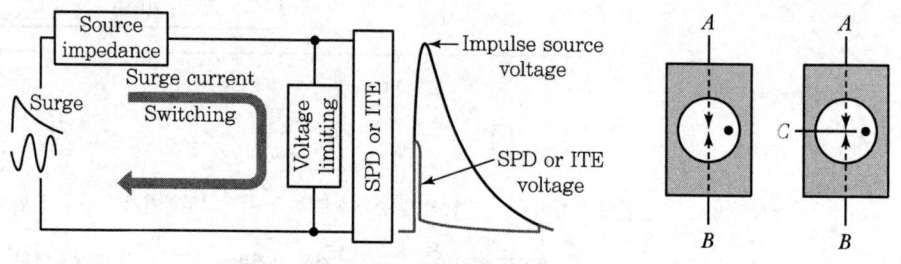

그림 10-37 ▶ 전압스위치형

　㉠ 뇌서지가 부과되지 않는 경우는 높은 임피던스를 갖지만 뇌서지가 부과되면 순간적으로 임피던스가 저하되는 SPD
　㉡ 종류 : 에어갭, 가스방전 등의 소자를 갖는 SPD

② 전압제한형

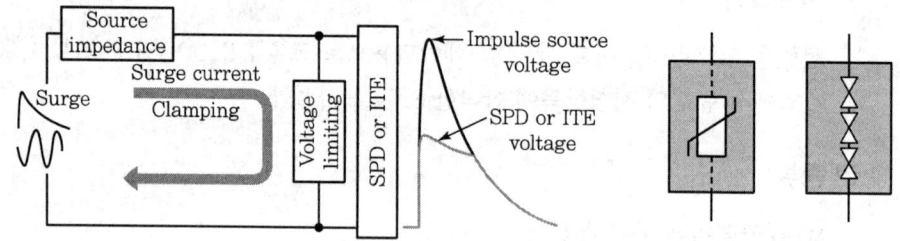

그림 10-38 ▶ 전압제한형

　㉠ 뇌서지가 부과되지 않는 경우는 높은 임피던스를 갖지만 뇌서지가 증가함에 따라 연속적으로 임피던스가 저하되는 SPD
　㉡ 종류 : 금속산화바리스터(MOV), 애버런시 다이오드(ABB) 등의 소자를 갖는 SPD

③ 복합형
　㉠ 전압스위칭형 및 전압제한형의 두 소자로 구성되어 있는 SPD
　㉡ 부과되는 전압의 특성에 따라 전압스위칭형 및 전압제한형 모두의 동작이 가능함

④ 형식에 따른 구분

SPD 형식	시험 종류	시험항목	비고
타입 I (Class I)	등급 I 시험	I_{imp}, I_n	직격뢰 보호
타입 II (Class II)	등급 II 시험	I_{max}, I_n	유도뢰 보호
타입 III (Class III)	등급 III 시험	U_{oc}	유도뢰 보호

여기서, I_n : 공칭방전전류[A]
I_{max} : 최대방전전류[A]
I_{imp} : 최대임펄스전류
U_{oc} : 콤비네이션파형(1.2/50 전압파형, 8/20 전류파형)의 시험전압

7. SPD 선정 시 검토사항

1) 뇌보호 여부 판정(SPD 선정 시작)

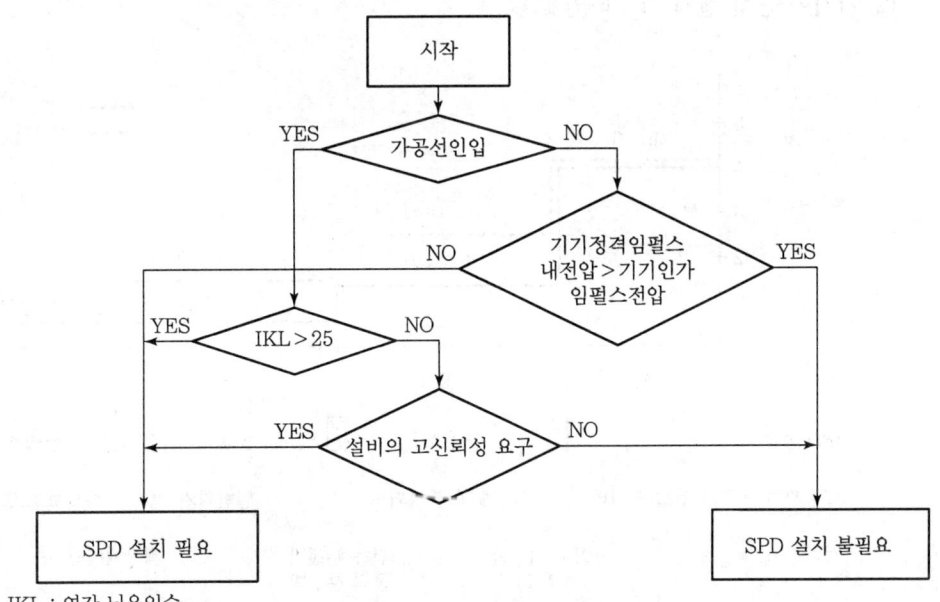

IKL ; 연간 뇌우일수

그림 10-39 ▶ 뇌보호 여부 판정 흐름도

(1) 과전압보호 시설을 하는 경우

① 설비가 가공선로에 의해 전원을 공급받고 연간 뇌우일수가 25일을 초과하는 경우
② 연간 뇌우일수가 25일 이하라도 설비가 고신뢰성 요구 시

(2) 과전압에 대한 특별한 보호를 할 필요가 없는 경우

① 설비가 완전히 매설된 저압계통에 의해 전원을 공급받고 가공선을 포함하지 않는 경우 기기의 내전압이 [표 10-10] 기기에 요구되는 정격 임펄스 내전압에 부합할 경우
② 설비가 저압 가공선로에 의해 전원을 공급받고 뇌우일수가 25일 이하이고, 설비가 고신뢰성을 요구하지 않을 경우

2) 설치장소 확인

SPD의 형식 선정(타입 Ⅰ, Ⅱ 및 Ⅲ)

(1) 인입구 및 그 부근

① LPS이 있는 경우 타입 Ⅰ, 경우에 따라 타입 Ⅱ
② LPS이 없는 경우 타입 Ⅱ

(2) 기기에 근접 설치 시 : 타입 Ⅱ 및 Ⅲ

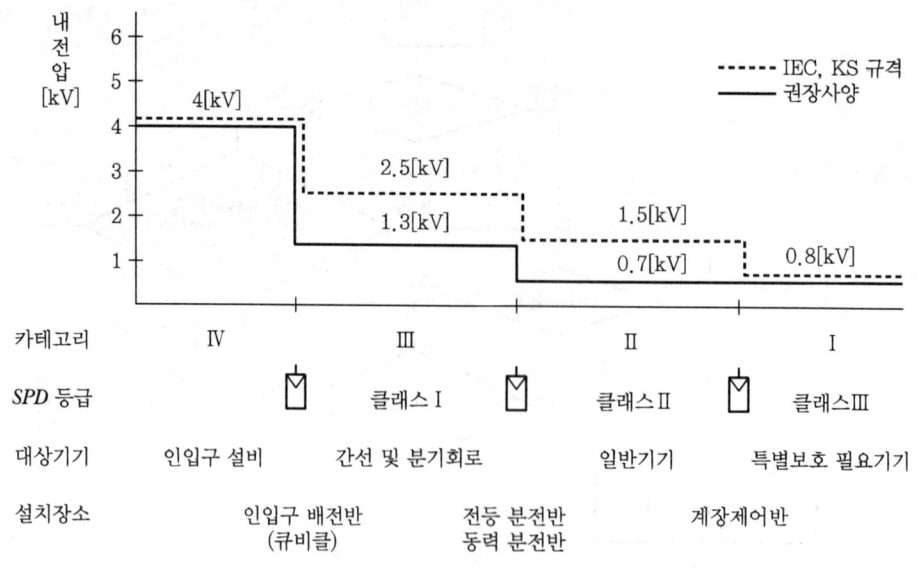

그림 10-40 ▶ 과전압 카테고리 관련 SPD 사양

3) SPD 설치 환경 확인

(1) SPD의 U_C(최대연속사용전압)은 아래 표의 값과 동등하거나 그 이상일 것

표 10-11 ▶ 전원계통 구성에 따라 필요한 SPD의 최소 U_C

SPD 연결구간	배전망의 계통 구성				
	TT	TN-C	TN-S	중성선이 배치된 IT	중성선이 배치되지 않은 IT
각 상전선과 중성선 사이	$1.1U_0$	NA	$1.1U_0$	$1.1U_0$	NA
각 상전선-PE	$1.1U_0$	NA	$1.1U_0$	$\sqrt{3}\,U_0$[1]	선간전압[1]
중성선-PE	U_0[1]	NA	U_0[1]	U_0[1]	NA
각 상전선-PEN	NA	$1.1U_0$	NA	NA	NA

NA : 적용 불가
주 1) : 이러한 값들은 최악의 경우의 고장조건과 관련이 있음. 그러므로 10[%]의 오차는 고려하지 않았음
[비고] 1. U_0는 저전압계통의 상전선-중성선의 전압임
  2. 이 표는 KSC IEC 61643에 기초한 것임

(2) SPD는 저압계통 사고로 인한 일시적 과전압(U_{TOV})에 견딜 것

U_C(최대연속사용전압) < U_{TOV}(일시적 과전압)

4) 고장모드의 추정

(1) 고장형태에 따른 고장모드 추정

(2) SPD에 흐르는 최대방전전류를 고려하여 보조장치의 필요성을 고려함

(3) I_{max}(최대방전전류) > I_n(공칭방전전류)

(4) SPD가 고장난 경우 안전성 확보를 위한 장치 설치

  ① 개방모드 : SPD 교환을 위한 동작 표시기를 설치함
  ② 단락모드 : 단락전류 방지를 위한 SPD 분리기를 설치함

5) SPD와 다른 기기와의 상호관계

(1) 타 기기에 대한 영향, 과전류보호장치와 동작협조 및 서지협조 등을 고려하여 전압보호 수준을 선정함

(2) 전압보호 수준 U_P, 최대연속사용전류 I_C

6) 산정한 SPD와 다른 SPD 간의 협조 확인

(1) SPD 간의 에너지 협조를 꾀함

(2) 2개의 직렬연결 SPD 협조조건

$U_P < U_{IN}$ 및 $I_P < I_{IN}$

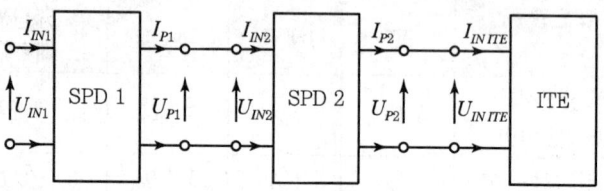

그림 10-41 ▸ SPD 에너지 협조

7) SPD 규격 확인

SPD의 형식 및 각 변수의 규격값을 산정하여 가장 적합한 SPD를 산정함(U_P, U_C, I_{imp}, I_n, U_{OC})

표 10-12 ▸ SPD 규격

SPD 형식	임펄스 전류[A]	공칭방전 전류[A]	개회로 전압[V]	최대연속 사용전압[V]	전압보호 수준[V]
	I_{imp}	8/20	콤비네이션	50/60[Hz]	1.2/50[μs]
	I_{peak}[kA]	I_n[kA]	U_{OC}[kV]	U_C[V]	U_P[kV]
클래스 Ⅰ	5, 10, 20	5, 10, 20	(−)	110, 130, 230 240, 420, 440	4, 2.5
클래스 Ⅱ	(−)	1, 2, 5, 10, 20	(−)		2.5, 1.5
클래스 Ⅲ	(−)	(−)	2, 4, 10, 20		1.5

8) 선정 종료

8. SPD 설치

1) 설치장소

(1) SPD는 설비 인입구 또는 건축물 인입구와 가까운 장소에 설치할 것

(2) 설비 인입구 또는 그 부근에서 중성선이 보호도체(PE)에 접속되어 있는 경우 또는 중성선이 없는 경우에는 SPD를 선도체와 주 접지단자 간 또는 보호도체 간에 설치할 것

(3) 설비의 인입구 또는 그 부근에서 중성선이 보호도체에 접속되어 있지 않은 경우

① SPD를 ELB 부하 측에 설치하는 경우

SPD를 선도체와 주 접지단자 또는 보호도체 간 및 중성선과 주 접지단자 간 또는 보호도체 간에 설치함

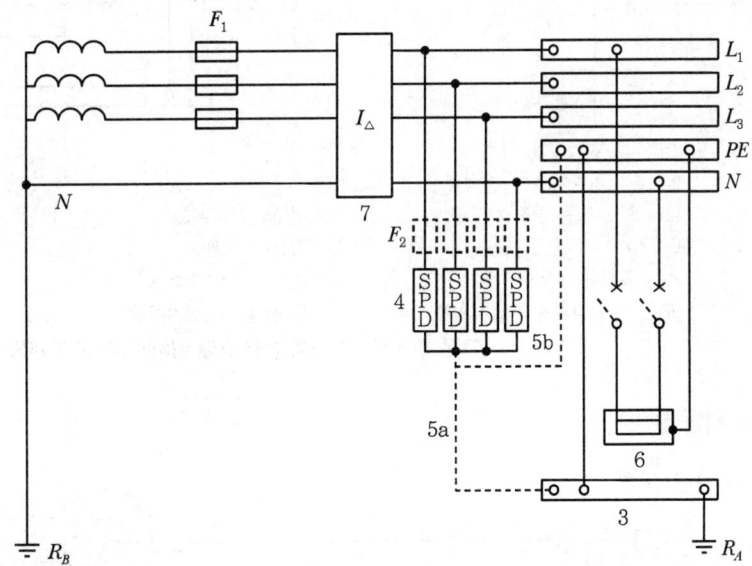

3 : 주 접지단자 또는 접지대 4 : SPD
5 : 접지선(5a, 5b) 6 : 기기
7 : 누전차단기(ELB)
F_1 : 전원설비 보호장치 F_2 : SPD 보호장치(퓨즈 등)
R_A : 기기 접지전극(접지저항) R_B : 계통 접지전극(접지저항)

그림 10-42 ▶ ELB의 부하 측에 설치한 SPD(TT 계통)

② SPD를 ELB의 전원 측에 설치하는 경우

SPD를 선도체와 중성선 간 및 중성선과 주 접지단자 또는 보호도체 간에 설치함

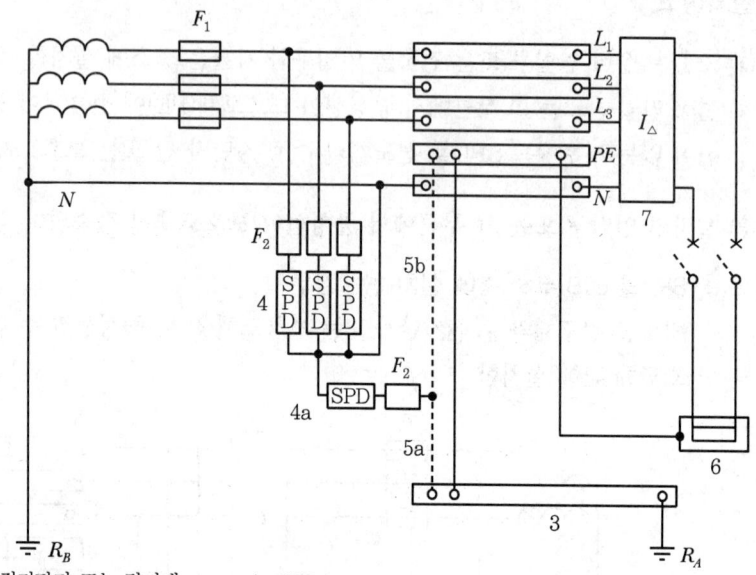

3 : 주 접지단자 또는 접지대   4 : SPD
4a : SPD(또는 방전갭)   5 : 접지선(5a, 5b)
6 : 기기   7 : 누전차단기(ELB)
F_1 : 전원설비 보호장치 F_2 : SPD 보호장치(퓨즈 등)
R_A : 기기 접지전극(접지저항) R_B : 계통 접지전극(접지저항)

그림 10-43 ▶ ELB의 전원 측에 설치한 SPD(TT 계통)

2) 설치방법

(1) 연결 도체

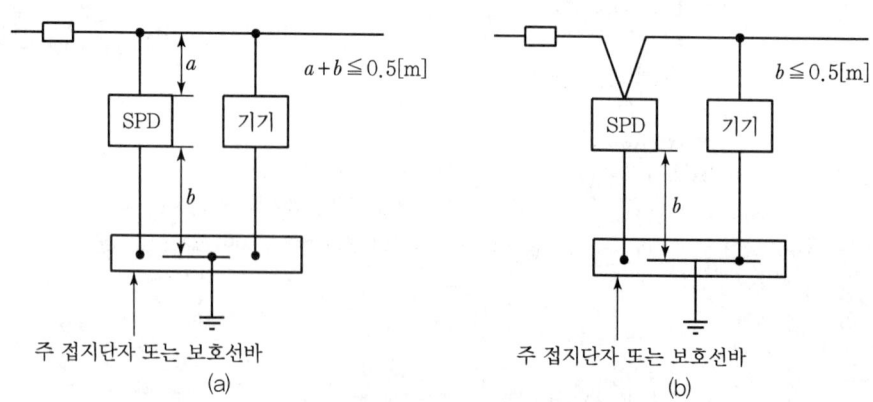

그림 10-44 ▶ 설비기점 또는 근처의 SPD 설치방법

연결 도체는 상전선에서 서지보호장치까지, 서지보호장치에서 주 접지단자 또는 보호선까지의 전선임

① SPD의 연결 도체의 길이가 길어지면 과전압보호의 효율성 감소로 가능한 한 짧게 하여 접지단자에 연결함
② SPD의 모든 연결 도체의 길이가 짧아야 함(가능한 한 전체 리드 길이가 0.5[m] 이하일 것)
③ 어떠한 고리도 없어야 함([그림 10-44]의 (a) 참조)
④ 만일 $a+b$의 길이를 0.5[m] 이내로 줄일 수 없다면 [그림 10-44]의 (b)를 적용할 수 있음

(2) 접지선의 단면적

① 설비기점 또는 근처의 SPD 접지선은 최소 단면적이 4[mm^2] 동선(Cu) 또는 이와 동등하여야 함
② 만일 낙뢰보호계통이 있다면 KSC-IEC 61643-1의 시험등급 I에 따라 시험된 SPD에 대해서는 최소단면적이 16[mm^2] 동선(Cu) 또는 이와 동등하여야 함
③ 본딩부품의 등급별 접속도체 최소단면적

본딩 부품		재료	단면적[mm^2]
SPD용 접속도체	1등급	Cu	16
	2등급	Cu	6
	3등급, 기타	Cu	1

3) 추가 보호 SPD

인입구에 설치한 SPD로 건축물 내의 모든 전기기기를 보호할 수 없다고 판단되는 다음의 경우 SPD를 피보호기기에 접근시켜 추가로 설치하는 것이 바람직함
(1) 내전압이 매우 낮은 기기의 경우
(2) 인입구에 설치한 SPD와 피보호기기 간 거리가 상당히 떨어졌을 때
(3) 뇌 방전에 의해 발생한 건축물 내부의 전자계 및 내부에 방해원이 있을 때

9. SPD 보호장치

1) 전력공급 우선 회로

(1) 보호장치(PD)는 SPD가 설치되어 있는 회로 내에 설치할 것
(2) 설비 또는 기기 모두가 발생 가능한 추가 과전압에 대해 보호되지 않음

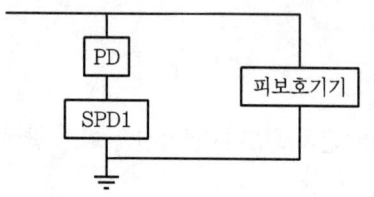

그림 10-45 ▶ 전력공급 우선 회로

2) 과전압보호 우선 회로

(1) 보호장치(PD)는 SPD가 설치되어 있는 회로의 전원 측 설비 내에 설치할 것
(2) 서지보호장치의 고장은 전원차단을 초래할 수 있음
(3) 회로차단은 서지보호장치가 교체될 때까지 지속됨

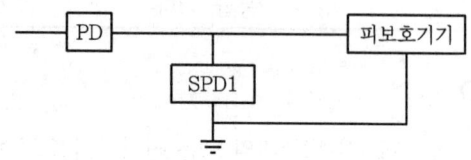

그림 10-46 ▶ 과전압보호 우선 회로

3) 전력공급 및 과전압보호 동시 확보

(1) SPD를 병렬로 설치하여 각각에 보호장치를 설치할 것
(2) SPD1 고장 시 SPD2의 유효성에 영향을 미치지 않아야 함
(3) 전원의 연속성과 보호의 연속성이 동시에 보장될 수 있는 신뢰성이 높은 방식

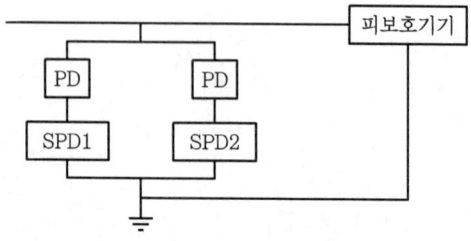

그림 10-47 ▶ 전력, 과전압 동시 보호

10. 외부분리기(SPD Disconnector)

1) 역할
SPD 전단에 설치되어 SPD 고장 및 유지보수 작업 시 계통으로부터 SPD를 분리

2) 종류
SPD 분리기(보호장치), 누전차단기(RCD), 배선용 차단기(MCCB), FUSE

3) 특징
(1) SPD 열화로 인한 누설전류 발생 시 이를 감지하여 차단할 수 있는 트립 기능
(2) 높은 서지내성을 보유하고 있어 전용 외부분리기의 트립 오동작을 방지
(3) SPD와 동등의 임펄스전류 및 단락전류의 정격이 요구됨

4) 외부분리기와 내부분리기 구분

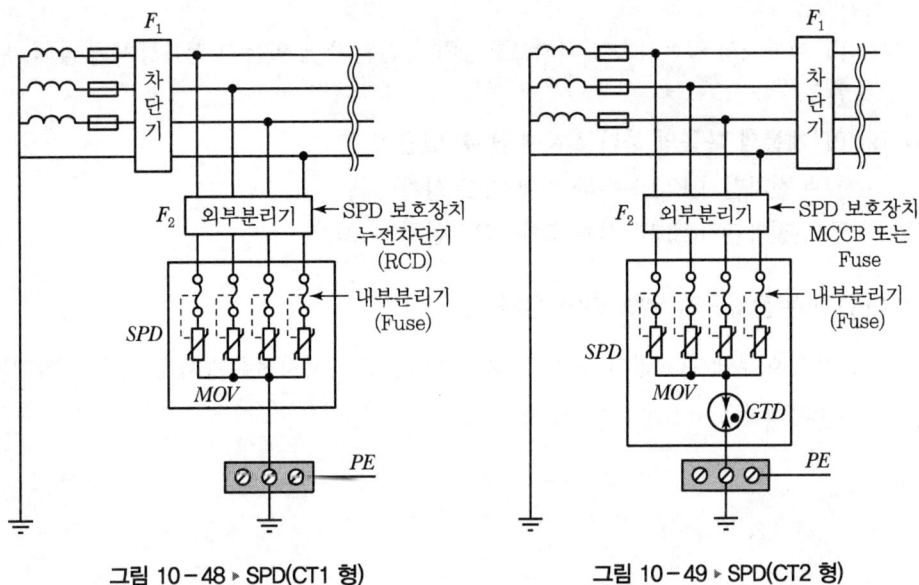

그림 10-48 ▶ SPD(CT1 형)   그림 10-49 ▶ SPD(CT2 형)

10.1.12.1 TT 계통에서 서지보호장치(SPD) 설치 시 누전차단기 전원 측과 부하 측 설치에 대한 구분

1. 개요

1) SPD란 서지전압을 제한하고 서지전류를 분류하기 위한 장치로서 대기 입구의 과전압과 개폐 과전압에 대한 보호를 포함하며, 이에 대한 보호로 통상 시험등급 Ⅱ의 SPD가 적용됨
2) 특히 누전차단기 부하 측에 SPD를 설치 시에 여러 가지 문제점을 발생시킬 우려가 있음
3) 이에 따라 서지보호장치와 누전차단기 설치에 관한 KSC IEC 기준과 설치위치에 따른 내용을 아래와 같이 구분하여 설명함

2. 법적 기준(KSC – IEC 60364 – 534)

1) 간접접촉에 대한 보호

전원자동차단은
(1) TT 계통에서 일반적으로 서지보호장치의 전원 측에 있는 과전류장치에 의해 수행될 수 있음
(2) TT 계통의 다음의 하나로 수행될 수 있음
   ① 누전차단기(ELB) 부하 측에 SPD 설치
   ② 누전차단기(ELB) 전원 측에 SPD 설치

2) SPD가 누전차단기 부하 측에 설치 시

시간지연 여부에 관계없이 최소 3[kA] 8/20[μs]의 서지전류에 대한 내성을 가지는 RCD (ELB)를 사용함

3. ELB 부하 측에 SPD를 설치하는 경우

1) 설치방법

(1) SPD를 선도체와 주 접지단자 또는 보호도체 간

(2) SPD를 중성선과 주 접지단자 간 또는 보호도체 간에 설치함

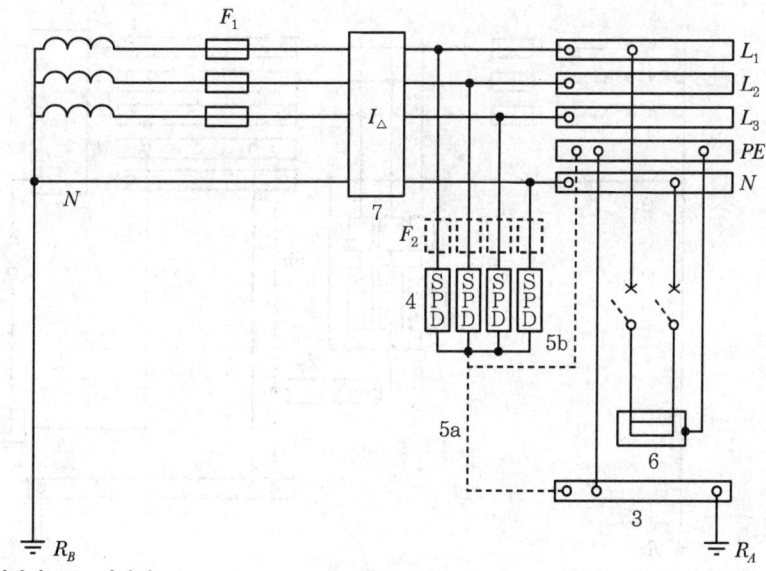

3 : 주 접지단자 또는 접지대
5 : 접지선(5a, 5b)
7 : 누전차단기(ELB)
F_1 : 전원설비 보호장치
R_A : 기기 접지전극(접지저항)

4 : SPD
6 : 기기

F_2 : SPD 보호장치(퓨즈 등)
R_B : 계통 접지전극(접지저항)

그림 10-50 ▶ ELB의 부하 측에 설치한 SPD(TT 계통)

2) 설치 시 문제점

(1) 서지보호장치(SPD) 고장 시 접지단자에 전압이 인가되어 접촉전압이 발생될 수 있음

(2) 서지보호장치 동작 시마다 누전차단기가 동작하여 전력공급의 방해가 발생

(3) 누설전류로 인한 절연저항 측정의 애로

4. ELB 전원 측에 SPD를 설치하는 경우

1) 설치방법

(1) SPD를 선도체와 중성선 간

(2) SPD를 중성선과 주 접지단자 또는 보호도체 간에 설치함

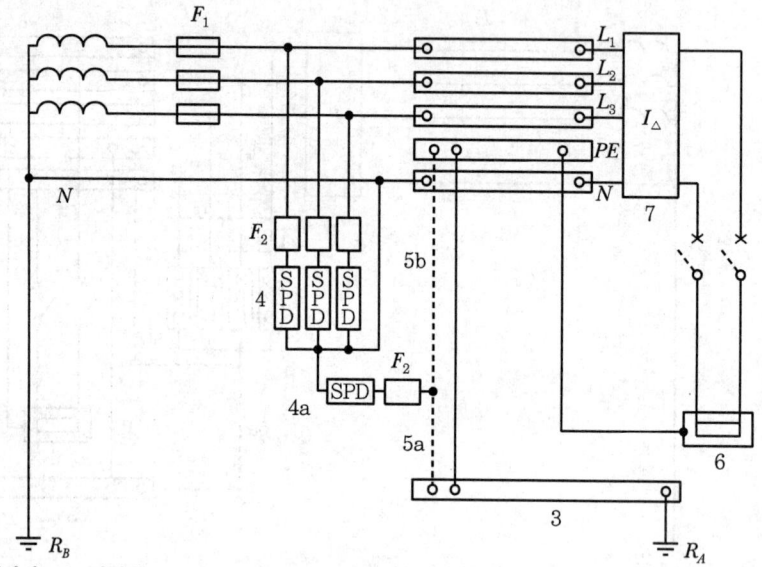

3 : 주 접지단자 또는 접지대
4a : SPD(또는 방전갭)
6 : 기기
F_1 : 전원설비 보호장치
R_A : 기기 접지전극(접지저항)

4 : SPD
5 : 접지선(5a, 5b)
7 : 누전차단기(ELB)
F_2 : SPD 보호장치(퓨즈 등)
R_B : 계통 접지전극(접지저항)

그림 10-51 ▸ ELB의 전원 측에 설치한 SPD(TT 계통)

2) ELB 전원 측에 SPD를 설치하는 이유

(1) 서지보호장치 동작 시 누전차단기가 동작하여 전원이 차단되는 현상을 방지할 수 있음

(2) 누전차단기와 결합하여 서지보호장치를 설치할 때 누전차단기 전원 측에 설치하는 것이 바람직함

10.1.12.2 SPD(Surge Protective Device) 에너지 협조

1. SPD(Surge Protective Device) 에너지 협조의 개념

1) 선로로 유입되는 서지로 인해 절연내력이 낮은 전자기기의 효과적 보호를 위해 SPD의 방전전류와 정격전압을 초과하지 않게 그 서지를 연속적으로 저감하여 설비를 보호함
2) SPD 에너지 협조의 기본개념은 2개 이상의 SPD가 순차적으로 설치된 경우 서지가 어느 한 곳에 집중되는 것을 미리 방지하고자 하는 것이므로 SPD의 설치위치와 특성에 적합한 SPD가 설치되어야 함

2. 건축물 내 경계지역별 SPD 규격

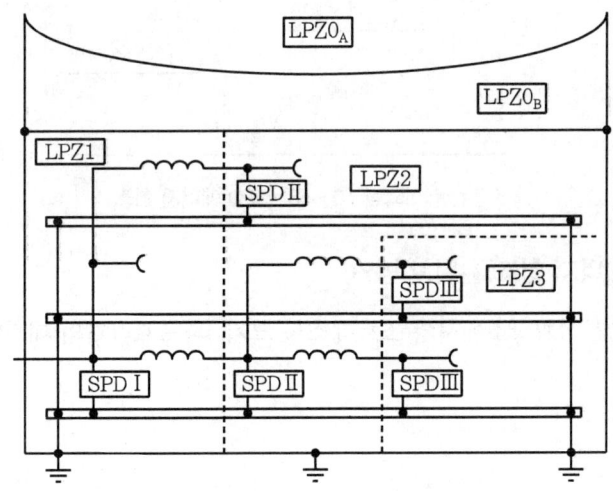

그림 10-52 ▶ 전원계통의 SPD 적용

1) **LPZ0과 LPZ1 경계지역**

   Class I SPD 설치[임펄스전류(I_{imp}), 공칭방전전류(I_n)]

2) **LPZ2과 LPZ3 경계지역**

   Class II SPD 설치[최대방전전류(I_{max}), 공칭방전전류(I_n)]

3. SPD 에너지 협조조건

1) **2개의 직렬 연결 SPD 협조조건** : $U_P < U_{IN}$ 및 $I_P < I_{IN}$

2) **2개 이상의 SPD를 설치한 경우 전원, 선로에 각각 설치된 SPD에 인가되는 서지에너지가 그 정격보다 작거나 같은 경우 에너지 협조가 이루어짐**

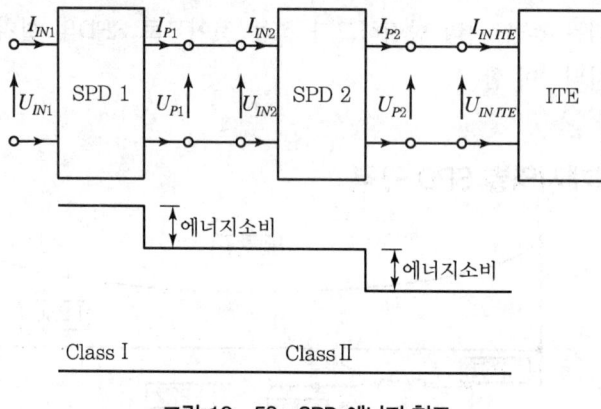

그림 10-53 ▶ SPD 에너지 협조

3) **효과적인 에너지 협조를 위한 방안**

각 SPD 특성, 설치장소에서의 스트레스의 크기, 피보호기기의 내전압 등을 고려해야 함

10.1.13 도체의 단면적

1. 교류회로의 선도체와 직류회로의 선도체의 단면적은 아래의 표의 값 이상으로 한다(기계적 강도를 고려한 것임).

배선설비의 종류		사용회로	도체	
			재료	단면적[mm^2]
고정설비	케이블과 절연전선	전력과 조명회로	구리	1.5
			알루미늄	케이블 표준 KSC IEC 60228에 맞게 조치(10[mm^2])(비고 1 참조)
		신호와 제어회로	구리	0.5 [비고 2 참조]
	나도체	전력회로	구리	10
			알루미늄	16
		신호와 제어회로	구리	4
절연전선과 케이블의 가요접속		특정 기기	구리	관련 IEC 규격에 의함
		기타 적용		0.75[1]
		특수한 적용을 위한 특별 저압회로		0.75

주 1) 7심 이상의 다심 가요성 케이블에서는 [비고 2]를 적용함
[비고]
1. 알루미늄 도체의 단말처리에 사용하는 커넥터는 이 용도에 대해 시험 승인된 것이어야 함
2. 전자기기용으로 이용하는 신호와 제어 회로에서 최소단면적은 0.1[mm^2]로 할 수 있음
3. 특별 저전압 조명용 특수요건에 대해서는 KSC IEC 60364-7-715 참조

2. **중성선의 단면적**

   정확한 정보가 없을 경우 다음을 적용한다.

   1) 중성선의 단면적은 다음 경우에 최소한 선도체 단면적 이상이어야 함

   (1) 단상 2선식 회로, 어떤 것이든 중성선의 단면적
   (2) 다상회로에서 선도체의 단면적이 동선 16[mm^2] 또는 알루미늄선 25[mm^2] 이하인 경우
   (3) 3상 회로에서 제3고조파 및 제3고조파의 홀수 배수의 고조파 전류가 흐를 가능성이 높고, 전류 종합 고조파 왜형률이 15~33[%]인 경우

   2) 제3고조파 전류 및 제3고조파 전류의 홀수 배수의 전류 종합 고조파 왜형률이 33[%]를 초과하는 경우 중선선의 단면적을 증가해야 할 수도 있음(일반적으로 IT 전용회로에서 이루어짐)

3) 다상 회로의 각 선도체 단면적이 동선 16[mm²] 또는 알루미늄선 25[mm²]를 초과하는 경우 다음 조건을 모두 만족하는 경우는 그 중성선의 단면적을 선도체 단면적보다 작게 해도 됨

   (1) 통상적인 사용 시에 상과 제3고조파 전류 간에 회로 부하가 균형을 이루고 있고 제3고조파 홀수 배수 전류가 선도체 전류의 15[%]을 넘지 않음(보통 중성선의 단면적은 선도체 단면적의 50[%] 미만으로 하지 않음)
   (2) 중성선이 규정에 따라 과전류 보호됨
   (3) 중선선의 단면적은 동선 16[mm²] 또는 알루미늄선 25[mm²] 이상

10.1.14 고조파 전류가 평형 3상 계통에 미치는 영향

1. 3상 평형 배선의 중성점에 흐르는 전류

1) 3상 평행 배선의 중성점에 전류가 흐르는 것은 고조파 성분의 선전류 때문임
2) 중성전류에서 상쇄되지 않는 가장 중요한 고조파 성분은 제3고조파 성분임
3) 제3고조파에 의한 중성전류가 상용주파 선전류보다 클 경우 케이블의 허용 전류에 큰 영향을 미침

2. 고조파 전류에 의한 저감계수 적용

1) 3상 평형 회로에 적용
2) 3상 중 2상에만 부하가 걸린 경우 부담이 더 커지게 됨
3) 중성도체에 불평형 전류와 고조파 전류가 흐를 경우 중성도체에 과부하 우려가 있음

3. 4심 5심 케이블의 고조파 전류의 저감계수

선전류의 제3고조파 성분[%]	저감계수	
	선전류를 고려한 표준 결정	중성 전류를 고려한 표준 결정
0~15	1.0	(-)
15~33	0.86	(-)
33~45	(-)	0.86
>45	(-)	1.0

[비고] 1. 선전류의 제3고조파 성분은 기본파에 대한 3고조파의 비율
      2. 중성전류는 중성선 전류의 개념임

1) 중성도체로서 선로도체와 재질 및 단면적이 동일한 경우에만 적용함
2) 저감계수는 제3고조파 전류를 기준으로 계산함
3) 제9고조파, 제12고조파 등의 상위 고조파 성분이 유효(15[%] 이상)한 경우, 더 낮은 저감계수가 적용
4) 상 사이에 50[%] 이상의 불평형이 있는 경우 더 낮은 저감계수가 적용될 수 있음
5) 저감계수는 선로도체의 고조파 가열 효과를 나타냄
6) 중성전류가 상전류보다 높을 경우 중성전류를 고려하여 케이블의 규격을 정함
7) 중성전류가 상전류보다 크지 않을 경우 표에 제시된 3개 부하도체의 허용전류를 낮출 필요가 있음

8) 중성전류가 선전류의 135[%]를 넘고 중성전류를 고려하여 케이블의 표준을 정한 경우
   (1) 세 선로도체는 완전히 부하가 걸리지 않음
   (2) 선로도체에서 발생하는 열의 감소가 중성도체에서 발생한 열을 상쇄하므로 3선로도체의 허용전류에 저감계수를 적용하지 않음

4. 고조파 전류에 대한 저감계수의 적용 예

1) 기준조건
6[mm^2] 동선 케이블의 허용전류가 41[A]이고 39[A]의 부하가 걸리는 4심 PVC 절연 케이블이 벽에 설치한다고 가정할 경우 고조파 성분이 없다면 이 케이블로 충분함

2) 제3고조파 성분이 20[%]라면 환산계수 0.86이 적용되므로 설계부하는
$\frac{39}{0.86} = 45[A]$ 따라서 10[mm^2] 케이블을 사용해야 함

3) 제3고조파 성분이 40[%]라면 중성전류는
$39 \times 0.4 \times 3 = 46.8[A]$이고 환산계수 0.86이 적용되므로 설계부하는
$\frac{46.8}{0.86} = 54.4[A]$ 따라서 10[mm^2] 케이블을 사용해야함

4) 제3고조파 성분이 50[%]라면 중성전류는
$39 \times 0.5 \times 3 = 58.5[A]$이고 환산계수 1이 적용되므로 16[mm^2] 케이블을 사용해야 함

SECTION 02 | KSC-IEC 62305

10.2.1 적용범위(KEC 151.1)

1) 전기전자설비가 설치된 건축물·구조물로서 낙뢰로부터 보호가 필요한 것 또는 지상으로부터 높이가 20[m] 이상인 것
2) 전기설비 및 전자설비 중 낙뢰로부터 보호가 필요한 설비

10.2.2 적용 제외

1) 철도 시스템
2) 자동차, 선박, 항공, 항만시설
3) 지중 고압관로
4) 구조물에 연결되지 않은 배관, 전력선 또는 통신선

10.2.3 피뢰시스템의 구성(KEC 151.2)

1) 직격뢰로부터 대상물을 보호하기 위한 외부 피뢰시스템

   직격뢰(뇌격) : 수뢰부, 대지, 보호대상, 건축물·구조물 등에 대한 단일의 전기적 방전

2) 간접뢰 및 유도뢰로부터 대상물을 보호하기 위한 내부 피뢰시스템

   (1) **간접뢰** : 식색뢰에 의한 대지전위 상승이나 섬락(Flashover) 등에 의해 발생되며 인명, 장비 등에 손상을 발생

   (2) **유도뢰** : 직격뢰의 정전 및 전자유도 현상에 의한 과도과전압 또는 과도과전류

10.2.4 피뢰시스템의 등급 선정(KEC 151.3)

1) 피뢰등급은 낙뢰빈도 등 지역 특성이나 시설의 중요도 등을 종합적으로 판단하여 선정함

표 10-13 ▶ 피뢰레벨과 해당 건축물의 예

피뢰레벨	낙뢰의 영향	해당 건축물 예
I	그 자체로 가장 피해가 우려되는 건축물	화학, 원자력, 생화학건물
II	건축물 주변에 피해(화재·폭발)를 줄 우려가 있는 건축물	정유공장, 주유소
III	공공서비스 상실의 피해가 우려되는 건축물	전신전화국, 발전소
IV	일반건축물	주택, 농장

2) 피뢰시스템 등급 관계 데이터

피뢰시스템 등급과 관계가 있는 데이터	피뢰시스템 등급과 관계 없는 데이터
뇌 파라미터	피뢰등전위본딩
회전구체 반경, 메시 크기 및 보호각	수뢰부시스템으로 사용되는 금속판 최소두께
인하도선 또는 환상도체 사이의 최적거리	피뢰시스템의 재로 및 사용조건
접지극의 최소길이	수뢰부시스템, 인하도선, 접지극재료, 형상 및 최소치수

10.2.5 뇌격으로 인한 손상 및 대책

1. **뇌로 인한 손상**

   1) **구조물의 손상**

      (1) 구조물의 뇌격 영향

기능이나 내용물에 따른 구조물의 유형	뇌격의 영향
거주지	• 전기설비의 절연파괴, 화재 및 물건의 손상 • 뇌격지점이나 뇌전류 경로에 노출된 구조물의 제한된 손상 • 전기, 전자장비 및 시스템의 고장(예 TV, 컴퓨터, 모뎀 등)
극장, 호텔, 학교, 백화점, 경기장	• 정신적 공황을 야기할 수 있는 전기설비(예 조명등)의 손상 • 화재진압을 지연시킬 수 있는 화재경보기의 고장
은행, 보험회사, 일반회사	• 통신 두절에 따른 문제 • 컴퓨터의 고장과 데이터의 손실
박물관 및 유적지, 교회	복원할 수 없는 문화유산의 손실

      (2) 구조물의 손상원인 및 유형

      ① 뇌격점 위치에 따른 손상의 원인
         ㉠ S_1 : 구조물 뇌격
         ㉡ S_2 : 구조물 근처의 뇌격
         ㉢ S_3 : 구조물에 접속된 선로 뇌격
         ㉣ S_4 : 구조물에 접속된 선로 근처 뇌격

      ② 뇌격에 의한 기본적인 손상 유형
         ㉠ D_1 : 감전에 의한 인축의 상해
         ㉡ D_2 : 불꽃방전을 포함하여 뇌격전류의 영향으로 인한 물리적인 손상(화재, 폭발, 기계적인 파괴, 화학적 물질의 방출)
         ㉢ D_3 : LEMP로 인한 내부 시스템의 고장

   2) **손실의 유형**

      (1) 손실의 유형

      ① L_1 : 인명 손실(영구 상해 포함)
      ② L_2 : 공공서비스의 손실
      ③ L_3 : 문화유산의 손실

④ L_4 : 경제적 가치의 손실(구조물과 그 내용물, 활동의 손실)

    * L_1, L_2, L_3의 손실의 유형은 사회적 가치의 손실로 여겨지며, $L4$는 순수한 경제적 손실로 여겨짐

(2) 다양한 뇌격점에 따른 구조물의 손상과 손실

뇌격점		손상의 원인	손상의 유형	손실의 유형
구조물		S_1	D_1 D_2 D_3	$L_1, L_4^{2)}$ L_1, L_2, L_3, L_4 $L_1^{1)}, L_2, L_4$
구조물 근처		S_2	D_3	$L_1^{1)}, L_2, L_4$
구조물에 접속된 선로 (인입설비)		S_3	D_1 D_2 D_3	$L_1, L_4^{2)}$ L_1, L_2, L_3, L_4 $L_1^{1)}, L_2, L_4$
접속선로 근처 (인입설비 근처)		S_4	D_3	$L_1^{1)}, L_2, L_4$

주 1) 폭발의 위험이 있거나 내부시스템 고장 시 인명피해가 있는 병원 등
    2) 단지 동물의 피해가 유발될 수 있는 건물

2. 피뢰시스템의 필요성과 경제적 타당성

1) 피뢰시스템의 필요성

사회적 가치 L_1, L_2, L_3의 손실을 줄이기 위해 보호대상물에 대한 피뢰시스템의 필요성이 평가되어야 함

- R_1 : 인명손실 또는 영구 상해의 리스크
- R_2 : 공공서비스의 손실리스크
- R_3 : 문화유산의 손실리스크

(1) 위험리스크(R)가 허용 Level(R_T)보다 크다면($R > R_T$) 피뢰시스템이 필요함

(2) 리스크 $R(R_1 \sim R_3)$을 허용레벨 R_T까지 줄이기 위한 보호대책을 마련해야 함($R \leq R_T$)

2) 피뢰시스템의 경제적 타당성

(1) 보호대상 구조물에 대한 피뢰시스템의 필요성 외에도 경제적 손실 L_4를 줄이기 위해서 보호대책을 하는 경우 경제적 이점을 평가하는 것이 유용함
(2) 이러한 경우 경제적 가치의 손실에 대한 리스크 R_4를 평가하는 것이 좋음
(3) 보호대책을 하는 경우 잔존손실액 C_{RL}과 보호대책의 비용 C_{PM}의 합이 보호대책이 없을 때의 총손실비용 C_L보다 낮다면 피뢰시스템은 비용면에서 효과적임 ($C_{RL} + C_{PM} < C_L$)

3. 보호대책

구분	보호대책
감전으로부터 인축의 상해 경감	• 노출도전성 부분의 적절한 절연 • Mesh 접지시스템을 이용한 등전위화 • 물리적 제한과 경고 표시 • 뇌 등전위 Bonding
물리적 손상의 경감	• 수뢰부 시스템 • 인하도선 시스템 • 접지극 시스템 • 피뢰등전위 Bonding • 외부 피뢰시스템으로부터의 전기적 절연(이격거리)
전기전자시스템의 고장 경감 보호대책	• 접지 및 Bonding 대책 • 자기차폐 • 선로의 포설경로 • 절연 인터페이스 • 협조된 SPD System

10.2.6 피뢰시스템의 설계

피뢰시스템의 계획, 설계 및 운용과 시험은 여러 기술 분야와 관련이 있어 최소비용과 노력으로 정해진 피뢰레벨을 얻기 위해 해당 건축물의 모든 관계자의 협조가 필요하다.

[계획절차]
1. 피뢰시스템의 세부 설계 전에는 해당 구조물의 기능, 일반 설계, 시공과 위치에 관한 기본적인 정보를 수집

2. 허가 당국, 보험업자, 구매자에 의해 피뢰시스템이 정해져 있지 않다면, 피뢰시스템 설계자는 KS C IEC 62305에 제시된 과정을 통하여 정해진 피뢰시스템으로 구조물을 보호할 것인지 아닌지를 결정한다.

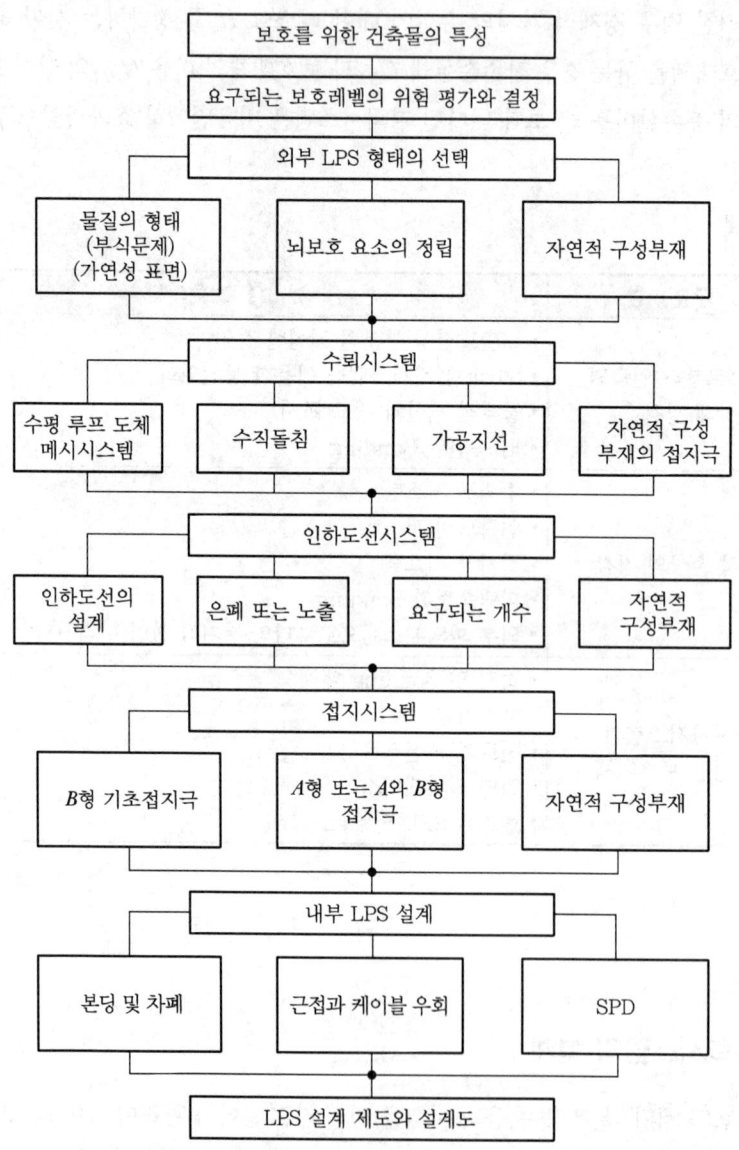

[비고] 영역연결점 ●에서는 건축시공자, 기술자, 피뢰시스템 설계자의 전적인 협조가 필요하다.

그림 10-54 ▶ 피뢰시스템 설계흐름도

10.2.7 외부 피뢰시스템의 설계

1) 개요

피뢰시스템의 설계 초기 단계, 건축설계자와의 설계 Coordination을 통해 구조물의 금속 부분을 피뢰설비의 일부로 이용하는 등 설계/시공이 동시에 이루어지면 기술적, 경제적으로 최적 설계가 가능함

2) 수뢰부 시스템

외부 피뢰시스템은 구조물에 입사하는 측뢰를 포함하여 직격뢰를 포착하고, 뇌격전류를 뇌격점에서 대지로 흘리기 위한 목적으로 적용

(1) 수뢰부 시스템 구성요소

　① 돌침 : 방사능 피뢰침의 사용은 허용되지 않음
　② 수평도체
　③ 메시도체

(2) 수뢰부 시스템 배치방법

구조물의 모퉁이, 뾰족한 점, 모서리에 아래의 하나 이상의 방법으로 배치
① 보호각법
　㉠ 피보호 구조물 전체가 수뢰부 시스템에 의한 보호범위 내에 놓이면 수뢰부 시스템의 배치가 적절한 것으로 간주
　㉡ 피보호 범위의 결정에는 단지 금속제 수뢰부 시스템의 실제 물리적 치수만 고려

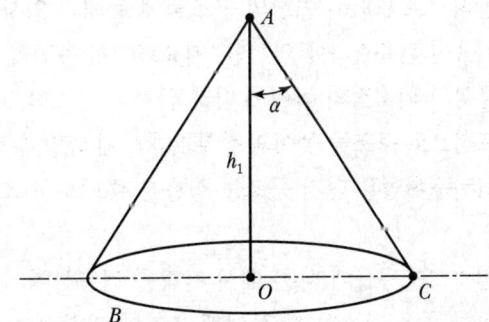

A : 수직피뢰침, B : 기준면, OC : 보호영역의 반경
h_1 : 수직피뢰침의 높이, a : [표 10-14]의 피뢰등급별 보호각

그림 10-55 ▶ 수직피뢰침에 의한 보호범위

ⓒ 적용
- 간단한 형상의 건축물
- 60[m] 이하의 건축물에 적용

② 회전구체법

㉠ 피뢰레벨에 따라 정해지는 반경 r([표 10-14] 참조)인 구체를 구조물의 상부와 둘레에 걸쳐 모든 방향으로 굴렸을 때 피보호 구조물의 어느 곳이든 회전구체 표면이 닿는 곳에 수뢰부를 설치하여 직격뢰로부터 보호

㉡ 회전구체는 단지 수뢰부 시스템에만 접촉함

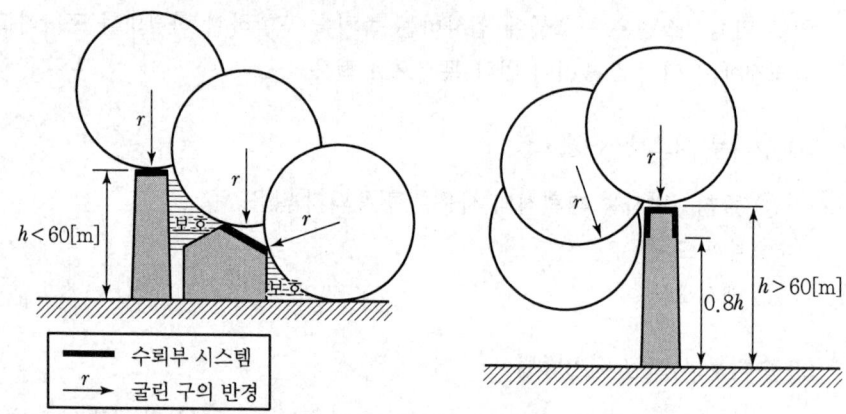

[비고] 1. 회전구체의 반경 r은 [표 10-14]의 피뢰레벨에 따른다.
2. $H=h$

그림 10-56 ▶ 회전구체법에 따른 수뢰부시스템

㉢ 회전구체의 반경 r보다 높은 모든 구조물에는 측뢰가 입사할 수 있음

㉣ 회전구체에 의해서 닿는 구조물의 각 측면 점에는 뇌격이 입사할 수 있음. 그러나 일반적으로 60[m] 이하의 구조물에 측뢰의 입사 확률은 무시할 수 있는 정도임
 * 더욱이 관측결과에 의하면, 지표면에서 측정할 때 측뢰의 발생확률은 높은 구조물상의 뇌격점의 높이에 따라 급격히 감소함. 따라서 높은 구조물의 상층부(대표적으로 구조물 높이의 상부 20[%]에 측방 수뢰부 시스템을 설치하고, 이 경우 회전구체법은 단지 구조물 상층부 수뢰부 시스템의 배치에 적용됨

③ 메시법

㉠ 개념 : 보호등급에 따른 메시 간격을 적용하여 수뢰부를 설치하는 것

㉡ 평탄한 면을 보호할 경우 아래 조건에 적합하면 수뢰부가 전체 표면을 보호하는 것으로 함

ⓐ 수뢰부 도체의 배치 위치
- 지붕의 가장자리선, 지붕마루
- 지붕의 돌출부 가장자리
- 지붕의 경사가 1/10을 넘는 경우 지붕마루선
- 높이 60[m] 이상인 구조물의 경우 구조물 높이의 80[%]를 넘는 부분의 측면

ⓑ 수뢰부 메시 치수는 [표 10-14]에 나타낸 값 이하로 함
ⓒ 수뢰망의 뇌격전류는 접지극에 이르는 도체가 2개 이상이 연결되어야 함
ⓓ 수뢰부 시스템의 보호범위 밖으로 금속체가 돌출되지 않아야 함
ⓔ 수뢰도체는 가능한 한 짧고 직선 경로가 되도록 함

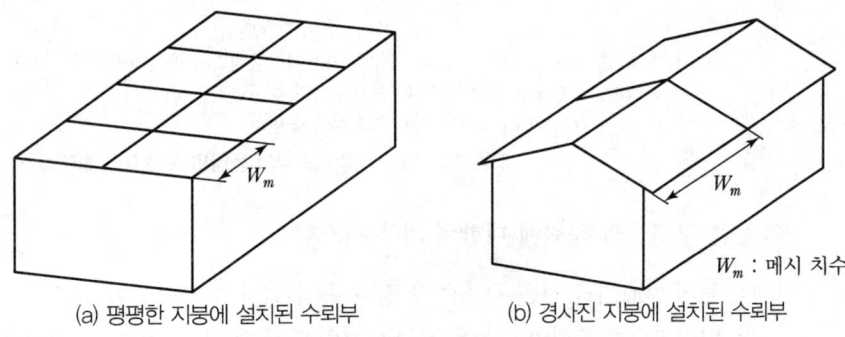

(a) 평평한 지붕에 설치된 수뢰부　　(b) 경사진 지붕에 설치된 수뢰부

그림 10-57 ▶ 메시법에 따른 수뢰부 시스템

표 10-14 ▶ 피뢰 시스템의 등급별 회전구체 반경, 메시 치수와 보호각의 최댓값

피뢰시스템의 등급	보호법		
	회전구체 반경 r[m]	메시 치수 W_m[m]	보호각 $\alpha°$
I	20	5×5	[그림 10-58] 참조
II	30	10×10	
III	45	15×15	
IV	60	20×20	

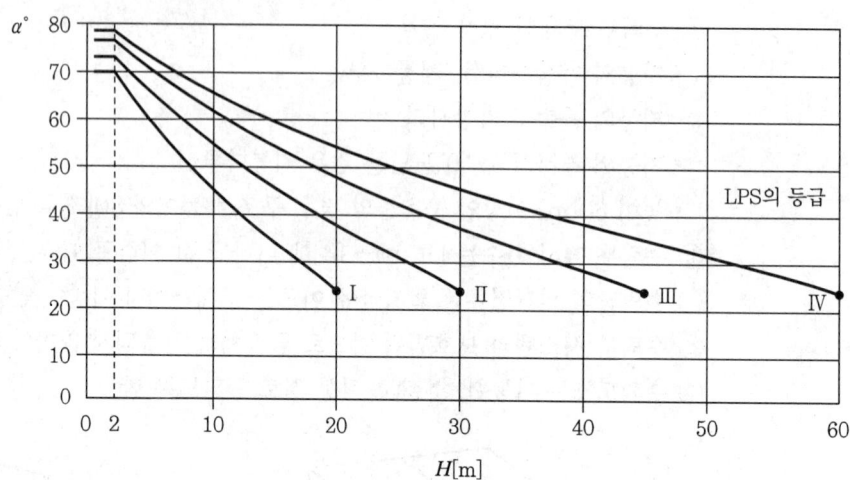

[비고] 1. 표를 넘는 범위에는 적용할 수 없음(단 회전구체법과 메시법만 적용 가능)
2. H는 보호대상 지역 기준평면으로부터의 높이임
3. 높이 H가 2[m] 이하인 경우 보호각은 불변임

그림 10-58 ▸ 피뢰시스템의 등급별 보호각의 최대값

(3) 높은 구조물의 측뢰에 대한 수뢰부 시스템

① 높이 60[m]를 넘는 구조물의 경우 측뢰 입사의 가능성이 있음
② 일반적으로 측뢰의 비율은 전체 뇌격의 단지 수 퍼센트이며, 뇌격파라미터도 최상부에 입사하는 뇌격에 비해 매우 작아 측뢰에 대한 위험도는 낮으나
③ 외측벽에 설치한 전기전자설비는 작은 전류 피크값의 뇌격에도 손상될 수 있음
④ 높은 구조물의 상층부(높이가 60[m] 이상이면 대체로 구조물 높이의 최상부 20[%])와 이 부분에 설치한 설비를 보호할 수 있도록 수뢰부 시스템을 시설해야 함
⑤ 높은 구조물 측면 수뢰부 금속표면 또는 금속막, 벽과 같은 외부 금속물질은 [표 10-15]의 최소치수 요구사항을 따라야 함. 또한 측면 수뢰부재 외부금속도체가 제공되지 않을 때 외부 인하도선을 사용함

(4) 수뢰부 시스템의 자연적 구성부재

① 수뢰도체로 간주할 수 있는 자연적 구성부재
  ㉠ 아래의 조건을 만족시키는 보호대상 구조물을 덮는 금속판
   • 납땜, 용접, 주름이음, 봉합이음, 나사 조임 등으로 각 부분 사이의 전기적 연속성이 견고할 것
   • 금속판의 천공을 방지하거나 판의 하부에 있는 높은 가연성 물질의 발화를 고려할 필요가 없는 금속판 두께는 [표 10-15]의 t'값 이상일 것

- 천공에 대한 예방조치나 고온점의 문제를 고려할 필요가 있는 경우 금속판의 두께는 [표 10-15]의 t'값 이상일 것
- 절연재로 피복하지 말 것

표 10-15 ▶ 수뢰부 시스템용 금속판 또는 금속배관의 최소두께

피뢰시스템 등급	재료	두께1) t [mm]	두께2) t' [mm]
I ~ IV	납	-	2.0
	강철(스테인리스, 아연도금강)	4	0.5
	티타늄	4	0.5
	동	5	0.5
	알루미늄	7	0.65
	아연	-	0.7

주 1) t는 관통을 방지함
2) t'는 단지 관통, 고온점 또는 발화의 방지가 중요하지 않은 경우의 금속판에 한정

ⓒ 보호대상 구조물에서 제외할 수 있는 비금속성 지붕마감재 하부의 지붕을 구성하는 금속제 부품(트러스, 상호 접속된 철근 등)
ⓒ 단면적이 표준수뢰도체의 규격 이상인 장식재, 난간, 배관, 파라페트의 뚜껑 등 금속 부분
ⓔ 지붕에 있는 [표 10-16]에 주어진 두께와 단면적의 재료로 제작된 금속제 배관과 용기(두께 미충족 시 배관과 용기는 보호대상 구조물에 내장되어야 함)
ⓜ 뇌격점의 내표면 온도 상승이 위험의 원인이 되지 않고, [표 10-15]의 t값 이상의 두께의 재료로 제작된 높은 가연성 또는 폭발성 혼합물을 수송하는 금속배관과 용기

표 10-16 ▶ 수뢰도체, 피뢰침과 인하도선의 재료, 형상과 최소단면적

재료	형상	최소단면적[mm²]
구리 주석도금한 구리	테이프형 단선	50
	원형 단선[b]	50
	연선[b]	50
	원형 단선[c]	176
알루미늄	테이프형 단선	70
	원형 단선	50
	연선	50

재료	형상	최소단면적[mm²]
알루미늄합금	테이프형 단선	50
	원형 단선	50
	연선	50
	원형 단선[c]	176
구리피복 알루미늄합금	원형 단선	50
용융아연도금강	테이프형 단선	50
	원형 단선	50
	연선	50
	원형 단선[c]	176
구리피복강	원형 단선	50
	테이프형 단선	50
스테인리스강	테이프형 단선[d]	50
	원형 단선[d]	50
	연선	70
	원형 단선[c]	176

주 a) : 내식, 기계적 및 전기적 특성은 후속 IEC 62651 시리즈의 요구사항을 따라야 한다.
 b) : 기계적 강도가 요구되지 않는 경우, 단면적 50[mm²](직경 8[mm])를 25[mm²]로 줄여도 된다.
 c) : 피뢰침 및 대지 인입봉에 적용할 수 있다. 풍압하중과 같은 기계적 응력이 크게 작용하지 않은 경우에는 직경 9.5[mm], 최대길이가 1[m]인 피뢰침을 부가적인 고정을 하여 사용할 수 있다.
 d) : 열적/기계적 고려가 중요하다면 이들 치수를 75[mm²]로 증가시킬 수 있다.

3) 인하도선 시스템

(1) 인하도선 설치방법

① 복수의 인하도선을 병렬로 구성(건축물·구조물과 분리된 피뢰 시스템인 경우는 예외)
② 도선경로의 길이가 최소로 유지될 것
③ 구조물의 도전성 부분에 등전위 본딩을 실시할 것
④ [표 10-17]에 따라 측면에서 인하도선을 접속하는 것이 바람직함

표 10-17 ▶ 피뢰시스템의 등급별 대표적인 인하도선 사이의 최적 간격

피뢰시스템의 등급	간격[m]
I	10
II	10
III	15
IV	20

* 가능한 한 여러 개의 인하도선을 환상도체를 이용하여 등간격으로 서로 접속하는 시공은 위험한 불꽃방전의 발생확률을 감소시키며, 내부설비의 보호에 유효함

(2) 건축물·구조물과 분리된 피뢰 시스템의 배치

① 뇌전류의 경로가 보호대상물에 접촉하지 않도록 함
② 별개의 지주에 설치되어 있는 경우 각 지주마다 1가닥 이상의 인하도선을 시설함
③ 수평도체 또는 메시도체인 경우 지지 구조물마다 1가닥 이상의 인하도선을 시설함

(3) 건축물·구조물과 분리되지 않은 피뢰 시스템의 배치

① 벽이 불연성 재료로 된 경우 : 벽의 표면 또는 내부에 시설할 수 있음
 (다만, 벽이 가연성 재료인 경우에는 0.1[m] 이상 이격하고, 이격이 불가능한 경우에는 도체의 단면적을 100[mm^2] 이상일 것)
② 인하도선의 수는 2가닥 이상일 것
③ 보호대상 건축물·구조물의 투영에 따른 둘레에 가능한 한 균등한 간격으로 배치할 것(다만, 노출된 모서리 부분에 우선하여 설치함)
④ 병렬 인하도선의 최대 간격은 피뢰 시스템 등급에 따라 I·II등급은 10[m], III등급은 15[m], IV등급은 20[m]로 함

(4) 수뢰부시스템과 접지극 시스템 사이에 전기적 연속성 형성 시설 방법

① 경로는 가능한 한 루프 형성이 되지 않도록 하고, 최단거리로 곧게 수직으로 시설함

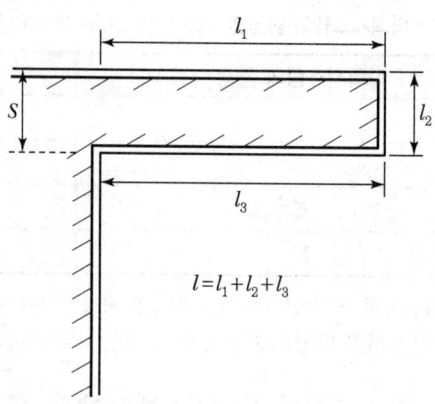

그림 10-59 ▶ 인하도선의 루프 구성

② 철근콘크리트 구조물의 철근을 자연적구성부재의 인하도선으로 사용하기 위해서는 해당 철근 전체 길이의 전기저항 값은 0.2[Ω] 이하가 될 것
③ 시험용 접속점을 접지극 시스템과 가까운 인하도선과 접지극 시스템의 연결부분에 시설하고, 이 접속점은 항상 폐로 되어야 하며 측정 시에 공구 등으로만 개방할 수 있을 것(다만, 자연적 구성부재를 이용하거나 자연적 구성부재 등과 본딩을 하는 경우에는 예외임)

(5) 인하도선의 자연적 구성부재

① 각 부분의 전기적 연속성과 내구성이 확실하고 [표 10-16]에 규정된 값 이상의 크기일 것
② 전기적 연속성이 있는 구조물 등의 금속제 구조체(철골, 철근 등)
  [해당 철근 전체 길이의 전기적 저항(접속부 포함)은 0.2[Ω] 이하가 될 것]
③ 구조물 등의 상호 접속된 강제 구조체
④ 건축물 외벽 등을 구성하는 금속 구조재의 크기가 인하도선에 대한 요구사항에 부합하고 또한 두께가 0.5[mm] 이상인 금속판 또는 금속관
⑤ 인하도선을 구조물 등의 상호 접속된 철근·철골 등과 본딩하거나, 철근·철골 등을 인하도선으로 사용하는 경우 수평 환상도체는 설치하지 않아도 됨

4) 접지 시스템

위험한 과전압을 최소화하고 뇌격전류를 대지로 방류하는 데 있어 접지 시스템의 형상과 크기는 중요한 요소임. 일반적으로 낮은 접지저항이 바람직하며, 피뢰의 관점에서 구조체를 사용한 통합 단일의 접지 시스템이 바람직함. 모든 접지목적(피뢰, 전원계통과 통신 시스템)에도 적합하도록 등전위본딩을 해야 함

(1) 일반조건에서 접지극 – A형 접지극

① 수평 또는 수직 접지극으로 분류됨
② A형 접지극의 수는 두 개 이상이어야 함
③ 각 인하도선의 하단에서부터 측정된 각 접지극의 최소길이는
  ㉠ 수평접지극 : l_1
  ㉡ 수직(또는 경사진)접지극 : $0.5l_1$이며, 여기서 l_1은 [그림 10-60]에 나타낸 관련 부분에서 수평접지극의 최소길이임

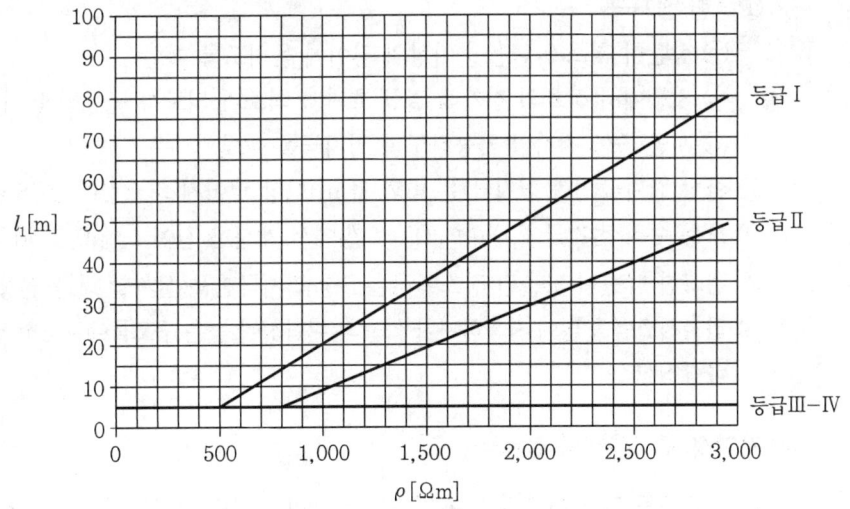

그림 10-60 ▸ LPS등급 각 접지극의 최소길이 l_1

④ 조합형(수직 또는 수평) 접지극의 경우 전체의 길이를 고려해야 함
⑤ 접지저항이 $10[\Omega]$ 이하이면 [그림 10-60]에 기술된 최소길이로 하지 않아도 됨

(2) 일반조건에서 접지극 – B형 접지극

① B형 접지극은 보호대상 구조물의 외측에 전체 길이의 최소 80[%] 이상이 지중에 설치된 환상도체 또는 기초접지극으로 이루어지며, 접지극은 메시형임
② 환상 접지극(또는 기초접지극)의 경우, 환상 접지극(또는 기초접지극)에 의해서 둘러싸인 면적의 평균반지름 r_e은 l_1 이상이어야 함

$r_e \geq l_1$ ············· 식 (1)

여기서, 보호등급 Ⅰ~Ⅳ에 대한 l_1은 [그림 10-60]에 표시

규정값 l_1이 r_e값보다 클 때는 다음의 식으로 주어진 길이 l_r인 수평접지극 또는 길이 l_v인 수직접지극를 추가로 시설해야 함

$$l_r = l_1 - r_e \;\cdots\cdots\; 식\,(2)$$

$$l_v = \frac{l_1 - r_e}{2} \;\cdots\cdots\; 식\,(3)$$

③ 접지극의 수는 최소 2 이상이어야 하며, 인하도선의 수보다 많아야 함
④ 추가 접지극은 가능한 한 같은 간격으로 인하도선이 접속되는 점에서 환상 접지극에 접속하는 것이 좋음

(3) 접지극의 설치

① A형 접지극
  ㉠ 상단이 최소 0.75[m] 이상의 깊이에 묻히도록 매설
  ㉡ 지중에서 상호의 전기적 결합 효과가 최소가 되도록 균등하게 배치
  ㉢ 시공 중에 검사가 가능하도록 접지극을 설치
② 환상 접지극(B형 접지극)은 벽과 1[m] 이상 떨어져 최소깊이 0.75[m]에 매설
③ 모든 수직 접지극에 대하여 (1), (2)항에서 계산한 길이 l_1에 0.5[m]를 더함
④ 견고한 암반이 노출된 장소에서는 B형 접지극만을 설치할 것을 권장함
⑤ 전자시스템을 많이 사용하거나 화재의 위험성이 높은 구조물에는 B형 접지극의 시설이 바람직함

(4) 자연적 구성부재의 접지극

① 콘크리트 기초 내부의 상호 접속된 철근이나 기타 적당한 금속제 지하구조를 접지극으로 사용할 수 있음
② 콘크리트 내부의 철근을 접지극으로 사용하는 경우 콘크리트의 기계적 파열을 방지하기 위해 상호 접속에 특별히 주의해야 함

표 10-18 ▶ 피뢰시스템의 재료와 사용조건

재료	사용			부식		
	대기중	지중	콘크리트중	내성	진행성	전해대상
구리	단선 연선	피복된 단선, 연선	피복된 단선, 연선	대부분의 환경에 양호	황화합물 유기물	-
용융아연 도강[c), d), e)]	단선 연선[b)]	단선	단선 연선[b)]	대기 중, 콘크리트 중, 일반토양에 허용	높은 염화물 용액	구리
스테인리스 강	단선 연선	단선 연선	단선 연선	대부분의 환경에 양호	높은 염화물 용액	-
알루미늄	단선 연선	부적합	부적합	낮은 농도의 유황과 염화물의 대기 중에 양호	알칼리 용액	구리
납[f)]	피복된 단선	피복된 단선	부적합	높은 농도의 황산염의 대기 중에 양호	산성 토양	구리 스테인리스 강

주 a) 이 표는 단지 일반 지침이다. 특별한 환경에서는 부식의 면역성에 대하여 보다 주의 깊게 고려가 요구된다.
 b) 연선은 단선보다 부식에 약하며, 또한 연선의 부식성은 대지에서 콘크리트로의 인입 또는 인출 위치에서 취약하다. 아연도금강 연선을 지중에 시설하는 것은 지양할 것
 c) 아연도금강은 점토질 또는 습지의 토양에서 부식된다.
 d) 콘크리트 내부 아연도금강은 외측 강철을 부식시킬 수 있어 지중으로 확장을 지양할 것
 e) 특정한 환경에서는 콘크리트 내부의 철근과 아연도금강의 접촉은 콘크리트를 손상시킨다.
 f) 환경적 고려로 지중에 납의 사용은 종종 금지되거나 제한된다.

표 10-19 ▸ 접지극의 재료, 형상과 최소치수

재료	형상	치수		
		접지봉 지름 [mm]	접지도체 [mm^2]	접지판 [mm]
구리 주석도금한 구리	연선		50	
	원형 단선	15	50	
	테이프형 단선		50	
	파이프	20		
	판상 단선			500×500
	격자판[c]			600×600
용융아연도금강	원형단선	14	78	
	파이프	25		
	테이프형 단선		90	
	판상 단선			500×500
	격자판[c]			600×600
	프로필	d		
나강[b]	연선		70	
	원형 단선		78	
	테이프형 단선		75	
구리피복강	원형 단선	14[f]	50	
	테이프형 단선		90	
스테인리스강	원형 단선	15[f]	78	
	테이프형 단선		100	

주 a) 내식, 기계적 및 전기적 특성은 후속 IEC 62651 시리즈의 요구사항을 따라야 한다.
  b) 최소 50[mm] 깊이로 콘크리트 내에 매입되어야 한다.
  c) 최소 총길이 4.8[m] 도체로 시설된 격자판
  d) 상이한 프로필은 290[mm^2] 단면적 및 3[mm] 최소두께를 허용한다.
  e) 기초 접지시스템의 B형 접지극 배열의 경우에 접지극은 적어도 매 5[m] 마다 강화철근과 올바르게 연결되어야 한다.
  f) 일부 국가에서는 12.7[mm]로 줄어든다.

10.2.8 내부 피뢰시스템의 설계

1) 개요

내부 피뢰시스템은 외부 피뢰 시스템 혹은 피보호 구조물의 도전성 부분을 통하여 흐르는 뇌격전류에 의해 피보호 구조물 내부에서 위험한 불꽃방전의 발생을 방지하도록 시설함

2) 내부 시스템 과전압 보호 – 피뢰 등전위 본딩

(1) 피뢰 등전위화

등전위화는 아래와 같은 피뢰 시스템을 서로 접속하므로 등전위화를 이룰 수 있으며 뇌격전류 일부가 내부 시스템에 흐를 수 있으므로 이의 영향을 고려해야 함
① 구조물의 금속 부분
② 금속제 설비
③ 내부 시스템
④ 구조물에 접속된 외부 도전성 부분과 선로

(2) 상호 간의 접속방법

① 자연적 구성부재를 통한 본딩
② 전기적 연속성이 제공되지 않는 장소의 경우 본딩 도체 이용
  ㉠ 본딩 도체로 직접 접속할 수 없는 장소의 경우 서지보호장치(SPD), 절연방전갭(ISG) 설치
  ㉡ SPD는 점검할 수 있는 방법으로 설치

(3) 금속제 설비에 대한 피뢰 등전위 본딩

① 피보호 구조물과 분리된 외부 피뢰설비의 경우 → 등전위 본딩을 지표면에만 설치함
② 피보호 구조물에 접속된 외부 피뢰설비의 경우
  ㉠ 지하(기초)부분이나 지표면 부근의 장소에 설치
  ㉡ 본딩용 도체는 쉽게 점검할 수 있도록 설치하고, 본딩용 바에 접속할 것
  ㉢ 본딩용 바는 접지시스템에 접속될 것
  ㉣ 대형 건축물(일반적으로 높이 20[m] 이상)에서는 두 개 이상의 본딩용 바를 설치하고, 상호 접속할 것
  ㉤ 피뢰 등전위 본딩 접속은 가능한 한 똑바르고 곧게 연결할 것

표 10-20 ▶ 본딩 바 상호 또는 본딩 바를 접지극 시스템에 접속하는 도체의 최소단면적

피뢰레벨	재료	단면적[mm^2]
Ⅰ~Ⅳ	구리	16
	알루미늄	25
	강철	50

표 10-21 ▶ 내부 금속설비를 본딩 바에 접속하는 도체의 최소단면적

피뢰레벨	재료	단면적[mm^2]
Ⅰ~Ⅳ	구리	6
	알루미늄	10
	강철	16

(4) 외부 도전성 부분에 대한 피뢰 등전위 본딩

① 외부 도전성 부분에 대한 등전위 본딩은 가능한 한 피보호 구조물의 인입점 가까이에 실시함
② 직접 본딩할 수 없는 경우 서지보호장치를 사용

(5) 내부 시스템에 대한 피뢰 등전위 본딩

① 내부 시스템 도체가 차폐되어 있거나 금속관 내 배선되어 있으면 차폐층과 금속관을 본딩하는 것으로 충분함
② 내부 시스템 도체가 차폐되지도 않고, 금속관 내에 배선되지 않은 경우 내부 시스템 도체는 SPD로 본딩해야 함. TN 계통에서 보호도체(PE)와 중성선 겸용 보호도체(PEN)는 직접 또는 SPD를 통해 피뢰 시스템에 본딩할 것

(6) 피보호 구조물에 접속된 선로에 대한 피뢰 등전위 본딩

① 각 선의 도체는 직접 또는 서지보호장치를 적용하여 본딩함
② 충전선은 단지 서지보호장치를 통해 본딩 바에 접속해야 함
③ TN 계통에서 보호도체(PE)와 중성선 겸용 보호도체(PEN)는 직접 또는 SPD를 통하여 본딩 바에 접속함
④ 전원선이나 통신선이 차폐되어 있거나 금속관 내 배선 시, 차폐층과 금속관을 본딩해야 함(케이블 차폐층과 금속관의 등전위 본딩은 구조물 인입점 근방에서 할 것)

3) 외부 피뢰시스템의 전기적 절연

(1) 수뢰부 또는 인하도선과 구조체의 금속부분, 금속설비, 내부 시스템 사이의 전기적 절연은 각 부분의 거리 S로 확보할 수 있음
(2) 구조물에 접속된 선로나 도전성 부분의 경우 항상 구조물의 인입점에서 피뢰 등전위 본딩을 해야 함

10.2.9 피뢰구역(LPZ : Lightning Protection Zone)

1. 개요

1) LPZ란 뇌전자기 영향이 정의된 구역
2) 피뢰구역은 외부 구역과 내부 구역으로 구분되며, 하위 LPZ의 보호대책이 상위 LPZ의 보호대책보다 현저하게 감소하는 특징이 있음

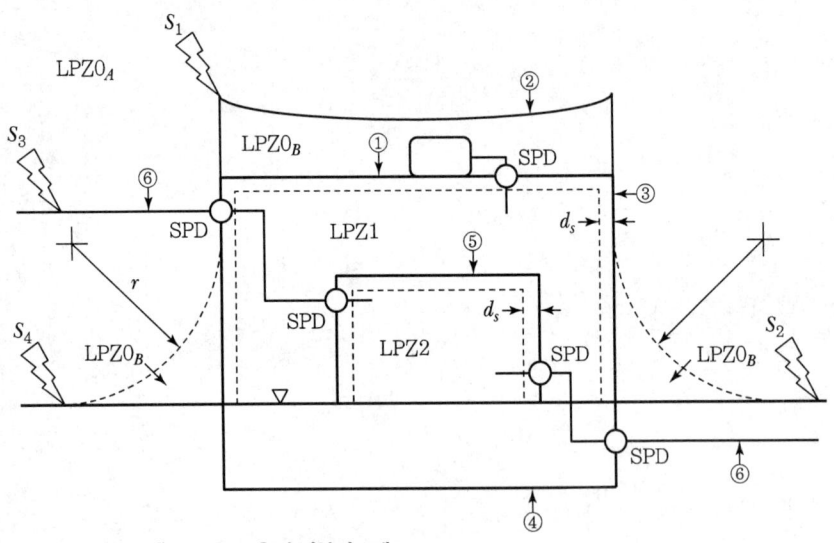

① 구조물(LPZ 1의 차폐) ② 수뢰부시스템
③ 인하도선시스템 ④ 접지시스템
⑤ 방(LPZ 2의 차폐) ⑥ 구조물에 접속된 선로
S_1 : 구조물 뇌격 S_2 : 구조물 근처 뇌격
S_3 : 구조물에 접속된 선로 뇌격 S_4 : 구조물에 접속된 선로 근처 뇌격
r : 회전구체 반지름 d_s : 매우 강한 자계에 대한 안전거리
$\triangledown$: 대지표면 $\bigcirc$: SPD에 의한 등전위 본딩

그림 10-61 ▶ SPM에 의해 정의된 LPZ

2. 피뢰구역의 구분

1) 외부 구역

(1) LPZ0

뇌전자계가 감쇠되지 않는 위험 구역과 뇌서지 전류의 전체 또는 일부가 내부 시스템에 흐를 수 있는 구역으로 다음과 같이 세분화됨

(2) $LPZ0_A$

　① 직격뢰에 의한 뇌격과 완전한 뇌전자계의 위협이 있는 지역
　② 내부 시스템은 뇌서지 전류의 전체 또는 일부분이 흐르기 쉬움
　③ 적용 예 : 외등(가로등, 보안등), 감시카메라 등

(3) $LPZ0_B$

　① 직격뢰에 의한 뇌격은 보호되나 완전한 뇌전자계의 위협이 있는 지역
　② 내부 시스템은 뇌서지 전류의 일부분이 흐르기 쉬움
　③ 적용 예 : 옥상수전(큐비클)설비, 공조옥외기, 항공장애등, 안테나 등

2) 내부 구역(직격뢰에 대하여 보호된 구역)

(1) LPZ1

　① 전류분배기 및 절연인터페이스 또는 경계지역의 SPD에 의해 서지전류가 제한된 지역
　② 공간적인 차폐는 뇌격에 의한 전자계의 형성을 약하게 함
　③ 적용 예 : 수변전설비, MDF, 전화교환기 등

(2) LPZ2 ⋯ n

　① 전류분배기 및 절연인터페이스 또는 경계지역의 SPD에 의해 서지전류가 더욱 제한된 지역
　② 뇌전자계의 형성을 더욱 약하게 하기 위해 추가적인 공간차폐가 이용됨
　③ 적용 예 : 방재센터, 중앙감시시설, 전산센터

3) LPZ 경계에 따른 SPD 적용

SPD의 설치위치	SPD의 종류	주요 설치장소
LPZ0/1의 경계	Ⅰ, Ⅱ등급	전원인입구, 배전반
LPZ1/2의 경계	Ⅱ, Ⅲ등급	분전반, 벽 또는 바닥에 설치하는 콘센트
LPZ2/3의 경계	Ⅱ, Ⅲ등급	벽 또는 바닥에 설치하는 콘센트, 부하기기

3. LPZ에서의 전자계 환경

1) 손상의 원인

(1) 손상의 주요 원인

　① 뇌전류　　　　　　　　　　　② 뇌전류에 의한 자계

(2) 구조물 외부에 설치된 시스템

① 노출된 장소에서 감쇠되지 않은 자계
② 직격뢰

(3) 구조물 내부에 설치된 시스템

① 남아 있는 감쇠된 자계
② 전도 또는 유도 내부 서지 및 인입선을 통해 전도된 외부 서지

2) 공간차폐 및 선로경로와 선로차폐

(1) 구조물 또는 부근의 대지에 발생된 뇌격 억제

① LPZ 내부에 발생된 자계 : LPZ 공간차폐만으로 감소시킬 수 있음
② 전자시스템에 유도된 서지 : 공간차폐 또는 선로경로와 차폐 또는 두 가지 방법의 결합으로 최소화가 가능함

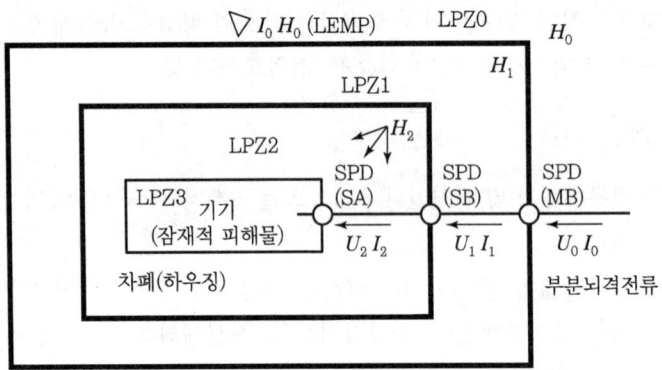

그림 10-62 ▶ 뇌방전으로 인한 LEMP상태

(2) 서로 다른 LPZ

① 다른 LPZ의 경계를 통과하는 케이블을 보호하기 위해 협조된 SPD를 설치함
② 전력케이블, 통신케이블 등 LPZ의 경계를 통과하는 부분에 반드시 등전위 본딩을 실시함

4. LPZ를 위한 기본보호대책

1) LPZ1을 위한 기본보호대책의 설계

(1) 내부 차폐 및 본딩망 또는 일반적으로 LPZ1의 경계인 외부 벽 내부의 환상도체를 기본으로 해야 함
(2) 만약 외부 벽이 LPZ1의 경계에 있지 않고 내부차폐 및 본딩망을 구성할 수 없다면 환상도체가 LPZ1의 경계에 설치되어야 함

2) LPZ2를 위한 기본보호대책의 설계

(1) 내부차폐 및 본딩망 또는 외부벽 내부의 환상도체를 기본으로 해야 함
(2) 만약 내부차폐 및 본딩망을 구성할 수 없다면, 환상도체는 모든 LPZ2의 경계에 설치되어야 함

3) LPZ3을 위한 기본보호대책의 설계

(1) 내부차폐 및 본딩망 또는 LPZ2의 내부의 환상도체를 기본으로 해야 함
(2) 만약 내부차폐 및 본딩망을 구성할 수 없다면, 환상도체는 모든 LPZ3의 경계에 설치되어야 함

10.2.10 SPM(LEMP 보호대책) 설계 및 시공

1) 개요

(1) 전기전자시스템은 뇌전자계임펄스(LEMP)에 의해 손상을 입게 되므로 내부시스템의 고장을 방지하기 위해 LEMP 보호대책이 필요함

(2) LEMP에 대한 보호는 피뢰구역(LPZ)의 개념을 기본으로 하고 있어 보호대상 시스템을 포함한 영역을 LPZ로 나누어야 함

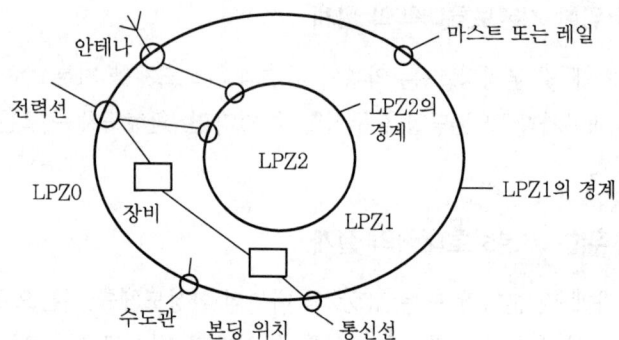

○ 직접 또는 적정한 SPD에 의한 인입설비의 본딩
[비고] 1. 구조체를 내부 LPZ로 나눈 예를 나타낸 것
2. 구조물에 인입하는 모든 금속 인입 설비는 LPZ1 경계에서 본딩 바를 통해 본딩함
3. 추가로 LPZ2(예 컴퓨터실)에 인입하는 도전성 인입설비는 LPZ2의 경계에서 본딩 바를 통해 본딩함

그림 10-63 ▶ 여러 가지 LPZ로 분할한 예

2) LEMP에 대한 보호

(1) 전도성 서지($U_2 \ll U_0$와 $I_2 \ll I_0$)와 방사자계($H_2 \ll H_0$)에 대해 잘 보호된 장치

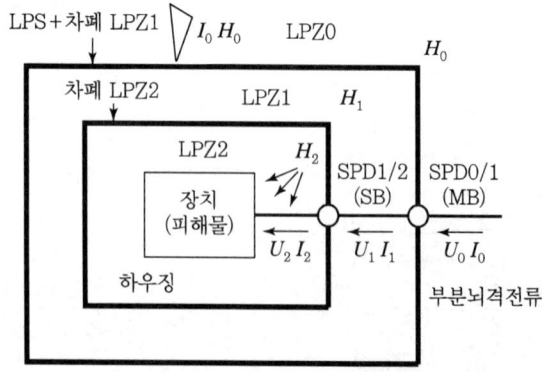

그림 10-64 ▶ 공간차폐물과 협조된 SPD 보호를 이용한 SPM

(2) 전도성 서지($U_1 < U_0$와 $I_1 < I_0$)와 방사자계($H_1 < H_0$)에 대해 보호된 장비

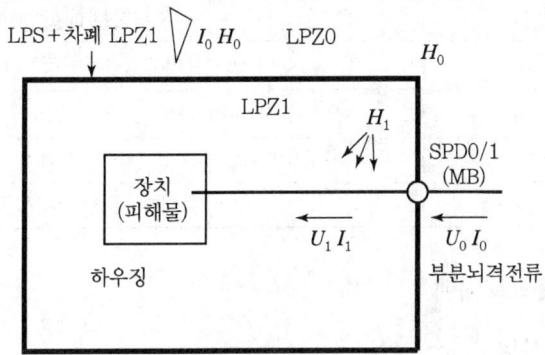

그림 10-65 ▶ LPZ1의 입구에 SPD의 설치와 LPZ 1의 공간차폐물을 이용한 SPM

(3) 전도성 서지($U_2 < U_0$와 $I_2 < I_0$)와 방사자계($H_2 < H_0$)에 대해 보호된 장비

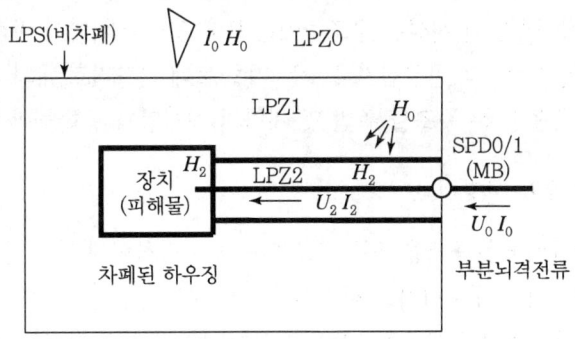

그림 10-66 ▶ LPZ1의 입구에 SPD의 설치와 내부선 차폐물을 이용한 SPM

(4) 전도성 서지($U_2 \ll U_0$와 $I_2 \ll I_0$)와 방사자계(H_0)에 대해 보호된 장비

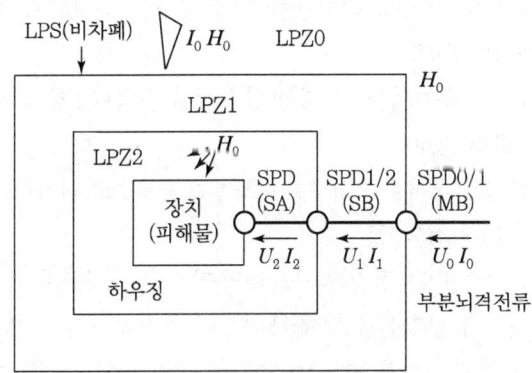

그림 10-67 ▶ 협조된 SPD 보호만 이용한 SPM

3) 피뢰영역별 대상설비

피뢰영역	구체적인 대상설비의 예
$LPZ0_A$	외등(가로등, 보안등) 감시카메라등
$LPZ0_B$	옥상수전(큐비클)설비, 공조옥외기, 항공장해등, 안테나등
LPZ1	건물 내 인입부분의 설비 : 수변전설비, MDF, 전화교환기
LPZ2	방재센터, 중앙감시실, 전산실 등

4) LEMP 기본보호대책

(1) 접지와 본딩

① 접지시스템은 뇌격전류를 대지로 흘리고 분산시킴
② 본딩은 전위차를 최소화하고, 자계를 감소시킴
③ 전기시스템만 설치되는 구조물에서는 A형 및 B형 접지극(더 바람직함)이 가능함
④ 전자시스템이 시설된 구조물에는 B형 접지극 배열이 바람직함
⑤ 구조물 주변의 환상접지극 또는 기초 둘레 콘크리트 내의 환상접지극은 전형적인 5m의 폭을 갖는 구조물 주변 및 지하의 메시망과 통합해야 함

(2) 자기차폐와 선로경로

- 공간차폐물은 구조물 또는 구조물 근처의 직격뢰에 의해 발생하는 LPZ 내부의 자계를 감쇠시키고 내부서지를 감소시킴
- 차폐케이블이나 케이블 덕트를 이용한 내부 배선의 차폐는 내부 유도서지를 최소화시킴

① 공간차폐물
구조물 전체나 일부 혹은 단일 차폐실, 기기외함으로 보호되는 구역을 의미한다. 이들은 격자형, 연속 금속차폐물 혹은 구조물 자체의 구성부재로 구성됨

② 내부선로의 차폐
케이블의 금속차폐물, 폐쇄형 금속케이블 덕트, 기기의 금속외함을 이용함

③ 내부선로의 경로
㉠ 내부선로의 적절한 경로는 유도루프를 최소화시키며, 구조물 내부에서 서지전압의 발생을 최소화시킴
㉡ 폐회로 면적은 접지된 구조물의 자연적 구성부재 가까이에 케이블을 배선하거나 전력선과 신호선을 함께 배선하여 최소화시킬 수 있음
㉢ 상호 간의 간섭을 피하기 위해서는 전력선과 차폐되지 않은 신호선 사이에는 어느 정도 간격을 유지시켜야 함

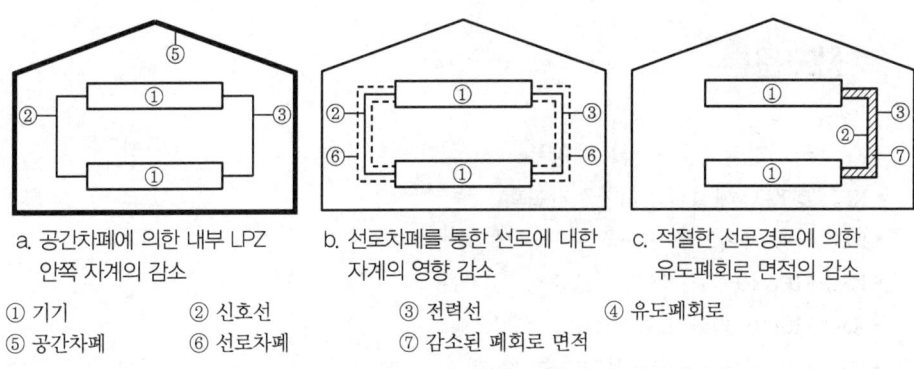

| a. 공간차폐에 의한 내부 LPZ 안쪽 자계의 감소 | b. 선로차폐를 통한 선로에 대한 자계의 영향 감소 | c. 적절한 선로경로에 의한 유도폐회로 면적의 감소 |

① 기기　　② 신호선　　③ 전력선　　④ 유도폐회로
⑤ 공간차폐　⑥ 선로차폐　⑦ 감소된 폐회로 면적

그림 10-68 ▶ 선로경로와 차폐대책에 의한 유도효과의 감소

④ 외부선로의 차폐

구조물로 인입하는 외부선로의 차폐에는 케이블차폐와 폐쇄형 금속케이블 덕트 등이 있으며, 외부선로의 차폐는 유용하지만, LEMP 설계자의 의무는 아님

(3) 협조된 SPD 보호

① 협조된 SPD 보호는 내부서지와 외부서지의 영향을 제한함
② 접지와 본딩은 항상, 특히 구조물의 인입점에서 등전위 본딩 SPD를 통해서나 또는 직접 모든 도전성 인입설비에서 본딩을 확실하게 함
③ 전원선과 신호선 모두 협조된 SPD 보호를 이루는 계통적인 접근이 필요함
④ 전자시스템과 특성(아날로그, 디지털, DC, AC, 저주파, 고주파)의 광범위한 다양성으로 협조된 SPD 보호시스템의 선정과 시설에 대한 규칙은 전기시스템 단독에 적용하는 SPD의 선정과는 다름
⑤ 하나 이상의 LPZ에서 SPD를 각 LPZ의 인입점에 설치해야 함
⑥ 협조를 이루지 못한 SPD를 시설한 건물은 하위 SPD 또는 기기에 내장된 SPD가 인입구에 설치한 SPD의 동작을 방해하면 전자시스템은 손상될 수 있음
⑦ 보호대책의 효용성을 유지하기 위해서는 설치된 모든 SPD의 위치에 대한 정보를 제공할 필요가 있음

(4) 절연인터페이스에 의한 보호

큰 루프나 충분히 낮은 임피던스 본딩망의 결합으로 기기와 기기에 접속된 신호선을 통하여 전력주파수 간섭전류의 발생을 방지하기 위해 절연인터페이스를 사용함

① 레벨 Ⅱ 절연기기(PE-도체가 없는 이중 절연)
② 절연변압기
③ 금속물이 없는 광섬유케이블
④ 광 결합기

참고문헌

- KDS(국가건설기준) – 국토해양부
- KEC 및 KEC 해설서 – 대한전기협회
- KEC 시공 가이드북 – 한국전기공사협회
- KSC – IEC 60364 – KS(한국표준협회)
- KSC – IEC 62305 – KS(한국표준협회)
- KSC – IEC 60364 – 한국전기기술인협회
- KSC – IEC 62305 – 한국전기기술인협회
- 전기기술인 – 한국전기기술인협회
- 건축물의 피뢰설비 가이드북 – 의제/곽희로, 정용기
- 건축설비기술사 – Sub – note Ⅰ, Ⅱ – 의제/정용기
- 건축전기설비기술사 핵심문제 상, 하 – 의제/정용기
- 기술계산핸드북 – 의제/정용기
- 대한전기학회 자료
- 대한전기협회 자료
- 보호계전시스템의 실무 활용 기술 – 기다리/유상봉
- 송배전 기술용어 해설집 – 한국전력공사
- 송배전공학 – 동일출판사/송길영
- 송배전공학 – 보성문화사/백용현
- 수변전설비의 계획과 설계 – 의제/박동화, 이순형
- 자가용 전기설비의 모든 것 Ⅰ, Ⅱ – 기다리/김정철
- 전기기기 – 교육인적자원부
- 전기기기 – 태영문화사/안민옥
- 전기기기 – 태영문화사/조선기
- 전기설비계획, 운전과 보호계전기정정 – 기다리/이경식
- 전기설비사전 – 한미/건설공업협회
- 전기이론 – 교육부
- 전기의 세계 – 대한전기학회
- 전기저널 – 대한전기협회
- 전력기술관리법령집 – 동일출판사/이운희
- 전력사용시설물 설비 및 설계 – 성안당/최홍규
- 전원 및 간선설비설계 – 성안당/최홍규
- 전자파공해 – 수문사/김덕원
- 접지기술입문 – 동일출판사/김성모

- 접지등전위 본딩 설계 실무지식 – 성안당/정종욱 역
- 조명설비의 설계 – 성안당/최흥규
- 조명전기설비 – 한국조명·전기설비학회
- 조명제어공학 – 태영출판사/김의곤
- 최신배전시스템공학 – 대한전기학회
- 최신전기기계 – 동명사/이윤종
- 최신전기설비 – 광문각/남시복
- 최신전기설비 – 문운당/지철근
- 최신조명공학 – 문운당/지철근
- 태양광발전시스템의 계획과 설계 – 기다리/이순영
- 태양전지 실무입문 – 두양사/ 김경해
- 한국조명·전기학회 자료

건축전기설비기술사 Ⅲ권

발행일 | 2025. 6. 30   초판발행

저 자 | 조성환, 이재오
발행인 | 정용수
발행처 | 예문사

주 소 | 경기도 파주시 직지길 460(출판도시) 도서출판 예문사
T E L | 031) 955-0550
F A X | 031) 955-0660
등록번호 | 11-76호

- 이 책의 어느 부분도 저작권자나 발행인의 승인 없이 무단 복제하여 이용할 수 없습니다.
- 파본 및 낙장은 구입하신 서점에서 교환하여 드립니다.
- 예문사 홈페이지 http://www.yeamoonsa.com

정가 : 39,000원

ISBN 978-89-274-5885-2 13560